W0324097

Matemáticas

2

Ciencias Aplicadas

Mª Isabel Docampo Naray

macmillan education

Todas las actividades de este libro deben realizarse en un cuaderno, nunca en el propio libro.

Índice

Cómo se usa

Estructura de la unidad

Página de inicio

En la página de inicio podrás conocer el **sumario**, que muestra los contenidos desarrollados en la unidad y las Técnicas de trabajo correspondientes.

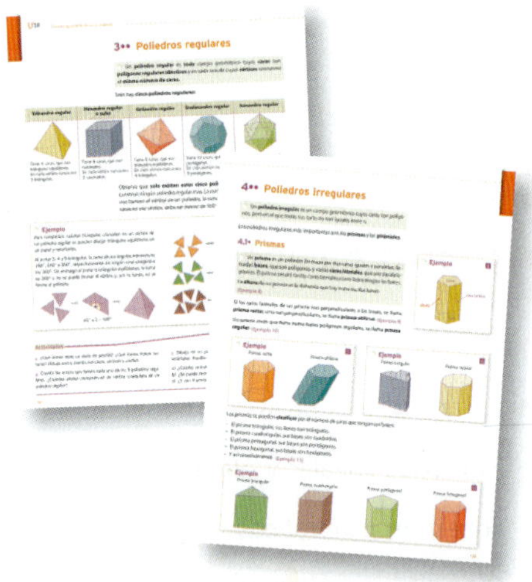

Desarrollo de los contenidos

Los contenidos teóricos se presentan desarrollados de forma clara y ordenada, con un lenguaje sencillo y comprensible. Siempre se acompañan de numerosos **ejemplos, problemas resueltos** y **actividades propuestas,** para ayudar a la comprensión de lo aprendido en cada epígrafe y ponerlo en práctica.

Páginas finales

Todas las unidades se cierran con:

- **Técnicas de trabajo**, que recogen procedimientos y técnicas expuestas paso a paso para que posteriormente puedas aplicarlas correctamente en tu aprendizaje.
- **Actividades finales**, cuyo objetivo es comprobar que has adquirido los conocimientos expuestos en la unidad.

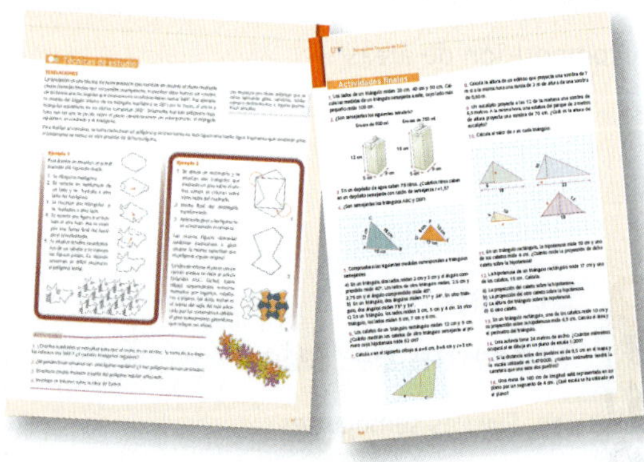

Para terminar

El libro finaliza con:

- **Proyecto profesional**: donde aplicarás conocimientos adquiridos en este módulo para la puesta en marcha de una actividad profesional.
- **Anexo**: donde se recogen resúmenes y ejemplos que te servirán de ayuda para tu aprendizaje.

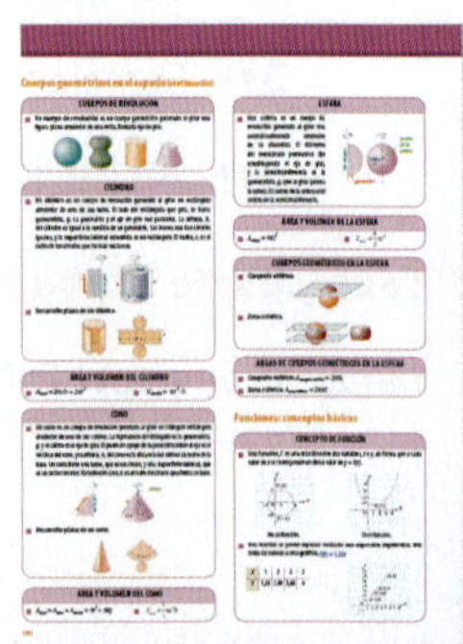

Unidad 1

Tablas y gráficas

SUMARIO

TÉCNICAS DE TRABAJO

ACTIVIDADES FINALES

1•• Sistema de ejes coordenados

¿Sistema de ejes coordenados o plano cartesiano?

Se puede hablar indistintamente de ejes coordenados o plano cartesiano. Reciben este nombre en honor a Descartes, primer matemático en resolver problemas geométricos utilizando un sistema de coordenadas.

Cuadrantes

Los ejes coordenados dividen al plano en cuatro regiones llamadas cuadrantes:

I es el primer cuadrante, **II** es el segundo cuadrante, **III** es el tercer cuadrante y **IV** es el cuarto cuadrante.

¿Coordenadas del origen?

El origen de coordenadas, *O*, corresponde a las coordenadas (0, 0).

Un **sistema de ejes coordenados** está formado por dos rectas numéricas perpendiculares que se cortan en un punto, llamado origen de coordenadas, *O*.

- La recta horizontal es el eje de abscisas o eje *X*.
- La recta vertical es el eje de ordenadas o eje *Y*.

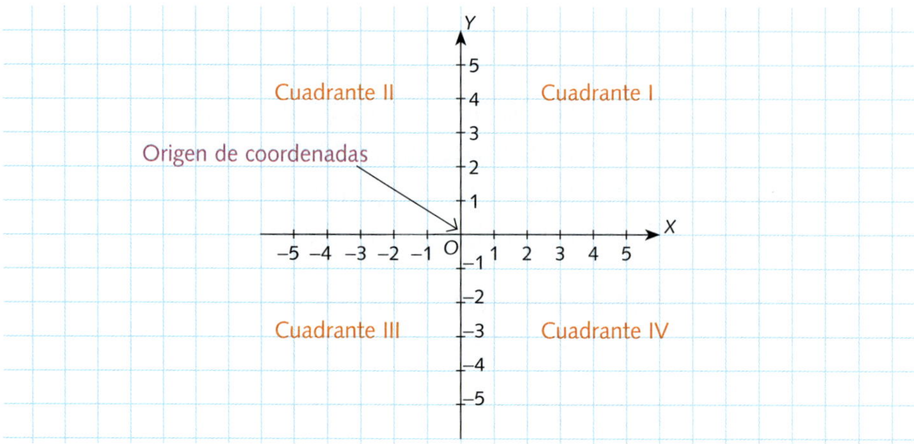

1.1• Coordenadas de un punto

Par ordenado

Las coordenadas de un punto en el plano constituyen un par ordenado de valores, ya que importa el orden de colocación: la primera coordenada siempre es la *x* y la segunda, siempre es la *y*. (Ejemplo 1)

En un sistema de coordenadas, las **coordenadas de un punto *P*** se representan mediante dos números entre paréntesis, separados por una coma (*x*, *y*):

- El primer número es la **coordenada *x* del punto,** se llama **abscisa** del punto y representa la distancia del punto *P* al eje coordenado *Y*.
- El segundo número es la **coordenada *y* del punto,** se llama **ordenada** del punto y representa la distancia del punto *P* al eje coordenado *X*.

Ejemplo 1

- En el punto *P*(3, 5), *x*=3 e *y*=5.
- En el punto *Q*(5, 3), *x*=5 e *y*=3.

En los puntos situados en el eje de ordenadas, su abscisa es igual a 0. (Ejemplo 2)

En los puntos situados en el eje de abscisas, su ordenada es igual a 0. (Ejemplo 3)

Ejemplo 2

- *A*(0, 1), *B*(0, –1), *C*(0, 3).

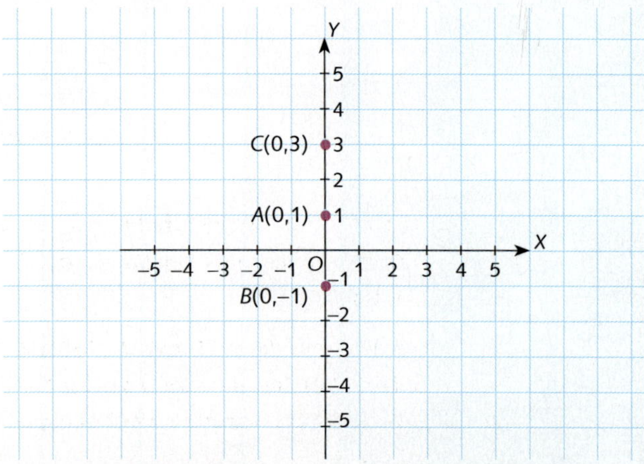

Ejemplo 3

- *A*(1, 0), *B*(–1, 0), *C*(3, 0).

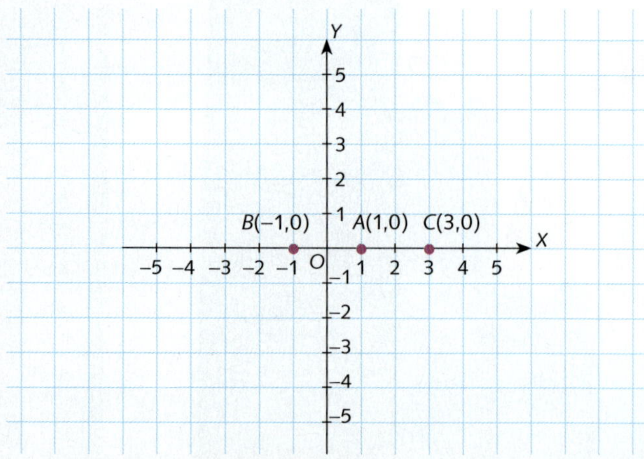

- Los puntos situados en una línea horizontal paralela al eje de abscisas tienen la misma ordenada. (Ejemplo 4)
- Los puntos situados en una línea vertical paralela al eje de ordenadas tienen la misma abscisa. (Ejemplo 5)

Ejemplo 4

■ *A*(0, 1), *B*(2, 1), *C*(4, 1).

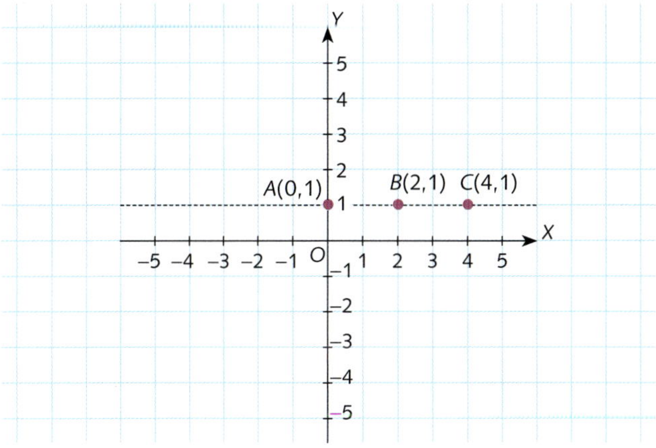

Ejemplo 5

■ *A*(1, 0), *B*(1, 1), *C*(1, 3).

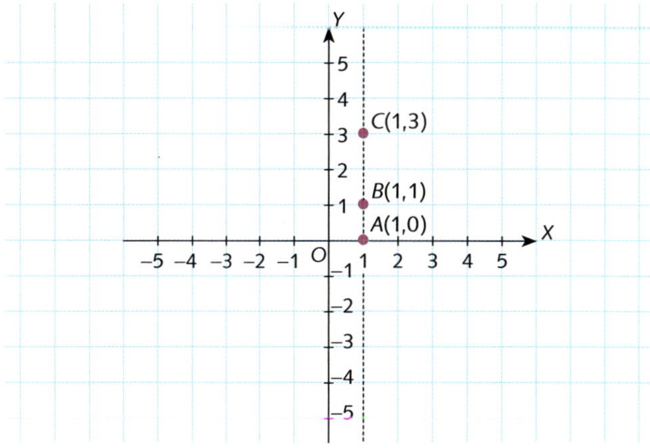

Los **ejes de coordenadas, *X* e *Y*,** son **ejes reales,** por lo que las coordenadas de un punto pueden ser positivas, negativas o nulas.

- Los puntos situados encima del eje *X* tienen la ordenada positiva, mientras los que están por debajo del eje *X*, tienen la ordenada negativa. (Ejemplo 6)
- Los puntos situados a la derecha del eje *Y* tienen la abscisa positiva, mientras los que están a la izquierda del eje *Y*, tienen la abscisa negativa. (Ejemplo 6)

Ejemplo 6

- Los puntos *A*(1, **2**) y *B*(−1, **2**) tienen la ordenada positiva. El punto *A* está en el primer cuadrante y *B*, en el segundo.
- Los puntos *C*(−1, **−2**) y *D*(1, **−2**) tienen la ordenada negativa. El punto *C* está en el tercer cuadrante y *D*, en el cuarto.
- Los puntos *E*(**2**, 2) y *F*(**2**, −2) tienen la abscisa positiva. El punto *E* está en el primer cuadrante y *F*, en el cuarto.
- El punto *G*(**−2**, 2) y *H*(**−2**, −2) tienen la abscisa negativa. El punto *G* está en el segundo cuadrante y *F*, en el tercero.

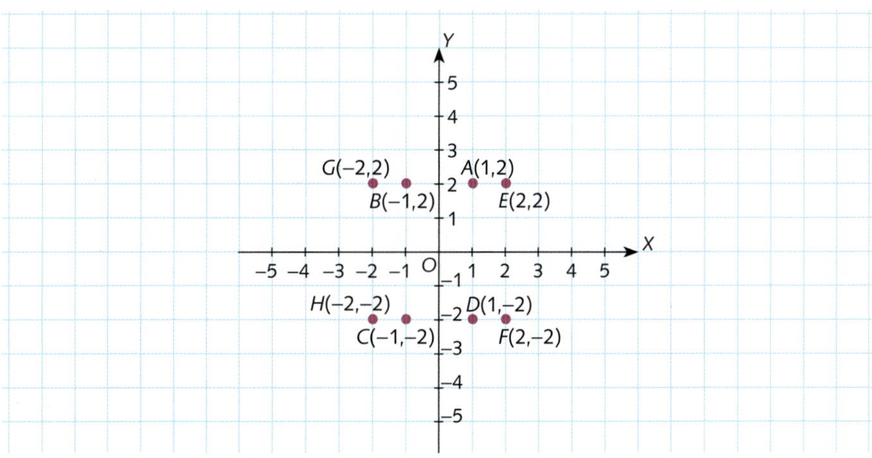

Signos de coordenadas y cuadrantes

Los signos de las coordenadas determinan el cuadrante en que se encuentra cada punto.

	Signo	
Cuadrante	***x***	***y***
I	+	+
II	−	+
III	−	−
IV	+	−

Actividades

1. Busca información sobre el inventor del sistema de ejes coordenados y escríbela en tu cuaderno.

2. Dibuja en tu cuaderno un sistema de ejes cartesianos indicando cuatro puntos cuya ordenada sea 2 y cuatro puntos con abscisa −1.

1.2• Representación de un punto en el plano cartesiano

Para **representar** un **punto *P***, con coordenadas (*x*, *y*), en el plano cartesiano, se siguen estas indicaciones:

1. Se parte del origen de coordenadas, *O*(0, 0).
2. En el eje de abscisas *X*, si el valor de la coordenada *x* es **positivo,** hay que desplazarse *x* lugares hacia la **derecha,** pero si es **negativo,** *x* lugares hacia la **izquierda.**
3. A partir de la ubicación anterior, se traza una línea discontinua paralela al eje de ordenadas *Y*. Desde esa posición para *x*, si el valor de la coordenada *y* es **positiva,** hay que desplazarse *y* lugares hacia **arriba,** pero si es **negativa,** *y* lugares hacia **abajo.** (Ejemplo 7)

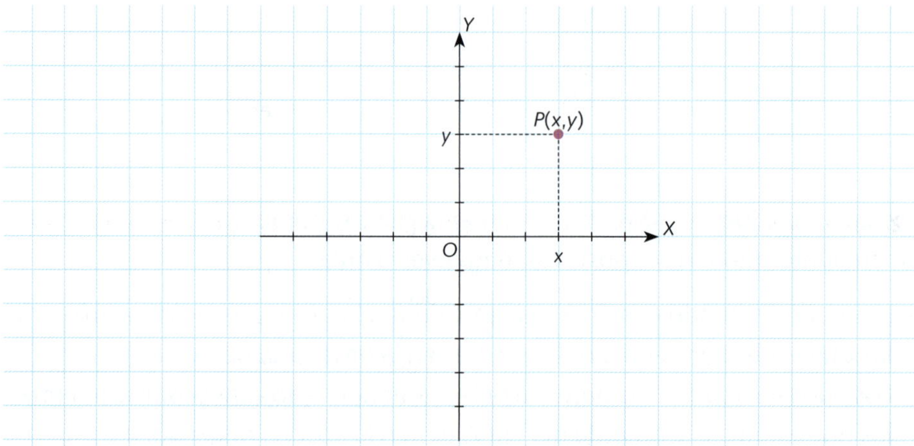

Ejemplo 7

En el punto *P*(4, 3), la abscisa es $x=4$ y la ordenada, $y=3$.

Para representar el punto *P*, se siguen estos pasos:

1. Se parte del origen de coordenadas, *O*(0, 0).
2. En el eje *X*, hay que desplazarse 4 lugares a la derecha.
3. A partir de la ubicación anterior, hay que desplazarse 3 lugares hacia arriba, sobre la recta vertical trazada sobre $x=4$.

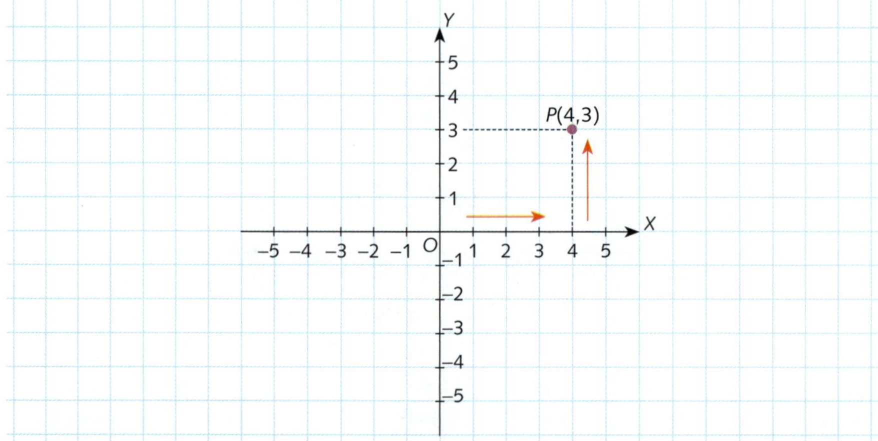

Actividades

3. Indica el cuadrante o eje en el que sitúan los siguientes puntos y represéntalos en un sistema de coordenadas, con eje de abscisas de color negro, eje de ordenadas de color azul y origen de coordenadas de color rojo.

a) *A*(2, 2)
b) *B*(–2, 3)
c) *C*(3, –2)
d) *D*(–1, –3)
e) *E*(0, 2)
f) *F*(–1, 0)

4. Representa los siguientes puntos en un sistema de coordenadas:

A(2, 3), *B*(0, 1), *C*(–1, 1), *D*(0, 0), *E*(4, 0), *F*(5, 1), *G*(4, 1).

Une los puntos en orden alfabético y, finalmente, une el último con el primero. ¿Qué dibujo obtienes?

1.3• Localización de las coordenadas de un punto situado en el plano cartesiano

Localizar un punto en el plano cartesiano es lo mismo que conocer sus coordenadas cartesianas.

Para **localizar** un **punto *P*** en el plano cartesiano:

1. Se parte del lugar en el que está situado el punto dado *P*.
2. Se traza una línea discontinua paralela al eje de ordenadas *Y*, que vaya desde el punto *P* hasta el eje de abscisas *X*. El valor del punto de corte o intersección es la coordenada *x* del punto *P*.
3. Se traza una línea discontinua paralela al eje de abscisas *X*, que vaya desde el punto *P* hasta que llegue al eje de ordenadas *Y*. El valor del punto de corte o intersección es la coordenada *y* del punto *P*. (Ejemplo 8)

Ejemplo

8

Para **localizar** las **coordenadas** del **punto *P*,** dibujado en el plano cartesiano, se siguen estos pasos:

1. Se parte de las coordenadas del punto *P*.
2. Se traza una recta paralela al eje *Y*, que pase por el punto *P* y que llegue hasta el eje de abscisas. La recta se cruza con el eje *X* en el valor 2. Por tanto, la coordenada *x* del punto *P* es 2.
3. Se traza una recta paralela al eje *X* que pase por el punto *P* y que llegue hasta el eje de ordenadas. La recta se cruza con el eje *Y* en el valor 4. Por tanto, la coordenada *y* del punto *P* es 4.

El punto *P* tiene de coordenadas (2, 4).

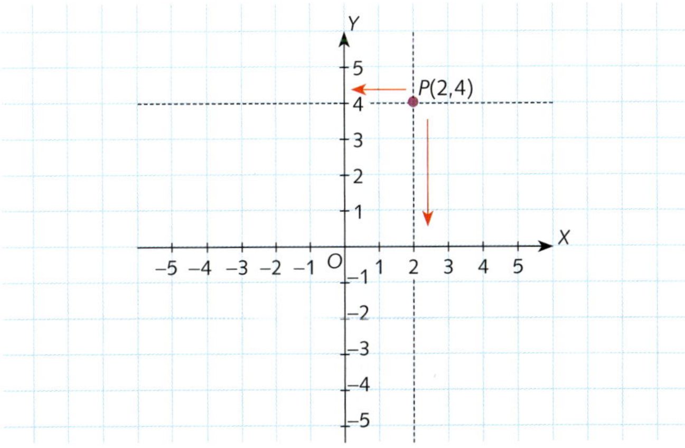

Actualmente, los GPS (Sistema de Posicionamiento Global) localizan cualquier lugar del planeta dando sus coordenadas geográficas (latitud y longitud). La latitud mide el ángulo desde un punto de la Tierra al Ecuador y, la longitud el ángulo entre un punto de la Tierra y el meridiano de Greenwich.

Actividades

5. Copia el dibujo en tu cuaderno y escribe las coordenadas de los siguientes puntos:

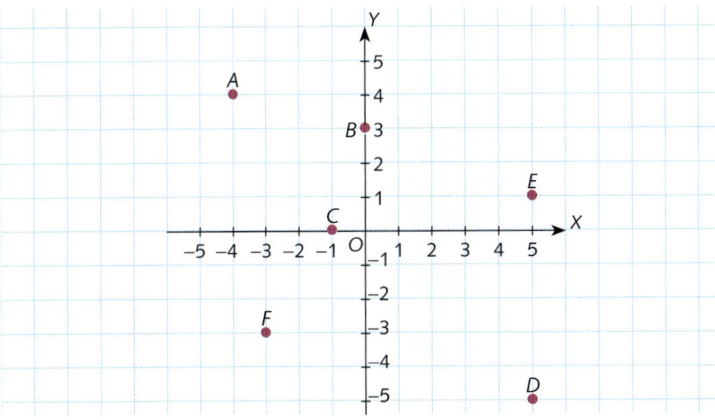

6. Copia el dibujo y escribe las coordenadas de los cuatro vértices del siguiente rectángulo:

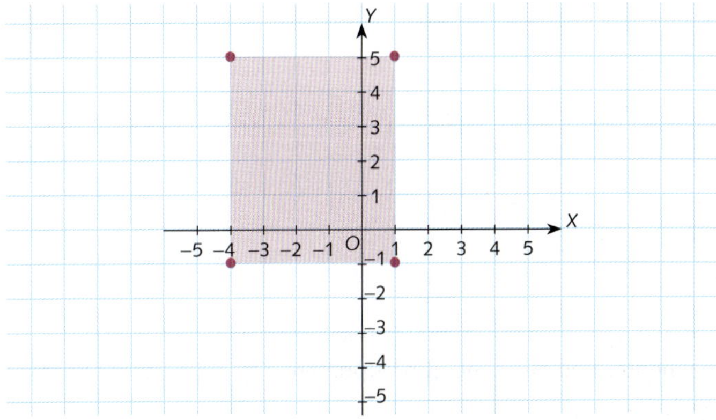

2•• Representación gráfica de la relación entre magnitudes

Una **gráfica** es la representación en unos ejes de coordenadas de pares ordenados de valores. Las gráficas pueden ser de puntos o de trazos continuos, como líneas o curvas.

2.1• Gráficas de puntos

En una **gráfica de puntos** se representan, en unos ejes coordenados, los pares de puntos que corresponden a dos magnitudes, llamadas variables, *x* e *y*.

Estas dos magnitudes están relacionadas, de modo que a cada valor de la primera variable, *x*, le corresponde un valor de la segunda variable, *y*. (Ejemplo 9)

Ejemplo 9

La relación entre las variables x="número de día de la semana" e y="número de clientes atendidos" puede representarse en una gráfica de puntos que permite una mejor interpretación de los datos. Los pares ordenados de puntos $A(1, 2)$, $B(2, 6)$, $C(3, 3)$ y $D(4, 5)$, representan la relación entre las dos variables.

- En $A(1, 2)$, $x=1$ e $y=2$. Significa que el primer día de la semana, el lunes, se atendieron 2 clientes.
- En $B(2, 6)$, $x=2$ e $y=6$. Significa que el segundo día de la semana, el martes, se atendieron 6 clientes.

De la misma manera el miércoles y el jueves se atendieron 3 y 5 clientes respectivamente.

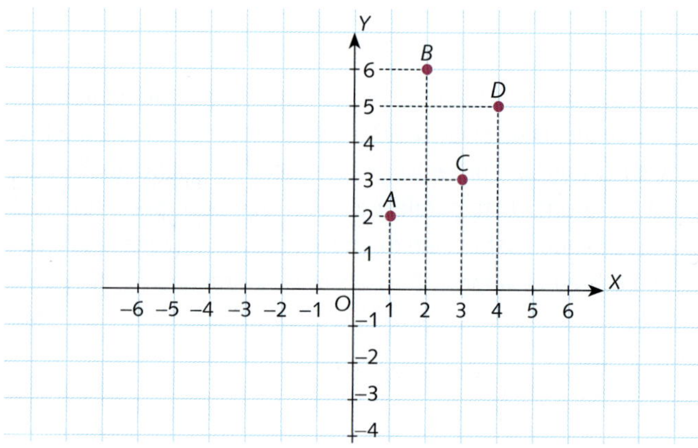

Problema resuelto 1

Una ONG recibe un lote de 15 pantalones vaqueros de distintas tallas: 2 pantalones son de la talla 36; 2, de la talla 38; 5, de la talla 40; 3, de la talla 42, y 1, de la talla 44.

Identifica las variables *x* e *y*. Después, representa los datos del enunciado del problema en una gráfica de puntos.

En este enunciado las variables son: x="talla del pantalón vaquero" e y="número de pantalones vaqueros de cada talla".

Los datos escritos en forma de pares coordenados de puntos son: $A(36, 2)$, $B(38, 2)$, $C(40, 5)$, $D(42, 3)$, $E(44, 1)$. La representación en una gráfica de estos puntos quedaría así:

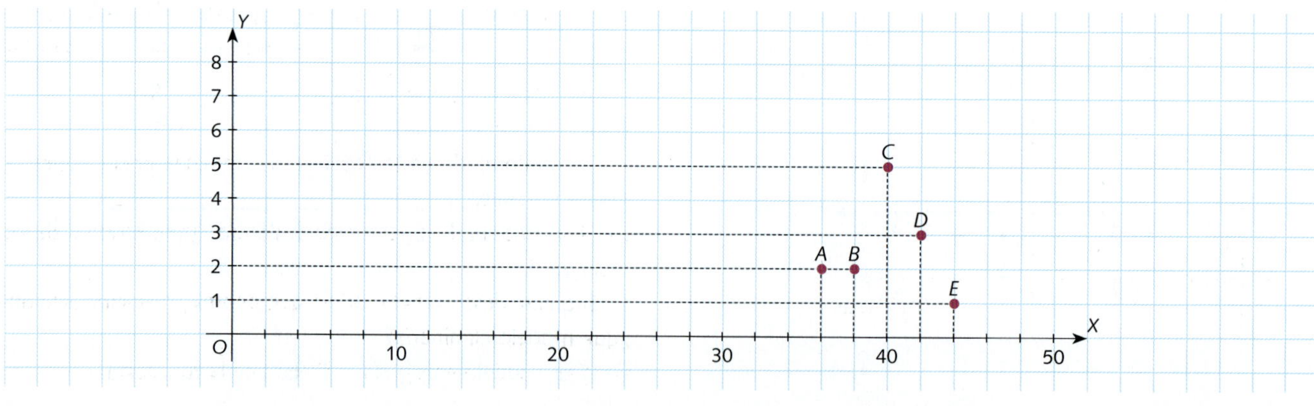

Interpretación de las gráficas de puntos

Las **gráficas de puntos** permiten interpretar un conjunto pequeño de datos, que representan un par de variables.

Problema resuelto

2

Los puntos *A*, *B*, *C* y *D* de la gráfica representan los coches de cuatro amigas: Ana, Laura, Raquel y María.

Averigua cuál es el coche de cada una teniendo en cuenta los siguientes datos:

- El coche de Laura es más barato que el de Ana.
- El coche de María es más barato y menos potente que el de Ana y Laura.
- El coche de Raquel es el más caro y el más potente de todos.

El punto *D* representa el coche de Raquel, porque su primera coordenada, o abscisa indica, que es el coche más caro, al ser mayor que las abscisas de los otros puntos.

Su segunda coordenada, o ordenada, indica que es el coche con más potencia, pues es mayor que las ordenadas de los otros puntos.

Como el coche de María es el más barato y menos potente que el de Ana y Laura, le corresponde el punto *A*, ya que sus dos coordenadas son menores que todas las de los otros puntos.

Ahora quedan por identificar los puntos *C* y *B*, que representan a los coches de Laura y de Ana.

El punto B se corresponde con el coche de Laura, porque, como el coche de Laura es más barato que el de Ana, su primera coordenada es menor que la primera coordenada del punto C.

Así que el punto B se corresponde con el coche de Laura y el C, con el de Ana.

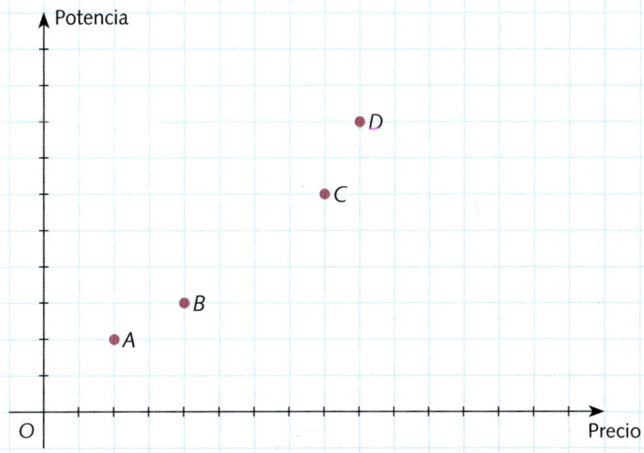

Actividades

7. La siguiente figura muestra los días que transcurren desde que cuatro amigos se abren una cuenta de Twitter (x) y el número de seguidores que han logrado (y). Contesta a las siguientes preguntas:

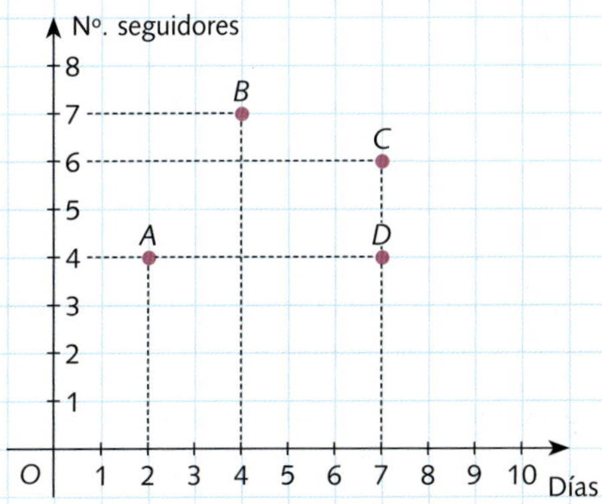

a) ¿Qué punto corresponde al amigo que ha conseguido más seguidores?

b) ¿Quién ha conseguido 4 seguidores?

c) Entre los puntos *C* y *D*, ¿cuál de los dos crees que corresponde al amigo más popular?

8. Fernando quiere comprar un coche y, para tomar la decisión correcta, puntúa del 1 al 10 las características de los seis coches que le interesan. Las puntuaciones asignadas serían: $A(9, 8)$, $B(4, 8)$, $C(6, 1)$, $D(7, 5)$, $E(7, 9)$, $F(1, 7)$, siendo x=precio e y=prestaciones.

a) Sitúa los modelos de los coches en una gráfica.

b) ¿Qué modelo le ofrece menos prestaciones?

c) Si su prioridad son los coches con muchas prestaciones, ¿qué modelo escogería?

d) Si su prioridad es gastar poco dinero, ¿qué modelo de coche escogería?

e) Si quiere descartar el modelo que peores prestaciones le ofrece, ¿qué modelo eliminaría?

f) ¿Qué modelo escogerías tú? Razona la respuesta.

2.2• Gráficas de trazos continuos

En ocasiones se pueden unir los puntos dibujados en una gráfica de puntos, formando rectas o curvas. Esto sucede cuando la variable *x* puede tomar cualquier valor real. (Ejemplo 10)

Ejemplo 10

- La variable *x*="número de hijos" toma solo valores que son números naturales: 0, 1, 2, 3, ... No se pueden tener 1,25 hijos. Para representar esta variable sólo se pueden utilizar gráficas de puntos; no gráficas de trazos continuos.
- La variable *x*="kilómetros recorridos en bicicleta", puede tomar cualquier valor real pues tiene sentido recorrer una distancia de 10,2 km o de 10,034 km.

En el eje de ordenadas se representa la variable *x*, llamada **variable independiente,** y en el eje de abscisas, la variable *y*, **variable dependiente.** Los valores de la variable *y* dependen de los valores de *x*.

Problema resuelto 3

Elías sube a un autobús y recorre 20 km en 15 min, antes de parar en una gasolinera. Retoma el camino 10 minutos después, recorriendo 25 km en 20 min. El autobús para 5 min, para recoger a Laura, y 15 min después llega a su destino a 70 km del inicio. Representar con una gráfica el recorrido del autobús.

Para representar el recorrido del autobús se definen las variables: *x*="tiempo del recorrido" e *y*="distancia recorrida". El recorrido del autobús tiene varios tramos:

- Del minuto 0 al minuto 15, recorre 20 km. La gráfica va del punto (0, 0) al punto (15, 20).
- Del minuto 15 al 25, el autobús está parado, no recorre más distancia. La gráfica va del punto (15, 20) al punto (25, 20).
- Del minuto 25 al minuto 45, recorre 25 km más. La gráfica de este tramo va del punto (25, 20) al punto (45, 45).
- Del minuto 45 al minuto 50, el autobús está parado, no recorre ninguna distancia. La gráfica va del punto (45, 45) al punto (50, 45).
- Del minuto 45 al minuto 65, se recorre el último tramo, hasta finalizar los 65 km. La gráfica de este tramo va del punto (50, 45) al (65, 70).

Los puntos a representar son: (15, 20), (25, 20), (45, 45), (50, 45) y (65, 70). Unimos los puntos y obtenemos una gráfica continua.

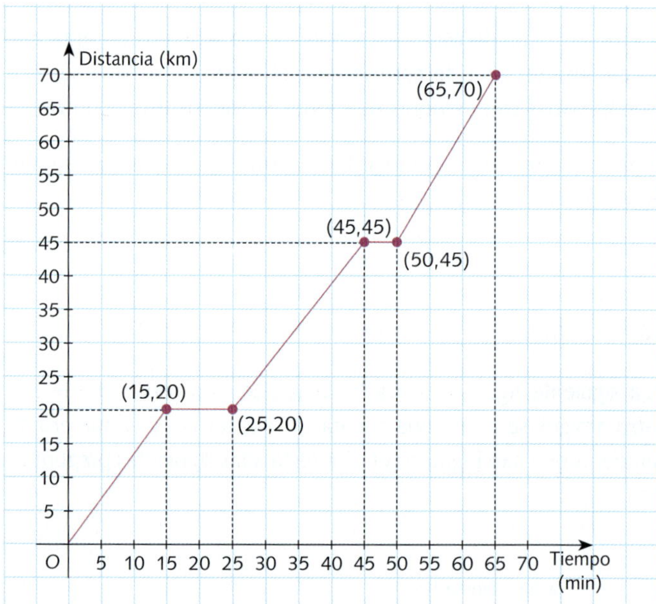

Actividades

9. La relación entre el número de alumnos y el de televisores en su casa de los compañeros de la clase de Juan es la siguiente: 9 alumnos tienen 1 televisor; 9 alumnos, tienen 2 televisores; 8 alumnos, tienen 3 televisores y 4 alumnos, tienen 4 televisores.

a) Representa los pares ordenados de puntos.

b) ¿Tiene sentido construir una gráfica continua?

10. Fernando encontró una libreta antigua donde su madre escribió su edad y su peso cuando era bebé.

Al nacer, pesó 3,800 kg; a los 3 meses, pesaba 8 kg; a los 6 meses, 9,450 kg; a los 9 meses, 12,125 kg y, a los 12 meses; pesaba 13,475 kg.

¿Puede Fernando construir una gráfica continua con estos datos?

Interpretación de las gráficas de trazos continuos

La gráfica que describe la relación entre dos variables permite obtener información de una manera más sencilla y visual.

Problema resuelto

4

La siguiente gráfica representa el perfil de una etapa de la vuelta ciclista a España, reflejando el espacio recorrido en kilómetros en el eje *X* y la altura a la que ascienden los ciclistas en metros en el eje *Y*.

Observando la gráfica responde estas preguntas:

a) ¿De cuántos kilómetros consta la etapa?

b) ¿Entre qué poblaciones discurre la carrera ciclista?

c) ¿En qué kilómetro y a qué altura se encuentra el punto más alto del recorrido?

d) ¿Cuántos metros han ascendido los ciclistas entre el Santuario y los Lagos de Covadonga? ¿Y cuántos kilómetros han recorrido desde el Santuario al final de la etapa?

a) Los kilómetros recorridos en esta etapa se reflejan en el eje *X*. Esta etapa consta de 152,2 km.

b) Comienza en Oviedo y termina en los Lagos de Covadonga.

c) El valor más alto que alcanza la gráfica en la variable *y* es 1 200 m, que corresponde con el kilómetro 150 de la etapa, así que el punto más alto del recorrido es (150, 1 200).

d) Para calcular la altura que ascienden los ciclistas desde el Santuario de Covadonga a los Lagos de Covadonga, se calcula la diferencia entre las alturas correspondientes: 1 100 − 220 = 880 m.

Los kilómetros recorridos en este tramo se calculan hallando la diferencia entre los kilómetros totales de la etapa y los kilómetros recorridos antes de iniciar este tramo: 152,2 − 140 = 12,2 km.

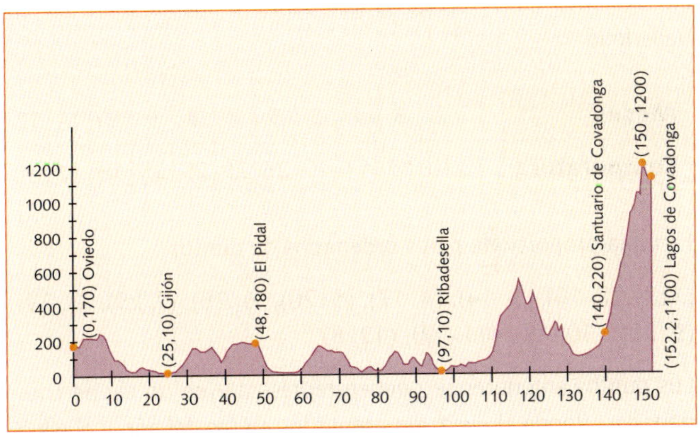

Actividades

11. La página web *Euribor Diario* ofrece gráficos del Euribor que permiten comprobar su evolución en los últimos años. Observa la siguiente gráfica y contesta a las preguntas:

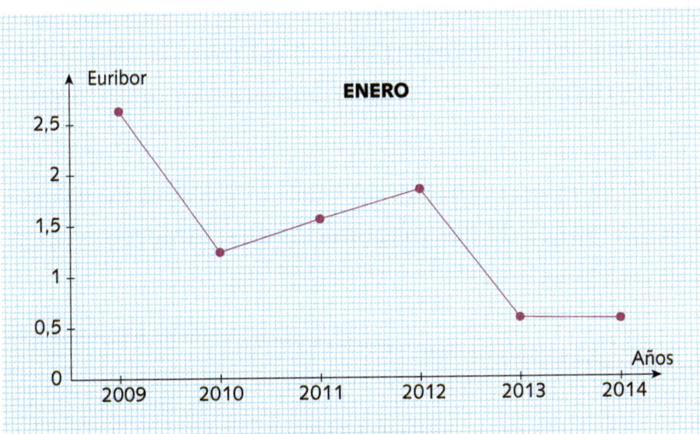

a) ¿Qué valor alcanza el Euribor en enero del año 2009? ¿Y en enero del año 2012? ¿Y en 2014?

b) ¿Qué puedes decir que pasó entre enero de 2010 y enero de 2012?

c) ¿Cuál es la diferencia entre el Euribor de enero del 2014 y enero del 2009?

12. La siguiente gráfica muestra la variación del ruido de una moto. El eje *Y* representa la intensidad de ruido en decibelios y el eje *X* es el tiempo en segundos.

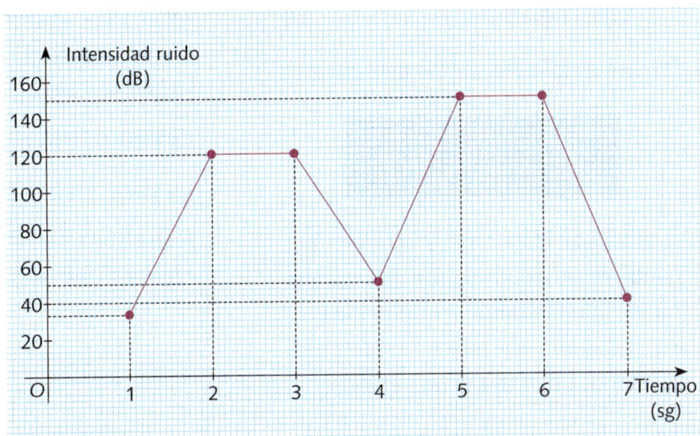

a) ¿Cuál ha sido la intensidad de ruido a los 2 segundos? ¿Y a los 3 segundos?

b) ¿En qué momento o momentos, la intensidad del ruido es de 60 decibelios?

c) ¿Cuánto tiempo dura el ruido a una intensidad de ruido de 150 decibelios?

3 Uso de tablas y gráficas

Para expresar la relación entre dos magnitudes se pueden utilizar **gráficas** o **tablas** de valores.

Una tabla de valores consta de una serie de pares ordenados de puntos.

Una gráfica es la representación en unos ejes de coordenadas de los pares ordenados de una tabla.

Conocida una **tabla** podemos **construir** una **gráfica.** (Ejemplo 11)

Ejemplo 11

La siguiente tabla recoge la temperatura media mensual en Valladolid.

Meses	1	2	3	4	5	5	7	8	9	10	11	12
Temperatura	7	10	14	17	20	26	29	29	25	18	12	8

La tabla proporciona pares ordenados de puntos:

(1, 7), (2, 10), (3, 14), (4, 17), (5, 20), (6, 26), (7, 29), (8, 29), (9, 25), (10, 18), (11, 12), (12, 8)

Los puntos anteriores se pueden representar en un eje de coordenadas, donde el eje *X* representa los meses del año y el eje *Y*, las temperaturas medias mensuales de Valladolid. Uniendo los puntos se obtiene la gráfica asociada a la tabla.

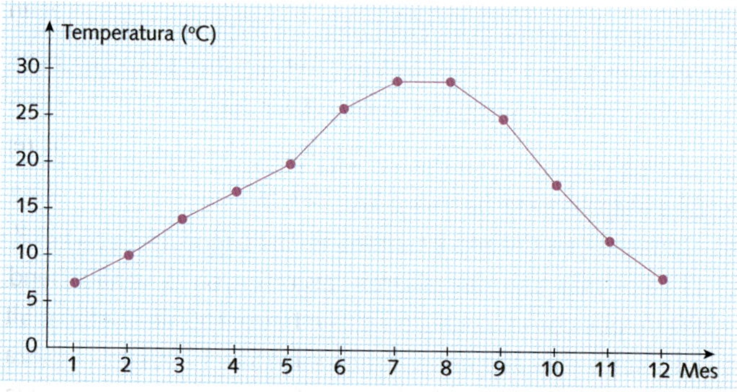

Conocida una **gráfica** podemos **elaborar** una **tabla.** Dada una gráfica como la del Ejemplo 11, basta con obtener las coordenadas cartesianas de puntos situados sobre la línea de la gráfica.

Proporcionalidad directa

La proporcionalidad directa es una relación entre dos magnitudes que consiste en que al multiplicar una de las variables por un número, la otra queda multiplicada por ese mismo número. Si aumenta la primera magnitud, entonces aumenta la segunda.

La proporcionalidad directa se puede representar mediante tablas de valores o gráficas. La representación gráfica de dos magnitudes directamente proporcionales es una recta. (Ejemplo 12)

Ejemplo 12

En una gasolinera vemos este cartel.

El precio de la gasolina y los litros que contiene un depósito son dos magnitudes directamente proporcionales. Su relación se puede representar mediante una tabla o una gráfica.

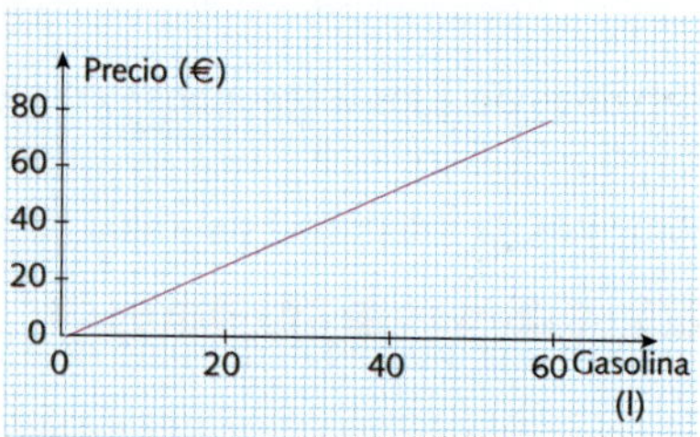

Actividades

13. Completa en tu cuaderno esta tabla de valores, sabiendo que son magnitudes directamente proporcionales. Dibuja su gráfica.

Kilogramos	1	2	3	10	30	150
Euros	2,5	5				

14. Una página web te ofrece la posibilidad de ponerte en contacto con otra persona que realice el mismo viaje que tú, de manera que podáis compartir coche a razón de 0,5 € el kilómetro recorrido. Elabora la tabla que representa esta relación entre los euros y los kilómetros y dibuja la gráfica correspondiente.

Técnicas de trabajo

La **elección de escalas** para los ejes de coordenadas es uno de los elementos más importantes a tener en cuenta al dibujar un gráfico.

Es conveniente utilizar **papel** con cuadrícula o milimetrado para que sea más fácil la representación de la gráfica.

CONSTRUCCIÓN DE UNA GRÁFICA

La prensa diaria y los medios de comunicación utilizan distintos tipos de gráficas para presentar información relacionada con aspectos de la vida cotidiana, tanto personales como sociales.

Para **elaborar** correctamente una **gráfica** se deben seguir los siguientes pasos:

1. **Buscar la información** necesaria en una fuente fiable. Por ejemplo, para elaborar una gráfica sobre el número de afiliados a la Seguridad Social en régimen general durante los últimos años se puede consultar la página web:
   http://www.segsocial.es/Internet_1/Estadistica/Est/AfiliacionAltaTrabajadores
2. **Identificar las variables** que vamos a representar. En este caso: x="fecha en la que se toma el dato de N.º de afiliados" e y="N.º de afiliados a la Seguridad Social".
3. **Elaborar una tabla.** En una tabla, los datos pueden estar dispuestos en filas o en columnas, indistintamente. En la tabla del margen se reflejan los datos de las variables identificadas x e y.
4. Elegir un **título** que se ajuste a la relación que estamos representando.
5. **Seleccionar una escala** que pueda subdividirse fácilmente. Una gráfica carece de significado si no se identifica cada eje con la cantidad medida y las unidades para medir.

   Al comenzar a asignar los valores en el papel, es recomendable marcar los valores en los ejes. Se puede marcar cada 1, 2, 5 o 10 cuadraditos y sus múltiplos o submúltiplos. En la gráfica 1, se observa que en el eje de ordenadas la escala empieza en 11 000 000 y va de 1 325 000 en 1 325 000. Esto dificulta la lectura e interpretación de la gráfica, lo cual no es aconsejable.

   Cada eje puede tener una escala distinta; no es necesario representar ambas cantidades en la misma escala ni que comiencen en cero.
6. Representar todos los pares de puntos de la tabla marcándolos con un punto o algún otro símbolo semejante.
7. Si es posible, unir cada par de puntos consecutivos con segmentos. La gráfica queda como la gráfica 2. Recuerda que no siempre se pueden unir, ya que cuando los valores solo tienen sentido con números enteros (número de hijos, número de ordenadores en una casa, etc.), la gráfica sería de puntos.

Fecha	Afiliados a la Seguridad Social en régimen general
31/12/01	11 747 040,00
31/12/02	12 087 569,00
31/12/03	12 420 983,00
31/12/04	12 947 234,00
31/12/05	13 706 569,00
31/12/06	14 338 759,00
31/12/07	14 719 806,00
31/12/08	13 862 376,00
31/12/09	13 275 386,00
31/12/10	13 161 364,00
31/12/11	12 816 948,00
31/12/12	12 017 519,00
31/12/13	11 926 982,00

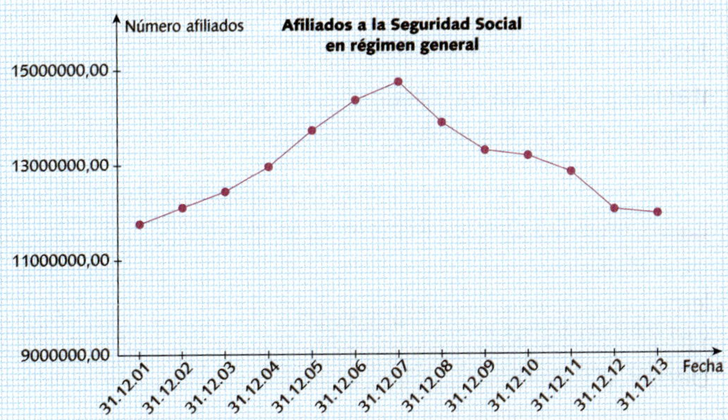

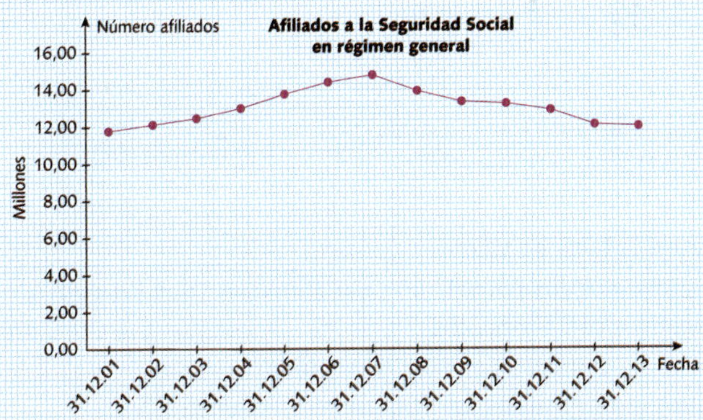

Actividades finales

1. Dibuja en tu cuaderno:

a) El primer cuadrante cartesiano.
b) Colorea de color verde el eje de abscisas.
c) Reresenta los puntos $A(5, 1)$ y $B(1, 5)$.

2. Representa en el plano los siguientes puntos:

$A(1, 2)$, $B(-1, 0)$, $C(3, -3)$, $D(-2, 2)$, $E(-1, 1)$

3. Escribe en tu cuaderno las coordenadas de los puntos situados en el siguiente eje de coordenadas:

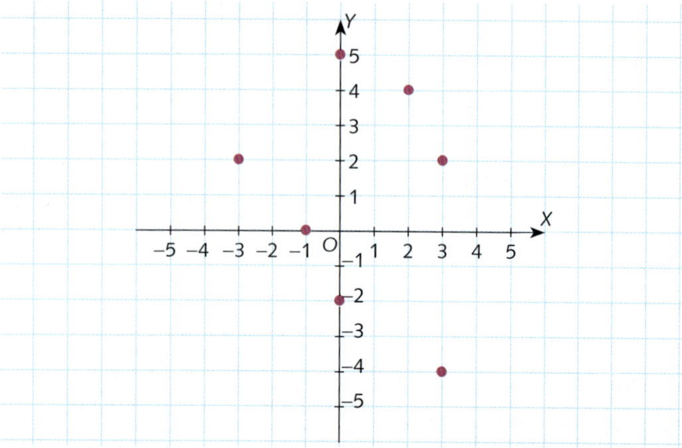

4. Un transportista decide registrar la cantidad de combustible que tiene en el tanque a lo largo de un viaje de 500 km y para ello representa los siguientes puntos en unos ejes coordenados. En el eje X representa los kilómetros recorridos y en el eje Y representa los litros que tiene en el tanque:

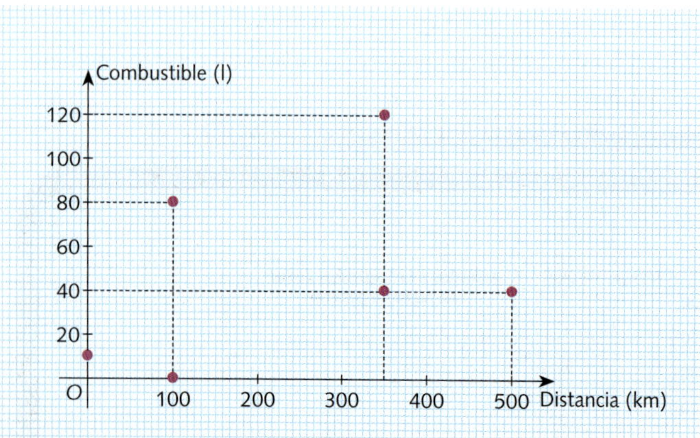

a) Construye la tabla de valores.
b) ¿Se pueden unir los puntos? En caso afirmativo, une los puntos consecutivos con segmentos.
c) ¿Con cuánto combustible inició el recorrido?
d) ¿Cuántos litros gastó en los 100 primeros kilómetros?
e) ¿En qué kilómetro el tanque tenía 80 litros?
f) ¿Cuántos litros consumió a lo largo de todo el viaje?

5. Los chicos de la escuela están vendiendo papeletas de una rifa para recaudar dinero para una salida. Deciden hacer un gráfico para llevar el control de las papeletas vendidas cada día.

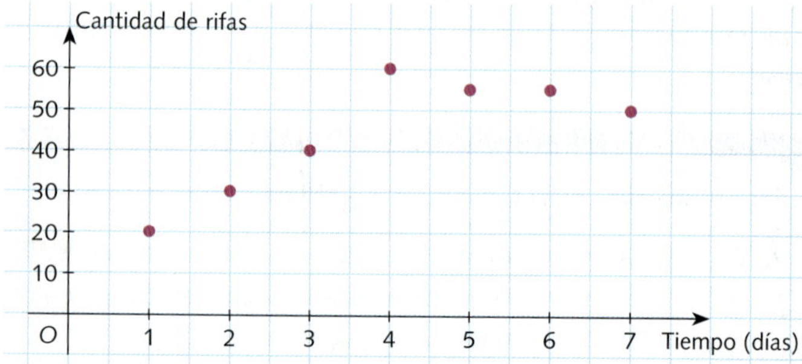

a) ¿Cuáles son las variables?
b) ¿Se pueden unir los puntos del gráfico?
c) ¿Cuántas papeletas vendieron el tercer día?
d) ¿Cuántas papeletas vendieron en 7 días?

6. Una familia realizó una salida a un parque que está a una distancia de 6 km. En el siguiente gráfico se representó la distancia a la que se encontraban de la casa a medida que transcurría el tiempo.

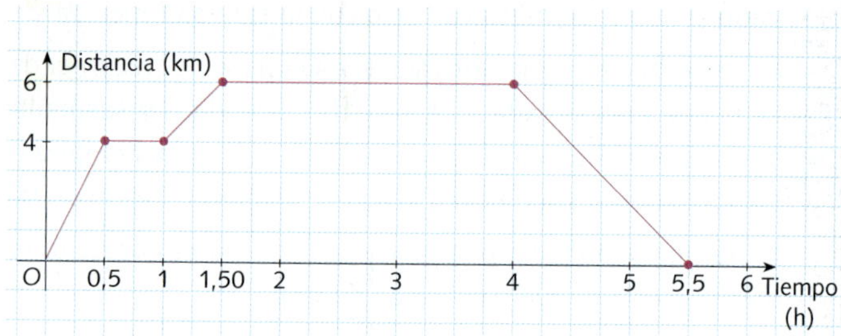

a) Si salieron de casa a las 10 h, ¿a qué hora llegaron al parque?
b) ¿Cuánto tiempo estuvieron en el parque?
c) A partir del gráfico anterior, ¿se puede decir que tardaron el mismo tiempo en ir y volver del parque? ¿Se movieron siempre a la misma velocidad?

7. Luis salió de su casa a las 8 de la mañana. Recorrió 200 m en 2 min y medio hasta llegar al portal de su amiga Elena y esperó 1 min a que bajase. Juntos recorrieron los 300 m que les faltaban para llegar a la estación de Metro a las 8:10 h.

a) Elabora una tabla de datos.
b) Representa gráficamente la situación.

8. ¿Alguna de las siguientes tablas corresponde a una gráfica de proporcionalidad directa? Representa los puntos de cada tabla en una gráfica.

Leche (en litros)	1	10	15	20
Calcio (en gramos)	1,2	12	18	24

Libros leídos	10	12	14	16
Libros que recomendaría	5	8	8	10

Unidad 2 Estadística

SUMARIO

1 Estudio estadístico

Estudio estadístico

La **recogida de datos** constituye el primer paso en un **estudio estadístico.** En algunos casos, se realiza mediante encuestas o censos. Después, se **organizan los datos** y se presentan mediante tablas y gráficas.

Las series de datos que se tratan en un estudio estadístico se obtienen al recoger información, generalmente sobre la sociedad en la que vivimos, que incluye datos como edades, estaturas, número de hijos, temperaturas alcanzadas, cantidad de lluvia recogida, etc.

El objetivo es sacar conclusiones para comprender mejor los comportamientos a partir de los datos estudiados.

INE

El Instituto Nacional de Estadística es el organismo encargado en España de realizar las principales encuestas y los censos más relevantes.

La **Estadística** es la parte de las Matemáticas que recoge, organiza y estudia una serie de datos para compararlos y sacar conclusiones.

En un estudio estadístico se denomina **población** al conjunto de **individuos** o elementos que presentan características comunes y que se quiere estudiar estadísticamente.

Cuando la población es muy grande y difícil de estudiar, se selecciona una parte de la población llamada **muestra.** La muestra debe ser representativa, de modo que el resultado del estudio estadístico sea muy próximo al obtenido con toda la población (Ejemplo 1).

Ejemplo 1

Los platos que se producen en una fábrica de cerámica diariamente constituyen una **población.**

Una **muestra** de esta población es un subconjunto de 1 000 platos, sobre los que se estudian ciertas características (grosor, simetría, color, etc.).

Cada uno de los platos es un **individuo** y el **dato,** por ejemplo, puede ser su tamaño, su peso o su forma.

1.1 Variables

Cada una de las características que se estudia en una población o muestra se denomina **variable** y se representa por la letra *x*. Una variable, *x*, puede tomar distintos valores llamados $x_1, x_2, x_3, \ldots$ (Ejemplos 2 y 3)

Ejemplo 2

Estudio estadístico sobre los alumnos de FP Básica que tienen tarifa de datos en su teléfono móvil.

- **Población:** los alumnos que cursan FP Básica.
- **Muestra:** los alumnos de una clase.
- **Individuo:** cada uno de los alumnos de una clase.
- **Variable:** tener *smartphone* con tarifa de datos. La variable puede tomar dos valores:

x_1 = Sí y x_2 = No

Ejemplo 3

Un estudio estadístico consiste en analizar el número de kilos de fruta que consume diariamente una familia en una población concreta.

La **población** está formada por todas las familias, pero, como son muchas, se escoge una muestra de 30 familias. En este estudio, los **individuos** son cada una de las 30 familias.

Las variables o datos son las respuestas de las 30 familias:

4, 3, 1, 3, 4, 2, 3 4, 5, 2, 2, 3, 2, 5, 4, 5, 4, 3, 2, 1, 6, 4, 4, 5, 4, 1, 5, 2, 2, 3

x="número de kilos de fruta que consume diariamente una familia".

La variable x puede tomar 6 valores diferentes:

$$x_1=1,\ x_2=2,\ x_3=3,\ x_4=4,\ x_5=5,\ x_6=6$$

Las variables se clasifican en dos tipos: (Ejemplo 4)

- **Cualitativas:** son datos que no pueden ser expresados con números.
- **Cuantitativas:** se expresan con números. Son discretas o continuas.
  - **Discretas:** si la variable toma valores que son números enteros.
  - **Continuas:** si la variable toma cualquier valor en un intervalo.

Ejemplo 4

- Son **variables cualitativas:** el color de coche, el estado civil de una persona o el sabor de un helado.
- Son **variables cuantitativas discretas:** goles a favor en un partido, el número de hijos o los meses del año.
- Son **variables cuantitativas continuas:** peso de fruta comprada, altura de un edificio o la distancia entre dos poblaciones.

Actividades

1. Clasifica estas variables en cualitativas, cuantitativas discretas o cuantitativas continuas:

a) Altura de los jugadores del equipo de baloncesto.
b) Marcas de teléfono móvil más vendidas.
c) Número de libros leídos durante el último año.
d) Religión que se profesa.
e) Litros de lluvia recogidos en Vigo en enero.

2. Para la variable x="transporte utilizado para ir al trabajo", escribe cuatro valores que puede tomar. ¿Es una variable cuantitativa o cualitativa?

2 Tablas de frecuencias

Para realizar un estudio estadístico, después de recoger los datos, x_i, estos se ordenan para que sea más fácil su recuento. Primero, vamos a aprender a manejar las **tablas de frecuencias** en el caso de **variables discretas,** que solo toman valores aislados. (Ejemplo 5)

Ejemplo 5

En una sociedad médica, se tomó una muestra entre sus asegurados para averiguar cuántas veces han acudido al médico durante el último año. Los resultados fueron:

5, 2, 5, 2, 3, 2, 7, 4, 5, 2

Lo primero que hay que hacer es ordenar los datos de menor a mayor:

2, 2, 2, 2, 3, 4, 5, 5, 5, 7

Los valores que toma la variable x="número de veces que un asegurado acude al médico" son: $x_1=2$, $x_2=3$, $x_3=4$, $x_4=5$, $x_5=7$.

La **frecuencia absoluta** de una variable x_i es el número de veces que se repite cada valor x_i. Se denomina $\boldsymbol{f_i}$.

La **suma** de todas las **frecuencias absolutas** es igual al número total de datos, $\boldsymbol{N}$.

Esta información se muestra en una **tabla de frecuencias.** (Ejemplo 6)

Ejemplo 6

En el anterior ejemplo, los valores que toma la variable x son:

$$x_1=2,\ x_2=3,\ x_3=4,\ x_4=5,\ x_5=7$$

- El valor $x_1=2$ se repite 4 veces, por lo que su frecuencia absoluta es $f_1=4$.
- El valor $x_2=3$ se repite 1 vez, por lo que su frecuencia absoluta es $f_2=1$.
- El valor $x_3=4$ se repite 1 vez, por lo que su frecuencia absoluta es $f_3=1$.
- El valor $x_4=5$ se repite 3 veces, por lo que su frecuencia absoluta es $f_4=3$.
- El valor $x_5=7$ se repite 1 vez, por lo que su frecuencia absoluta es $f_5=1$.

Y se cumple:

$$N=f_1+f_2+f_3+f_4+f_5=4+1+1+3+1=10$$

La tabla de frecuencias es la siguiente:

$\boldsymbol{x_i}$	$\boldsymbol{f_i}$
2	4
3	1
4	1
5	3
7	1
	$\boldsymbol{N}=10$

En las tablas de frecuencias se pueden añadir columnas de frecuencias relativas, porcentajes, frecuencias absolutas acumuladas y frecuencias relativas acumuladas.

La **frecuencia relativa** de una variable x es el cociente entre su frecuencia absoluta f_i y el número total de datos. Se denomina $\mathbf{h_i = \frac{f_i}{N}}$.

La **suma** de todas las **frecuencias relativas** es igual a 1.

El **porcentaje, p_i,** es el producto de la frecuencia relativa por 100, $p_i = h_i \cdot 100$. La suma de todos los porcentajes es igual a 100. (Ejemplo 7)

Ejemplo

7

En la tabla de frecuencias del ejemplo anterior $N = 10$.

Para calcular la frecuencia relativa, h_1, se divide $f_1 = 4$ entre $N = 10$:

$$h_1 = 4 : 10 = 0,4$$

Del mismo modo se calcula el resto de las frecuencias relativas y se anotan en la tabla. Además, se cumple:

$$h_1 + h_2 + h_3 + h_4 + h_5 = 0,4 + 0,1 + 0,1 + 0,3 + 0,1 = 1$$

Para calcular el porcentaje p_1, se multiplica h_1 por 100:

$$p_1 = 0,4 \cdot 100 = 40\%$$

Sumando todos los porcentajes de la tabla:

$$p_1 + p_2 + p_3 + p_4 + p_5 = 40 + 10 + 10 + 30 + 10 = 100$$

x_i	f_i	h_i	p_i
2	4	**0,4**	**40%**
3	1	0,1	10%
4	1	0,1	10%
5	3	0,3	30%
7	1	0,1	10%
	N = 10	**1**	**100%**

Frecuencias acumuladas

La **frecuencia absoluta acumulada** de un dato, x_i, se obtiene sumando a la frecuencia absoluta de ese dato, f_i, las frecuencias absolutas de todos los datos anteriores. Se denomina $\mathbf{F_i}$. (Ejemplo 8)

En cualquier estudio estadístico, la frecuencia absoluta acumulada del primer dato coincide con su frecuencia absoluta: $F_1 = f_1$.

La **frecuencia relativa acumulada** de un dato, x_i, es el cociente que resulta de dividir la frecuencia absoluta acumulada del dato, F_i, entre el número total de datos, N. Se denomina $\mathbf{H_i}$.

El **porcentaje acumulado** de un dato, x_i, es el resultado de multiplicar la frecuencia absoluta acumulada del dato, F_i, por 100. Se denomina $\mathbf{P_i}$.

Frecuencias y redondeo

A veces, la suma de las frecuencias relativas no es exactamente 1; el motivo es que el redondeo a una o dos cifras puede conllevar una pérdida de exactitud en los cálculos.

Ejemplo 8

En la tabla del Ejemplo 6, la frecuencia absoluta de $x_2=3$ es el resultado de sumar su frecuencia absoluta $f_2=1$ y la frecuencia absoluta de $x_1=2$, $f_1=4$. Es decir, $F_2=f_1+f_2=4+1=5$.

La frecuencia absoluta acumulada del dato $x_3=4$ es: $F_3=f_1+f_2+f_3=4+1+1=6$ y así sucesivamente.

Para calcular la frecuencia relativa H_1, se divide $F_1=4$ entre $N=10$. Es decir, $H_1=4:10=0{,}4$.

Del mismo modo se calculan el resto de las frecuencias relativas acumuladas y se anotan en la tabla.

Para calcular el porcentaje acumulado P_1, se multiplica $H_1=0{,}4$ por $N=10$. Por tanto, $P_1=0{,}4\cdot 100=40\%$.

Del mismo modo se calculan el resto de los porcentajes acumulados y se anotan en la tabla.

La tabla de frecuencias queda así:

x_i	f_i	h_i	p_i	F_i	H_i	P_i
2	4	0,4	40%	4	0,4	40%
3	1	0,1	10%	5	0,5	50%
4	1	0,1	10%	6	0,6	60%
5	3	0,3	30%	9	0,9	90%
7	1	0,1	10%	10	1	100%
	N=10	1	100%			

Frecuencia absoluta acumulada en variables cuantitativas

Tiene sentido calcular la frecuencia absoluta acumulada cuando se trata de una **variable cuantitativa,** porque los datos se pueden ordenar de menor a mayor. (Ejemplo 9)

Ejemplo 9

En la tabla del Ejemplo 8, ¿cuántos valores hay menores o iguales que $x_2=3$?

Hay 5 valores: 2, 2, 2, 2, 3; por tanto, $F_3=5$.

Las **frecuencias acumuladas** no se calculan para **variables cualitativas** que no permiten ser ordenadas de menor a mayor. (Ejemplo 10)

Ejemplo 10

Se pregunta a 15 personas sobre su color de coche favorito y responden: azul, blanco, blanco, negro, blanco, negro, rojo, blanco, rojo, rojo, azul, blanco, negro, blanco, rojo.

Para elaborar la tabla de frecuencias, primero se ordenan los datos, haciendo un recuento del número de personas que han escogido cada color como favorito. Después, se calculan las frecuencias relativas y los porcentajes correspondientes.

x_i	f_i	h_i	p_i
Azul	2	0,13	13%
Blanco	6	0,4	40%
Negro	3	0,2	20%
Rojo	4	0,26	26%

Actividades

3. Realiza un estudio entre tus compañeros de clase sobre el número de horas a la semana que se conectan a redes sociales.

Elabora una tabla para presentar los datos recogidos, anotando en ella las frecuencias absolutas, frecuencias relativas y los porcentajes.

4. Un controlador del SER (Servicio de estacionamiento regulado) anota durante un mes el número de infracciones que denuncia cada día. 3, 5, 1, 4, 3, 3, 4, 2, 1, 1, 1, 4, 5, 3, 2, 5, 3, 3, 2, 1, 4, 4, 2, 1, 3, 4, 5, 3, 3, 2. Elabora una tabla de frecuencias. ¿Cuántos días denunció tres infracciones el controlador? ¿Y cuántos días denunció tres o menos infracciones?

Tabla de frecuencias con datos agrupados en intervalos

Cuando el estudio estadístico se realiza con muchos datos, primero se organizan en **intervalos.** Para realizar la tabla de frecuencias, se siguen estos pasos:

- Se toman el dato de mayor valor, *b,* y el de menor valor, *a,* y se restan. Esta diferencia es el **rango** o **recorrido** $r=b-a$.
- Se establece el **número de intervalos** con los que vamos a trabajar, normalmente entre 6 y 15. Se toman más intervalos cuanto mayor sea el rango de datos.
- Se calcula la **amplitud de cada intervalo.** Se busca el primer número múltiplo del número de intervalos elegido en el punto anterior, que sea mayor o igual que el recorrido. Se divide ese múltiplo entre el número de intervalos para conocer la amplitud de cada intervalo.
- Se **forman los intervalos,** de modo que el extremo inferior del primer intervalo sea algo menor que *a* y el extremo superior del último intervalo, algo mayor que *b.* El punto medio de un intervalo es su **marca de clase,** x_i, y representa a el intervalo.

Intervalos

La amplitud de un intervalo es la diferencia entre sus extremos:

La amplitud de [0, 5) es $5-0=5$.

Cálculo de las frecuencias con datos agrupados en intervalos

La frecuencia de cada intervalo se calcula contando el número de datos comprendido dentro del intervalo.

Hay que tener en cuenta que el extremo inferior del intervalo está contenido en el mismo pero el extremo superior no lo está.

Problema resuelto

1

La policía organiza una mesa redonda sobre Seguridad en la red a la que acuden 40 personas cuyas edades son:

23, 12, 15, 32, 24, 15, 28, 49, 33, 41, 35, 32, 38, 42, 43, 36, 34, 29, 25, 17, 37, 34, 36, 39, 44, 31, 26, 20, 15, 13, 22, 27, 47, 39 ,37,34, 32, 20, 40, 45.

Para crear un perfil sobre el público interesado en este tema, deciden elaborar una tabla de frecuencias con las edades de los asistentes. Elabora dicha tabla.

- El recorrido es $r=49-12=37$.
- Se toman, por ejemplo, 6 intervalos. El primer múltiplo de 6 mayor que 37 es 42 ($6\cdot 7=42$). Dado que $42:6=7$, la amplitud de cada intervalo debe ser 7.
- Se forman los intervalos: se toma como extremo inferior del primer intervalo un número inferior a 12 y como extremo superior del último intervalo, un número mayor que 49. Se puede comenzar con el 10 y terminar con el 52. Los intervalos formados son: [10, 17), [17, 24), [24, 31), [31, 38), [38, 45), [45, 52) La marca de clase del intervalo [10, 17) es su punto medio $(10+17):2=13{,}5$; la marca de clase del intervalo [17, 24) será $(17+24):2=20{,}5$; y así sucesivamente.

Para calcular las frecuencias de los intervalos, se ordenan los datos de menor a mayor:

12, 13, 15, 15, 15, 17, 20, 20, 22, 23, 24, 25, 26, 27, 28, 29, 31, 32, 32, 32, 33, 34, 34, 34, 35, 36, 36, 37, 37, 38, 39, 39, 40, 41, 42, 43, 44, 45, 47, 49

La frecuencia del intervalo [10, 17) es 5, pues los datos 12, 13, 15, 15, 15 pertenecen a ese intervalo. La frecuencia del intervalo [17, 24) es 5. Y así sucesivamente.

Intervalos	x_i	f_i	h_i	F_i	H_i
[10, 17)	13,5	5	0,125	5	0,125
[17, 24)	20,5	5	0,125	10	0,25
[24, 31)	27,5	6	0,15	16	0,4
[31, 38)	34,5	13	0,325	2 9	0,725
[38, 45)	41,5	8	0,2	37	0,925
[45, 52)	48,5	3	0,075	40	1

Actividades

5. En un autobús de la línea Madrid-Murcia se preguntó la edad a todos los viajeros obteniendo los siguientes resultados:

15, 76, 65, 16, 42, 36, 42, 61, 19, 36, 47, 30, 45, 29, 73, 69, 34, 23, 22, 21, 33, 27, 55, 58, 58, 17, 4, 17, 48, 25, 36, 11, 4, 54, 70, 51, 34, 26, 10, 20, 50, 35

Reparte los datos en 9 intervalos y elabora la tabla de frecuencias.

6. Las notas de matemáticas en una clase de FP Básica son las siguientes:

6,8; 3,2; 6,0; 3,4; 6,3; 3,5; 7,0; 5,0; 6,5; 3,1; 2,4; 5,8; 3,8; 6,5; 6,2; 5,7; 5,2; 6,4; 5,1; 3,2; 6,9; 8,0; 8,3; 7,0; 5,0; 5,2; 7,6; 2,1; 8,3; 3,0; 1,4

Reparte los datos en 6 intervalos y elabora la tabla de frecuencias.

3•• Gráficos estadísticos

Frecuencias para gráficas

Para dibujar los diagramas de barras y los histogramas, suelen utilizarse las frecuencias absolutas, aunque también se pueden utilizar las frecuencias relativas.

Un gráfico estadístico es una herramienta utilizada para presentar una serie de datos estadísticos de forma visual, facilitando la comparación de datos. A continuación se muestran las gráficas estadísticas más utilizadas.

3.1• Diagramas de barras

Un **diagrama de barras** es un gráfico formado por barras rectangulares que representan variables cualitativas o cuantitativas discretas.

Para representar un diagrama de barras, se dibuja un eje de coordenadas:

- En el eje de abscisas se representan los valores de la variable.
- En el eje de ordenadas se marcan las frecuencias absolutas correspondientes a los valores de las variables y se dibujan las barras, todas con el mismo ancho, con una altura proporcional a sus frecuencias absolutas. (Ejemplo 11)

Ejemplo 11

- Representación en un diagrama de barras de la cantidad de ocupantes por coche que pasan por un peaje durante 10 minutos.

N.º ocupantes	N.º coches
1	8
2	7
3	5
4	4
5	6

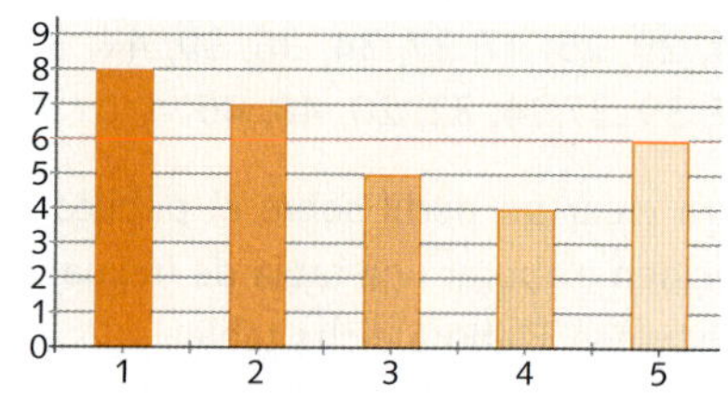

- Representación en un diagrama de barras del color de pelo de alumnos de una clase.

Color pelo	N.º alumnos
Moreno	10
Castaño oscuro	13
Castaño claro	7
Rubio	6
Pelirrojo	1

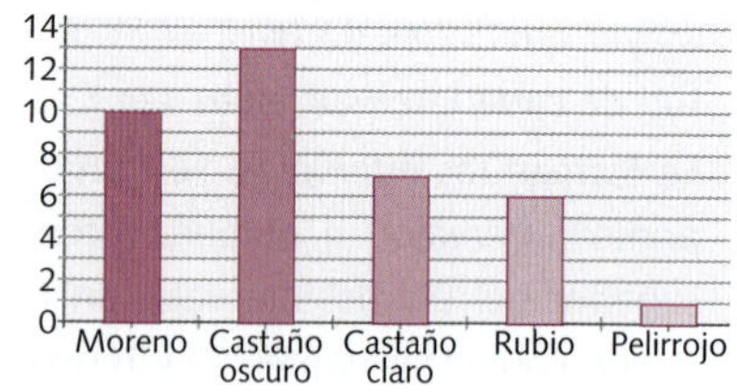

3.2• Histogramas

Rectángulos de los histogramas

En un histograma los rectángulos son proporcionales a las respectivas frecuencias y, a diferencia de lo que sucede en el diagrama de barras, en el histograma los rectángulos se tocan.

Un **histograma** es una representación gráfica utilizada para representar variables cuantitativas continuas, cuando los datos se agrupan en intervalos, que está formada por barras rectangulares contiguas.

Para representar un histograma, se dibuja un eje de coordenadas:

- En el eje de abscisas se marcan los extremos de los intervalos de clase de la variable continua.
- En el eje de ordenadas se marcan las frecuencias absolutas y se dibujan los rectángulos, cuya base son los intervalos y cuya altura es la respectiva frecuencia absoluta o relativa. (Ejemplo 12)

Ejemplo

12

Representación mediante un histograma de los resultados obtenidos al realizar 40 preguntas sobre normas de circulación a una muestra de 250 conductores.

N.º aciertos	f_i
[0, 10)	24
[10, 20)	95
[20, 30)	83
[30, 40)	48

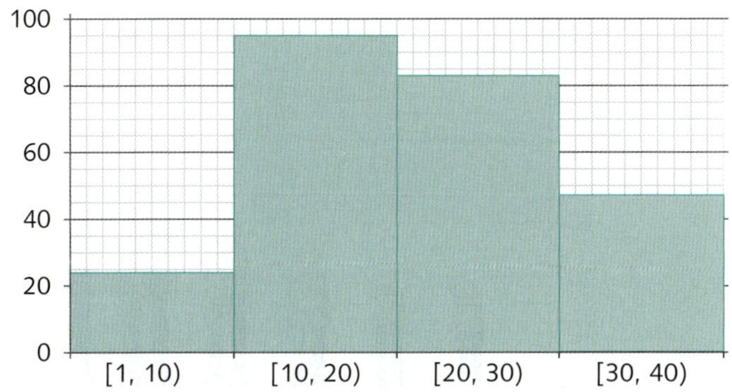

3.3• Diagramas de sectores

Los **diagramas de sectores** representan, mediante un círculo dividido en sectores circulares, un conjunto de datos cualitativos o cuantitativos. (Ejemplo 13)

El ángulo de cada sector del círculo es proporcional a la frecuencia absoluta del dato correspondiente y se calcula con la siguiente expresión:

$$\alpha_i = \frac{360^\circ}{N} \cdot f_i$$

α_i: grados del sector
N: número total de datos
f_i: frecuencia de cada dato

Ejemplo

13

x_i	f_i	α_i
1	2	$\alpha_1 = \frac{360^\circ}{25} \cdot 2 = 28,8^\circ$
2	5	$\alpha_2 = \frac{360^\circ}{25} \cdot 5 = 72^\circ$
3	5	$\alpha_3 = \frac{360^\circ}{25} \cdot 5 = 72^\circ$
4	8	$\alpha_4 = \frac{360^\circ}{25} \cdot 8 = 115,2^\circ$
5	4	$\alpha_5 = \frac{360^\circ}{25} \cdot 4 = 57,6^\circ$
6	1	$\alpha_6 = \frac{360^\circ}{25} \cdot 1 = 14,4^\circ$
	***N*=25**	

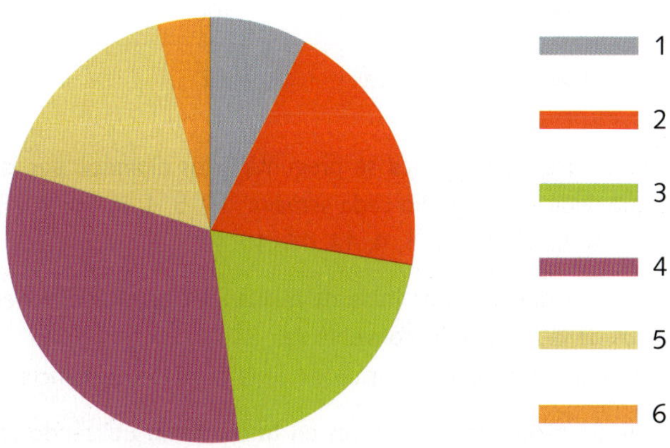

3.4• Pictogramas

Un **pictograma** es un diagrama de barras que utiliza símbolos alusivos a los datos que va a representar. El tamaño de los símbolos es proporcional a las frecuencias que representan. Los pictogramas se utilizan en variables cualitativas y cuantitativas discretas. Son muy expresivos, pero poco precisos. (Ejemplo 14)

Ejemplo 14

En la siguiente tabla se reflejan los datos de población entre los años 1900 y 2010 (Fuente: INE).

Año	Población española
1900	18 855 668
1920	22 125 480
1940	26 388 311
1960	30 903 137
1980	37 742 561
2000	40 499 791
2010	45 989 016

El pictograma correspondiente a estos datos es el siguiente:

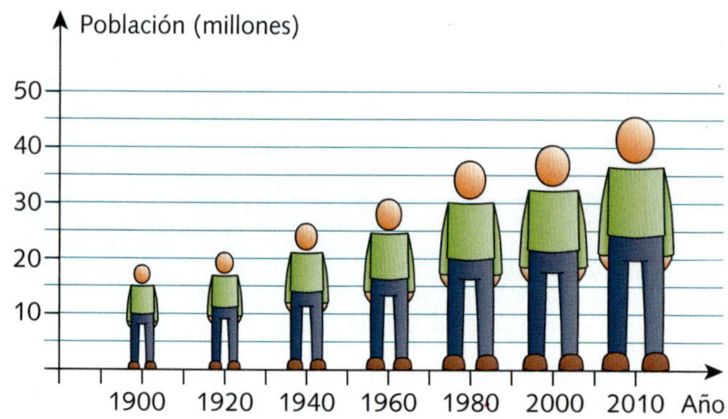

Actividades

7. Dibuja en tu cuaderno un diagrama de barras que refleje las preferencias de vacaciones de los empleados de una empresa recopiladas en la siguiente tabla:

Vacaciones	Empleados
1.ª quincena julio	30
2.ª quincena julio	45
1.ª quincena agosto	75
2.ª quincena agosto	100
1ª quincena septiembre	52

8. En una clase de FP Básica se pregunta a los alumnos por las horas que dedican al estudio cada semana: 16, 5, 1, 8, 10, 20, 3, 2, 5, 12, 10, 8, 10, 16, 6, 3, 4, 12, 16, 10.

a) Ordena los datos en una tabla de frecuencias agrupándolos en intervalos de la forma más conveniente.

b) Representa gráficamente los datos de la tabla de frecuencias.

9. Dibuja un diagrama de sectores en tu cuaderno utilizando los datos de la anterior actividad.

10. Construye en tu cuaderno un histograma a partir de la siguiente tabla de frecuencias que recoge las estaturas de 40 alumnos de FP Básica:

Intervalos	f_i
[150, 155)	5
[155, 160)	6
[160,165)	9
[165,170)	7
[170,175)	7
[175,180)	4
[180,185)	2
[185,190)	1

11. Distribuye las estaturas de las jugadoras de un equipo de fútbol femenino en intervalos y elabora la tabla de frecuencias.

1,65; 1,74; 1,69; 1,73; 1,74; 1,58; 1,51; 1,68; 1,63; 1,72; 1,80; 1,59; 1,67; 1,55; 1,78; 1,76; 1,66; 1,71; 1,70; 1,59; 1,58; 1,81; 1,73; 1,82; 1,60; 1,72; 1,70

4•• Parámetros estadísticos

Un **parámetro estadístico** es un número que sintetiza la información obtenida a partir de una tabla o gráfica estadística. Existen tres tipos de parámetros estadísticos: medidas de centralización, de posición y de dispersión.

4.1• Medidas de centralización

Las **medidas de centralización** son la **media,** la **mediana** y la **moda.**

La **media,** $\bar{x}$**,** es el valor obtenido al sumar todos los datos y dividir el resultado entre el número total de datos:

$$\bar{x} = \frac{x_1 \cdot f_1 + x_2 \cdot f_2 + \ldots + x_n \cdot f_n}{N}$$

La **mediana,** M_e**,** es el valor que ocupa la posición central, de tal forma que la mitad de los datos son menores que M_e y la otra mitad mayores que M_e.

Para **calcular la mediana**, se ordenan los datos de menor a mayor y se procede así:

- Si el número de datos es impar: la mediana es el valor central.
- Si el número de datos es par: la mediana es el resultado de sumar los dos valores centrales y dividir el resultado entre dos. (Ejemplo 15)

Ejemplo 15

En un ascensor suben 5 personas, cuyos pesos son: 56 kg, 84 kg, 96 kg, 73 kg y 66 kg. Los valores que toma la variable x="peso de una persona" en esta distribución son: $x_1=56$, $x_2=84$, $x_3=96$, $x_4=73$ y $x_5=66$.

La media de esta variable es el peso medio y su cálculo es:

$$\bar{x} = \frac{56+84+96+73+66}{5} = 75 \text{ kg}$$

Como hay 5 datos, el valor central es el que ocupa la tercera posición después de ordenarlos: 56, 66, **73,** 84, 96. Por tanto, la mediana es $M_e=73$.

Si se añade a los datos el peso de una persona que pesa 85 kg, los datos ordenados son: 56, 66, 73, 84, 85 y 96. Por tanto, la mediana es: $M_e = \frac{73+84}{2} = 78,5$, ya que 73 y 84 son los valores centrales.

Cálculo de parámetros estadísticos en variables cuantitativas continuas

Si los datos están agrupados por intervalos, para calcular los parámetros estadísticos se toma x_i la marca de clase.

A mayor dispersión de datos menor representatividad de la media

Si el sueldo mensual medio en Europa es de 2 000 €, puede significar dos cosas: o bien todos los europeos ganan 2 000 € o bien unos ganan más de 2 000 € y otros menos de 2 000 €. Para saber si la media refleja bien la realidad, se debe acompañar de algún parámetro de dispersión.

Varios valores de M_o

Si varios datos tienen la misma frecuencia absoluta, la moda toma varios valores.

Por ejemplo, las terminaciones premiadas en la lotería en los últimos diez sorteos han sido: 2, 8, 0, 3, 7, 5, 1, 5, 6, 2. En este caso, la moda son las terminaciones 2 y 5.

La **moda, M_o**, es el valor que más se repite entre todos los datos de una distribución estadística, es decir, es el valor que tiene mayor frecuencia absoluta. La moda es la única medida de centralización que puede utilizarse tanto con variables cualitativas como cuantitativas. (Ejemplo 16)

Ejemplo 16

- Este calendario corresponde a las temperaturas alcanzadas en Madrid durante el mes de septiembre.

  Se puede observar que la temperatura que más se repite es 33 °C. Por tanto, $M_o = 33$ °C.

L	M	X	J	V	S	D
35 °C	36 °C	35 °C	33 °C	30 °C	31 °C	34 °C
33 °C	31 °C	30 °C	33 °C	32 °C	33 °C	33 °C
30 °C	27 °C	28 °C	27 °C	26 °C	25 °C	24 °C
27 °C	25 °C	24 °C	23 °C	23 °C	25 °C	26 °C
23 °C	22 °C					

- En una fiesta se consumen 23 litros de cerveza, 10 de refresco de cola, 13 de vino y 12 de agua.

  La variable que más se ha consumido es la cerveza. Por tanto, M_o = Cerveza.

Bebida	N.º litros
Cerveza	23
Refresco	10
Vino	13
Agua	12

4.2• Medidas de dispersión

Las medidas de dispersión son: el **rango o recorrido**, la **varianza**, la **desviación típica** y el **coeficiente de variación.**

Información de las medidas de dispersión

Las medidas de dispersión indican si los valores de la muestra están muy agrupados o muy dispersos respecto de la media.

El rango o recorrido da una primera idea de si los datos están muy agrupados o muy separados.

El rango o recorrido es la diferencia entre el valor mayor y el menor de los valores que toma la variable estadística.

La **varianza** es la media de los cuadrados de las diferencias de cada valor, x_i, con la media, $\bar{x}$. Se representa por σ^2 y se calcula mediante las expresiones:

$$\sigma^2 = \frac{(x_1-\bar{x})^2\cdot f_1+\ldots+\left(x_n-\bar{x}\right)^2\cdot f_n}{N} \text{ o } \sigma^2 = \frac{x_1^2\cdot f_1+\ldots+x_n^2\cdot f_n}{N}-\bar{x}^2$$

La **desviación típica** da información sobre cómo se desvían los datos respecto a la media. Cuanto mayor sea la desviación típica, más alejados están los datos de la media.

Se calcula aplicando la raíz cuadrada a la varianza y se representa por σ:

$$\sigma = \sqrt{\frac{(x_1-\bar{x})^2\cdot f_1+\ldots+\left(x_n-\bar{x}\right)^2\cdot f_n}{N}} \text{ o } \sigma = \sqrt{\frac{x_1^2\cdot f_1+\ldots+x_n^2\cdot f_n}{N}-\bar{x}^2}$$

Información de la desviación típica

La desviación típica permite deducir cómo es la concentración de datos alrededor de la media, ya que cuanto más pequeña sea la desviación típica, más datos estarán situados alrededor de la media.

Problema resuelto 2

Se pregunta a 40 jóvenes el número de entrevistas de trabajo que han realizado durante el último mes, obteniéndose los siguientes resultados:

N.º de entrevistas	0	1	2	3	4	5
Frecuencia	9	8	10	6	5	2

Calcula las medidas de dispersión de esta distribución.

Para calcular las medidas de dispersión elaboramos una tabla:

x_i	f_i	$x_i \cdot f_i$	$x_i^2 \cdot f_i$
0	9	0	0
1	8	8	8
2	10	20	40
3	6	18	54
4	5	20	80
5	2	10	50
	40	76	232

Calculamos la media:

$$\bar{x} = \frac{0+8+20+18+20+10}{40} = \frac{76}{40} = 1,9$$

Luego, calculamos la varianza:

$$\sigma^2 = \frac{0+8+40+54+80+50}{40} - 1,9^2 =$$

$$= \frac{232}{40} - 1,9^2 = 5,8 - 3,61 = 2,19$$

La desviación típica es la raíz cuadrada de la varianza:

$$\sigma = \sqrt{2,19} = 1,48$$

La relación entre la media y la desviación típica se conoce como **coeficiente de variación *CV*,** y se calcula así: $CV = \frac{\sigma}{\bar{x}}$.

Problema resuelto 3

En la clase de 2.º A, el número medio de suspensos ha sido de 1,8 con una desviación típica de 1,7, mientras que en la clase de 2.º B la media de suspensos ha sido de 3,1 con una desviación típica de 2,4. Compara la dispersión de las notas en ambos grupos.

Calculamos el coeficiente de variación en la clase de 2.º A:

$$CV_A = \frac{\sigma}{\bar{x}} = \frac{1,7}{1,8} = 0,94 \rightarrow 94\%$$

Calculamos el coeficiente de variación en la clase de 2.º B:

$$CV_B = \frac{\sigma}{\bar{x}} = \frac{2,4}{3,1} = 0,77 \rightarrow 77\%$$

La clase de 2.º A tiene mayor coeficiente; es decir, en 2.º A las notas son más heterogéneas.

Características del coeficiente de variación

El coeficiente de variación es menor que uno, aunque para su mejor interpretación se puede expresar como porcentaje.

El coeficiente de variación no posee unidades, por lo que permite comparar entre dos muestras o dos variables estadísticas cuál es la que presenta mayor dispersión.

Actividades

12. En una empresa hacen un estudio estadístico sobre el número de veces que sus empleados han acudido al médico durante el último año. Los resultados son: 5, 2, 5, 2, 3, 2, 7, 4, 5, 2.

Calcula la moda, la media y la mediana.

13. Los sueldos, en euros, de los empleados de una fábrica son: 900 €, 900 €, 1 200 €, 1 200 €, 900 €, 900 €, 1 500 €, 2 200 €, 900 €, 900 €, 1 500 €, 900 €, 900 €.

Elabora una tabla de frecuencias y calcula sus parámetros de centralización.

14. En una zapatería anotan la talla de los zapatos que venden cada día de la siguiente manera:

Lunes: 42, 36, 37, 40, 37.
Martes: 37, 38, 40, 37, 39.
Miércoles: 38, 42, 37, 37, 36.
Jueves: 36, 37, 38, 37, 40.
Viernes: 40, 37, 39, 37.
Sábado: 36, 42, 37, 41, 38, 40.

Calcula la media, el rango, la varianza, la desviación típica y el coeficiente de variación de esta distribución estadística.

4.3• Medidas de posición

Las medidas de posición dividen un conjunto de datos en grupos con el mismo número de individuos. Las medidas de posición son: **cuartiles**, **deciles** y **percentiles**.

Los **cuartiles** dividen el conjunto total de datos en cuatro partes iguales, los **deciles** en 10, y los **percentiles** en 100 partes iguales.

Los **tres cuartiles** son:

- Q_1 es el **primer cuartil.** El 25% de los datos son menores que él y el 75% mayores. Es decir, la cuarta parte de los datos es menor que Q_1.
- Q_2 es el **segundo cuartil.** Coincide con la mediana, ya que el 50% de los datos son menores que él y el otro 50% mayores. La mitad de los datos es menor que Q_2 y la otra mitad, mayor.
- Q_3 es el **tercer cuartil.** El 75% de los datos son menores que él y el 25% mayores. Tres cuartas partes de los datos es menor que Q_3. (Ejemplo 17)

Primer paso en el cálculo de las medidas de posición

Para calcular las medidas de posición, los datos tienen que estar ordenados de menor a mayor.

Ejemplo 17

La tabla de frecuencias de la siguiente distribución permite calcular sus cuartiles:

x_i	f_i	h_i	F_i	P_i
1	6	0,15	6	15%
2	12	0,3	18	45%
3	10	0,25	28	70%
4	5	0,125	33	82,5%
5	4	0,1	37	92,5%
6	3	0,075	40	100%

Como $P_2=45\%$, $x_2=2$ es el primer dato que supera el 25%, entonces $Q_1=2$.

Como $P_3=70\%$, $x_3=3$ es el primer dato que supera el 50%, entonces $Q_2=Me=3$.

Como $P_4=82,5\%$, $x_4=4$ es el primer dato que supera el 75%, entonces $Q_3=4$.

Actividades

15. El tiempo medio de espera para cirugía en el Hospital Rafael es de 140 días, con una desviación típica de 28. En el Hospital Arroyosur, el tiempo medio de espera es de 150 días, con una desviación típica de 24. ¿Cuál de los dos hospitales presenta mayor dispersión?

16. El departamento de calidad de una fábrica de piezas mecánicas analiza 200 cajas de 100 tornillos cada una, obteniendo la siguiente tabla:

N.º tornillos defectuosos	1	2	3	4	5	6
N.º de cajas	10	14	36	45	50	45

Calcula la mediana y los cuartiles.

Técnicas de trabajo

ERRORES ESTADÍSTICOS

Cada día, los ciudadanos, a través de la prensa u otros medios informativos, se ven sometidos a un bombardeo de datos estadísticos a partir de los cuales pueden tomar decisiones y elaborar sus propias conclusiones. Sin embargo, la estadística es fácilmente manipulable, a veces intencionadamente, lo que puede conducir a interpretaciones erróneas. (Ejemplo 1)

Por otra parte, a veces se producen errores de muestreo debido a que solo se observa a una parte de la población. También pueden surgir errores por una simple equivocación. En este caso, son fáciles de corregir. Por ejemplo, si se anotan mal las respuestas de una encuesta o son inapropiadas. (Ejemplo 2)

Ejemplo 2

Según el censo del INE, La Rioja contaba en el momento del estudio con 323609 habitantes. Si el dato del titular del periódico fuera correcto, en La Rioja habría 323609 · 142 = ¡45952478 bares¡

La noticia fue corregida y en su lugar se publicó: "En La Rioja hay una media de 142 personas por bar".

> ÚLTIMAS NOTICIAS DE LOCAL 14:43
>
> **En La Rioja hay una media de 142 bares por persona, según un estudio**
>
> Agencia EFE
>
> Logroño/Madrid, 21 may (EFE).- En La Rioja hay una media de 142 bares por habitante, lo que la convierte en la comunidad autónoma con mayor cantidad de este tipo de establecimientos, según un estudio presentado hoy por Coca-Cola.

Esto no significa que todos los estudios estadísticos estén mal hechos ni que no sean fiables. El Instituto Nacional de Estadística (INE) en España y el Eurostat en Europa son los organismos encargados de coordinar y vigilar los servicios estadísticos. Podemos consultar sus informes y sus datos, para elaborar nuestras propias estadísticas, en www.ine.es y http://ec.europa.eu/eurostat, respectivamente.

Al leer estudios estadísticos, se recomienda una lectura crítica, con ojo matemático, y antes de sacar conclusiones equivocadas tener presente:

1. **El interés de la fuente:** un estudio de intención de voto realizado por un partido político intentará dejar en mejor lugar a ese partido.
2. **El tamaño de la muestra utilizada para el estudio:** no se puede generalizar al conjunto de España lo que opina sobre los recursos energéticos un grupo de 300 alumnos de un instituto de un pueblo minero.
3. **La coherencia de los datos:** no puede ser que a 6 de cada 4 españoles les guste el fútbol.

Actividades

1. Busca una noticia con errores estadísticos en www.malaprensa.com y coméntala con tus compañeros.

2. ¿Qué es la ENSE? ¿Cómo recoge información para sus estudios estadísticos? Busca información sobre alguno de sus estudios y comenta sus conclusiones.

La estadística tiene un papel cada vez más importante en el mundo, ya que es una herramienta que nos ayuda a comprender cómo se comporta la economía, la demografía y, en general, la sociedad.

Ejemplo 1

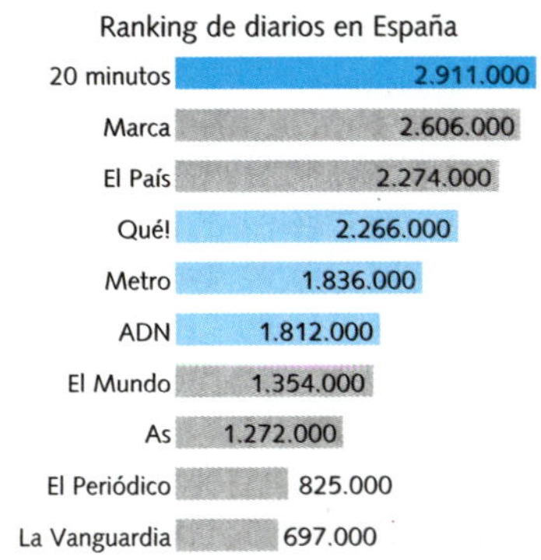

El periódico *20 minutos* publicó en junio de 2008 el siguiente gráfico para explicar las preferencias de los españoles en prensa escrita.

Las barras en azul claro corresponden a los periódicos gratuitos, competidores directos de *20 minutos*. Como puedes observar, la gráfica da una imagen distorsionada del nivel de ventas de dichos periódicos.

La diferencia de tamaño entre las barras de *Qué!* y de *El País* es excesivamente grande considerando la poca diferencia que existe entre ambos en cuanto a número de clientes.

También destaca la gran diferencia entre las barras de *Metro* y *ADN*, teniendo en cuenta que tienen un número de lectores muy parecido.

Actividades finales

1. Decide si en los siguientes estudios estadísticos se considera toda la población o una muestra:

a) La cantidad de turistas que visitaron el país en enero.
b) El lugar de procedencia de los turistas que visitaron el país en enero.
c) Las actividades que realizan los habitantes de Teruel en su tiempo libre.
d) El grado de aceptación de un nuevo sabor de refresco sin gas.
e) La nota media de los alumnos de Formación Básica 1.

2. Identifica la población, la muestra y los individuos en las siguientes situaciones:

a) En una peluquería se quiere saber cuál es el servicio más solicitado por los clientes.
b) En una panadería se quiere saber qué producto es el más demandado.

3. Clasifica las siguientes variables en cualitativas, cuantitativas discretas o cuantitativas continuas:

a) Número de páginas de un libro.
b) Distintos estados del agua.
c) Cantidad de gasolina transportada en un camión cisterna.
d) Tiempo de vida de una bombilla.
e) Puntos cardinales.
f) Capacidad de almacenamiento de un disco duro.

4. Un concesionario de coches preguntó a 250 clientes por su color de coche favorito, obteniendo los siguientes resultados: 48 clientes eligieron el color gris, 95 eligieron el blanco, 110 el negro y 47 el azul. Elabora una tabla con las frecuencias absoluta y relativa y el porcentaje.

5. Se está realizando un estudio sobre el número medio de días a la semana en que los adolescentes practican algún tipo de deporte. Las respuestas han sido las siguientes:

4, 2, 3, 3, 1, 6, 3, 4, 3, 6, 7, 1, 0, 3, 2, 6, 2, 3, 4, 3

a) Elabora una tabla de frecuencias.
b) Representa gráficamente la función.

6. Un comercio vende artículos para quioscos. En el cuadro se comparan las ventas en distintos meses del año:

	Enero	Abril	Julio	Octubre
Bollería	2500	2500	4000	2000
Bebidas	5000	7500	2000	1000
Perfumería	1000	4000	3000	1500
Comida Bio	1500	1000	9000	4500

a) Realiza un gráfico de barras con los artículos que vendieron durante el mes de enero.
b) Dibuja un diagrama de sectores con los artículos del mes de abril.

7. Completa la siguiente tabla de frecuencias absolutas y relativas:

Intervalo	Clase	Frecuencia absoluta	Frecuencia relativa
[0, 10)	• • •	• • •	• • •
[10, 20)	• • •	7	0,35
[20, 30)	• • •	• • •	0
[30, 40)	• • •	2	0,1
[40, 50)	• • •	8	• • •
• • •	• • •	20	• • •

8. David presenta a su jefe el siguiente gráfico sobre las familias con hijos que se han apuntado al maratón solidario que organiza su empresa:

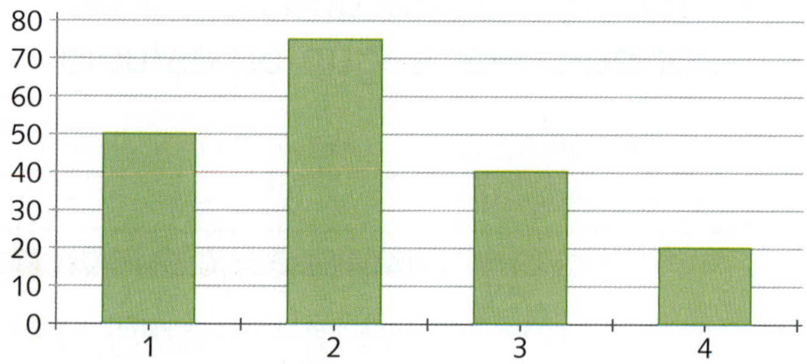

Escribe la tabla de frecuencias absolutas y relativas del gráfico y contesta las preguntas que plantea el jefe de David:

a) ¿Cuántas familias se han apuntado al maratón?
b) ¿Cuántos niños se espera acudan al maratón?

9. Dibuja un diagrama de sectores correspondiente a la demanda de flores en una floristería:

x_i	f_i
Orquídeas	22
Rosas	15
Claveles	59
Tulipanes	4

10. Agrupa los datos siguientes en 5 intervalos de igual amplitud y haz un histograma.

7,2; 6; 6,3; 9,7; 9, 9,3; 5,7; 6,5; 8,4; 7; 3,1; 4; 5,4; 1; 4,8; 2,5; 0,1; 3,4; 5; 1,3; 3,5; 1,8; 5; 6;

Unidad 3 Probabilidad

SUMARIO

1•• Experimentos aleatorios

Fenomenos deterministas

Los fenómenos naturales pueden clasificarse en dos grandes categorías:

- **Fenómenos deterministas.** Son aquellos estudiados por las Ciencias, Física, Química, etc. Bajo unas mismas condiciones somos capaces de predecir lo que va a ocurrir.
- **Fenómenos aleatorios o de azar.** Son aquellos estudiados por la Estadística y Cálculo de probabilidades. No somos capaces de predecir de antemano qué resultado concreto va a producirse.

Como consecuencia, cualquier experimento será determinista o aleatorio dependiendo del tipo de fenómeno con el que esté relacionado.

Un **experimento** es **aleatorio** si el conjunto de posibles resultados es conocido.

Se dice en este caso que el resultado depende del azar. (Ejemplo 1)

Ejemplo 1

- Lanzar una piedra al aire no es un experimento aleatorio, porque el único resultado posible es que la piedra caiga al suelo, por la ley de la Gravedad.
- Lanzar una moneda sí es un experimento aleatorio, porque hay dos resultados posibles: que salga cara o que salga cruz, y no podemos predecir lo que va a suceder.

1.1• Espacio muestral y sucesos

El **espacio muestral** de un experimento aleatorio es el conjunto formado por todos los resultados posibles. El espacio muestral se representa por E. (Ejemplo 2)

Ejemplo 2

- En el experimento aleatorio "lanzar una moneda al aire", su espacio muestral está formado por los dos resultados posibles: C="salir cara" y +="salir cruz"; así $E=\{C, +\}$.
- Sea el experimento "lanzar dos monedas"; su espacio muestral es $E=\{(C, C), (C, +), (+, C), (+, +)\}$.

En un experimento aleatorio, un **suceso** aleatorio es cada uno de los subconjuntos del espacio muestral. Para nombrarlo se utilizan letras mayúsculas: $A, B, C, S, \ldots$ (Ejemplo 3)

Ejemplo 3

En el experimento aleatorio que consiste en lanzar un dado con las caras numeradas del 1 al 6, donde el espacio muestral es $E=\{1, 2, 3, 4, 5, 6\}$, se pueden formar algunos sucesos como estos:

P="salir una cara con un número par" $\Rightarrow P=\{2, 4, 6\}$
I="salir una cara con un número impar" $\Rightarrow I=\{1, 3, 5\}$
A="salir una cara con un número menor que 3" $\Rightarrow A=\{1, 2\}$

Un suceso se cumple o verifica cuando el resultado del experimento aleatorio es un elemento del suceso.

Actividades

1. Indica si los siguientes experimentos son aleatorios o deterministas:

a) Extraer una carta de una baraja española sin mirar.
b) Medir la altura de un edificio.
c) Resultado de un partido de fútbol.
d) Temperatura a la que empieza a hervir el agua.
e) Medir la tensión arterial.

2. Describe el espacio muestral asociado a cada uno de los siguientes experimentos aleatorios:

a) Lanzar dos dados.
b) Lanzar un dado y una moneda.
c) Lanzar dos dados y sumar los resultados obtenidos.
d) Lanzar dos monedas y sumar los resultados obtenidos.
e) Sacar una bola de una urna con bolas blancas y verdes.

En todo experimento hay algunos **sucesos destacados.**

Un **suceso elemental** es cada uno de los sucesos formados por un único elemento del espacio muestral.

Cualquier suceso que esté formado por dos o más sucesos elementales es un **suceso compuesto.** (Ejemplo 4)

Ejemplo 4

Si se lanza un dado de seis caras, el espacio muestral es: $E=\{1, 2, 3, 4, 5, 6\}$

Los seis sucesos elementales son: $A=\{1\}$, $B=\{2\}$, $C=\{3\}$, $D=\{4\}$, $E=\{5\}$, $F=\{6\}$.

Por ejemplo, un suceso compuesto es que salga un número par. $P=\{2, 4, 6\}$

Dado cúbico

Dado cúbico = dado de seis caras

El **suceso imposible** es el que nunca se cumple. Es el conjunto vacío, $\varnothing$, que no tiene elementos.

El **suceso seguro** es aquel que siempre se cumple. Es todo el espacio muestral *E*. (Ejemplo 5)

Ejemplo 5

Si se lanza un dado de seis caras, un suceso imposible sería sacar un 7 y el suceso seguro es sacar algún número entre 1 y 6.

1.2• Experimentos compuestos

Un **experimento aleatorio compuesto** es aquel experimento aleatorio que está formado por la sucesión de otros experimentos más sencillos. (Ejemplo 6)

Ejemplo 6

- La extracción de varias bolas en una urna.
- La extracción de varias cartas de una baraja.

Para formar el espacio muestral de un experimento compuesto, se aplica la regla del Producto. Si el primer experimento tiene *m* resultados distintos y el segundo, *n*, al combinar ambos experimentos hay $m \cdot n$ resultados posibles; ese es el número de elementos que tendrá el espacio muestral. (Ejemplo 7)

Ejemplo 7

Un experimento compuesto consiste en lanzar un dado y una moneda. Hay 6 resultados posibles al lanzar un dado y 2 resultados posibles al lanzar una moneda, así que el experimento compuesto de lanzar el dado y la moneda, está formado por $6 \cdot 2=12$ casos posibles:

$E=\{(1, C), (2, C), (3, C), (4, C), (5, C), (6, C), (1, +), (2, +), (3, +), (4, +), (5, +), (6, +)\}$

Actividades

3. Dado el experimento aleatorio consistente en sacar una bola de una urna que contiene bolas rojas, blancas y negras, copia en tu cuaderno las siguientes afirmaciones e indica si son o no verdaderas:

a) El suceso $R=\{\text{Roja}\}$ es un suceso compuesto.
b) El suceso $T=\{\text{Roja, Negra}\}$ es un suceso compuesto.
c) El suceso $N=\{\text{Negra}\}$ es un suceso elemental.

4. Sea el experimento sacar una carta de una baraja española. Copia en tu cuaderno y clasifica los siguientes sucesos en elementales y compuestos:

a) Sacar un as.
b) Sacar el rey de copas.
c) Sacar una espada.
d) Sacar el 4 de bastos.

Para **obtener el espacio muestral** de un experimento compuesto, se puede utilizar alguna de estas herramientas:

Tabla de doble entrada. Utilizada en los casos en que se combinan dos experimentos sencillos: uno se coloca en el eje vertical y el otro en el eje horizontal. (Ejemplo 8)

Ejemplo 8

Se lanzan dos dados cúbicos. Es un experimento compuesto formado por dos experimentos sencillos, cada uno de ellos formado por 6 sucesos elementales.

Para calcular su espacio muestral, que está formado por $6 \cdot 6$ resultados diferentes, se puede construir una tabla de doble entrada:

	1	2	3	4	5	6
1	(1, 1)	(1, 2)	(1, 3)	(1, 4)	(1, 5)	(1, 6)
2	(2, 1)	(2, 2)	(2, 3)	(2, 4)	(2, 5)	(2, 6)
3	(3, 1)	(3, 2)	(3, 3)	(3, 4)	(3, 5)	(3, 6)
4	(4, 1)	(4, 2)	(4, 3)	(4, 4)	(4, 5)	(4, 6)
5	(5, 1)	(5, 2)	(5, 3)	(5, 4)	(5, 5)	(5, 6)
6	(6, 1)	(6, 2)	(6, 3)	(6, 4)	(6, 5)	(6, 6)

Diagrama de árbol. Es una representación gráfica utilizada cuando se combinan dos o más experimentos sencillos.

Se comienza dibujando una rama para cada una de las posibilidades del primer experimento. Al final de cada una de estas ramas, se trazan nuevas ramas con cada una de las posibilidades del segundo experimento, y así sucesivamente. (Ejemplo 9)

Ejemplo 9

Se tienen dos pantalones y tres camisetas. El experimento "escoger un pantalón y una camiseta" es un experimento compuesto formado por $2 \cdot 3 = 6$ resultados diferentes. Su espacio muestral se puede determinar construyendo un diagrama de árbol:

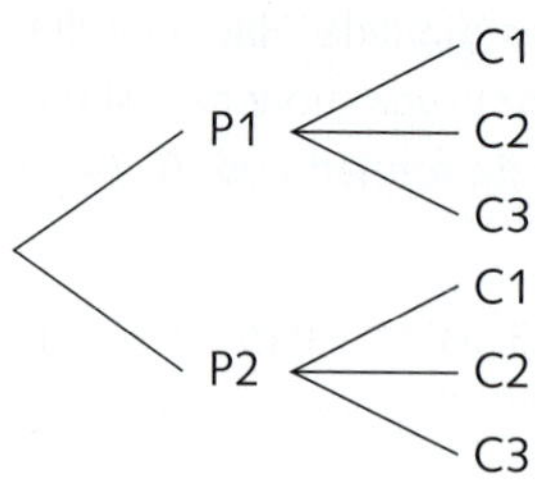

P1 = pantalón 1, P2 = pantalón 2
C1 = camiseta 1, C2 = camiseta 2, C3 = camiseta 3

El espacio muestral es $E = \{(P1, C1), (P1, C2), (P1, C3), (P2, C1), (P2, C2), (P2, C3)\}$

Actividades

5. Se realiza el experimento aleatorio compuesto consistente en lanzar un dado cúbico y extraer una bola de una urna que contiene una bola blanca, una roja, una azul y una verde. Construye una tabla de doble entrada para determinar el espacio muestral de este experimento.

6. Escribe en tu cuaderno el espacio muestral asociado a cada uno de los siguientes experimentos:

a) Lanzar 3 monedas.
b) Combinar 3 platos principales y 3 postres.

1.3• Operaciones con sucesos

Dados dos sucesos, A y B, de un espacio muestral E, se puede operar con ellos y obtener nuevos sucesos:

Algunos sucesos representativos son los siguientes:

- El **suceso complementario** de A es el suceso formado por todos los sucesos elementales del espacio muestral que no están en A. Se representa por $\overline{A}$ o A^c.
- El **suceso diferencia** de dos sucesos, A y B, es el suceso formado por los sucesos elementales de A que no están en B. Se cumple cuando sucede A, pero no B. Se representa por $A-B$. Se cumple que $A-B=A\cap\overline{B}$.
- El **suceso unión** de dos sucesos, A y B, es el suceso formado al reunir los sucesos elementales de A y los sucesos elementales de B. El suceso unión de A y B se representa por $A\cup B$. Se cumple cuando se cumple A o cuando se cumple B. Se lee como "A o B".
- El **suceso intersección** de dos sucesos, A y B, se forma con los sucesos elementales que tienen en común A y B. El suceso intersección se representa $A\cap B$. Se cumple cuando se cumplen los sucesos A y B, simultáneamente. Se lee como "A y B". (Ejemplo 10)

Diagramas de Venn

Son esquemas usados para representar relaciones entre conjuntos, como puede ser la intersección o la unión.

Ejemplo 10

Sea el espacio muestral $E=\{1, 2, 3, 4, 5, 6, 7, 8, 9, 10\}$ y los sucesos $A=\{1, 2, 3, 4\}$ y $B=\{1, 2, 5, 6, 7, 8\}$:

- El suceso complementario de A es: $A^c=\{5, 6, 7, 8, 9, 10\}$.
- El suceso diferencia de A y B es: $A-B=\{1, 2, 3, 4\}-\{1, 2, 5, 6, 7, 8\}=\{3, 4\}=A\cap\overline{B}$.
- El suceso unión de A y B es $A\cup B=\{1, 2, 3, 4\}\cup\{1, 2, 5, 6, 7, 8\}=$ $=\{1, 2, 3, 4, 5, 6, 7, 8\}$.
- El suceso intersección es $A\cap B=\{1, 2, 3, 4\}\cap\{1, 2, 5, 6, 7, 8\}=\{1, 2\}$.

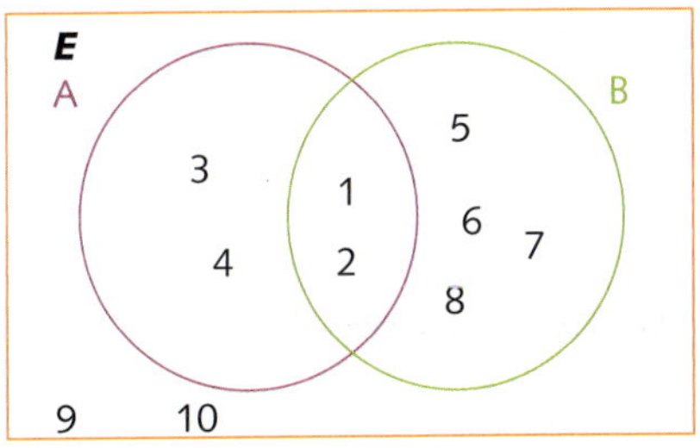

Dos **sucesos** son **incompatibles** si no tienen ningún suceso elemental en común, es decir, no pueden cumplirse a la vez, $A\cap B=\varnothing$.

Dos **sucesos** son **compatibles** si tienen algún elemento en común, es decir, tienen algún suceso elemental en común: $A\cap B\neq\varnothing$.

Un suceso y su complementario son siempre incompatibles, pero dos sucesos incompatibles no siempre son complementarios. (Ejemplo 11)

Ejemplo 11

En el experimento de lanzar un dado de seis caras, consideramos estos sucesos: $A=$"salir un número par"$=\{2, 4, 6\}$, $B=$"salir un número impar"$=\{1, 3, 5\}$, $C=$"salir un número menor que 3"$=\{1, 2\}$ y $D=$"salir el número 3"$=\{3\}$.

- $A=\{2, 4, 6\}$ y $B=\{1, 3, 5\}$ no tienen ningún suceso elemental en común, es decir, son incompatibles.
- $A=\{2, 4, 6\}$ y $C=\{1, 2\}$ tienen un suceso elemental común $\{2\}$, es decir, son sucesos compatibles.
- $A=\{2, 4, 6\}$ y $D=\{3\}$ son sucesos incompatibles, ya que $A\cap D=\varnothing$, pero no son complementarios, ya que $A^c=\{1, 3, 5\}\neq D$ y $D^c=\{1, 2, 4, 5, 6\}\neq A$.

Actividades

7. Sean dos urnas con 9 bolas cada una, numeradas del 1 al 9. Se saca una bola de cada urna simultáneamente y se anotan los números resultantes. Consideremos los sucesos $A=$"salir un número primo" y $B=$"salir el cuadrado de un número". Escribe y responde en tu cuaderno las siguientes cuestiones:

a) Determina los sucesos $A\cup D$ y $A\cap D$.

b) Los sucesos A y B, ¿son compatibles o incompatibles?

c) Indica los sucesos contrarios de A y B.

2 Probabilidad de un suceso. Ley de los grandes números

Suceso más probable

Algo probable es algo que puede ocurrir o suceder. Al realizar un experimento aleatorio, como, por ejemplo, lanzar una moneda al aire, interesa saber cuál de los posibles resultados es más probable que ocurra.

P(S)

La probabilidad de un suceso S es un número entre 0 y 1, y se escribe $P(S)$.

Al repetir muchas veces un experimento aleatorio, la frecuencia relativa de cada suceso, S, se aproxima a un número $P(S)$, que es la probabilidad de dicho suceso aleatorio. Esta es la **ley de los grandes números.** (Ejemplo 12)

- Un suceso A es más probable que otro B, si A ocurre significativamente más veces que B.
- El suceso imposible (nunca sucede) tiene frecuencia 0, por lo que su probabilidad es 0. Se escribe $P(\varnothing) = 0$.
- El suceso seguro (siempre sucede), E, tiene una frecuencia de 100%. Se escribe $P(E) = 1$.
- La probabilidad de un suceso, S, se encuentra entre la probabilidad del suceso imposible, 0, y la probabilidad del suceso seguro, 1.
- Si $P(S)$ está próxima a 0, el suceso es poco probable y será más probable cuanto más se aproxime su probabilidad a 1.

Ejemplo 12

En el experimento aleatorio de lanzar la moneda, se repite el lanzamiento 50, 100, 150, 200, 250 y 300 veces, y se anotan los resultados obtenidos de los dos sucesos: "obtener cara" y "obtener cruz".

N.º lanzamientos	Cara	f_r cara	Cruz	f_r cruz
50	33	0,66	17	0,34
100	60	0,6	40	0,4
150	82	0,55	68	0,45
200	105	0,52	95	0,47
250	126	0,50	124	0,49
300	151	0,5	149	0,49

En la tabla anterior, se calculan las frecuencias relativas de cada suceso, f_r cara y f_r cruz.

Se observa que al aumentar el número de veces que se realiza el experimento, la frecuencia relativa de cada suceso se acerca a un número.

La frecuencia relativa del suceso "obtener cara" se acerca a 0,5, lo que supone en porcentaje un 50%, al igual que la frecuencia del suceso "obtener cruz".

Intuitivamente, se dice que la probabilidad de obtener cara o cruz al lanzar una moneda es 0,5, es decir, los sucesos "obtener cara" y "obtener cruz" son igual de probables.

Actividades

8. Lanza una chincheta al aire, copia esta tabla en tu cuaderno y anota los resultados obtenidos:

N.º lanzamientos	5	10	20	30	40
Cae de cabeza	••	••	••	••	••
Cae de punta	••	••	••	••	••

a) ¿Cuál es la probabilidad de que esta chincheta caiga de cabeza?
b) ¿Cuál es la probabilidad de que caiga de punta?

9. Un auxiliar de vuelo anota en su cuaderno la procedencia de 100 turistas que visitan España. Contesta a las siguientes preguntas:

a) ¿Cuál es la probabilidad de que un turista que visita nuestro país sea alemán?
b) ¿Cuál es la probabilidad de que el turista sea chino?

Procedencia	Frecuencia
Inglaterra	14
Alemania	47
EEUU	28
China	11
Total	100

3•• Regla de Laplace

De todos los casos posibles de un experimento aleatorio, los que forman un determinado suceso son **casos favorables** al suceso. (Ejemplo 13)

Ejemplo 13

Una urna contiene 10 bolas numeradas del 0 al 9. Se saca a ciegas una bola.

- ¿Cuántos casos posibles hay? Hay 10 casos posibles porque en total hay 10 bolas.
- Si se quiere sacar la bola con el número 2, ¿cuántos casos favorables hay? Hay 1 solo caso favorable porque solo hay 1 bola con el número 2.

En esta urna es tan probable sacar un 2 como sacar un 5 o un 6.

Cuando en un experimento todos los sucesos tienen las mismas posibilidades, se dice que su espacio muestral es **equiprobable.** (Ejemplo 14)

En un espacio muestral equiprobable, *E*, la **regla de Laplace** define la probabilidad de un suceso *A* como el cociente del número de resultados favorables de que ocurra el suceso *A* en el experimento, entre el número de resultados posibles del experimento. (Ejemplo15)

$$P(A)=\frac{\text{N.º de casos favorables al suceso } A}{\text{N.º de casos posibles}}$$

Ejemplo 15

- En una clase de 42 alumnos, 24 son chicas y 18 son chicos. Sea el suceso *A*="escoger al azar una alumna"; su probabilidad es:

$$P(A)=\frac{\text{N.º casos favorables al suceso } A}{\text{N.º casos posibles}}=\frac{\text{N.º de chicas}}{\text{N.º total de alumnos}}=\frac{24}{42}=\frac{4}{7}$$

- Se escoge una carta al azar en una baraja española de 40 cartas. Sea el suceso *A*="escoger una figura"; su probabilidad es:

$$P(A)=\frac{\text{N.º casos favorables al suceso } A}{\text{N.º casos posibles}}=\frac{\text{N.º de figuras}}{\text{N.º total de cartas}}=\frac{12}{40}=\frac{3}{10}$$

Ejemplo 14

En el experimento aleatorio "lanzar una moneda al aire", el espacio muestral es $E=\{C, +\}$. Es un espacio equiprobable, porque es tan probable que salga cara como que salga cruz.

La probabilidad de que salga cara es $P(C)=\frac{1}{2}$, porque de los dos casos posibles que pueden suceder solo uno de ellos es favorable. Por el mismo razonamiento, $P(+)=\frac{1}{2}$.

Actividades

10. Se saca una carta de una baraja española de 40 cartas. Halla la probabilidad de sacar.

a) Una sota.
b) Copas.
c) Un 3 o un 6.
d) El rey de espadas.
e) Una carta que no sea de oros.
f) Una figura de bastos.

11. Copia en tu cuaderno y calcula la probabilidad de cada uno de los siguientes sucesos:

a) Sacar bola morada.
b) Sacar un 1.
c) Sacar un 2 verde.
d) Sacar un 4 morado.
e) Sacar un 2.
f) Sacar menos de 5.

3.1• Propiedades de la probabilidad

- La probabilidad de un suceso es un número comprendido entre 0 y 1:

$$\mathbf{0 \leq P(A) \leq 1}$$

- La probabilidad del suceso seguro es 1 y la del suceso imposible 0:

$$\mathbf{P(E)=1 \qquad P(\varnothing)=0}$$

- La probabilidad de la unión de dos **sucesos incompatibles** es la suma de sus probabilidades:

$$\mathbf{P(A \cup B)=P(A)+P(B)}$$

- La probabilidad de la unión de dos **sucesos compatibles** es la suma de sus probabilidades menos la probabilidad de su intersección:

$$\mathbf{P(A \cup B)=P(A)+P(B)-P(A \cap B)}$$

- La probabilidad del suceso complementario o contrario es igual a 1 menos la probabilidad del suceso:

$$\mathbf{P(\bar{A})=1-P(A)}$$

Probabilidad de la intersección

Para calcular la probabilidad de la intersección de dos **sucesos compatibles** se utiliza la misma fórmula que para la unión:

$$P(A \cap B)=P(A)+P(B)-P(A \cup B)$$

En caso de sucesos incompatibles $P(A \cap B)=0$, ya que $A \cap B=\varnothing$

Problema resuelto 1

Este fin de semana, el 67% de mis compañeros ha comprado entradas para un concierto; el 63% ha comprado entradas para el cine, y el 38% para el concierto y para el cine. Si elegimos a uno de mis compañeros al azar, calcula la probabilidad de:

a) Comprar alguna entrada.
b) No comprar ninguna entrada.

La lectura comprensiva del enunciado nos proporciona los siguientes datos:

Se tienen dos sucesos que son compatibles, $A=$"comprar entradas de concierto" y $B=$"comprar entradas de cine".

- El 67% ha comprado entradas para un concierto $\Rightarrow P(A)=0,67$.
- El 63% ha comprado entradas para el cine $\Rightarrow P(B)=0,63$.
- El 38% ha comprado entradas para el concierto y para el cine $\Rightarrow P(A \cap B)=0,38$.

a) Calcular la probabilidad de comprar alguna entrada significa calcular la probabilidad de comprar entradas para un concierto o para el cine; es decir, calcular la probabilidad del suceso unión.

Como los dos sucesos se pueden dar a la vez, son sucesos compatibles, por lo que la probabilidad de la unión es:

$P(A \cup B)=P(A)+P(B)-P(A \cap B)=$
$=0,67+0,63-0,38=1,30-0,38=0,92$

b) No comprar ninguna entrada es el suceso contrario de comprar alguna entrada. Sabemos que la probabilidad de comprar alguna entrada es $P(A \cup B)=0,92$.

Entonces, la probabilidad del suceso contrario de $A \cup B$ es:

$P(\overline{A \cup B})=1-P(A \cup B)=1-0,92=0,08$

Actividades

12. La probabilidad de un suceso es 0,35. Calcula la probabilidad del suceso contrario.

13. Sabiendo que $P(A \cap B)=0,2$, $P(\bar{B})=0,7$ y $P(A \cup \bar{B})=0,5$, calcula $P(A \cup B)$ y $P(A)$.

14. Dada una baraja española de 40 cartas, calcula la probabilidad de que se produzcan los siguientes sucesos:

a) Sacar una figura.
b) Sacar una espada o una figura.

15. Salva tiene en su armario 7 camisetas rojas, 9 azules y 4 verdes.

Si coge una camiseta al azar, ¿cuál es la probabilidad de que sea de color verde o azul?

16. El 40% de mis compañeros de clase tienen cuenta en Facebook y el 60% tienen cuenta en Twitter.

Sabiendo que el 85% tiene cuenta en alguna de las dos redes sociales, ¿qué porcentaje tiene cuenta en las dos?

3.2• Probabilidad de experimentos compuestos

Dados dos sucesos simples, A y B, de un experimento compuesto:

- Puede que un suceso dependa del otro, entonces se dice que A y B son **sucesos dependientes.**
- Puede que la presencia de uno no influya en la presencia del otro, entonces se dice que A y B son **sucesos independientes.** (Ejemplo 16)

Ejemplo 16

En el experimento compuesto consistente en extraer dos bolas de una urna con bolas moradas y naranjas, se definen los sucesos: M="extraer una bola morada" y N="extraer una bola naranja".

M y N son independientes si se extrae la primera bola, y después de devolverla a la urna, se extrae la segunda. M y N son dependientes si se extrae la primera bola y sin devolverla a la urna se extrae la segunda bola.

La **probabilidad de un experimento compuesto** se calcula a partir de las probabilidades de los sucesos simples que lo forman. (Ejemplo 17)

$P(A \cap B)$

- Si los sucesos ***A* y *B*** son **independientes,** la probabilidad de su intersección será: $P(A \cap B) = P(A) \cdot P(B)$
- Si los sucesos ***A* y *B*** son **dependientes,** la probabilidad de su intersección será: $P(A \cap B) = P(A) \cdot P(B/A)$

Ejemplo 17

Al lanzar dos dados simultáneamente, se trata de un caso de sucesos independientes. La probabilidad de sacar el número 1 en ambos dados es $P(1,1) = \frac{1}{6} \cdot \frac{1}{6} = \frac{1}{36}$, que coincide con la regla de Laplace (1 caso favorable de 36 posibles).

La **probabilidad condicionada,** $P(B/A)$, es la probabilidad de que se produzca el suceso B sabiendo que ha ocurrido A. En esta probabilidad, ocurrir A o no ocurrir A afecta al cálculo de la probabilidad de B.

Problema resuelto 2

Tenemos una baraja española de 40 cartas. Se consideran los siguientes sucesos:

A="sacar una figura en la primera extracción"
B="sacar una figura en la segunda extracción"

Para calcular la probabilidad de extraer dos figuras, basta con calcular la probabilidad de que ocurran los dos sucesos: $P(A \cap B)$.

Utilizando la regla de Laplace:

$$P(A) = \frac{\text{N.º de figuras en la baraja}}{\text{N.º de cartas en la baraja}} = \frac{12}{40}$$

Pero, para calcular la probabilidad de B, hay dos posibilidades:

- Si la primera extracción es **con reemplazamiento,** entonces $P(B) = \frac{12}{40}$, ya que estamos en las mismas condiciones que en el suceso A.

  Se dice que A y B son **sucesos independientes,** por lo que $P(A \cap B) = P(A) \cdot P(B)$:

  El calculo de $P(A \cap B)$ en este caso es:

  $$P(A \cap B) = P(A) \cdot P(B) = \frac{12}{40} \cdot \frac{12}{40} = \frac{9}{100}$$

- Si la primera extracción es **sin reemplazamiento**, las condiciones iniciales han cambiado pues se tiene una figura, de las 12 totales, menos, así que $P(B) = \frac{11}{39}$.

  Entonces se dice que A y B son **sucesos dependientes,** por lo que $P(A \cap B) = P(A) \cdot P(B/A)$:

  El calculo de $P(A \cap B)$ en este caso es:

  $$P(A \cap B) = P(A) \cdot P(B/A) = \frac{12}{40} \cdot \frac{11}{39} = \frac{11}{130}$$

Diagrama de árbol

En los experimentos compuestos, se puede hacer un **diagrama en árbol** para facilitar los cálculos.

Para calcular la probabilidad de un suceso, hay que seguir el camino correspondiente en el árbol, y multiplicar las probabilidades de todas las ramas que lo forman.

Diagrama en árbol

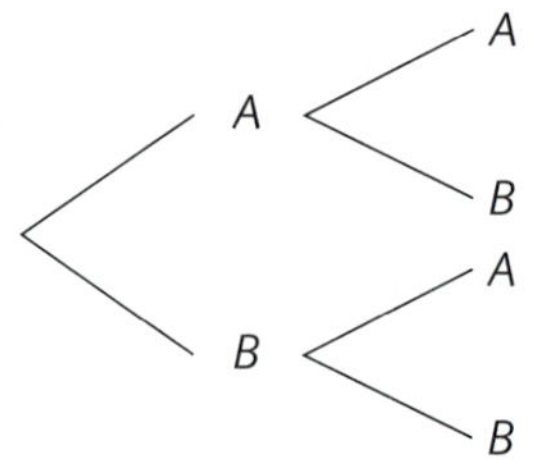

La **probabilidad** de un **suceso compuesto,** en ocasiones se calcula sumando las probabilidades calculadas por varios caminos.

Problema resuelto 3

Para hacer café tengo para elegir entre 6 cápsulas de *Café Intenso* y 14 cápsulas de *Café Suave.*

Si hago dos cafés sin mirar las cápsulas que escojo, ¿qué probabilidad tengo de que no sean del mismo tipo?

Después de leer con atención el enunciado, se definen los siguientes sucesos:

- I = "elegir al azar cápsula de *Café Intenso*"
- S = "elegir al azar cápsula de *Café Suave*".

Al elegir la primera capsula de café, las probabilidades son: $P(I)=\frac{6}{20}$ y $P(S)=\frac{14}{20}$.

En este caso no hay reemplazamiento, así que la probabilidad de la elección de la segunda cápsula depende de lo que salga al elegir el primer café:

- Si la primera cápsula elegida es de *Café Intenso,* quedan 5 cápsulas de *Café Intenso,* de un total de 19. La probabilidad de que la segunda cápsula sea de *Café Intenso* es: $P(I/I)=\frac{5}{19}$.
- Si la primera cápsula elegida es de *Café Suave,* quedan 13 cápsulas de *Café Suave,* de un total de 19. La probabilidad de que la segunda cápsula sea de *Café Suave* es: $P(S/S)=\frac{13}{19}$.
- Si la primera cápsula fue de *Café Suave,* quedan 6 cápsulas de *Café Intenso,* de un total de 19. La probabilidad de que la segunda cápsula sea de *Café Intenso* es: $P(I/S)=\frac{6}{19}$.
- Si la primera cápsula fue de *Café Intenso,* quedan 14 cápsulas de *Café Suave,* de un total de 19. La probabilidad de que la segunda cápsula sea de *Café Suave* es: $P(S/I)=\frac{14}{19}$.

Esta información se recopila en un diagrama de árbol:

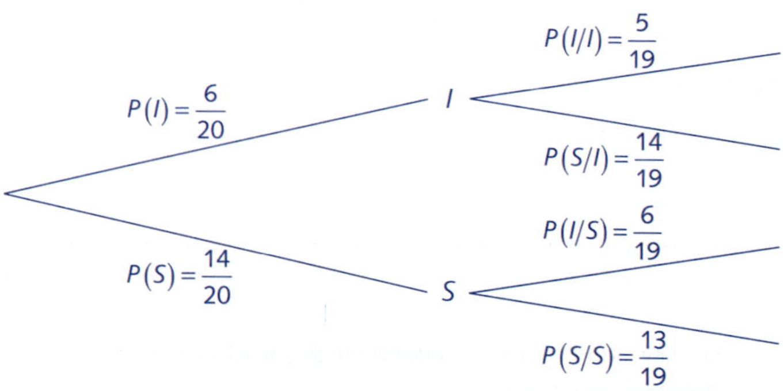

$I \Rightarrow P(1.^{\circ}\text{ Intenso y }2.^{\circ}\text{ Intenso})=P(I\cap I)=P(I)\cdot P(I/I)=\frac{6}{20}\cdot\frac{5}{19}$

$S \Rightarrow P(1.^{\circ}\text{ Intenso y }2.^{\circ}\text{ Suave})=P(I\cap S)=P(I)\cdot P(S/I)=\frac{6}{20}\cdot\frac{14}{19}$

$I \Rightarrow P(1.^{\circ}\text{ Suave y }2.^{\circ}\text{ Intenso})=P(S\cap I)=P(S)\cdot P(I/S)=\frac{14}{20}\cdot\frac{6}{19}$

$S \Rightarrow P(1.^{\circ}\text{ Suave y }2.^{\circ}\text{ Suave})=P(S\cap S)=P(S)\cdot P(S/S)=\frac{14}{20}\cdot\frac{13}{19}$

La probabilidad de que las dos cápsulas no sean del mismo tipo es la suma de las probabilidades de dos caminos:

$$P(I\cap S)=P(I)\cdot P(S/I)+P(S\cap I)=P(S)\cdot P(I/S)=P(I)\cdot P(S/I)+P(S)\cdot P(P/S)=\frac{6}{20}\cdot\frac{14}{19}+\frac{14}{20}\cdot\frac{6}{19}=2\cdot\frac{14}{20}\cdot\frac{6}{19}=\frac{42}{95}=0{,}44$$

Actividades

17. Sean dos sucesos, A y B, de un espacio muestral, siendo $P(A)=0{,}3$, $P(B)=0{,}4$ y $P(A\cap B)=0{,}1$. Calcula:

a) La probabilidad de que ocurra B, sabiendo que ha ocurrido A.
b) Sabiendo que ha ocurrido B, ¿cuál es la probabilidad de que ocurra A?
c) ¿Son los sucesos A y B independientes?

18. En una pastelería quedan 2 porciones de bizcocho de chocolate y 3 de zanahoria. Si el camarero los sirve al azar:

a) ¿Cuál es la probabilidad de que sirva una porción de bizcocho de chocolate y, a continuación, una de bizcocho de zanahoria?
b) ¿Cuál es la probabilidad de que sirva dos veces seguidas bizcocho del mismo sabor?

Técnicas de trabajo

TABLAS DE CONTINGENCIA

Una tabla de contingencia es una tabla de doble entrada que permite analizar la relación entre dos variables cualitativas y deducir unas probabilidades a partir de otras conocidas. Es una herramienta útil porque ayuda a organizar la información, facilita el cálculo de probabilidades de sucesos y se puede asociar la tabla de contingencia a un diagrama de árbol:

Algunos **problemas de probabilidad** se pueden **resolver usando tablas de contingencia,** pues ayudan a organizar la información y facilitan el cálculo de probabilidades de sucesos.

	B	**$\overline{B}$**	**Total**
A	$P(A \text{ y } B)$	$P(A \text{ y } \overline{B})$	$P(A)$
$\overline{A}$	$P(\overline{A} \text{ y } B)$	$P(\overline{A} \text{ y } \overline{B})$	$P(\overline{A})$
Total	$P(B)$	$P(\overline{B})$	1

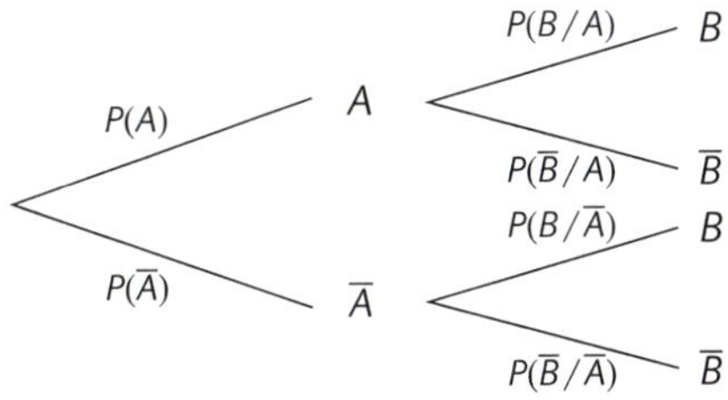

Problema resuelto

Una mutua de trabajo quiere realizar un estudio sobre accidentes a partir de 80 expedientes estudiados. 50 fueron accidentes graves y el resto fueron leves, 40 hombres sufrieron un accidente grave y de 15 mujeres accidentadas, 5 fueron leves. Las variables que se estudian son cualitativas: A="el accidentado es mujer", así $\overline{A}$="el accidentado es hombre", y B="accidente grave", así $\overline{B}$="accidente leve".

Construye una tabla de contingencia y, sin necesidad de construir el diagrama de árbol, responde estas cuestiones:

a) Calcula la probabilidad de que sufra un accidente un hombre.
b) Calcula la probabilidad de un accidente grave de una mujer.
c) Calcula la probabilidad de que sufra un accidente grave una persona, sabiendo que es hombre.

Paso 1. Se colocan los datos conocidos en una tabla y se deducen los datos desconocidos:

	Accidente grave	**Accidente leve**	**Total**
Mujer	10	5	15
Hombre	40	25	65
Total	50	30	80

Paso 2. Al dividir todas las celdas por el número total de casos, 80, se obtiene una tabla de probabilidades:

	Accidente grave	**Accidente leve**	**Total**
Mujer	0,125	0,0625	0,1875
Hombre	0,5	0,3125	0,8125
Total	0,625	0,375	1

a) Escoger a un hombre. Es la celda "Hombre" y "Total":

$P(\text{hombre}) = \frac{65}{80} = 0{,}8125.$

b) Escoger a una mujer con un accidente grave. Es la celda "Mujer" y "Accidente grave":

$P(\text{mujer y accidente grave}) = \frac{10}{80} = 0{,}125.$

c) Tener un accidente grave sabiendo que es hombre. Es el resultado de ser hombre con accidente grave entre el total de hombres:

$P(\text{accidente grave/hombre}) = \frac{40}{65} = 0{,}6153.$

Actividades

1. De 300 personas encuestadas, 70 usan coche propio para ir a trabajar y de las 170 mujeres encuestadas, 140 acuden a su puesto de trabajo en transporte público. Construye una tabla de contingencia y calcula las siguientes probabilidades:

a) La probabilidad de escoger una persona al azar y sea hombre.

b) La probabilidad de escoger una persona al azar y que use transporte público para ir al trabajo.

c) La probabilidad de que sea mujer y use coche propio.

e) Sabiendo que usa transporte público calcular la probabilidad de que sea hombre.

Actividades finales

1. En una bolsa hay 8 bolas numeradas del 1 al 8. Si el experimento consiste en extraer una bola, indica el espacio muestral y los sucesos "salir menor que cuatro", "salir mayor que tres" y "salir número primo".

2. Para formar un equipo de tres personas se puede escoger entre hombre o mujer.

a) Escribe el espacio muestral.
b) Escribe los elementos del suceso A="solo hay una mujer".
c) Escribe los elementos del suceso B="dos miembros son hombres".

3. Realiza el siguiente experimento con otro compañero:

a) Lanzad varias veces dos dados y anotad la suma de las caras.
b) ¿Cuáles son las posibles sumas que se pueden obtener?
c) ¿Tienen todas las mismas posibilidades de salir?
d) Cada miembro del grupo lanza 20 veces los dos dados y anota la frecuencia de cada suma obtenida. ¿Se verifica la respuesta del anterior apartado?

4. La pareja representante de un grupo de baile va a estar formada por una bailarina a escoger entre Ana, Carla y Juana, y un bailarín a escoger entre Matías, Diego y Pablo.

a) Construye una tabla para averiguar todas las parejas que pueden formarse.
b) ¿Cuál es la probabilidad de que Ana y Diego sean la pareja escogida?

5. Al lanzar un dado, ¿cuál es la probabilidad de obtener un número impar? ¿Y la probabilidad de obtener un número que sea múltiplo de 3?

6. Completa la siguiente tabla con las posibles combinaciones de pantalones y camisetas y sus diferentes colores:

		Camisetas				
		Verde	Azul	Blanco	Negro	Rosa
Pantalones	Verde	• • •	• • •	• • •	• • •	• • •
	Azul	• • •	• • •	• • •	• • •	• • •
	Blanco	• • •	• • •	• • •	• • •	• • •
	Negro	• • •	• • •	• • •	• • •	• • •
	Rosa	• • •	• • •	• • •	• • •	• • •

a) ¿Cuál es la probabilidad de vestir pantalón azul y camiseta azul?
b) ¿Cuál es la probabilidad de vestir camiseta y pantalón del mismo color?

7. En un juego, una máquina elige al azar un número del 1 a 100. El participante puede hacer dos preguntas para adivinar el número, cuyas respuestas serán Sí o No.

Pablo y Joaquín jugaron e hicieron estas preguntas:

- Pablo: ¿El número es mayor de 50?, ¿es par?
- Joaquín: ¿Es menor que 35?, ¿es impar?

a) Si la máquina eligió al azar el número 18, ¿qué probabilidad tiene cada uno de acertar el número?
b) Si la máquina eligió al azar el número 41, ¿qué probabilidad tiene cada uno de acertar el número?

8. ¿Cuál es la probabilidad de no sacar ni oros ni figuras al extraer una carta de una baraja española?

9. Se extraen dos cartas de una baraja española. Calcula la probabilidad de que sean:

a) Las dos cartas de espadas.
b) La primera carta de copas y la segunda de bastos.

10. Sean los sucesos A y B, siendo $P(\overline{A})=0{,}48$, $P(A\cup B)=0{,}82$ y $P(B)=0{,}42$.

a) ¿Son A y B sucesos independientes?
b) Calcula $P(A/B)$.

11. Dada una urna con 3 bolas negras, 2 rojas y 1 verde, calcula:

a) Probabilidad de extraer 2 bolas negras.
b) Probabilidad de extraer la primera bola roja y la segunda, verde.

12. La probabilidad de que un cliente compre un periódico en un quiosco es 0,37 y la probabilidad de que compre un periódico y una revista es 0,06.

Sabiendo que la probabilidad de comprar periódico o revista es 0,79, calcula la probabilidad de que un cliente no compre revista.

13. En el departamento de Atención al Cliente de una empresa, el 60% de los empleados atiende a las llamadas telefónicas, el 50% atiende las consultas *online* y el 90% atiende alguna de las dos.

¿Qué probabilidad hay de que uno de los empleados atienda al teléfono y a las consultas *online*?

14. En un huerto, se recogen 450 kg de pimientos ecológicos, de los que 290 kg son pimientos rojos y el resto, verdes. El 80% de los pimientos rojos y el 90% de los pimientos verdes se exportan a otros países.

Eligiendo un pimiento al azar, ¿cuál es la probabilidad de que no se exporte?

Unidad 4 Expresiones algebraicas y polinomios

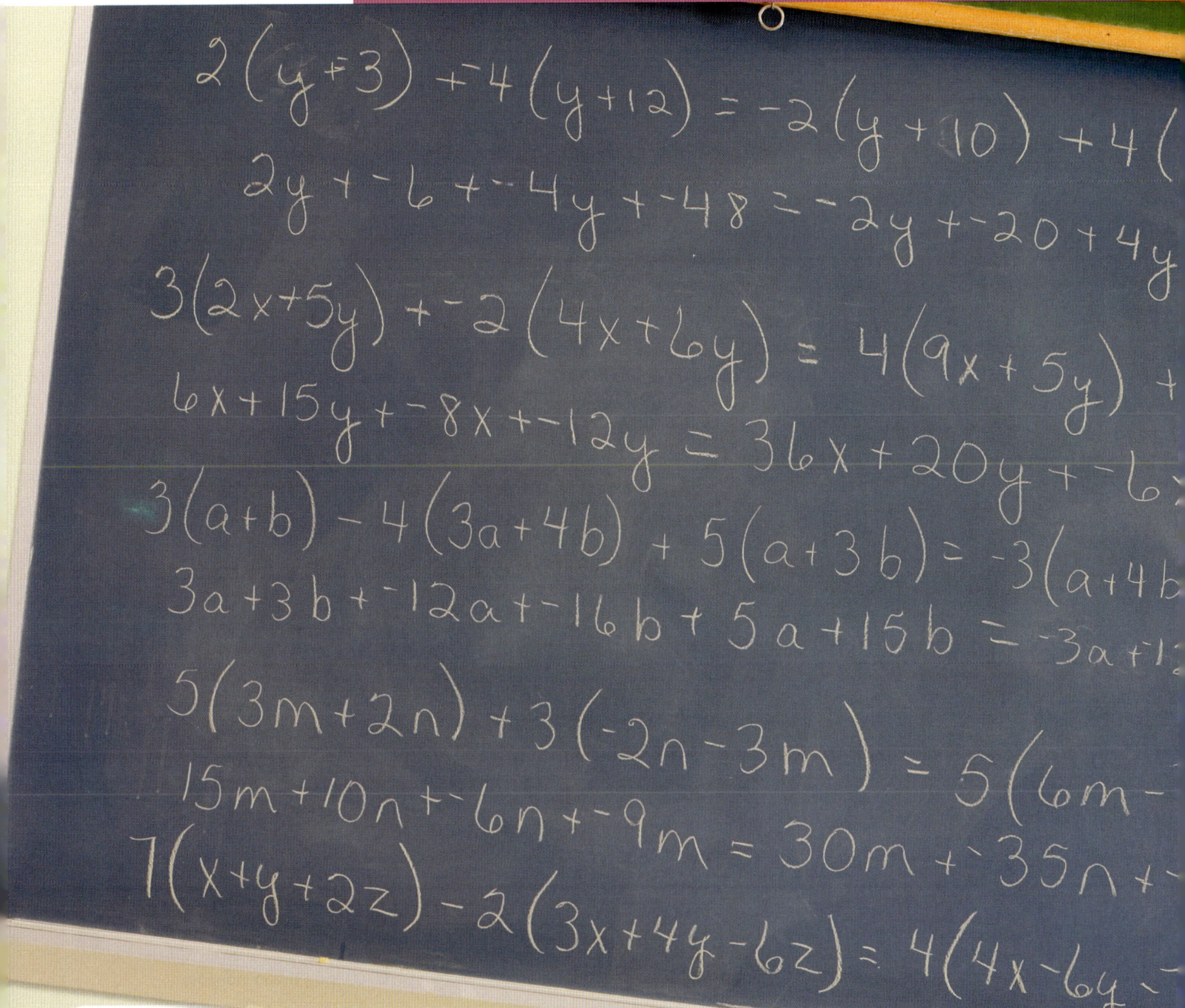

SUMARIO

1. Monomios
2. Polinomios
3. Expresiones algebraicas fraccionarias

TÉCNICAS DE TRABAJO

Aplicaciones de las fracciones algebraicas

ACTIVIDADES FINALES

1•• Monomios

Expresión algebraica

Una expresión algebraica es una combinación de letras, números y operaciones matemáticas básicas, como son la suma, la resta, la multiplicación y la división.

En una expresión algebraica, los números se denominan **coeficientes** y las letras, con sus exponentes, constituyen la **parte literal.** (Ejemplo 1)

Ejemplo 1

- $x+y$
- $\frac{C \cdot r \cdot t}{100}$

Ejemplo 3

- El valor numérico de $20x^5$, para $x=1$, es: $20 \cdot 1^5 = 20$
- El valor numérico de $15xy^3$, para $x=1$ e $y=2$, es: $15 \cdot 1 \cdot 2^3 = 15 \cdot 8 = 120$

No son monomios

xy^{-1}, $\frac{2}{x}$

Ejemplo 4

$5xy$ y $4yx$ son monomios semejantes de grado 2 porque su parte literal es la misma, xy.

Un **monomio** es la expresión algebraica más sencilla. Está formado por una parte numérica, llamada **coeficiente,** y una **parte literal,** que puede contener una o varias variables.

Las únicas operaciones presentes en un monomio, entre las variables, son el **producto** y la **potencia de exponente natural.**

El **grado** de un monomio es la suma de todos los exponentes de su parte literal. (Ejemplo 2)

Ejemplo 2

- $5x^2$ es un monomio de grado 2, coeficiente 5 y parte literal x^2.
- x^3 es un monomio de grado 3, coeficiente 1 y parte literal x^3.
- $4xy$ es un monomio de grado 2, coeficiente 4 y parte literal xy.

El **valor numérico** de un monomio se obtiene reemplazando las letras por números y luego resolviendo las operaciones. (Ejemplo 3)

Dos **monomios** son **semejantes** si tienen la misma parte literal. (Ejemplo 4)

1.1• Operaciones con monomios

Para **sumar o restar monomios,** se suman o restan los coeficientes de los monomios semejantes.

Para **multiplicar monomios,** se multiplican por separado sus coeficientes y sus partes literales.

Para **dividir monomios,** se dividen por separado sus coeficientes y sus partes literales. (Ejemplo 5)

Ejemplo 5

- Suma y resta de polinomios:

  $5x + x = 6x$

  $5x^2 - x^2 = 4x^2$

- Multiplicación de polinomios:

  $4x^3 \cdot 6x^2 = 24x^5$

  $(2a^3b^4c) \cdot (ab^2d^4) = 2a^4b^6cd^4$

- División de polinomios:

  $27x^3 : 3x = \frac{27x^3}{3x} = 9x^2$

  $\frac{64x^4y^5z^2}{16x^2y^5z} = 4x^2z$

Actividades

1. Copia en tu cuaderno los siguientes monomios e indica su coeficiente, su parte literal y su grado:

a) $5a^2bc^3$ b) xy^2 c) $\frac{xy}{2}$

2. Copia en tu cuaderno y realiza las siguientes operaciones:

a) $3a+4a$ b) $3a \cdot 4a$ c) $3x^2z \cdot 5xy^2z$ d) $3xy^2 : xy^2$ e) $18x^3z^2 : 3xy^2z$

2•• Polinomios

Un **polinomio** es una expresión algebraica formada por la suma de monomios. Cada uno de los monomios que forma un polinomio se denomina **término** del polinomio.

Tomando como variable de un polinomio la letra x, la forma general que tiene es:

$$P(x)=a_nx^n+a_{n-1}x^{n-1}+...+a_2x^2+a_1x+a_0,\text{ donde } a_k \text{ son los coeficientes}$$

- El coeficiente del término de mayor grado, a_n, es el coeficiente principal.
- El coeficiente del término de menor grado, a_0, es el término independiente.

Si el coeficiente del término de mayor grado es 1, el polinomio se denomina **mónico.** (Ejemplo 6)

Ejemplo 6

- $P(x)=2x^5-6x^4+x-7$ es un polinomio de grado 5, coeficiente principal 2 y término independiente –7.
- $Q(x)=x^3-6x^2+x+1$ es un polinomio mónico de grado 3 y término independiente 1.

Un polinomio es **completo** cuando tiene términos de todos los grados inferiores al grado del polinomio. (Ejemplo 9)

Al sustituir la variable x por un valor determinado, se obtiene el **valor numérico** del polinomio para ese valor. (Ejemplo 10)

Binomios y trinomios

Un binomio es un polinomio formado por dos términos.

Un trinomio es un polinomio formado por tres términos. (Ejemplo 7)

Ejemplo 7

- Son ejemplos de binomios: xy^2-4x y $-a^3+3ab$.
- Son ejemplos de trinomios: $2x^5y+5xy^3+x$ y $a^2+2ab-5$.

Grado de un polinomio

El grado de un polinomio es el mayor exponente de la variable con coeficiente distinto de cero. (Ejemplo 8)

Ejemplo 8

$P(x)=-4x^5+x^3-x^2-1$ es un polinomio de grado 5.

Ejemplo 9

- $P(x)=-3x^2+x-1$ es un polinomio completo.
- $Q(x)=-3x^4+x-1$ no es un polinomio completo.

Ejemplo 10

Sea el polinomio mónico $P(x)=x^3+2x^2-x+5$:

- El valor numérico para $x=1$ es:

$$P(1)=1^3+2\cdot 1^2-1+5=7$$

- El valor numérico para $x=-3$ es:

$$P(-3)=(-3)^3+2\cdot(-3)^2-(-3)+5=-27+2\cdot 9+3+5=-1$$

Los cálculos de estos valores numéricos con el programa Wiris son los que parecen en la ilustración de la derecha:

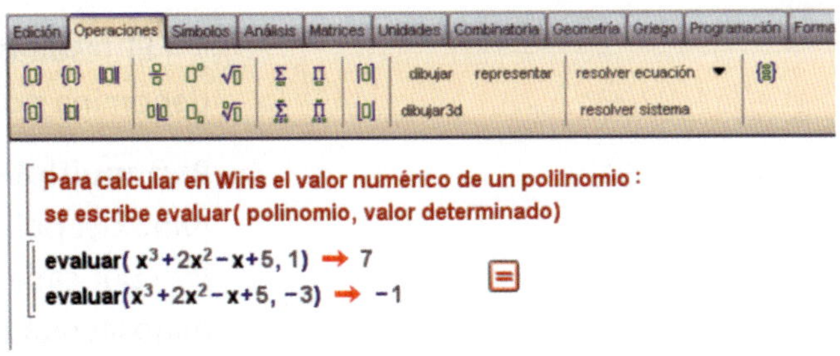

Actividades

3. Copia en tu cuaderno los siguientes polinomios y escribe, para cada uno de ellos, su grado y los monomios que lo constituyen:

a) x^4+5x^2-x

b) $10x^2+6-x^3$

c) $-a+6a^2-3a^5+2$

d) y^2+5y-y^5-4

4. Escribe un polinomio mónico de grado 3 sin término independiente.

5. Escribe en tu cuaderno un polinomio completo de grado 3 y término independiente –1.

6. Copia en tu cuaderno este polinomio, $P(x)=2x^3+x^2-x+2$, y calcula los siguientes valores numéricos:

a) $P(0)$ b) $P(1)$ c) $P(-1)$ d) $P(-2)$ e) $P\left(\frac{1}{2}\right)$

2.1• Suma y resta de polinomios

Para **sumar** o **restar polinomios,** se suman o restan entre sí los términos semejantes de ambos polinomios. (Ejemplo 11)

El **polinomio opuesto** de $P(x)$ es $-P(x)$ y se calcula cambiando el signo de los coeficientes. El polinomio opuesto permite transformar una resta de polinomios en una suma: $R(x)=P(x)-Q(x)=P(x)+(-Q(x))$ (Ejemplo 12)

Ejemplo 12

Si $P(x)=x^3-x+1$, su polinomio opuesto es:

$$-P(x)=-\left(x^3-x+1\right)=-x^3+x-1$$

Ejemplo 11

Dados los polinomios $P(x)=6x^3+5x-3$ y $Q(x)=-2x^3+5x^2+4x-1$:

- El polinomio suma es: $S(x)=P(x)+Q(x)=\left(6x^3+5x-3\right)+\left(-2x^3+5x^2+4x-1\right)=$
  $=6x^3+5x-3-2x^3+5x^2+4x-1=\left(6x^3-2x^3\right)+5x^2+(5x+4x)+(-3-1)=4x^3+5x^2+9x-4$
- El polinomio resta es: $R(x)=P(x)-Q(x)=\left(6x^3+5x-3\right)-\left(-2x^3+5x^2+4x-1\right)=6x^3+5x-3+2x^3-5x^2-4x+1=$
  $=\left(6x^3+2x^3\right)-5x^2+(5x-4x)+(-3+1)=8x^3-5x^2+x-2$

Para hacer más fácil la suma o resta de polinomios, se disponen los polinomios uno encima del otro, haciendo coincidir los términos semejantes. (Ejemplo 13)

Ejemplo 13

Dados los polinomios $P(x)=6x^3+0x^2+5x-3$ y $Q(x)=-2x^3+5x^2+4x-1$:

- El polinomio suma es:

$$\begin{array}{rrrrrrrr} & 6x^3 & + & & + & 5x & - & 3 \\ - & 2x^3 & + & 5x^2 & + & 4x & - & 1 \\ \hline & 4x^3 & + & 5x^2 & + & 9x & - & 4 \end{array}$$

- El polinomio resta es:

$$\begin{array}{rrrrrrrr} & 6x^3 & + & & + & 5x & - & 3 \\ + & 2x^3 & - & 5x^2 & - & 4x & + & 1 \\ \hline & 8x^3 & - & 5x^2 & + & x & - & 2 \end{array}$$

2.2• Producto de polinomios

El resultado de multiplicar dos polinomios es otro polinomio que se denomina **polinomio producto.**

Para **multiplicar dos polinomios, $P(x)$ y $Q(x)$,** se multiplica el primer término del polinomio $P(x)$ por cada término de $Q(x)$, el segundo término de $P(x)$ por cada término de $Q(x)$ y así sucesivamente, tantas veces como términos tenga $P(x)$.

Después, se opera reduciendo el polinomio producto. (Ejemplo 14)

Producto

En una multiplicación, cada uno de los términos que se multiplican se denomina factor y el resultado es el producto. (Ejemplo 15)

Ejemplo 14

- Producto de un monomio por un polinomio:
  $\left(2x^3\right)\cdot\left(-3x^2+x\right)=\left(2x^3\right)\cdot\left(-3x^2\right)+\left(2x^3\right)\cdot(x)=-6x^5+2x^4$
- Producto de dos polinomios:
  $(2x+1)\cdot\left(3x^2+2x-1\right)=(2x)\cdot\left(3x^2+2x-1\right)+1\cdot\left(3x^2+2x-1\right)=$
  $=6x^3+4x^2-2x+3x^2+2x-1=6x^3+7x^2-1$

Ejemplo 15

En la multiplicación $2\cdot 3=6$, 2 y 3 son factores y 6 es el producto.

Para hacer más fácil el producto de polinomios, se pueden disponer uno encima de otro, siguiendo el orden de la multiplicación de números enteros. (Ejemplo 16)

Para calcular el **producto** de dos **polinomios, no importa el orden** en el que se multipliquen, ya que $P(x) \cdot Q(x) = Q(x) \cdot P(x)$. (Ejemplo 17)

Ejemplo 17

$(x+4) \cdot (5-x) = 5x - x^2 + 20 - 4x = -x^2 + x + 20$

$(5-x) \cdot (x+4) = 5x + 20 - x^2 - 4x = -x^2 + x + 20$

Ejemplo 16

		$3x^2$	$+$	$2x$	$-$	4
			$\times$	$2x$	$+$	1
		$3x^2$	$+$	$2x$	$-$	4
$6x^3$	$+$	$4x^2$	$-$	$8x$		
$6x^3$	$+$	$7x^2$	$-$	$6x$	$-$	4

Para **multiplicar tres o más polinomios,** primero se agrupan de dos en dos:

$$(\boldsymbol{P(x)} \cdot \boldsymbol{Q(x)}) \cdot R(x) = P(x) \cdot (\boldsymbol{Q(x)} \cdot \boldsymbol{R(x)})$$ (Ejemplo 18)

Ejemplo 18

Para calcular $x \cdot (x-1) \cdot (x+3)$, se puede calcular $x \cdot (x-1)$ y el resultado se multiplica por $(x+3)$, o bien se multiplica x por el resultado de operar $(x-1) \cdot (x+3)$.

$$[x \cdot (x-1)] \cdot (x+3) = (x^2 - x) \cdot (x+3) = x^3 + 3x^2 - x^2 - 3x = x^3 + 2x^2 - 3x$$

$$x \cdot [(x-1) \cdot (x+3)] = x \cdot (x^2 + 3x - x - 3) = x \cdot (x^2 + 2x - 3) = x^3 + 2x^2 - 3x$$

2.3• Sacar factor común de un polinomio

Sacar **factor común** transforma una suma en una multiplicación. Para sacar factor común de un polinomio, se buscan todos los factores que sean comunes a todos los términos y se aplica la propiedad distributiva de la multiplicación respecto a la suma: $ax + bx = x(a+b)$. (Ejemplo 19)

Ejemplo 19

- En el polinomio $3x^2 - 6x + 9$, los coeficientes de cada término son múltiplos de 3, por lo que el 3 es un factor común de todos los términos, de manera que: $3x^2 - 6x + 9 = 3(x^2 - 2x + 3)$.
- En el polinomio $3x^2 - x$, todos los términos tienen en común la variable x, por lo que se puede sacar x como factor común, de manera que: $3x^2 - x = x(3x - 1)$.

Actividades

7. Copia en tu cuaderno y calcula las sumas y restas de los siguientes polinomios:

a) $P(x) = 3x^2 + 2$ y $Q(x) = x^2 + 5$.

b) $P(x) = 5x^3 - x^2 + x - 2$ y $Q(x) = -x^3 + 2x^2 + 5x + 1$.

8. Copia en tu cuaderno y calcula estos productos:

a) $2x \cdot (x-3)$ c) $(x+1) \cdot (x-5)$ e) $(x^2+1) \cdot (x^2-3)$

b) $3x \cdot (x^3 - x + 1)$ d) $(x+2) \cdot (x^2 - x - 1)$ f) $(2+x) \cdot (x^2 + 3x + 1)$

9. Copia en tu cuaderno y calcula estos productos de polinomios:

a) $x^2 \cdot (x-2) \cdot (x+1)$ b) $(2+x) \cdot x \cdot (3x+1)$

10. Para cada uno de los siguientes polinomios, saca factor común, si es posible:

a) $x^3 + 2x^2 + x$

b) $-10x^3 - 15x^2 + 20x$

c) $15x^4 + 20x^2$

2.4• Identidades notables

Una **identidad** es una igualdad entre dos expresiones que siempre es cierta.

Hay tres identidades que son importantes para el cálculo de operaciones entre expresiones algebraicas. Reciben el nombre de **identidades notables.** Permiten conocer el resultado del producto de dos binomios sin realizar su multiplicación.

Cuadrado de la suma

El **cuadrado de la suma** de *a* y *b* es igual al cuadrado de *a*, más el doble de *a* por *b*, más el cuadrado de *b*:

$$\mathbf{(a+b)^2 = a^2 + 2ab + b^2}$$ (Ejemplo 20)

Ejemplo 20

Para calcular $(x+3)^2$ utilizando el cuadrado de la suma, se identifica *a* y *b*. En este caso $a=x$ y $b=3$. Así:

$$(x+3)^2 = x^2 + 2 \cdot x \cdot 3 + 3^2 = x^2 + 6x + 9$$

Se puede comprobar, multiplicando $(a+b)$ por $(a+b)$ o gráficamente:

Operando

$$\begin{array}{rrrrr} & & a & + & b \\ & \times & a & + & b \\ \hline & & ab & + & b^2 \\ + \; a^2 & + & ab & & \\ \hline a^2 & + & 2ab & + & b^2 \end{array}$$

Gráficamente

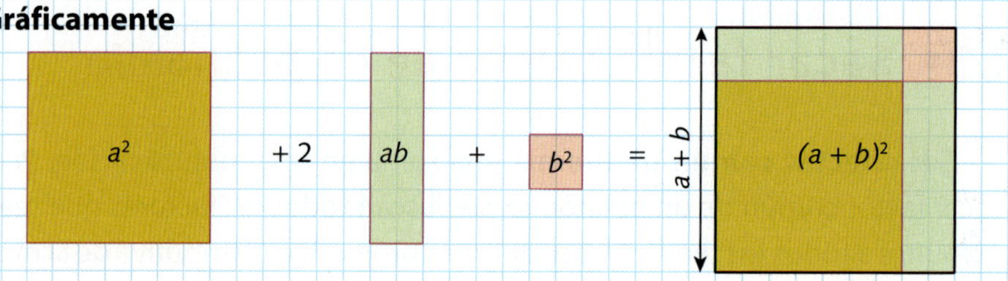

Cuadrado de la diferencia

El **cuadrado de la diferencia** de *a* y *b* es igual al cuadrado de *a*, menos el doble de *a* por *b*, más el cuadrado de *b*:

$$\mathbf{(a-b)^2 = a^2 - 2ab + b^2}$$ (Ejemplo 21)

Ejemplo 21

Para calcular $(x-3)^2$ se identifican *a* y *b*. En este caso $a=x$ y $b=3$. Así:

$$(x-3)^2 = x^2 - 2 \cdot x \cdot 3 + 3^2 = x^2 - 6x + 9$$

Se puede comprobar, multiplicando $(a-b)$ por $(a-b)$ o gráficamente:

Operando

$$\begin{array}{rrrrr} & & a & - & b \\ & \times & a & - & b \\ \hline & - & ab & + & b^2 \\ + \; a^2 & - & ab & & \\ \hline a^2 & - & 2ab & + & b^2 \end{array}$$

Gráficamente

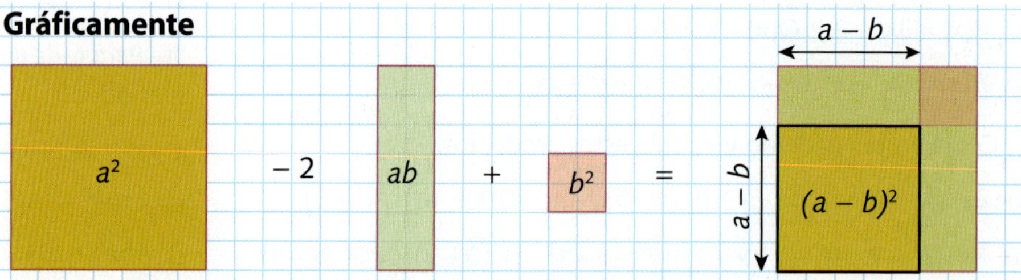

Suma por diferencia

La **suma** de dos números, $(a+b)$, multiplicada **por su diferencia,** $(a-b)$, es igual a la diferencia de sus cuadrados:

$$(\boldsymbol{a}+\boldsymbol{b})\cdot(\boldsymbol{a}-\boldsymbol{b})=\boldsymbol{a}^2-\boldsymbol{b}^2$$ (Ejemplo 22)

Ejemplo 22

Para calcular $(x+3)\cdot(x-3)$ se identifican a y b. En este caso $a=x$ y $b=3$. Así:

$$(x+3)\cdot(x-3)=x^2-3^2=x^2-9$$

Se puede comprobar, multiplicando $(a+b)$ por $(a-b)$ o gráficamente:

Gráficamente

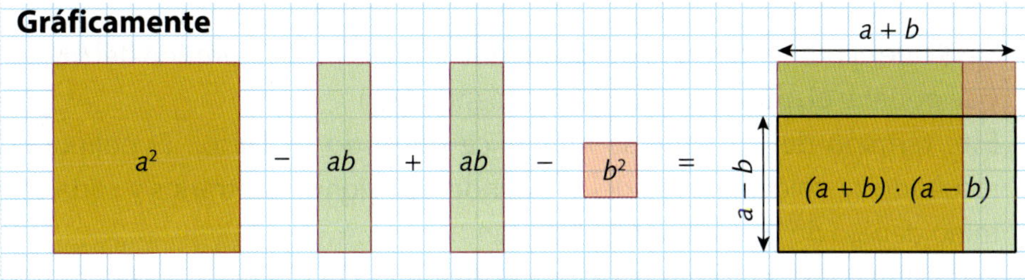

Operando

			a	$+$	b
		$\times$	a	$-$	b
		$-$	ab	$-$	b^2
$+$	a^2	$+$	ab		
	a^2	$+$	0	$-$	b^2

Las identidades notables también se utilizan de derecha a izquierda, es decir, a partir de la fórmula desarrollada, se obtiene la identidad notable. (Ejemplo 23)

Ejemplo 23

Para escribir el polinomio $9x^2-30x+25$ como una identidad notable, se buscan cuadrados. Como $9x=(3x)^2$ y $25=5^2$:

$$9x^2-30x+25=(3x)^2-2\cdot(3x)\cdot(5)+(5)^2=(3x-5)^2$$

Actividades

11. Copia en tu cuaderno y calcula utilizando las identidades notables:

a) $(2x+1)^2$

b) $(3x-1)^2$

c) $(x+5)\cdot(x-5)$

d) $(2x-3)\cdot(2x-3)$

e) $\left(x+\frac{1}{2}\right)^2$

f) $\left(2x-\frac{1}{2}\right)^2$

g) $(4x+2y)\cdot(4x-2y)$

h) $\left(3x+\frac{2}{3}\right)^2$

i) $(x+5y)^2$

j) $(-x+4y)^2$

k) $(3x-4y)\cdot(3x+4y)$

l) $\left(3x+\frac{2}{3}\right)\cdot\left(3x-\frac{2}{3}\right)$

m) $\left(3x-\frac{2}{3}\right)^2$

n) $(3x-y)^2$

12. Copia y completa con el término que falta para que sea una identidad notable:

a) x^2+8x+ ____

b) $16x^2+$ ____ $+25$

c) ____ $+60x+100$

d) $25x^2-30x+$ ____

e) $100x^2-60x+$ ____

f) $9x^2-$ ____

2.5• División de polinomios

Si $P(x)$ es un polinomio de grado mayor o igual que $Q(x)$, al dividir $P(x)$ entre $Q(x)$ se obtienen dos polinomios: el **polinomio cociente, $C(x)$,** y el **polinomio resto, $R(x)$.** Si $R(x)=0$, la división es exacta. Para **comprobar el resultado** de la división $P(x):Q(x)$, hay que verificar que se cumple esta relación: $P(x)=Q(x)\cdot C(x)+R(x)$.

División euclídea

La división euclídea se puede escribir de distintas formas:

$$\begin{array}{l|l} \text{Dividendo} & \text{divisor} \\ \cline{2-2} & \text{cociente} \end{array}$$

Dividendo = divisor · cociente + resto

Para **dividir** un **polinomio entre un monomio,** se divide cada término del dividendo entre el divisor. (Ejemplo 24)

Ejemplo 24

Para dividir $6x^5-3x^4-9x^3+6x^2$ entre $3x^2$, se divide cada término del dividendo entre el divisor:

$$6x^5-3x^4-9x^3+6x^2:3x^2=$$
$$=\left(6x^5:3x^2\right)+\left(-3x^4:3x^2\right)+$$
$$+\left(-9x^3:3x^2\right)+\left(6x^2:3x^2\right)=$$
$$=2x^3-x^2-3x+2$$

Comprobación:

$$6x^5-3x^4-9x^3+6x^2=$$
$$=3x^2\cdot\left(2x^3-x^2-3x+2\right)$$

Para **dividir dos polinomios,** siendo $P(x)$ el dividendo y $Q(x)$ el divisor, primero se ordenan los términos de cada polinomio de mayor a menor, y se aplica el algoritmo de la división de números enteros: (Ejemplo 25)

- Se divide el primer término del dividendo entre el primer término del divisor y se obtiene el primer término del cociente. **(1.º)**
- Este término del cociente se multiplica por todo el divisor. El polinomio resultado se coloca debajo del dividendo con signos contrarios y cada término debajo de su semejante. **(2.º)**
- De la suma del polinomio anterior y el dividendo se obtiene otro polinomio de menor grado **(3.º)**. Si el grado es mayor o igual que el grado del divisor, se repiten los pasos anteriores **(4.º, 5.º, 6.º, 7.º, 8.º, 9.º, 10.º, 11.º, 12.º)**; en caso contrario, se para el algoritmo y este polinomio es el resto.

Ejemplo 25

Para dividir $P(x)=x^5-x-8+2x^3$ entre $Q(x)=x^2+1-2x$:

$$\begin{array}{lrrrrrr|l}
 & x^5\,+ & 0x^4\,+ & 2x^3\,+ & 0x^2\,- & x\,- & 8 & x^2-2x+1 \\ \cline{8-8}
2.º \rightarrow & -x^5\,+ & 2x^4\,- & x^3 & & & & x^3+2x^2+5x+8 \\ \cline{2-4}
3.º \rightarrow & & 2x^4\,+ & x^3\,+ & 0x^2\,- & x\,- & 8 & 1.º\uparrow\ \ 4.º\uparrow\ \ 7.º\uparrow\ \ 10.º\uparrow \\
5.º \rightarrow & & -2x^4\,+ & 4x^3\,- & 2x^2 & & & \\ \cline{3-5}
6.º \rightarrow & & & 5x^3\,- & 2x^2\,- & x\,- & 8 & \\
8.º \rightarrow & & & -5x^3\,+ & 10x^2\,- & 5x & & \\ \cline{4-6}
9.º \rightarrow & & & & 8x^2\,- & 6x\,- & 8 & \\
11.º \rightarrow & & & & 8x^2\,+ & 16x\,+ & 8 & \\ \cline{5-7}
12.º \rightarrow & & & & & 10x\,- & 16 &
\end{array}$$

1.º $x^5:x^2=x^3$

2.º $x^3\cdot(x^2-2x+1)=x^5-2x^4+x^3$

3.º $(x^5+2x^3-x-8)+(-x^5+2x^4-x^3)=2x^4+x^3-x-8$

4.º $2x^4:x^2=2x^2$ / **5.º** $2x^2\cdot(x^2-2x+1)=2x^4-4x^3+2x^2$

6.º $(2x^4+x^3-x-8)+(-2x^4+4x^3-2x^2)=5x^3-2x^2-x-8$

7.º $5x^3:x^2=5x$ / **8.º** $5x\cdot(x^2-2x+1)=5x^3-10x^2+5x$

9.º $(5x^3-2x^2-x-8)+(-5x^3+10x^2-5x)=8x^2-6x-8$

10.º $8x^2:x^2=8$ / **11.º** $8\cdot(x^2-2x+1)=8x^2-16x-8$

12.º $(8x^2-6x-8)+(-8x^2+16x+8)=10x-16$

Solución: $C(x)=x^3-2x^2+5x+8$ y $R(x)=10x-16$

Comprobación: $x^5+2x^3-x-8=\left(x^2-2x+1\right)\cdot\left(x^3+2x^2+5x+8\right)+(10x-16)$

Actividades

13. Copia en tu cuaderno y calcula estas divisiones de monomios:

a) $\left(8x^3-2x^2+4x\right):(2x)$

b) $\left(7x^5-3x^4\right):\left(-x^4\right)$

c) $\left(3x^6-x^2\right):\left(-x^2\right)$

d) $\left(4x^4+6x^3-8x^2\right):\left(2x^2\right)$

e) $\left(18x^6+6x^5-9x^4\right):(-3x)$

f) $\left(-5x^5+10x^2\right):\left(5x^2\right)$

14. Copia en tu cuaderno y calcula estas divisiones de polinomios:

a) $\left(2x^5-4x^4+2x^3+x^2-5x+2\right):\left(x^3-2x^2+x-3\right)$

b) $\left(4x^4-2x^2+3x-2\right):\left(2x^2+x-3\right)$

c) $\left(3x^4-3x^2+x-5\right):\left(x^2+3\right)$

d) $\left(4x^3-3x^2+3\right):\left(x^2-x+1\right)$

2.6• Regla de Ruffini

La **regla de Ruffini** es un algoritmo que se utiliza para realizar divisiones de un polinomio entre un binomio de la forma $(x-a)$ o $(x+a)$.

Algoritmo

Aplicar un **algoritmo** consiste en realizar un conjunto de operaciones o pasos para resolver un problema o cálculo.

Para **aplicar** la regla de **Ruffini:**

- Se colocan los coeficientes. Para ello, los términos del polinomio dividendo se ordenan de mayor a menor exponente. En caso de que el dividendo no sea un polinomio completo, se coloca un 0 representando al término ausente.
- Se realizan los cálculos del algoritmo, siguiendo estos dos pasos:
  Paso 1. Se baja el 1.er número de la Fila 1 a la Fila 3. Se multiplica el término independiente del binomio cambiado de signo, *a,* por el número bajado a la Fila 3 y se coloca en la Fila 2, debajo del 2.º número de la Fila 1.
  Paso 2. Se suma el 2.º número de la Fila 1, con el número obtenido en el paso anterior, el 2.º número de la Fila 2. El resultado se coloca en la Fila 3.
- Se repiten los dos pasos hasta sumar el último término de la Fila 1.

La Fila resultante 3 se corresponde con los términos del polinomio cociente, resultado de la división, y el último número resultante de la Fila 3, es el resto de la división. (Ejemplo 26)

Ejemplo 26

Realizar la siguiente división $(-3x^5+4x^3-5x+1):(x-2)$ aplicando la regla de Ruffini:

- Se colocan los coeficientes. Los coeficientes ordenados del polinomio $-3x^5+4x^3-5x+1$ son: −3, 0, 4, 0, −5 y 1. El término independiente del divisor cambiado de signo es +2. **(1.º)**
- Se realizan los cálculos propios del algoritmo, los anteriores Paso 1 y Paso 2. **(2.º, 3.º,4.º,5.º,6.º)**

1.º

	−3	0	4	0	−5	1	Fila 1
+2							Fila 2
	−3						Fila 3

2.º

	−3	0	4	0	−5	1	Fila 1
+2		−6					Fila 2
	−3	**−6**					Fila 3

3.º

	−3	0	4	0	−5	1	Fila 1
+2		−6	−12				Fila 2
	−3	**−6**	**−8**				Fila 3

4.º

	−3	0	4	0	−5	1	Fila 1
+2		−6	−12	−16			Fila 2
	−3	−6	**−8**	**−16**			Fila 3

5.º

	−3	0	4	0	−5	1	Fila 1
+2		−6	−12	−16	−32		Fila 2
	−3	−6	−8	**−16**	**−37**		Fila 3

6.º

	−3	0	4	0	−5	1	Fila 1
+2		−6	−12	−16	−32	−74	Fila 2
	−3	−6	−8	−16	**−37**	**−73**	Fila 3

↑ **Coeficientes del cociente** ↑ **Resto**

Solución: $C(x)=-3x^4-6x^3-8x^2-16x-37$ y $R(x)=-73$. **Comprobación:** $(-3x^5+4x^3-5x+1)=(x-2)\cdot(-3x^4-6x^3-8x^2-16x-37)-73$.

Actividades

15. Copia en tu cuaderno y calcula utilizando la regla de Ruffini:

a) $(x^3-4x^2+5x-8):(x-2)$

b) $(2x^4+3x^3-4x^2+x-18):(x-2)$

c) $(2x^4-7x^3+4x^2-5x+6):(x-3)$

d) $(x^4+x^3-x^2+x-1):(x+2)$

e) $(-3x^4+2x^3-7x):(x-2)$

f) $(x^3-9x^2+2x-11):(x+3)$

3•• Expresiones algebraicas fraccionarias

Una **expresión algebraica fraccionaria** es el cociente de dos polinomios $\frac{P(x)}{Q(x)}$, siempre que el denominador no sea un polinomio constante ni nulo.

Además, el grado del dividendo, $P(x)$, tiene que ser menor que el grado del divisor, $Q(x)$. Las fracciones algebraicas se comportan de modo similar a las fracciones numéricas. (Ejemplo 27)

Ejemplo 27

- $\frac{36x^5}{9}$ no es una fracción algebraica, el resultado es un polinomio constante $4x^5$.
- $\frac{6x^5}{2x^8}$ no es un polinomio, porque el grado del dividendo es menor que el grado del divisor. Por tanto, $\frac{6x^5}{2x^8}=\frac{3}{x^3}$ es una fracción algebraica.

Fracciones equivalentes

Dos fracciones son equivalentes cuando al multiplicarlas en cruz se obtiene el mismo resultado. (Ejemplo 28)

Ejemplo 28

$\frac{x}{x-1}$ y $\frac{x^2+x}{x^2-1}$ son equivalentes:

$$\frac{x}{x-1}=\frac{x^2+x}{x^2-1}\Leftrightarrow$$

$$\Leftrightarrow x\cdot(x^2-1)=(x-1)\cdot(x^2+x)\Leftrightarrow$$

$$\Leftrightarrow x^3-x=x^3+\cancel{x^2}-\cancel{x^2}-x\Leftrightarrow$$

$$\Leftrightarrow x^3-x=x^3-x$$

3.1• Simplificación de fracciones algebraicas

Simplificar fracciones algebraicas consiste en eliminar los factores comunes que aparecen multiplicando en el numerador y dividiendo en el denominador para obtener una fracción algebraica equivalente más sencilla.

Para **simplificar fracciones algebraicas** se utilizan métodos de factorización, que transforman un polinomio de cierto grado en producto de polinomios de menor grado.

Los **métodos de factorización** más utilizados son:

- Sacar factor común. (Ejemplo 29)
- Identificar identidades notables. (Ejemplo 30)

Ejemplo 29

- Para simplificar la fracción algebraica $\frac{15x+15}{10x^2+10x}$, se saca factor común en el numerador, $15x+15=15\cdot(x+1)$, y en el denominador, $10x^2+10x=10x(x+1)$ y se simplifica:

$$\frac{15x+15}{10x^2+10x}=\frac{15\cdot\cancel{(x+1)}}{10x\cdot\cancel{(x+1)}}=\frac{15}{10x}=\frac{3}{2x}$$

- Para simplificar la fracción algebraica $\frac{3x+3}{3x+9}$, se saca factor común en el numerador, $3x+3=3\cdot(x+1)$, y en el denominador, $3x+9=3\cdot(x+3)$ y se simplifica:

$$\frac{3x+3}{3x+9}=\frac{\cancel{3}\cdot(x+1)}{\cancel{3}\cdot(x+3)}=\frac{(x+1)}{(x+3)}$$

Ojo al simplificar

En la fracción algebraica $\frac{3x+3}{3x+9}$, no se puede simplificar el 3 solamente en una parte del numerador y del denominador.

Es decir: $\frac{\cancel{3x}+3}{\cancel{3x}+9}\neq\frac{3}{9}$

> **Ejemplo** 30
>
> ■ En la expresión $\frac{x^2+2x+1}{x^2-1}$:
>
> - El numerador es la identidad notable $(x+1)^2$.
> - El denominador es la identidad notable $(x+1)\cdot(x-1)$.
>
> Por tanto:
>
> $$\frac{x^2+2x+1}{x^2-1}=\frac{(x+1)^{\not 2}}{\cancel{(x+1)}\cdot(x-1)}=\frac{x+1}{x-1}$$

3.2• Operaciones con fracciones algebraicas

Para poder **sumar o restar dos fracciones algebraicas,** tienen que tener igual denominador. Se puede proceder de dos formas:

- Determinar el denominador común, calculando el mínimo común múltiplo de los denominadores. Así se obtienen fracciones algebraicas con el mismo denominador, que se suman, sumando los polinomios de los numeradores. (Ejemplo 31)
- Operar usando la siguiente técnica. Se multiplica numerador y denominador de cada fracción algebraica por el denominador de la otra fracción; y después se opera:

$$\frac{P_1}{Q_1}+\frac{P_2}{Q_2}=\frac{P_1\cdot Q_2}{Q_1\cdot Q_2}+\frac{P_2\cdot Q_1}{Q_1\cdot Q_2}=\frac{P_1\cdot Q_2+P_2\cdot Q_1}{Q_1\cdot Q_2}$$ (Ejemplo 32)

Mínimo común múltiplo

Para calcular el mínimo común múltiplo de dos polinomios, se descomponen como producto de polinomios irreducibles y se multiplican los factores **comunes y no comunes** elevados al **máximo exponente.**

> **Ejemplo** 31
>
> Para calcular la suma $\frac{2}{x^2-1}+\frac{3x-5}{(x+1)^2}$, se calcula el mcm de los denominadores.
>
> Como $x^2-1=(x+1)\cdot(x-1)$ y $(x+1)^2=(x+1)\cdot(x+1)$, entonces:
>
> $$\text{mcm}\left((x^2-1),\ (x+1)^2\right)=(x-1)\cdot(x+1)^2$$
>
> Por tanto:
>
> $$\frac{2}{x^2-1}+\frac{3x-5}{(x+1)^2}=\frac{2\cdot(x+1)}{(x-1)\cdot(x+1)^2}+\frac{(3x-5)\cdot(x-1)}{(x-1)\cdot(x+1)^2}=$$
>
> $$=\frac{2x+2+3x^2-3x-5x+5}{(x-1)\cdot(x+1)^2}=\frac{3x^2-6x+7}{(x-1)\cdot(x+1)^2}$$

> **Ejemplo** 32
>
> ■ $\frac{x-1}{x}+\frac{3x+1}{x+1}=\frac{(x-1)\cdot(x+1)+x\cdot(3x+1)}{x\cdot(x+1)}=\frac{x^2-1+3x^2+x}{x\cdot(x+1)}=\frac{4x^2+x-1}{x\cdot(x+1)}$
>
> ■ $\frac{x+1}{x+2}-\frac{3}{x+1}=\frac{(x+1)^2}{(x+2)\cdot(x+1)}-\frac{3(x+2)}{(x+2)\cdot(x+1)}=\frac{(x+1)^2-3(x+2)}{(x+2)\cdot(x+1)}=$
>
> $=\frac{x^2+2x+1-3x-6}{(x+2)\cdot(x+1)}=\frac{x^2-x-5}{(x+2)\cdot(x+1)}$

Para **multiplicar dos fracciones algebraicas,** se multiplican los numeradores y los denominadores: $\frac{P_1}{Q_1} \cdot \frac{P_2}{Q_2} = \frac{P_1 \cdot P_2}{Q_1 \cdot Q_2}$. (Ejemplo 33)

Para **dividir dos fracciones algebraicas,** se opera como en la división de fracciones numéricas: $\frac{P_1}{Q_1} : \frac{P_2}{Q_2} = \frac{P_1 \cdot Q_2}{Q_1 \cdot P_2}$. (Ejemplo 34)

Ejemplo 33

- $\frac{x}{x-1} \cdot \frac{x+1}{2x} = \frac{x(x+1)}{(x-1) \cdot 2x} = \frac{x+1}{2(x-1)}$
- $\frac{x-1}{x+1} \cdot \frac{2x}{2x-1} = \frac{(x-1) \cdot 2x}{(x+1) \cdot (2x-1)} = \frac{2x^2-2x}{2x^2+2x-x-1} = \frac{2x^2-2x}{2x^2+x-1}$

Ejemplo 34

- $\frac{x}{x-1} : \frac{2x}{x-2} = \frac{x(x-2)}{(x-1) \cdot 2x} = \frac{x-2}{2(x-1)}$
- $\frac{x+1}{x-3} : \frac{x+3}{x-2} = \frac{(x+1) \cdot (x-2)}{(x-3) \cdot (x+3)} = \frac{x^2-x-2}{x^2-9}$

Actividades

16. Copia en tu cuaderno las siguientes expresiones algebraicas y razona si son fracciones algebraicas:

a) $\frac{x^2+1}{x^3+5}$ c) $\left(x+\frac{1}{3}\right)^2$ e) $\frac{x^2}{2}+3x-1$

b) $\frac{x^3-3}{2x^2+1}$ d) $\frac{x^2+1}{3x}$ f) $\frac{x}{x-5}$

17. Copia en tu cuaderno y simplifica las siguientes fracciones algebraicas:

a) $\frac{3x^2+6x}{9x^2+18}$ c) $\frac{6-4x}{4x^2-9}$

b) $\frac{x^3-5x^2}{4x^3+5x^2}$ d) $\frac{3x-6}{x^2-4}$

18. Copia en tu cuaderno y calcula las siguientes sumas y restas de fracciones algebraicas:

a) $\frac{1}{x}+\frac{1}{2x}$ c) $\frac{x+2}{3x^2}-\frac{1}{6x}$ e) $\frac{1}{x-1}-\frac{2}{x+1}$

b) $\frac{1}{x}+\frac{1}{x+1}$ d) $\frac{x^2}{2}+3x-1$ f) $\frac{5x}{(x-2)^2}-\frac{x+2}{x-2}$

19. Copia y calcula las siguientes multiplicaciones y divisiones de fracciones algebraicas:

a) $\frac{x}{x+2} \cdot \frac{3}{x}$ c) $\frac{5x}{x+1} : \frac{x}{2x+2}$ e) $\frac{3}{x^2} \cdot \frac{x^2+2}{3x+9}$

b) $\frac{5x+5}{(x-3)^2} : \frac{x+1}{x-3}$ d) $\frac{3}{x-1} : \frac{x+1}{x}$ f) $\frac{2x+2}{x-3} \cdot \frac{5x-15}{(x+1)^2}$

Técnicas de trabajo

APLICACIONES DE LAS FRACCIONES ALGEBRAICAS

Las fracciones algebraicas se utilizan, tanto para describir situaciones del entorno, como para describir fenómenos de la naturaleza; por ejemplo, la la velocidad de un móvil $v = \frac{e}{t}$ o la densidad de los minerales $d = \frac{m}{v}$.

Problema 1

Una finca rectangular puede obtener una licencia de construcción si su ancho mide como mínimo $b=2x+1$ metros y su área, $2x^2+13x+6$ metros cuadrados, donde x varía según la normativa de cada comunidad autónoma. Expresa el largo que tendrá la finca en función de x.

Por ser la finca rectangular, su área es $a=b \cdot h$. Como $a = 2x^2+13x+6$ y $b = 2x+1$, el largo que ha de tener la finca es: $h = \frac{b}{a} = \frac{2x^2+13x+6}{2x+1}$, que es una fracción algebraica.

En las fracciones algebraicas, al igual que en los polinomios, se puede calcular su valor numérico sustituyendo las variables por valores concretos. (Ejemplo 1)

Ejemplo 1

En el enunciado del problema 1, si en Asturias, $x=1$, en Andalucía, $x=5$, y en Extremadura, $x=10$, ¿cuáles son las dimensiones de la finca según la comunidad donde se encuentre?

Se calcula el valor numérico de b y h para cada valor distinto de x.

Por ejemplo, en Asturias las medidas de la finca serían $b=3$ m y $h=7$ m.

Comunidad autónoma	x	$b=2x+1$	$h = \frac{2x^2+13x+6}{2x+1}$
Asturias	1	$2 \cdot 1+1=3$	$\frac{2 \cdot 1^2+13 \cdot 1+6}{2 \cdot 1+1}=7$
Andalucía	5	$2 \cdot 5+1=11$	$\frac{2 \cdot 5^2+13 \cdot 5+6}{2 \cdot 5+1}=11$
Extremadura	10	$2 \cdot 10+1=21$	$\frac{2 \cdot 10^2+13 \cdot 10+6}{2 \cdot 10+1}=16$

Problema 2

Una bomba extractora de agua tarda 15 min menos que otra en vaciar el mismo depósito. Expresa como fracción algebraica la parte del depósito que vacían las dos bombas simultáneamente.

Si x es el tiempo en minutos que tarda una bomba en vaciar un depósito, entonces, en 1 h vacía $\frac{1}{x}$ partes de un depósito, y la otra bomba vaciará $\frac{1}{x-15}$ partes del depósito.

Por tanto, entre las dos bombas vaciarán $\frac{1}{x} + \frac{1}{x-15} = \frac{x-15+x}{x(x-15)} = \frac{2x-15}{x(x-15)}$ partes del depósito.

Actividades

1. Un obrero tarda en realizar un trabajo 4 h menos que su auxiliar. Expresa como una fracción algebraica el tiempo que tardan en realizar juntos el trabajo.

2. Para llenar un estanque se utilizan dos grifos A y B. Sabiendo que el grifo A tarda 5 h más que el grifo B en llenar el mismo estanque, ¿cuánto tardarían juntos los grifos A y B en llenarlo?

Actividades finales

1. En tu cuaderno, expresa en lenguaje algebraico estas situaciones:

a) Una fábrica recorta los sueldos en un 10%.
b) El precio de los packs de 24 latas si cada lata cuesta 0,50 € y regalan una.
c) El precio del abono transporte sube un 5%.
d) Para ser socio de un gimnasio se pagan 45 € de matrícula y 30 € cada mes.

2. Realiza en tu cuaderno estas sumas y restas de monomios:

a) $7x+x-6x+2x$
b) $xy^2+5xy^2-6xy+3xy$
c) $x^2+\dfrac{x^2}{3}$
d) $-7x^3+x^3-\left(6x^3+2x^3\right)$
e) $\left(\dfrac{2}{3}x^4-x^4\right)-\left(\dfrac{x^4}{3}+2x^4\right)$
f) $\left(-x+2x^3+x^4\right)-\left(-3x+x^2-x^3+x^4\right)$
g) $-2a^2b+5a^2b-\dfrac{2}{3}a^2b-a^2b$
h) $-\left(ab^3+a^2b\right)-3a^3b+4ab^3-\left(a^3b-2ab^3\right)$

3. Efectúa estos productos y cocientes de monomios:

a) $4x^2\cdot 2x^3$a) $4x^2\cdot 2x^3$
b) $-x^3\cdot\dfrac{2}{3}x^3$
c) $7x\cdot(-5)x^3$
d) $\dfrac{-8x^7y^4}{2x^3y^4}$
e) $15x^7:3x^3$
f) $\left(-40x^6\right):8x^5$
g) $(-3)x^2\cdot(-2)x^4$
h) $\dfrac{4x^7y^5\cdot(-xy)}{2x^3y^5}$

4. Halla en tu cuaderno el valor numérico de cada polinomio para el valor indicado de la variable x:

a) $P(x)=4x^2-x+2$ para $x=3$.
b) $P(x)=-x^3-x^2+3$ para $x=-1$.
c) $P(x)=\dfrac{x^2}{2}-x-3$ para $x=-2$.

5. Dados los polinomios $P(x)=2x^3-3x^2+4x-2$, $Q(x)=-x^4+x^3+3x^2+4$ y $R(x)=2x-3$, realiza las siguientes operaciones:

a) $P(x)+Q(x)$
b) $P(x)-Q(x)$
c) $Q(x)-P(x)$
d) $Q(x)-\left[P(x)-R(x)\right]$

6. Efectúa estas operaciones en tu cuaderno:

a) $4x^2\cdot\left(3x^4-2x^3+x-5\right)$
b) $\left(4x^2-1\right)\cdot\left(x^3-2x^2+3x-1\right)$
c) $\left(x^2+x-1\right)\cdot\left(-x^2+3x-2\right)$

7. En tu cuaderno, extrae el factor común en estos polinomios:

a) $3x^3+6x^2-12x$
b) $-12x^3-8x^4+20x^2$
c) $5(x-1)-15(x-1)^2$

8. Desarrolla en tu cuaderno estas identidades notables y simplifica:

a) $(3x+4)^2$
b) $(5x-2)^2$
c) $(4x-2)\cdot(4x+2)$
d) $(x-2)^2+(2x+1)^2$

9. Efectúa en tu cuaderno estas divisiones de polinomios y comprueba el resultado mediante la regla $D=d\cdot c+r$:

a) $\left(x^4-x^3+7x^2+x+15\right):\left(x^2+2\right)$
b) $\left(-x^3+7x^2+x+15\right):\left(x^2-1\right)$
c) $\left(x^4-x^3+7x^2+x+15\right):\left(x^2+2\right)$
d) $\left(6x^6-2x^5-11x^4+3x^3+18x^2-5x-5\right):\left(2x^4-3x^2+5\right)$

10. Realiza estas divisiones utilizando la regla de Ruffini y comprueba el resultado mediante la regla $D=d\cdot c+r$:

a) $\left(2x^4-7x^3+4x^2-5x+6\right):(x-3)$
b) $\left(x^4-7x^3+8x^2-2\right):(x-1)$
c) $\left(2x^4+3x^3-4x^2+x-18\right):(x-2)$
d) $\left(x^3+2x^2+3x+1\right):(x-1)$

11. Simplifica estas fracciones algebraicas sacando factor común o utilizando identidades notables:

a) $\dfrac{x-2}{x^2-4}$
b) $\dfrac{x^2+x}{x^2+2x+1}$
c) $\dfrac{x^2-25}{x^2+25-10x}$
d) $\dfrac{x^2-4}{x^3-4x}$

12. Efectúa estas operaciones en tu cuaderno.

a) $\dfrac{x-2}{x+3}+\dfrac{x-3}{x}$
b) $\dfrac{2}{x+5}+\dfrac{x-1}{x-5}$
c) $\dfrac{x+1}{x-1}-\dfrac{3x-1}{x+1}$
d) $\dfrac{5}{x^2}-\dfrac{3x-1}{x+1}$

13. Realiza en tu cuaderno estas operaciones.

a) $\dfrac{5}{x+5}\cdot\dfrac{x+5}{x-5}$
b) $\dfrac{x}{x+2}\cdot\dfrac{x-4}{x+2}$
c) $\dfrac{1}{x+1}:\dfrac{x-1}{x-5}$
d) $\dfrac{2}{x}:\dfrac{2x}{2+x^2}$

Unidad 5

Ecuaciones y sistemas de ecuaciones lineales

SUMARIO

1•• Resolución de ecuaciones

Al traducir ciertas situaciones del lenguaje verbal al lenguaje algebraico, se obtienen igualdades entre expresiones algebraicas llamadas **ecuaciones.** En una ecuación, las letras reciben el nombre de **incógnitas** y las expresiones algebraicas situadas a ambos lados de la igualdad, se llaman **miembros** de la ecuación.

Resolver una ecuación es encontrar el valor de la incógnita que hace que sea cierta la igualdad.

1.1• Ecuaciones de primer grado

Una **ecuación de primer grado con una incógnita** es una igualdad algebraica de la forma $ax=b$, siendo a y b números reales, con $a \neq 0$.

Para **resolver** una **ecuación** de primer grado con una incógnita, se siguen estos pasos: (Ejemplo 1)

1. **Quitar** los **paréntesis,** si los hay.
2. **Eliminar** los **denominadores,** calculando su mcm.
3. **Agrupar** los **términos** con x a la izquierda y los números a la derecha.
4. **Reducir** los términos semejantes y **despejar** la incógnita.

Resolución de problemas con ecuaciones de primer grado

Para **resolver problemas** utilizando ecuaciones de primer grado con una incógnita, se siguen estos pasos:

1. Identificar la incógnita x.
2. Plantear una ecuación y resolverla.
3. Interpretar la solución y comprobar si es correcta.

Problema resuelto 1

Iker tiene 15 años y su madre, Adela, 42. ¿Cuántos años han de transcurrir para que la edad de Iker sea la mitad de la edad de su madre?

$x \rightarrow$ años transcurridos para que la edad de Iker sea la mitad que la de su madre

$15+x \rightarrow$ edad de Iker dentro de x años

$42+x \rightarrow$ edad de Adela dentro de x años

Se **plantea** la ecuación y se **resuelve**:

$$15+x=\frac{(42+x)}{2} \Leftrightarrow 2\cdot(15+x)=42+x \Leftrightarrow 30+2x=42+x \Leftrightarrow$$

$$\Leftrightarrow 2x-x=42-30 \Leftrightarrow x=12$$

Solución: tienen que transcurrir 12 años para que la edad de Iker sea la mitad de la de su madre.

Comprobación: $15+12=27$ que es la mitad de $42+12=54$

Métodos de resolución

Según el tipo de ecuación, existen diferentes métodos que permiten resolver la ecuación, transformando la igualdad en otra equivalente más sencilla.

Solución de $ax=b$

En una ecuación de primer grado, el exponente de la letra x es 1.

Si el número a es distinto de cero, las ecuaciones de primer grado siempre tienen una única solución: $x=\frac{b}{a}$.

Ejemplo 1

$$\frac{1}{5}(2+5x)=\frac{1}{2}\left(x-\frac{1}{5}\right) \Leftrightarrow \quad \text{(1.º)}$$

$$\Leftrightarrow \frac{2}{5}+\frac{5x}{5}=\frac{x}{2}-\frac{1}{10} \Leftrightarrow \quad \text{(2.º)}$$

$$\Leftrightarrow \frac{4}{10}+\frac{10x}{10}=\frac{5x}{10}-\frac{1}{10} \Leftrightarrow \quad \text{(3.º)}$$

$$\Leftrightarrow 4+10x=5x-1 \Leftrightarrow$$

$$\Leftrightarrow 10x-5x=-1-4 \Leftrightarrow \quad \text{(4.º)}$$

$$\Leftrightarrow 5x=-5 \Leftrightarrow x=\frac{-5}{5}=-1$$

Actividades

1. Copia y resuelve en tu cuaderno las siguientes ecuaciones de primer grado:

a) $3x-\frac{x+3}{4}=13$

b) $\frac{x}{2}-\frac{2(x+2)}{7}=\frac{x-3}{4}$

c) $\frac{x}{2}+\frac{x-3}{8}+\frac{2x+2}{16}=\frac{x-2}{2}$

d) $\frac{1-x}{25}-\frac{x}{6}+\frac{x+7}{9}=\frac{2}{5}-\frac{3x}{15}$

2. Ana y Diego tienen 12 € entre los dos. Si Diego tiene el doble de dinero que Ana, ¿cuántos euros tiene cada uno?

3. Por dejar el coche en un parking durante 4 horas pagamos 6 € y nos devuelven 2,40 €. ¿A cuánto sale la hora?

4. Para visitar un faro, has recorrido las $\frac{3}{5}$ partes del trayecto en tren; los $\frac{7}{8}$ del resto, en coche, y los 26 km que quedan, en bicicleta. ¿Cuántos kilómetros hemos recorrido?

1.2• Ecuaciones de segundo grado

Una **ecuación de segundo grado** es una igualdad algebraica que se expresa de la forma $ax^2+bx+c=0$, siendo *a*, *b* y *c* números reales, con $a \neq 0$.

El mayor exponente de la incógnita *x* es 2.

Una ecuación de segundo grado puede tener hasta dos soluciones.

Para **resolver** una ecuación de segundo grado de la forma $ax^2+bx+c=0$, se distinguen tres tipos de ecuaciones: (Ejemplo 2)

Ecuaciones completas	Ecuaciones incompletas	
TIPO I: *a*, *b* y *c* distintos de 0	TIPO II: $b=0$	TIPO III: $c=0$
Si *a*, *b* y *c* son distintos de cero, es una ecuación de segundo grado completa, porque tiene los tres términos. Por ejemplo, $3x^2-4x+1=0$	Si $b=0$, la ecuación es de la forma $ax^2+c=0$. Por ejemplo, $3x^2-27=0$	Si $c=0$, la ecuación es de la forma $ax^2+bx=0$. Por ejemplo, $2x^2-4x=0$
Para **resolverla,** se identifican los valores de *a*, *b* y *c*, y se sustituyen en la fórmula $x=\frac{-b\pm\sqrt{b^2-4ac}}{2a}$	Para **resolverla,** se identifican los valores de *a* y *c*, y se despeja la *x*: $x=\pm\sqrt{\frac{-c}{a}}$	Para **resolverla,** se identifican los valores de *a* y *b*, y se saca *x* factor común: $x(ax+b)=0$
La **soluciones** son: $x_1=\frac{-b+\sqrt{b^2-4ac}}{2a}$ y $x_2=\frac{-b-\sqrt{b^2-4ac}}{2a}$	Las **soluciones** son: $x_1=\sqrt{\frac{-c}{a}}$ y $x_2=-\sqrt{\frac{-c}{a}}$	Las **soluciones** son: $x_1=0$ y $x_2=\frac{-b}{a}$

Ejemplo 2

- Para resolver la ecuación $3x^2-4x+1=0$, se identifican *a*, *b* y *c*: $a=3$, $b=-4$ y $c=1$. Como *a*, *b* y *c* son distintos de 0, es una ecuación de 2.º grado completa, así que es de TIPO I.
Sus soluciones son el resultado de aplicar la fórmula de resolución:

$$x=\frac{-(-4)\pm\sqrt{(-4)^2-4\cdot3\cdot1}}{2\cdot3}=\frac{4\pm\sqrt{4}}{6}=\frac{4\pm2}{6}=\begin{cases}x_1=\frac{4+2}{6}=\frac{6}{6}=1\\ x_2=\frac{4-2}{6}=\frac{2}{6}=\frac{1}{3}\end{cases}$$

Las soluciones de la ecuación $3x^2-4x+1=0$ son $x_1=1$ y $x_2=\frac{1}{3}$.

- Para resolver la ecuación $3x^2-27=0$, se identifica *a*, *b* y *c*: $a=3$, $b=0$ y $c=-27$. Dado que $b=0$, se trata de una ecuación de 2.º grado incompleta de TIPO II.
Para resolverla, se despeja la *x*:

$$3x^2-27=0 \Leftrightarrow 3x^2=27 \Leftrightarrow x^2=\frac{27}{3}=9 \Leftrightarrow x=\pm\sqrt{9}=\pm3$$

Las soluciones son $x_1=3$ y $x_2=-3$.

- Para resolver la ecuación $2x^2-4x=0$, se empieza identificando *a*, *b* y *c*: $a=2$, $b=-4$ y $c=0$. Dado que el término independiente, *c*, es igual a 0, es una ecuación de 2.º grado incompleta de TIPO III.
Para resolverla, se saca factor común *x*:

$$2x^2-4x=0 \Leftrightarrow x(2x-4)=0 \Leftrightarrow \begin{cases}x=0\\ 2x-4=0\end{cases} \Leftrightarrow \begin{cases}x=0\\ x=\frac{4}{2}=2\end{cases}$$

Las soluciones son $x_1=0$ y $x_2=2$.

Ecuaciones de 2.º grado TIPO II

Las ecuaciones incompletas del TIPO II pueden tener dos soluciones o ninguna solución. Por ejemplo:
$x^2+1=0 \Rightarrow x=\pm\sqrt{-1}$ no tiene solución real.

Ecuaciones de 2.º grado TIPO III

Las ecuaciones incompletas del TIPO III, $ax^2+bx=0$, siempre tienen dos soluciones siendo una $x=0$.

Número de soluciones de una ecuación completa de 2.º grado

La expresión b^2-4ac se llama **discriminante** y se representa con el símbolo Δ.

La ecuación de segundo grado completa $ax^2+bx+c=0$ puede tener una, dos o ninguna solución.

Para estudiar el **número de soluciones** de una **ecuación de segundo grado,** basta con estudiar el signo del discriminante $\Delta=b^2-4ac$:

– Si $\Delta > 0$, la ecuación tiene **dos soluciones** reales distintas, x_1 y x_2, que son: (Ejemplo 3)

$$\begin{cases} x_1=\dfrac{-b+\sqrt{b^2-4ac}}{2a} \\ x_2=\dfrac{-b-\sqrt{b^2-4ac}}{2a} \end{cases}$$

– Si $\Delta=0$, la ecuación tiene **una solución**, que es: $x_1=x_2=\dfrac{-b}{2a}$. (Ejemplo 4)

– Si $\Delta<0$, la ecuación **no tiene solución real,** porque no es posible calcular la raíz cuadrada de una cantidad negativa. (Ejemplo 5)

Ejemplo 3

Para saber cuántas soluciones tiene la ecuación $x^2-4x+3=0$, se calcula $\Delta=b^2-4ac$:

En la ecuación $x^2-4x+3=0$: $a=1$, $b=-4$ y $c=3$.

Por tanto, el discriminante es:

$$\Delta=(-4)^2-4\cdot1\cdot3=16-12=4>0$$

Así que la ecuación $x^2-4x+3=0$ tiene dos soluciones.

Ejemplo 4

Para saber cuántas soluciones tiene la ecuación $x^2-10x+25=0$, se calcula $\Delta=b^2-4ac$:

En la ecuación $x^2-10x+25=0$, $a=1$, $b=-10$ y $c=25$.

Por tanto, el discriminante es:

$$\Delta=(-10)^2-4\cdot1\cdot25=100-100=0$$

Así que la ecuación $x^2-10x+25=0$ tiene una solución.

Ejemplo 5

Para saber cuántas soluciones tiene la ecuación $2x^2-3x+3=0$, se calcula $\Delta=b^2-4ac$:

En la ecuación $2x^2-3x+3=0$, $a=2$, $b=-3$ y $c=3$. Por tanto, el discriminante es:

$$\Delta=(-3)^2-4\cdot2\cdot3=9-24=-15<0$$

Así que la ecuación $2x^2-3x+3=0$ no tiene solución.

Actividades

5. Copia en tu cuaderno estas ecuaciones, indica si son ecuaciones de 2.º grado y clasifícalas según el tipo:

a) $2x^2=14$ c) $8x^2-10=0$ e) $5x^2+3x=8$

b) $2x^2-\dfrac{1}{x}=0$ d) $2x^2-3\sqrt{x}+8=0$ f) $6x=3x^2$

6. Resuelve las siguientes ecuaciones de 2.º grado:

a) $x^2+6x+5=0$ c) $x^2+3x-4=0$

b) $x^2-x-6=0$ d) $8x^2-2x-3=0$

7. Copia en tu cuaderno y resuelve estas ecuaciones de 2.º grado:

a) $x^2-100=0$ c) $6x^2-54=0$

b) $3x^2-27=0$ d) $25x^2=25$

8. Copia en tu cuaderno y resuelve las siguientes ecuaciones de 2.º grado:

a) $4x^2-32x=0$ c) $5x^2-30x=0$

b) $-10x=2x^2$ d) $8x=4x^2$

Resolución de problemas con ecuaciones de 2.º grado

Al resolver problemas en los que aparecen ecuaciones de segundo grado, se siguen los mismos pasos que en el caso de ecuaciones de primer grado.

La diferencia se encuentra en que al resolver la ecuación se pueden obtener dos soluciones, por lo que hay que **comprobar** si ambas son válidas o solo lo es una de ellas.

Problema resuelto 2

El producto de dos números naturales consecutivos es 56. ¿Cuáles son los números?

$x \rightarrow$ un número cualquiera
$x+1 \rightarrow$ el número consecutivo al anterior

Se **plantea** la ecuación $x \cdot (x+1) = 56$ y se ordena:

$$x \cdot (x+1) = 56 \Leftrightarrow x^2 + x = 56 \Leftrightarrow x^2 + x - 56 = 0$$

Luego, se **resuelve** la ecuación de segundo grado obtenida $x^2 + x - 56 = 0$:

$$x = \frac{-b \pm \sqrt{b^2 - 4ac}}{2a} = \frac{-1 \pm \sqrt{1^2 - 4 \cdot 1 \cdot (-56)}}{2 \cdot 1} =$$

$$= \frac{-1 \pm \sqrt{225}}{2} = \frac{-1 \pm 15}{2} = \begin{cases} x_1 = \frac{-1-15}{2} = -8 \\ x_2 = \frac{-1+15}{2} = 7 \end{cases}$$

Ahora hay que interpretar y comprobar las posibles soluciones

$$x_1 = -8 \text{ y } x_2 = 7$$

- $x_1 = -8$ no es una solución válida, porque es un número entero negativo y no un número natural.
- Sustituyendo $x=7$ en la ecuación inicial, se comprueba si es una solución válida: $7 \cdot (7+1) = 56 \Leftrightarrow 7 \cdot 8 = 56 \Rightarrow x_2 = 7$ verifica la ecuación.

Solución: los dos números naturales solución del problema son $x_2 = 7$ y su consecutivo $x_2 + 1 = 8$.

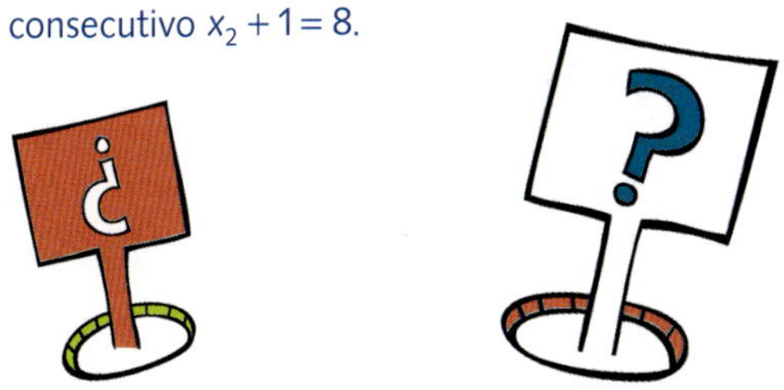

Problema resuelto 3

Una baldosa rectangular tiene de área 24 cm². Halla la medida de sus lados sabiendo que la baldosa mide 5 cm menos de ancho que de largo.

$x \rightarrow$ largo del rectángulo
$x-5 \rightarrow$ ancho del rectángulo

Se **plantea** la ecuación. El área de un rectángulo es base por altura, y el área de la baldosa es 24 cm², entonces: $x \cdot (x-5) = 24$.

Para resolver la ecuación, primero se ordena la anterior ecuación: $x \cdot (x-5) = 24 \Leftrightarrow x^2 - 5x - 24 = 0$.

Después, se **resuelve** la ecuación de 2.º grado obtenida:

$$x = \frac{-(-5) \pm \sqrt{(-5)^2 - 4 \cdot 1 \cdot (-24)}}{2 \cdot 1} = \frac{5 \pm \sqrt{25+96}}{2} = \frac{5 \pm \sqrt{121}}{2} =$$

$$= \frac{5 \pm 11}{2} = \begin{cases} x_1 = \frac{16}{2} = 8 \\ x_2 = \frac{-6}{2} = -3 \end{cases}$$

Por último, se interpretan y comprueban las posibles soluciones $x_1=8$ y $x_2=-3$:

- Sustituyendo $x_1=8$ en la ecuación inicial, se comprueba si es una solución válida: $8 \cdot (8-5) = 24$. Sí es válida porque es una medida positiva.
- $x_2=-3$ no es una solución válida porque una medida no puede ser negativa.

Solución: los dos lados de la baldosa miden 8 cm y $8-5=3$ cm, respectivamente.

Actividades

9. Copia en tu cuaderno las siguientes ecuaciones y calcula el número de soluciones:

a) $x^2 + 144 = 0$
b) $15x^2 + 2x - 8 = 0$
c) $x^2 - 5x + 12 = 0$

10. Si al triple de un número se le suma su cuadrado, se obtiene 88. Calcula el número.

11. La suma de los cuadrados de la edad actual de Lucía y de la que tendrá dentro de dos años es de 580. ¿Cuántos años tiene Lucía?

12. La base de un triángulo es doble que su altura. Si su área mide 400 cm², ¿cuánto vale su base?

13. Si a los lados de un cuadrado se le añaden 2 cm, su área aumenta en 44 cm², ¿cuánto medía el lado inicial?

1.3• Ecuaciones de grado mayor que 2

Para resolver ecuaciones de grado mayor que 2, no existen fórmulas sencillas, aunque sí métodos que permiten resolver cierto tipo de ecuaciones de grado 3 y de grado 4.

Ecuación de grado 3

Una **ecuación de grado 3** se puede expresar de la forma $ax^3+bx^2+cx+d=0$, siendo *a*, *b*, *c* y *d* números reales, con $a \neq 0$.

El mayor exponente de la letra *x* es 3.

Una ecuación de tercer grado puede tener hasta tres soluciones.

Para **resolver** una **ecuación de grado 3,** se factoriza el polinomio del primer miembro de la ecuación.

Para factorizar el polinomio $P(x)=ax^3+bx^2+cx+d$, hay que tener en cuenta el término independiente, *d*:

- Si $d=0$, se saca factor común *x* en el polinomio *P*(*x*). (Ejemplo 6)
- Si $d \neq 0$, se busca un divisor del polinomio que permita factorizarlo de la forma $P(x)=Q(x)\cdot(x\pm a)$. El método consiste en dividir el polinomio *P*(*x*), por un binomio de la forma $x \pm a$, donde *a* es un divisor del término independiente *d*, que verifique $P(a)=0$. (Ejemplo 7)

Factorizar una ecuación de grado 3 para calcular sus soluciones

Al factorizar una ecuación de grado 3, resultan tres factores:

$$(x-x_1)\cdot(x-x_2)\cdot(x-x_3)$$

Las tres soluciones de la ecuación, x_1, x_2 y x_3, son el resultado de igualar cada uno de los tres factores a cero.

Ejemplo 6

Resolver $x^3-3x^2+2x=0$.

En este caso, $d=0$, así que se factoriza el polinomio $P(x)=x^3-3x^2+2x$, sacando factor común *x*. La ecuación queda de la forma $x\cdot\left(x^2-3x+2\right)=0$.

Para resolver la ecuación, se iguala cada factor a 0:

$$x\cdot\left(x^2-2x+1\right)=0 \Leftrightarrow \begin{cases} x=0 \\ x^2-2x+1=0 \end{cases}$$

Una solución es $x=0$. Además, hay que calcular las dos soluciones de $x^2-3x+2=0$:

$$x=\frac{-(-3)\pm\sqrt{(-3)^2-4\cdot1\cdot2}}{2\cdot1}=$$

$$=\frac{3\pm\sqrt{9-8}}{2}=\frac{3\pm1}{2}=$$

$$=\begin{cases} x_2=\dfrac{3+1}{2}=\dfrac{4}{2}=2 \\ x_3=\dfrac{3-1}{2}=\dfrac{2}{2}=1 \end{cases}$$

Las tres soluciones de $x^3-3x^2+2x=0$ son: $x_1=0$, $x_2=2$ y $x_3=1$.

Ejemplo 7

Resolver $x^3-x^2-4x+4=0$.

Su término independiente es $d=4$. Hay que dividir el polinomio $P(x)=x^3-x^2-4x+4$ entre un binomio $x\pm a$, donde *a* es un divisor de 4, que verifique $P(a)=0$.

Se busca entre los divisores de $4=\{\pm1, \pm2, \pm4\}$, el que verifique que el valor numérico del polinomio $P(x)=x^3-x^2-4x+4$ sea 0.

Como $P(1)=1^3-1^2-4\cdot1+4=0$, un divisor de $P(x)=x^3-x^2-4x+4$ es $x-1$.

Se hace la división $\left(x^3-x^2-4x+4\right):(x-1)$ mediante la regla de Ruffini para calcular el cociente y así factorizar el polinomio.

	1	−1	−4	4
1		1	0	−4
	1	0	−4	0

El resto de la división es 0 y el cociente, x^2-4, así: $\left(x^3-x^2-4x+4\right):(x-1)=\left(x^2-4\right)$.

Por tanto, $x^3-x^2-4x+4=(x-1)\cdot\left(x^2-4\right)$.

La ecuación queda: $(x-1)\cdot\left(x^2-4\right)=0$.

Sus soluciones se obtienen igualando a 0 cada factor:

$x-1=0 \Leftrightarrow x=1$

$x^2-4=0 \Leftrightarrow x=\pm\sqrt{4}=\pm2$

Las tres soluciones de $x^3-x^2-4x+4=0$ son:

$x_1=0$, $x_2=2$ y $x_3=-2$

Ecuación bicuadrada

Una **ecuación bicuadrada** es una ecuación de grado 4 que solo tiene tres términos: el término de grado 4, el término de grado 2 y el término independiente: $ax^4+bx^2+c=0$, siendo a, b y c números reales con $a\neq 0$.

Una ecuación de cuarto grado puede tener hasta cuatro soluciones.

Para **resolver** las **ecuaciones bicuadradas:**

1. Se hace el **cambio de variable** $x^2=z$ en la ecuación y se resuelve la ecuación resultante.
2. Se deshace el cambio de variable para obtener todas las soluciones posibles. (Ejemplo 8)

Ecuación racional

Una **ecuación racional** es una ecuación con incógnitas en el denominador.

Para resolver ecuaciones racionales, se eliminan los denominadores, multiplicando ambos miembros de la ecuación por el mínimo común múltiplo de los denominadores. (Ejemplo 9)

Ejemplo 9

$\frac{1}{x-1}-\frac{1}{x^2-1}=0$ es una ecuación racional.

Se resuelve multiplicando la ecuación por el mínimo común múltiplo de los denominadores.

Como $x^2-1=(x-1)\cdot(x+1)$, entonces el $\text{mcm}\left(x-1,\ x^2-1\right)=(x-1)\cdot(x+1)$.

Por tanto:

$$\frac{1\cdot(x+1)\cdot\cancel{(x-1)}}{\cancel{x-1}}-\frac{1\cdot\cancel{(x+1)\cdot(x-1)}}{\cancel{x^2-1}}=0\cdot\left[(x+1)\cdot(x-1)\right]\Leftrightarrow x+1-1=0\Leftrightarrow x=0$$

Solución: la ecuación racional tiene una solución, $x=0$.

Comprobación: $\frac{1}{0-1}-\frac{1}{0^2-1}=-1-(-1)=0$

Ejemplo 8

$x^4-25x^2+144=0$ es una ecuación bicuadrada.

Se hace el cambio de variable $x^2=z$, de manera que la ecuación queda de la forma:

$$x^4-25x^2+144=\left(x^2\right)^2-25x^2+144=$$
$$=z^2-25z+144=0$$

Se resuelve esta ecuación de segundo grado resultante $z^2-25z+144=0$:

$$z=\frac{-(-25)\pm\sqrt{(-25)^2-4\cdot1\cdot144}}{2\cdot1}=$$

$$=\frac{25\pm\sqrt{49}}{2}=\begin{cases} z_1=\frac{25+7}{2}=16 \\ z_2=\frac{25-7}{2}=9 \end{cases}$$

Se deshace el cambio de variable. Como $x^2=z$, entonces $x=\pm\sqrt{z}$:

Para z_1 se tienen dos soluciones de x:

$$\begin{cases} x_1=\sqrt{16}=4 \\ x_2=-\sqrt{16}=-4 \end{cases}$$

Para z_2 se tienen otras dos soluciones de x: $\begin{cases} x_3=\sqrt{9}=3 \\ x_4=-\sqrt{9}=-3 \end{cases}$

Solución: las cuatro soluciones de la ecuación $x^4-25x^2+144=0$ son:

$x_1=4$, $x_2=-4$, $x_3=3$ y $x_4=-3$

Solución de ecuaciones racionales

En las ecuaciones racionales, hay que comprobar si las soluciones obtenidas anulan al denominador pues, en ese caso, la solución no es válida.

$$\frac{1}{x-6}+\frac{x}{x-2}=\frac{4}{(x-6)\cdot(x-2)}$$

En esta ecuación racional, las soluciones serían $x=6$ y $x=-1$. Pero $x=6$ no es una solución válida, porque anula al denominador.

Actividades

14. Copia en tu cuaderno y resuelve estas ecuaciones:

a) $x^3-7x+6=0$ b) $x^3-2x^2-5x=0$ c) $2x^3-x^2-3x=0$ d) $x^3-3x^2+2x=0$

15. Resuelve en tu cuaderno estas ecuaciones bicuadradas:

a) $x^4-10x^2+9=0$ b) $2x^4=32x^2-96$ c) $x^4-29x^2+100=0$

16. Resuelve las siguientes ecuaciones racionales:

a) $\frac{x^2+6x+5}{x-2}=0$

b) $\frac{3}{x+1}=\frac{x}{x-1}-1$

c) $\frac{1}{x}+\frac{1}{x^2}=\frac{3}{4}$

d) $\frac{x}{x-1}-\frac{x-2}{x+1}=\frac{1}{x^2-1}$

e) $\frac{1}{x}-\frac{2}{(x-1)}=0$

f) $\frac{4x}{(x-2)}-1=\frac{1}{(x+2)}$

2•• Sistemas de ecuaciones

Una **ecuación lineal con dos incógnitas** se puede expresar de la forma $ax+by=c$, donde x e y son las incógnitas y a, b y c son números reales conocidos. (Ejemplo 10)

Ejemplo 10

$x+y=1$ es una ecuación lineal con dos incógnitas.

El punto (0, 1) verifica la ecuación $x+y=1$ porque al sustituir $x=0$, $y=1$ en la ecuación, se cumple $0+1=1$.

Los puntos que hacen cierta la igualdad $ax+by=c$ son infinitos y si los representamos en un eje de coordenadas, forman una recta. (Ejemplo 11)

Ejemplo 11

Para determinar los puntos que verifican la ecuación lineal $2x+y=7$, se construye una tabla de valores y se calcula el valor de y para diversos valores de x como pueden ser $x=0$, $x=1$ y $x=2$.

x	y=7−2x
0	$y=7-2\cdot 0 \Rightarrow y=7$
1	$y=7-2\cdot 1 \Rightarrow y=5$
2	$y=7-2\cdot 2 \Rightarrow y=3$

Al unir los puntos (0, 7), (1, 5) y (2, 3), se forma la recta que pasa por todos los puntos que verifican la ecuación $2x+y=7$.

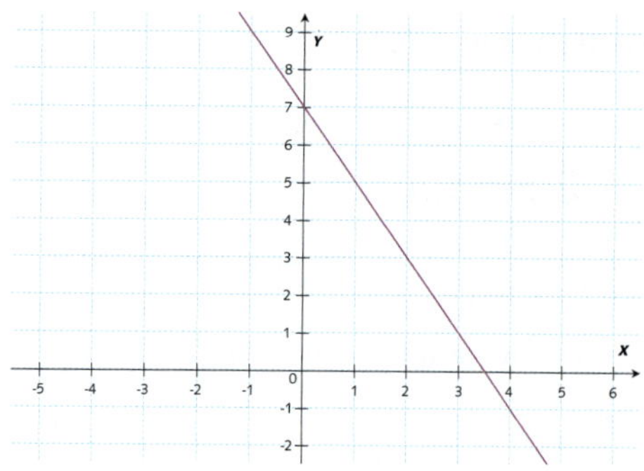

Un **sistema de ecuaciones lineales con dos incógnitas *x* e *y*** se expresa de la forma: $\begin{cases} ax+by=c \\ a'x+b'y=c' \end{cases}$, donde a, b, c, a', b' y c' son números reales conocidos.

Una **solución** del **sistema** es un par de números (*x*, *y*) que verifica ambas ecuaciones del sistema. Resolver el sistema es encontrar sus soluciones.

Ejemplo 12

- $\begin{cases} 2x-3y=-1 \\ x+2y=3 \end{cases}$ es un sistema de dos ecuaciones lineales con dos incógnitas.

  El punto (1,1) es solución del sistema porque verifica ambas ecuaciones.

  $\begin{cases} 2\cdot 1-3\cdot 1=-1 \\ 1+2\cdot 1=3 \end{cases}$

La solución del sistema es el punto de corte de ambas rectas: (1, 1).

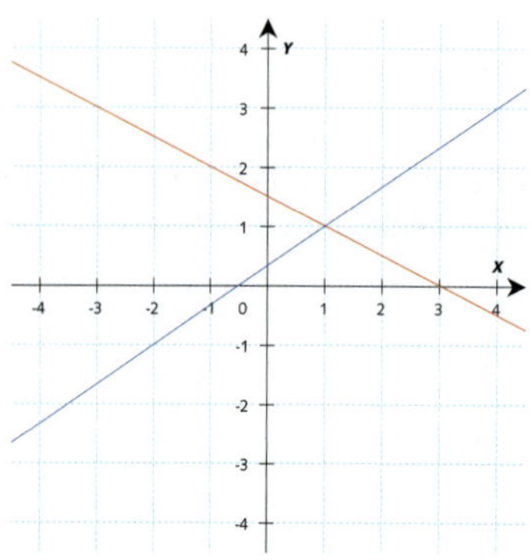

Cada ecuación del sistema se puede representar mediante una recta, así que un sistema de ecuaciones con dos incógnitas se puede **resolver gráficamente** representando ambas rectas en el mismo sistema de coordenadas.

La **solución** del **sistema** es el **punto de corte** de ambas rectas. (Ejemplo 12)

Actividades

17. Dado el sistema $\begin{cases} 3x+y=4 \\ 2x-5y=14 \end{cases}$ indica si los siguientes pares de números son solución:

a) $x=-1$, $y=1$ b) $x=2$, $y=-2$ c) $x=3$, $y=1$

18. Representa gráficamente las ecuaciones del sistema $\begin{cases} 3x+2y=8 \\ 5x-y=9 \end{cases}$.

Cálculo del número de soluciones mediante representación gráfica

Al **representar gráficamente** un **sistema de ecuaciones** lineales mediante **rectas** pueden darse tres casos, que se corresponden con el **número de soluciones** que tiene el sistema y que permite clasificarlos: (Ejemplo 13)

- **Sistema incompatible.** Gráficamente, las rectas son paralelas; entonces el sistema no tiene solución.
- **Sistema compatible determinado.** Gráficamente, las rectas se cortan en un punto; entonces el sistema tiene una solución.
- **Sistema compatible indeterminado.** Gráficamente, las dos rectas pasan por los mismos puntos, es decir, son iguales; entonces el sistema tiene infinitas soluciones.

Ejemplo 13

Sistema de ecuaciones	$\begin{cases} x+2y=3 \\ x+2y=0 \end{cases}$	$\begin{cases} x+2y=3 \\ -x+2y=1 \end{cases}$	$\begin{cases} x+2y=3 \\ -3x-6y=-9 \end{cases}$
Interpretación gráfica	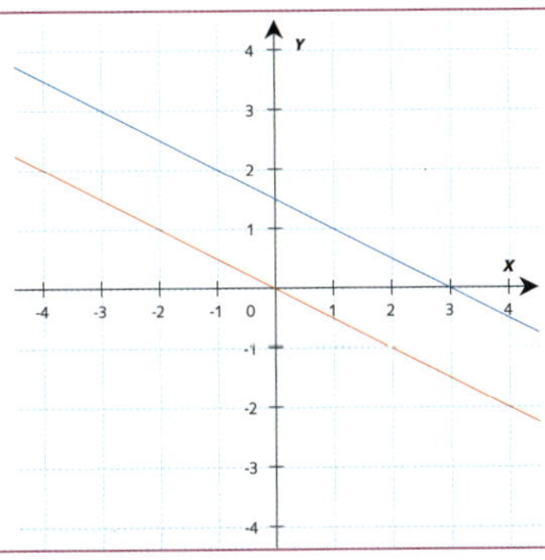	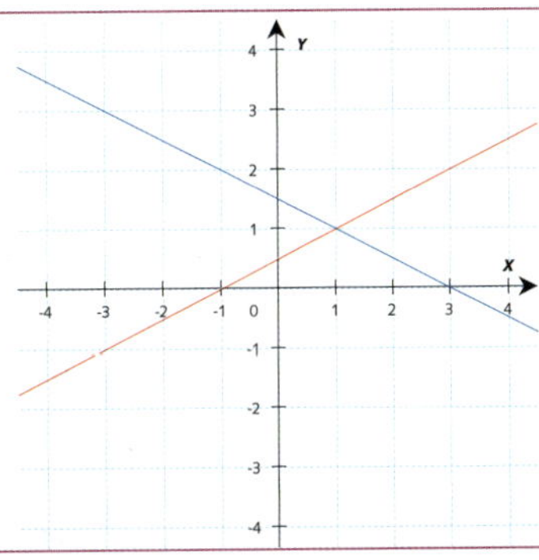	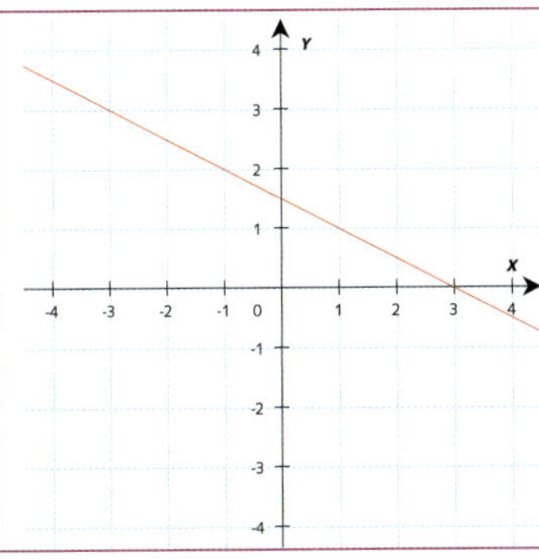
Clasificación	Sistema incompatible	Sistema compatible determinado	Sistema compatible indeterminado

La relación entre los coeficientes de las ecuaciones de un sistema de la forma $\begin{cases} ax+by=c \\ a'x+b'y=c' \end{cases}$ proporciona un **criterio** para averiguar el número de soluciones que tiene el sistema de ecuaciones, sin necesidad de resolverlo: (Ejemplo 14)

Criterio	$\frac{a}{a'}=\frac{b}{b'}\neq\frac{c}{c'}$	$\frac{a}{a'}\neq\frac{b}{b'}$	$\frac{a}{a'}=\frac{b}{b'}=\frac{c}{c'}$
Clasificación sistema	Sistema incompatible	Sistema compatible determinado	Sistema compatible indeterminado

Ejemplo 14

El sistema $\begin{cases} 2x+y=7 \\ 2x-y=1 \end{cases}$ es compatible determinado.

Los coeficientes son $a=2$, $b=1$, $c=7$, $a'=2$, $b'=-1$, $c'=1$ donde $\frac{a}{a'}\neq\frac{b}{b'}$ porque $\frac{2}{2}\neq\frac{1}{-1}$, ya que al multiplicar los coeficientes en cruz $2\cdot(-1)\neq 1\cdot 2$.

Actividades

19. Representa gráficamente y clasifica los siguientes sistemas:

a) $\begin{cases} 2x+3y=3 \\ 3x-y=-1 \end{cases}$ b) $\begin{cases} 3x-6y=9 \\ x-2y=3 \end{cases}$ c) $\begin{matrix} 3x+y=4 \\ 2x-5y=14 \end{matrix}$

20. Sin resolver gráficamente, clasifica los siguientes sistemas:

a) $\begin{cases} 3x+2y=9 \\ x-y=-2 \end{cases}$ b) $\begin{cases} x+y=3 \\ -x-y=1 \end{cases}$ c) $\begin{matrix} 3x+2y=8 \\ 5x-y=9 \end{matrix}$

3•• Métodos de resolución de sistemas de ecuaciones lineales

Las ecuaciones de un sistema se pueden representar gráficamente, pero para resolver un sistema es más efectivo utilizar alguno de los siguientes métodos: método de sustitución, método de igualación o método de reducción.

3.1• Método de sustitución

Cuándo utilizar el método de sustitución

El método de sustitución es la manera más natural de resolver un sistema cuando una de las incógnitas tiene como coeficientes 1 ó –1. Como sucede en el Ejemplo 15.

El **método de sustitución** consiste en: (Ejemplo 15)

1. Despejar una incógnita en una de las ecuaciones.
2. Sustituir el valor de la incógnita despejada, en la otra ecuación.
3. Resolver la nueva ecuación obtenida.
4. Con la solución de la anterior ecuación, se obtiene la solución del sistema de ecuaciones.

Ejemplo 15

Para resolver el sistema de ecuaciones $\begin{cases} 3x-2y=5 \\ 5x-y=6 \end{cases}$ por el método de sustitución:

1. Despejar la incógnita y en la segunda ecuación:
   $5x-y=6 \Leftrightarrow y=5x-6$
2. Sustituir este valor de y en la primera ecuación:
   $3x-2\cdot(5x-6)=5$
3. Resolver esta ecuación:
   $3x-2(5x-6)=5 \Leftrightarrow 3x-10x+12=5 \Leftrightarrow -7x=-7 \Leftrightarrow x=1$
4. Con el valor $x=1$ se calcula el valor para y en la ecuación del paso 1: $y=5\cdot(1)-6=-1$

Solución: $x=1,\ y=-1$ **Comprobación:** $\begin{cases} 3\cdot 1-2\cdot(-1)=5 \\ 5\cdot 1-(-1)=6 \end{cases}$

3.2• Método de igualación

Cuándo utilizar el método de igualación

El método de igualación es la manera más natural de resolver un sistema cuando en las dos ecuaciones la misma incógnita tiene como coeficientes 1 ó –1. Como sucede en el Ejemplo 16.

El **método de igualación** consiste en: (Ejemplo 16)

1. Despejar la misma incógnita en ambas ecuaciones.
2. Igualar los segundos miembros de las dos ecuaciones.
3. Resolver la ecuación obtenida.
4. La solución de esta nueva ecuación permite hallar la solución del sistema.

Ejemplo 16

Para resolver el sistema de ecuaciones $\begin{cases} 5x-y=12 \\ x+y=3 \end{cases}$ por el método de igualación:

1. Despejar la incógnita y en ambas ecuaciones: $\begin{cases} y=5x-12 \\ y=3-x \end{cases}$
2. Igualar los segundos miembros de las dos ecuaciones:
   $5x-12=3-x$
3. Resolver esta ecuación:
   $5x-12=3-x \Leftrightarrow 5x+x=3+12 \Leftrightarrow 6x=15 \Leftrightarrow x=\frac{15}{6}=\frac{5}{2}$
4. El anterior valor se sustituye en alguna de las ecuaciones despejadas del primer paso: $y=3-\frac{5}{2}=\frac{6-5}{2}=\frac{1}{2}$

Solución: $x=\frac{5}{2},\ y=\frac{1}{2}$

Comprobación: $\begin{cases} 5\cdot\frac{5}{2}-\frac{1}{2}=\frac{24}{2}=12 \\ \frac{5}{2}+\frac{1}{2}=\frac{6}{2}=3 \end{cases}$

3.3• Método de reducción

El **método de reducción** consiste en: (Ejemplo 17)

1. Transformar las ecuaciones del sistema dado en otras ecuaciones equivalentes, para conseguir el mismo coeficiente en alguna de las variables.
2. Restar o sumar, miembro a miembro, las dos ecuaciones. Así se obtiene una nueva ecuación con una incógnita menos. Se han reducido las incógnitas.
3. Resolver la ecuación de una incógnita obtenida.
4. Con la solución de la anterior ecuación, se obtiene la solución del sistema de ecuaciones.

Ejemplo

17

Para resolver el sistema de ecuaciones $\begin{cases} 3x+5y=3 \\ 2x+3y=1 \end{cases}$ por el método de reducción:

1. Multiplicar la primera ecuación por 2 y la segunda por 3, para conseguir en ambas ecuaciones que la x tenga el mismo coeficiente:

$$\begin{cases} 2\cdot(3x+5y=3) \\ 3\cdot(2x+3y=1) \end{cases} \Leftrightarrow \begin{cases} 6x+10y=6 \\ 6x+9y=3 \end{cases}$$

2. Restar ambas ecuaciones:

$$\begin{array}{r} \cancel{6x}+10y=6 \\ -\ \cancel{6x}+\ \ 9y=3 \\ \hline 1y=3 \end{array}$$

3. Resolver la anterior ecuación: $1\cdot y=3 \Leftrightarrow y=3$

4. El valor $y=3$ se sustituye en alguna de las ecuaciones del sistema, por ejemplo en la primera: $3x+5\cdot 3=3 \Leftrightarrow 3x=3-15 \Leftrightarrow x=\dfrac{-12}{3}=-4$

Solución: $x=-4$, $y=3$ **Comprobación:** $\begin{cases} 3\cdot(-4)+5\cdot(3)=-12+15=3 \\ 2\cdot(-4)+3\cdot 3=-8+9=1 \end{cases}$

Cuándo utilizar el método de reducción

El método de reducción permite resolver un sistema evitando las operaciones con fracciones. Es el método más eficaz cuando las incógnitas tienen coeficientes distintos de 1 ó −1. Como en el Ejemplo 17.

Actividades

21. Resuelve por el método de sustitución:

a) $\begin{cases} 2x-3y=-1 \\ x+2y=3 \end{cases}$ b) $\begin{cases} 2x-y=0 \\ 6+2x+y=38 \end{cases}$ c) $\begin{cases} 5y-x=22 \\ y-x=10 \end{cases}$

22. Resuelve por el método de igualación los siguientes sistemas:

a) $\begin{cases} -x+y=10 \\ x+2y=-1 \end{cases}$ b) $\begin{cases} 2x+3y=4 \\ -x+y=3 \end{cases}$ c) $\begin{cases} 2x+y=1 \\ x-y=5 \end{cases}$

23. Resuelve por el método de reducción estos sistemas:

a) $\begin{cases} 2x+y=-7 \\ 4x-2y=-10 \end{cases}$ b) $\begin{cases} 2x+3y=6 \\ -3x-2y=1 \end{cases}$ c) $\begin{cases} 5x+2y=-1 \\ 4x-y=7 \end{cases}$

24. Resuelve por el método que consideres más sencillo:

a) $\begin{cases} x+2y=0 \\ x-2y=8 \end{cases}$ b) $\begin{cases} 4x-3y=3 \\ 2x+6y=-1 \end{cases}$ c) $\begin{cases} x+3y=-4 \\ 3x-4y=27 \end{cases}$

Resolución de problemas de sistemas de ecuaciones lineales

Para la **resolución de problemas** por medio de sistemas de ecuaciones, se siguen los mismos pasos que en los problemas de ecuaciones, pero en este caso se identifican dos incógnitas en vez de una.

Por tanto, para **resolver problemas** utilizando sistemas de ecuaciones lineales, se siguen estos pasos:

1. Identificar las incógnitas x e y.
2. Plantear un sistema de ecuaciones y resolverlo.
3. Interpretar la solución y comprobar si es correcta.

Problema resuelto

4

La cadena de montaje de una fábrica cuenta con 91 empleados entre hombres y mujeres.

Si el número de mujeres más cuatro es cuatro veces el número de hombres, ¿cuántos hombres trabajan en la fábrica?

$x \rightarrow$ número de mujeres

$y \rightarrow$ número de hombres

Se plantea el sistema de ecuaciones:

- Como entre hombres y mujeres hay 91 empleados: $x+y=91$.
- Como el número de mujeres más cuatro es cuatro veces el de hombres: $x+4=4y$.

Se resuelve el sistema de ecuaciones $\begin{cases} x+y=91 \\ x+4=4y \end{cases}$ por el método de sustitución. Despejando y en la primera ecuación: $y=91-x$. Luego, se sustituye en la segunda ecuación:

$x+4=4\cdot(91-x) \Leftrightarrow x+4=364-4x \Leftrightarrow$

$\Leftrightarrow x+4x=364-4 \Leftrightarrow x=\dfrac{360}{5}=72$

Por último, se sustituye este valor en la primera ecuación:

$72+y=91 \Rightarrow y=91-72=19$

Solución: Como $x=72$ e $y=19$, hay 19 hombres trabajando en la fábrica.

Comprobación: $72+19=91$ y $72+4=76$, que es el cuádruple de 19.

Problema resuelto

5

Julio pagó 50 € por 5 cajas de escarpias y 3 de tornillos. Marina compró 7 cajas de escarpias y 5 de tornillos, por 74 €. ¿Cuál es el precio de cada caja de escarpias y de cada caja de tornillos?

$x \rightarrow$ número de cajas de escarpias

$y \rightarrow$ número de cajas de tornillos

Se plantea el sistema de ecuaciones:

- 5 cajas de escarpias y 3 de tornillos son 50 €: $5x+3y=50$.
- 7 cajas de escarpias y 5 de tornillos son 74 €: $7x+5y=74$.

Se resuelve $\begin{cases} 5x+3y=50 \\ 7x+5y=74 \end{cases}$ por el método de reducción.

$$\begin{cases} 7\cdot(5x+3y=50) \\ 5\cdot(7x+5y=74) \end{cases} \Leftrightarrow \begin{cases} \cancel{35x}+21y=350 \\ -\cancel{35x}-25y=-370 \end{cases}$$

Se restan ambas ecuaciones:

$$\begin{array}{r} 35x+21y=\ \ 350 \\ -\ 35x-25y=-370 \\ \hline -4y=\ -20 \end{array}$$

Luego, se resuelve la anterior ecuación: $-4y=-20 \Leftrightarrow y=\dfrac{20}{4}=5$

Por último, se sustituye el valor de $y=5$ en la primera ecuación:

$5x+3\cdot5=50 \Rightarrow x=\dfrac{50-15}{5}=\dfrac{35}{5}=7$

Solución: Como $x=7$ e $y=5$, cada caja de escarpias cuesta 7 € y cada caja de tornillos cuesta 5 €.

Comprobación: $5\cdot7+3\cdot5=50$ y $7\cdot7+5\cdot5=74$

Actividades

25. Alicia tiene en la caja registradora billetes de 10 € y billetes de 20 €. En total, cuenta 340 € y 20 billetes. ¿Cuántos billetes tiene de cada clase?

26. Los amigos de Alicia pagan por 5 bocatas y 7 refrescos, 109 €, y mis compañeros pagan por 8 bocatas y 11 refrescos, 173 €. ¿Cuánto cuesta cada bocata y cada refresco?

Técnicas de trabajo

LAS MEZCLAS

En un problema de mezclas se combinan dos o más sustancias, sólidas o líquidas, para dar lugar a una tercera.

El **procedimiento** para resolver la mayoría de los **problemas de mezclas** es usar el lenguaje algebraico para convertir el problema en una ecuación o sistema de ecuaciones:

1. Identificar las incógnitas.
2. Con la ayuda de una tabla, plantear la ecuación o ecuaciones.
3. Resolver la ecuación o el sistema formado por las ecuaciones.

En el caso de combinar dos sustancias con dos precios diferentes, se pueden plantear dos cuestiones: **averiguar** el **precio** al que se debe vender la **mezcla** obtenida o **hallar** la **cantidad inicial** de una **sustancia** conociendo el precio total de la mezcla.

Los problemas de mezclas no solo surgen en laboratorios de química. También se dan en muchas otras situaciones, como al mezclar zumos o los ingredientes de una receta. Estos problemas se pueden resolver fácilmente gracias al álgebra.

Problema 1

El "Aceite puro de oliva" se obtiene al mezclar aceite de oliva virgen extra (20%) y aceite de oliva refinado (80%). Si el precio del aceite de oliva virgen extra es de 8 €/l y el del aceite de oliva refinado, 1,50 €/l, ¿qué precio tiene la mezcla?

1. Se identifica la incógnita: x="euros que cuesta 1 l del aceite mezclado".
2. Se elabora una tabla con los datos del enunciado:

	Cantidad (l)	Precio (€/l)
Aceite oliva virgen extra	20	8
Aceite oliva refinado	80	1,50
Mezcla	100	$8 \cdot 20 + 1{,}50 \cdot 80 = 280$

Si 100 litros cuestan 280 € y 1 litro, x €: a ecuación planteada es: $100 \cdot x = 280$.

3. La resolución de la ecuación es la siguiente:

$$100 \cdot x = 280 \Rightarrow x = \frac{280}{100} = 2{,}80 \text{ €/l}$$

Dado que el 20% de aceite de oliva virgen extra y 80% de aceite refinado, se consigue una mezcla de 100 l de aceite puro de oliva.

El precio de 1 l de aceite puro de oliva es 2,80 €/l.

Problema 2

En algunos países europeos se mezcla aceite de oliva virgen extra con aceite de girasol para obtener *salad oil.* Si se mezcla aceite de oliva virgen extra de 8 €/l con aceite de girasol a 0,65 €/l y se obtienen 2 litros de *salad oil* a 2,10 €/l, ¿qué cantidad de aceite de cada clase se ha mezclado?

1. Se identifican las incógnitas: x="litros de aceite de oliva virgen extra" e y="litros de aceite de girasol.
2. Se elabora una tabla con los datos:

	Cantidad (l)	Precio (€/l)
Aceite oliva virgen extra	x	8
Aceite girasol	y	0,65
Salad Oil	2	2,10

Al tener dos incógnitas, x e y, es necesario plantear un sistema de dos ecuaciones:

$$\begin{cases} x + y = 2 \\ 8 \cdot x + 0{,}65 \cdot y = 2{,}10 \end{cases}$$

3. Se resuelve por el método de sustitución. Se despeja la incógnita x en la primera ecuación: $x = 2 - y$

Luego, se sustituye el valor de x en la 2.º ecuación y se resuelve la nueva ecuación:

$$8(2 - y) + 0{,}65y = 2{,}10 \Leftrightarrow$$
$$\Leftrightarrow 16 - 8y + 0{,}65y = 2{,}10 \Leftrightarrow$$
$$8y - 0{,}65y = 16 - 2{,}10 \Leftrightarrow$$
$$\Leftrightarrow 7{,}35 = 13{,}9 \Leftrightarrow y = \frac{13{,}9}{7{,}35} = 1{,}89$$

Para la mezcla de 2 litros de *salad oil* se necesitan $x = 2 - 1{,}89 = 0{,}11$ litros de aceite de oliva virgen extra y 1,89 litros de aceite de girasol.

Actividades

1. Se mezclan 600 l de zumo de manzana, a 3,20 €/l, con 400 l de zumo de uva, a 1,30 €/l. ¿Cuánto cuesta el litro de mezcla?

2. ¿Cuál es el precio de la mezcla de 46 kg de pluma variada, a 8,70 €/kg con 32 kg de plumón de ganso a 10,60 €/kg?

Actividades finales

1. Resuelve las siguientes ecuaciones de primer grado:

a) $2(2-3x)-3(3-2x)=4(x+1)+3(4-5x)$

b) $4-\frac{x+2}{4}=x-4$

c) $\frac{3x-1}{20}-\frac{2(x+3)}{5}=\frac{4x+12}{15}-5$

d) $\frac{5x-16}{6}=-\frac{x+8}{12}+\frac{x+1}{3}$

2. En un triángulo rectángulo, los ángulos agudos suman 90º. Si uno de los ángulos es el doble del otro, ¿cuántos grados mide cada ángulo?

3. En la caja registradora hay 18 monedas que suman un total de 13,20 €. Si las monedas son de 1 € y de 20 cts., ¿cuántas monedas hay de cada clase?

4. Identifica los coeficientes *a*, *b* y *c* en las siguientes ecuaciones de 2.º grado:

a) $5x^2+2x-3=0$

b) $x^2+x-1=0$

c) $-x^2-x+1=0$

d) $x^2=2x-1$

e) $x^2-5=0$

f) $2x^2-2x=0$

5. Resuelve estas ecuaciones de segundo grado completas:

a) $x^2+4x-21=0$ b) $x^2+x+3=0$ c) $x^2-2x-3=0$

6. Resuelve las siguientes ecuaciones de segundo grado:

a) $5x^2-20x=0$ c) $x^2-9=0$ e) $5x^2=10x$

b) $2x^2+8=0$ d) $2x^2-32=0$ f) $3x^2-6=0$

7. Resuelve estas ecuaciones:

a) $x^3-3x-2=0$

b) $x^3-8x^2+16x-5=0$

c) $5x^3-15x^2=0$

8. Resuelve las siguientes ecuaciones:

a) $x^4-13x^2+36=0$

b) $9x^4-40x^2+16=0$

c) $9x^4-6x^2+1=0$

9. Escribe tres soluciones para la ecuación $10x-y=2$.

10. Representa gráficamente la recta $5x+2y=3$. Obtén dos soluciones.

¿Qué relación hay entre las soluciones de la ecuación y los puntos de la recta?

11. Razona si es verdadero o falso:

$x=0$, $y=-1$ es solución de $\begin{cases} 5x-y=1 \\ x-2y=-2 \end{cases}$

12. Interpreta gráficamente estos sistemas de ecuaciones:

a) $\begin{cases} x-y=2 \\ x+y=8 \end{cases}$ b) $\begin{cases} x-2y=2 \\ x-2y=0 \end{cases}$ c) $\begin{cases} x=4+y \\ 2x=-2-8y \end{cases}$

13. Clasifica los siguientes sistemas sin resolverlos:

a) $\begin{cases} x+2y=-1 \\ 2x-3y=5 \end{cases}$ c) $\begin{cases} x-2y=2 \\ x-2y=0 \end{cases}$

b) $\begin{cases} 5x-15y=45 \\ x-3y=9 \end{cases}$ d) $\begin{cases} 4x-2y=-1 \\ -2x+y=5 \end{cases}$

14. Resuelve estos sistemas mediante el método de sustitución:

a) $\begin{cases} 3x+4y=18 \\ 5x-y=7 \end{cases}$ b) $\begin{cases} x+2y=1 \\ -3x+y=-10 \end{cases}$ c) $\begin{cases} 3x+4y=80 \\ x+y=23 \end{cases}$

15. Resuelve los siguientes sistemas utilizando el método de igualación:

a) $\begin{cases} 5x-y=3 \\ -2x+4y=-12 \end{cases}$ b) $\begin{cases} 3x-y=9 \\ 5x+2y=4 \end{cases}$ c) $\begin{cases} x+6y=-1 \\ x-2y=1 \end{cases}$

16. Resuelve mediante el método de reducción:

a) $\begin{cases} 2x+3y=2 \\ -6x+12y=1 \end{cases}$ b) $\begin{cases} 2x+y=7 \\ 3x-5y=4 \end{cases}$ c) $\begin{cases} x-5y=-7 \\ 2x+3y=12 \end{cases}$

17. Halla dos números sabiendo que el mayor más seis veces el menor es igual a 62 y el menor más cinco veces el mayor es igual a 78.

18. Tres bocadillos y un refresco cuestan 8 €. Cuatro bocadillos y dos refrescos cuestan 12 €. ¿Cuánto cuesta un bocadillo y un refresco?

19. @marciano y @aquarela tienen entre los dos 800 *followers*. Si @marciano tiene el triple de *followers* que @aquarela, ¿cuántos *followers* tiene cada uno?

20. En un parking hay motos y coches. Si se cuentan los vehículos, son 50; si se cuentan las ruedas, suman 134. ¿Cuántos vehículos hay de cada clase?

21. Por el mantenimiento de 5 ascensores y 4 bombas de agua, una empresa factura 3 405 € y por el mantenimiento de 3 ascensores y 5 bombas de agua, factura 3 135 €. ¿Cuánto cuesta el mantenimiento de un ascensor? ¿Y el de una bomba de agua?

22. La suma de las edades de un padre y su hijo es 39 y su diferencia 25. ¿Cuál es la edad de cada uno?

23. Alicia ha pagado con 10 monedas la entrada a un museo. Si la entrada costaba 2,90 € y Alicia solo disponía de monedas de veinte y de cincuenta céntimos, ¿cuántas monedas de cada clase ha necesitado?

Unidad 6 Geometría del plano

SUMARIO

1. Puntos, rectas y planos
2. Ángulos. Clasificación
3. Sistema sexagesimal
4. Operaciones con ángulos
5. La circunferencia y sus ángulos

TÉCNICAS DE TRABAJO

Localización

ACTIVIDADES FINALES

1 Puntos, rectas y planos

Conceptos básicos de geometría

Los puntos, las rectas y los planos son conceptos básicos en geometría difíciles de definir, pues son ideas que se forman en nuestra mente a partir de todo lo que vemos, oímos y tocamos.

Una hoja de papel o una esterilla de playa son ejemplos de planos.

El horizonte, la estela dejada por un avión o un hilo tenso, son ejemplos de rectas.

Un grano de arena o un astro en el cielo son objetos que podemos identificar como puntos.

Un **plano** se puede imaginar como una hoja de papel infinitamente grande sin bordes que la delimiten que nos permite representar figuras sobre ella.

Así, un muro, un lienzo, una pizarra o una hoja de papel son ejemplos de planos.

Para estudiar los elementos y propiedades de un plano, se representará solo una parte de él. (Ejemplo 1)

Ejemplo 1

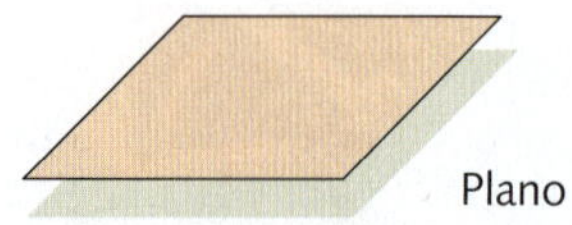

Una **recta, *r*,** está formada por infinitos puntos alineados en la misma dirección.

Una recta se puede visualizar como la marca que queda sobre una hoja de papel cuando se dobla. Las rectas se nombran con letras minúsculas: *r*, *s*, *t*, … (Ejemplo 2)

Ejemplo 2

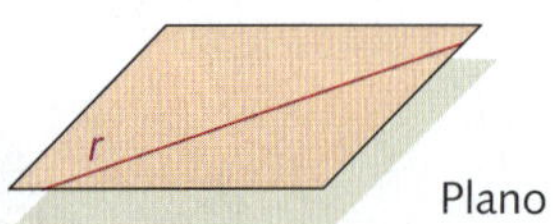

Al igual que el plano, la recta no tiene límites, no tiene ni principio ni final. Una recta divide al plano en dos regiones llamadas **semiplanos.**

Un punto *P* es la intersección de dos rectas.

El **punto, *P*,** es el elemento más sencillo en geometría; se puede visualizar como el lugar donde se cortan dos dobleces de una misma hoja de papel.

Un punto se representa por un pequeño círculo y una letra mayúscula que lo identifica como *P*, *A*, *B*, *C*,... (Ejemplo 3)

Ejemplo 3

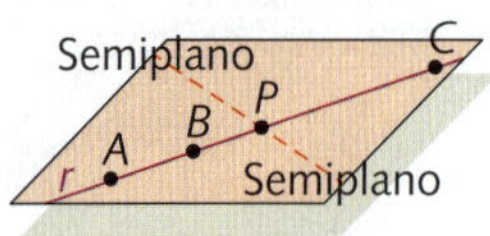

Conocidos dos puntos *A* y *B* en un plano existe una única recta r que une esos dos puntos. Puedes dibujar la recta con ayuda de una regla. (Ejemplo 4)

Ejemplo 4

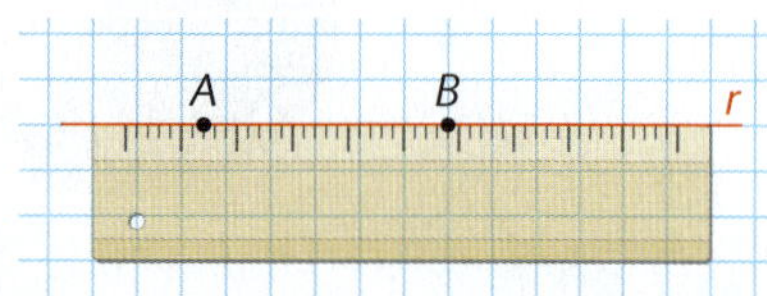

Puntos alineados

Los puntos que pertenecen a la misma recta se dice que están alineados. (Ejemplo 5)

Ejemplo 5

Los puntos *A*, *B* y *C* están alineados.

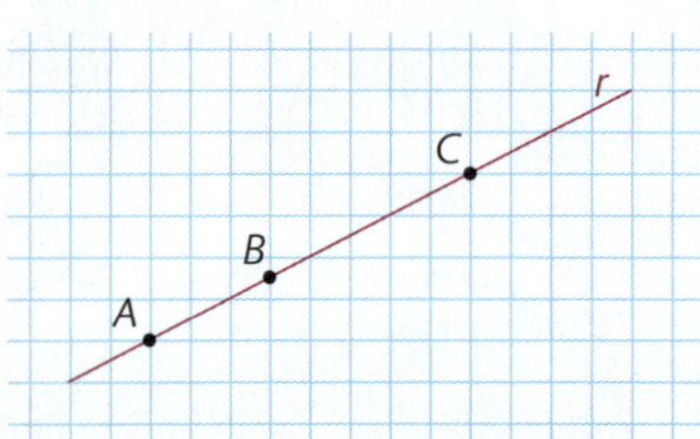

Un punto *A* de una recta determina dos **semirrectas** ilimitadas cuyo origen es *A*. Es decir, el punto *A* divide a la recta *r* en dos semirrectas. (Ejemplo 6)

Ejemplo 6

Esta semirrecta tiene como origen el punto *A* y contiene al punto *B*.

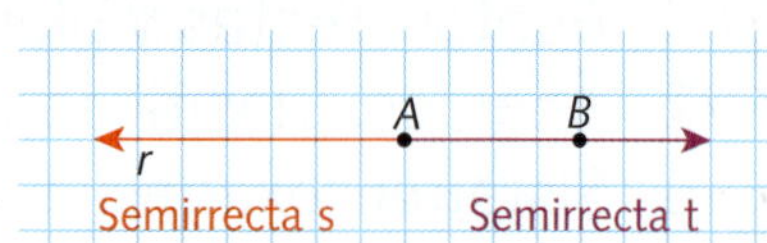

El **segmento** $\overline{AB}$ es la porción de recta comprendida entre dos puntos, *A* y *B*, de la recta *r*. Los puntos *A* y *B* se llaman extremos del segmento y los segmentos se nombran mediante los nombres de los extremos con una barra — encima. (Ejemplo 7)

Ejemplo 7

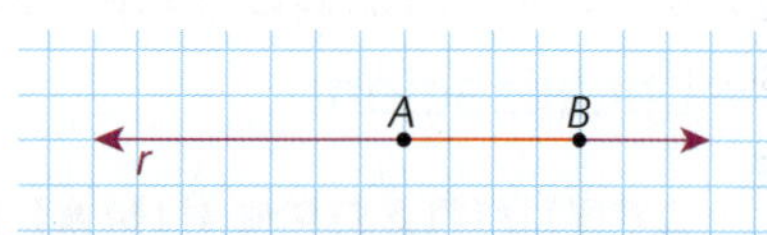

1.1• Posiciones relativas de rectas en un plano

Dos rectas en el plano pueden ser: **paralelas, coincidentes o secantes.**

Dos **rectas** son **coincidentes** si tienen todos sus puntos en común. (Ejemplo 8)

Ejemplo 8

La recta que pasa por los puntos *A* y *B*, es la misma que la recta que pasa por los puntos *C* y *D*.

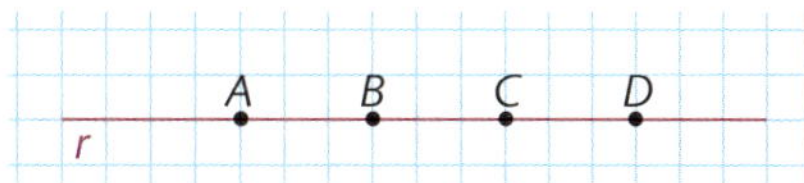

Rectas coincidentes

Si dos rectas son coincidentes son indistinguibles, ya que están colocadas de manera superpuesta una a la otra. En definitiva, son la misma recta.

Dos **rectas** son **paralelas** si no tienen ningún punto en común.

Aunque se prolonguen sus trayectorias hasta el infinito, nunca se cortarán. Si dos rectas, *r* y *s*, son paralelas, se escribe $r \parallel s$, y se lee "*r* es paralela a *s*". (Ejemplo 9)

Por cualquier **punto exterior** a una **recta,** solo se puede trazar una única recta paralela a ella.

Ejemplo 9

La recta *r*, que pasa por los puntos *A* y *B*, es paralela a la recta *s*, que pasa por el punto *C*.

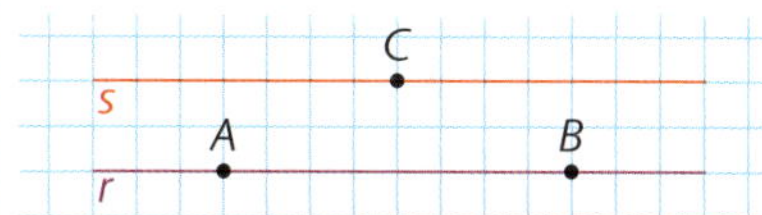

Problema resuelto 1

Utilizando regla y compás, trazar una recta paralela a la recta *r* que pase por el punto *A*.

Para trazar una recta paralela a *r* que pase por *A*, se siguen estos pasos:

- Marcar en la recta *r* un punto cualquiera *O*.
- Trazar un arco de circunferencia con centro *O* cuyo radio sea la distancia entre *O* y *A*. Este arco corta a la recta *r* por dos puntos, *P* y *Q*.
- Tomar la distancia con el compás entre *P* y *A*.
- Trazar un arco de circunferencia con centro *Q* cuyo radio sea la distancia entre *P* y *A*. Este nuevo arco corta al anterior arco por el punto *B*.
- Trazar una recta uniendo los puntos *A* y *B*. Esta es la recta *s*, paralela a la recta *r*.

La recta *s* es paralela a *r* y pasa por el punto *A*.

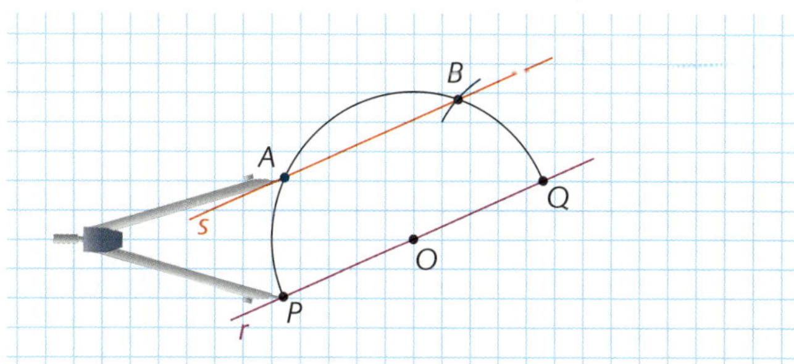

Dos **rectas** son **secantes** si tienen un punto en común. Dos rectas secantes dividen al plano en cuatro regiones. (Ejemplo 10)

Dos **rectas** son **perpendiculares** si tienen un punto en común y dividen al plano en cuatro regiones iguales.

Ejemplo 10

Las rectas de la ilustración, *r* y *s*, son secantes.

En este caso, los 4 semiplanos en los que se divide al plano no son iguales.

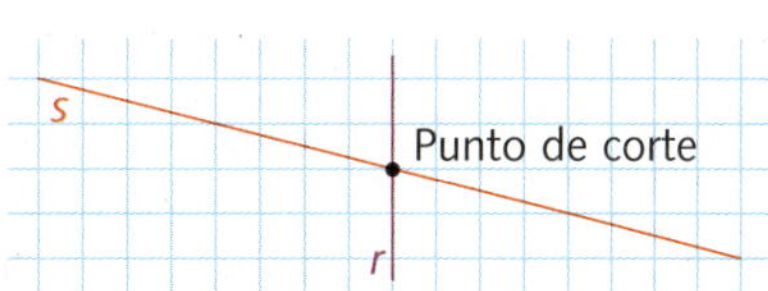

Si dos rectas, *r* y *s*, son perpendiculares se escribe $r \perp s$, y se lee "*r* es perpendicular a *s*". (Ejemplo 11)

Ejemplo 11

Las rectas *r* y *s* son perpendiculares. Se escribe $r \perp s$.

En este caso, se puede observar en la ilustración que los 4 semiplanos en los que se divide al plano son iguales.

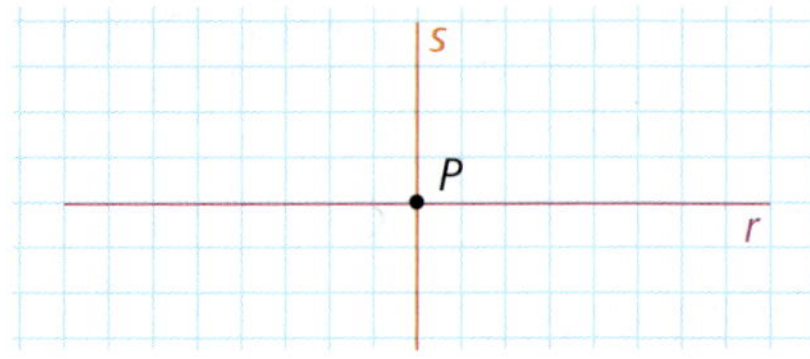

Mediatriz de un segmento

La **mediatriz de un segmento** $\overline{AB}$ es la recta perpendicular que pasa por su punto medio.

La mediatriz divide al segmento en otros dos segmentos de la misma longitud.

Problema resuelto 2

Trazar la mediatriz del segmento $\overline{AB}$ con regla y compás:

- Trazar un arco de circunferencia con centro en *A* cuyo radio sea mayor que la mitad del segmento.
- Con el mismo radio trazar un arco de circunferencia con centro en *B*.
- Trazar la recta que une los puntos de corte de los arcos anteriores, *C* y *D*. Esa recta es la mediatriz del segmento.

La mediatriz de $\overline{AB}$ tiene la propiedad de que todos sus puntos están a la misma distancia de *A* y *B*.

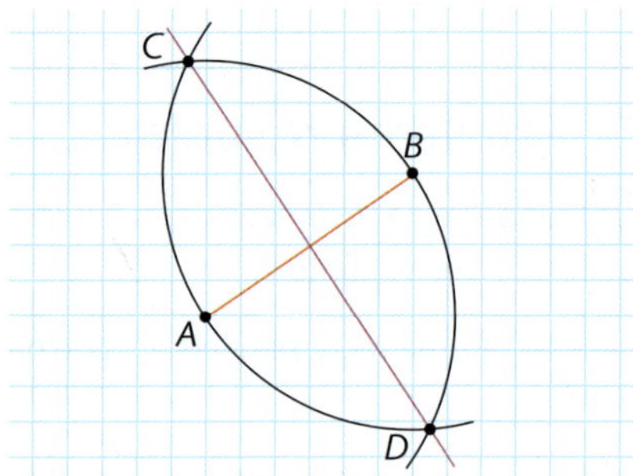

Actividades

1. Dibuja en tu cuaderno tres ejemplos de planos, puntos y rectas que puedas encontrar a tu alrededor.

2. Dibuja en tu cuaderno una recta cualquiera *r* y traza:

a) Dos rectas secantes a la recta *r*.
b) Dos rectas paralelas a la recta *r*.
c) Una recta coincidente con la recta *r*.

3. Dibuja en tu cuaderno un punto *A* y traza tres rectas que pasen por él. ¿Cuántas semirrectas se pueden trazar con origen en *A*?

4. Completa la siguiente tabla:

Clasificación rectas	Puntos en común	Representación gráfica
Paralelas	• • • •	• • • •
Secantes	• • • •	• • • •
Coincidentes	• • • •	• • • •

5. Observa el siguiente grupo de rectas y completa en tu cuaderno:

a) *r* y *s* son rectas ____.
b) *r* y *t* son rectas ____.
c) *t* y *u* son rectas ____.
d) *u* y *s* son rectas ____.
e) *v* y *t* son rectas ____.
f) *r* y *w* son rectas ____.

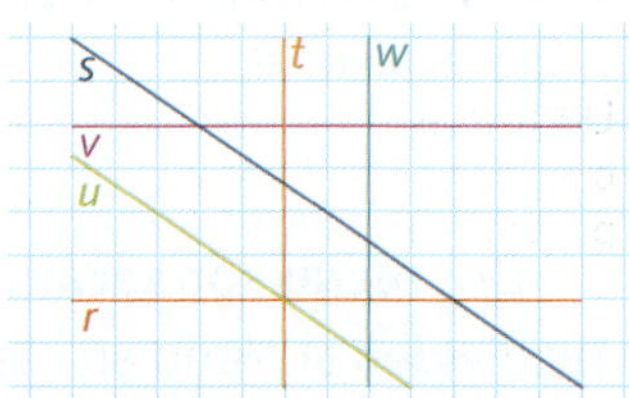

6. Dibuja en tu cuaderno un segmento de longitud 7 cm y traza su mediatriz. Escoge un punto en la mediatriz y mide la distancia desde el punto a los extremos del segmento. ¿Qué observas?

7. Sigue las instrucciones indicadas en http://tube.geogebra.org/student/m59763 para dibujar en tu cuaderno, con regla y compás, la recta perpendicular a una recta *r* que pasa por un punto *P*.

8. Copia en tu cuaderno y calcula gráficamente el punto medio del siguiente segmento:

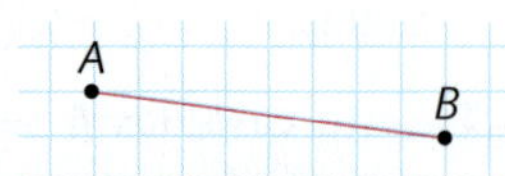

2•• Ángulos. Clasificación

Un **ángulo** es la región del plano limitada por dos semirrectas con un origen común. Los **lados** del ángulo son las dos semirrectas que lo delimitan y el **vértice** del ángulo es el origen, O.

Para nombrar un ángulo se suelen utilizar letras griegas: α, β, γ, ..., o OAB con el símbolo $\wedge$ encima: $\widehat{OAB}$. (Ejemplo 12)

Ejemplo 12

- El vértice del ángulo $\widehat{OAB}$ es el punto O.
- Los lados del ángulo $\widehat{OAB}$ son las semirrectas r y s, con origen en O y que pasan por los puntos A y C.

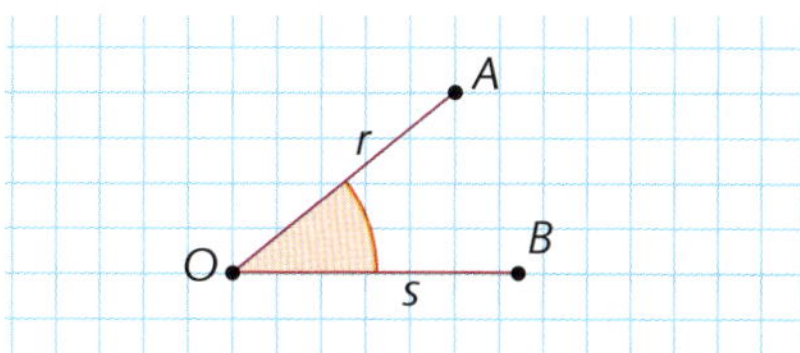

Amplitud de un ángulo

La amplitud de un ángulo es la medida de la abertura de dicho ángulo. La unidad de medida de la amplitud es el grado, representado por el símbolo °.

2.1• Medida de ángulos

Un ángulo es la región del plano que barre una semirrecta al girar alrededor de su origen. En consecuencia, un ángulo queda determinado por las **posiciones inicial** y **final** de la semirrecta que lo forma.

El giro realizado en sentido contrario al sentido de giro de las agujas de un reloj, se considera **sentido directo.** Si el giro es en el mismo sentido que giran las agujas del reloj, se considera **sentido inverso.**

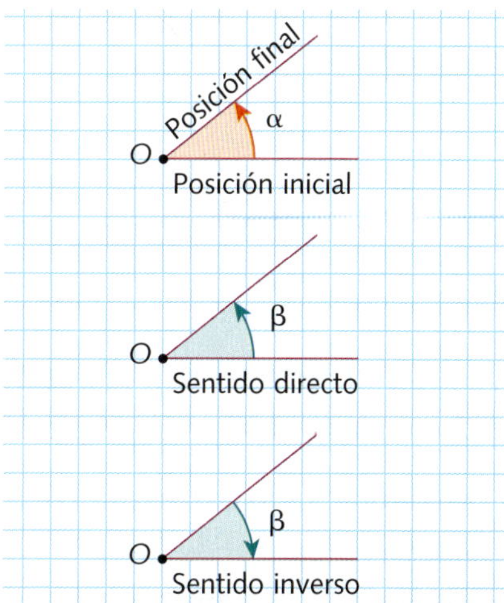

Ángulo nulo y ángulo completo

Si la semirrecta que forma un ángulo está en la posición inicial y no ha barrido ninguna zona del plano, el ángulo que se forma es el ángulo nulo, de 0°.

Si la semirrecta realiza un giro en sentido directo y barre todo el plano, se obtiene un ángulo completo de amplitud 360°.

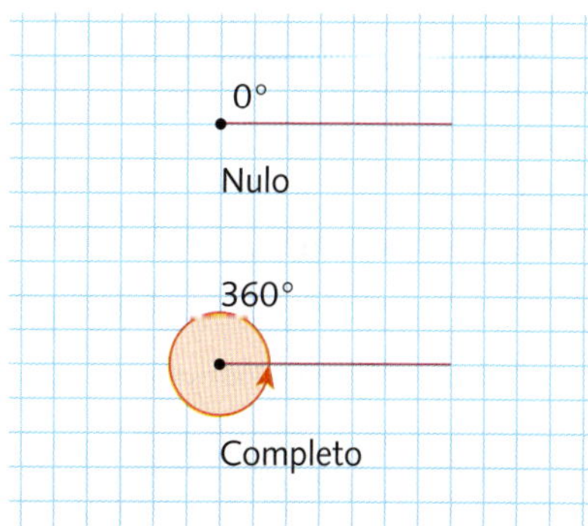

Los ángulos se pueden clasificar por su amplitud de la siguiente forma:

Un **ángulo recto** tiene una amplitud de 90°, la cuarta parte de un ángulo completo. Dos rectas perpendiculares forman cuatro ángulos rectos.

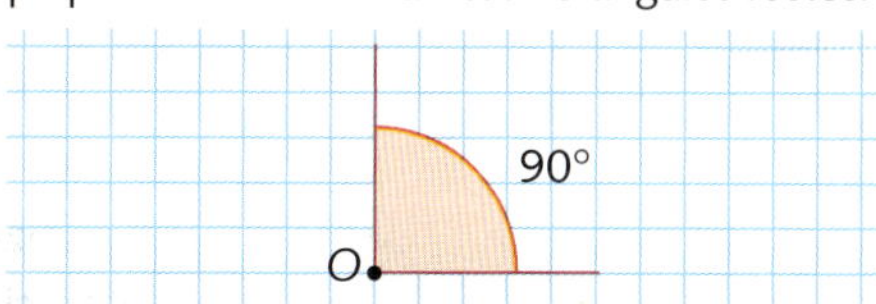

Un **ángulo agudo** es menor de 90°.

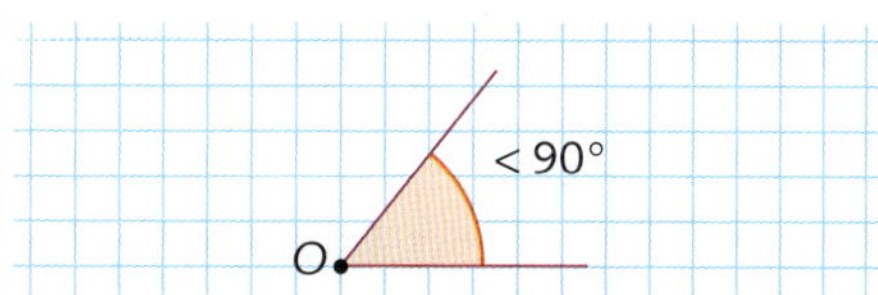

Un **ángulo obtuso** es mayor que 90° y menor de 180°.

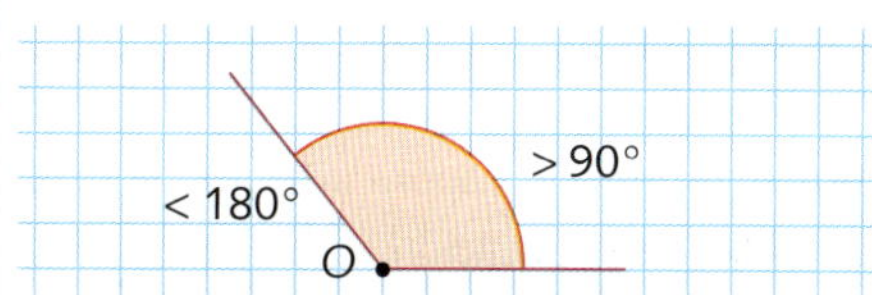

Un **ángulo llano** tiene una amplitud de 180°, es decir, la mitad de un ángulo completo.

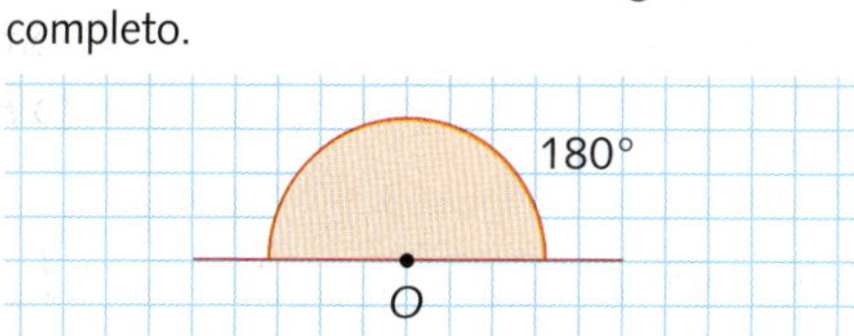

Un **ángulo convexo** es menor que 180°.

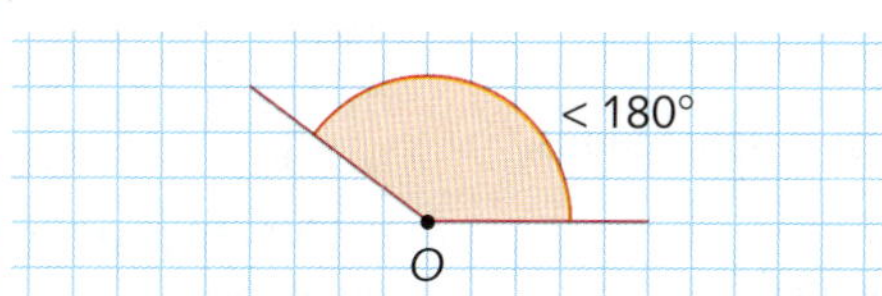

Un **ángulo cóncavo** es mayor que 180°.

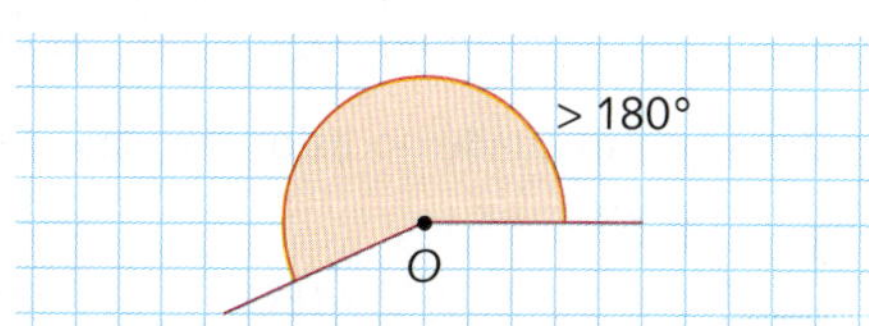

Ejemplo 13

El ángulo de la ilustración mide 70°.

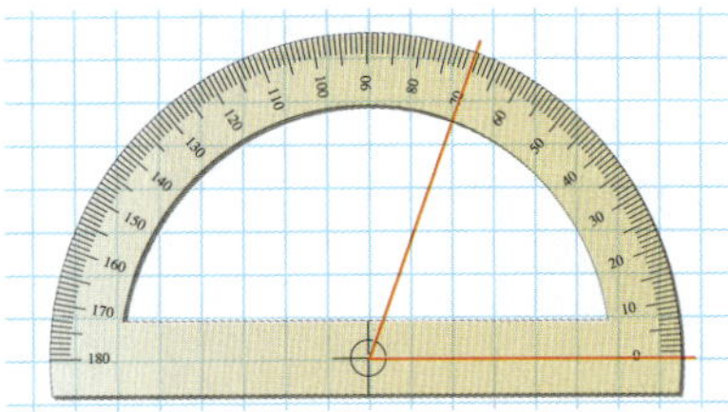

La **amplitud de un ángulo** se puede **medir** con un transportador de ángulos. Para medir la amplitud de un ángulo, se sitúa el transportador encima del ángulo, haciendo coincidir el centro del transportador con el vértice. (Ejemplo 13)

2.2• Relaciones entre ángulos

Entre ángulos se dan las siguientes relaciones: (Ejemplo 14)

- Dos ángulos son **complementarios** si juntos equivalen a un ángulo recto, 90°.
- Dos ángulos son **suplementarios** si juntos equivalen a un ángulo llano, 180°.
- Dos ángulos son **consecutivos** si tienen el vértice y un lado común.
- Dos ángulos son **opuestos por el vértice** si tienen el vértice en común y los lados de uno de ellos son la prolongación de los del otro. Son ángulos iguales.

Ejemplo 14

Ángulos complementarios

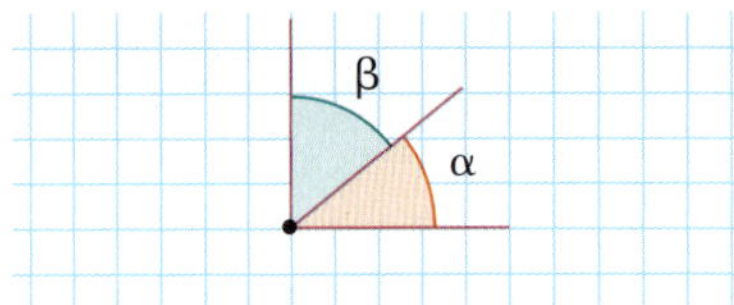

Ángulos consecutivos

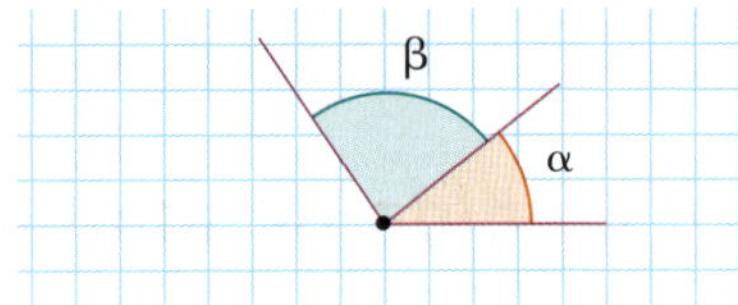

Ángulos suplementarios

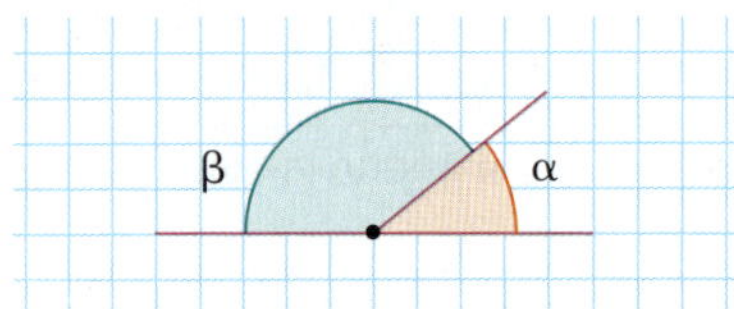

Ángulos opuestos por el vértice

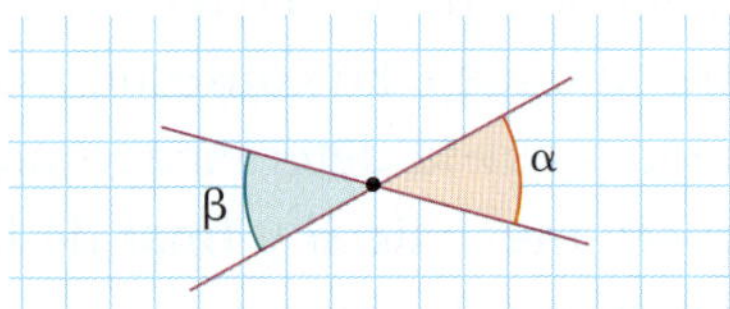

Ejemplo 15

- Los ángulos α y λ, β y μ, δ y π, y γ y ν son **correspondientes.**
- Los ángulos α y π, y δ y λ son **alternos externos.**
- Los ángulos β y ν, y γ y μ son **alternos internos.**

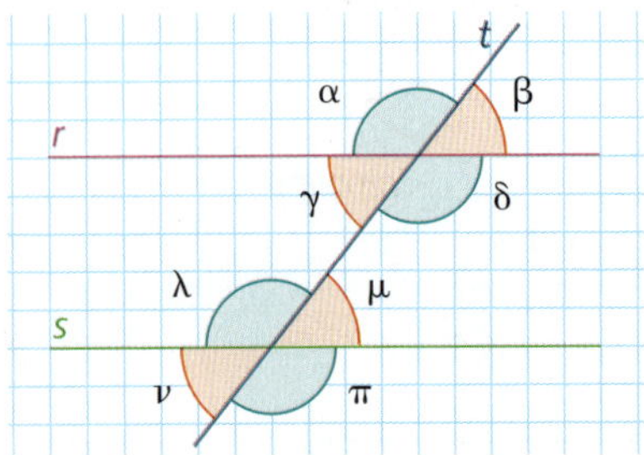

Cuando una **recta corta a dos rectas paralelas,** se forman otros ángulos iguales con un lado común: (Ejemplo 15)

- Dos ángulos son **correspondientes** si tienen la misma posición en las rectas paralelas.
- Dos ángulos son **alternos externos** si están en el exterior de las dos rectas paralelas, pero alternos a la recta secante.
- Dos ángulos son **alternos internos** si están en el interior de las dos rectas paralelas, pero alternos a la recta secante.

Actividades

9. Busca información sobre instrumentos de medida de ángulos y el ámbito de su aplicación.

10. Copia en tu cuaderno y completa:

a) Un ángulo ___ tiene los lados perpendiculares.
b) Un ángulo ___ equivale a dos ángulos rectos.
c) Un ángulo completo equivale a ___ rectos.

11. Dibuja en tu cuaderno estos ángulos e indica si son agudos, llanos u obtusos:

a) $\alpha=55°$ b) $\beta=180°$ c) $\gamma=90°$

12. Indica la relación entre los ángulos $\hat{A}$, $\hat{B}$ y $\hat{C}$ del dibujo.

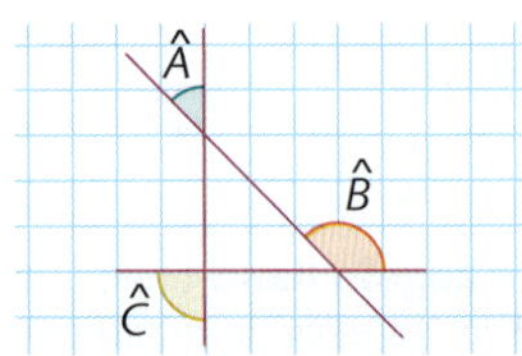

13. Copia en tu cuaderno y completa:

a) Los ángulos opuestos por el vértice son ___.
b) Los ángulos 1 y 2 son ___ y ___.
c) Los ángulos 3 y 4 forman un ángulo ___.

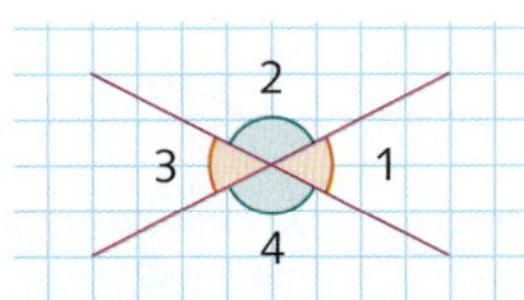

3•• Sistema sexagesimal

El sistema sexagesimal es un sistema de numeración utilizado para medir tiempos (horas, minutos y segundos) y ángulos (grados, minutos y segundos).

Si una circunferencia se divide en 360 partes iguales, cada una de esas partes se denomina grado sexagesimal. Para expresar ángulos que miden menos de 1 grado (°) se utilizan el minuto (′) y el segundo (″). (Ejemplo 16)

$$1° = 60' \qquad 1' = 60''$$

Las unidades del sistema sexagesimal aumentan y disminuyen de 60 en 60, así:

$$1' = \frac{1}{60} \text{ de } 1° \qquad 1'' = \frac{1}{60} \text{ de } 1'$$

Ejemplo 16

- Para convertir 34° en minutos: $34° \cdot \frac{1°}{1°} = 34° \cdot \frac{60'}{1°} = 34 \cdot 60' = 2\,040'$
- Para convertir 240′ en grados: $240' \cdot \frac{60'}{60'} = 240' \cdot \frac{1°}{60'} = 240 : 60 = 4°$
- Para convertir 7 200″ en grados: $7\,200'' \cdot \frac{60''}{60''} \cdot \frac{60'}{60'} = 7\,200'' \cdot \frac{1'}{60''} \cdot \frac{1°}{60'} = \frac{7\,200}{3\,600} = 2°$

Si la medida de un ángulo se expresa con una sola unidad, está en **forma incompleja;** si se expresa con varias unidades, en **forma compleja.** (Ejemplo 17)

- **Para pasar de forma compleja a incompleja:** se expresa cada unidad de la forma compleja en la unidad de la forma incompleja elegida y se suman los resultados. (Ejemplo 18)
- **Para pasar de forma incompleja a compleja:** se divide el valor en segundos entre 60; el cociente obtenido son los minutos y el resto, los segundos. Si el cociente anterior es mayor de 60, se vuelve a dividir entre 60; el nuevo cociente son los grados y el resto, los minutos. (Ejemplo 19)

Ejemplo 18

Para pasar 1° 15′ 42″ a forma incompleja, en segundos:

$$\begin{aligned} 1° &= 1 \cdot 60 \cdot 60 = 3600'' & 3\,600'' \\ 15' &= 15 \cdot 60 = 900'' \quad \Rightarrow & 900'' \\ 42'' &= 42'' & 42'' \\ & & \overline{4\,542''} \end{aligned}$$

1° 15′ 42″ = 4 542″

Ejemplo 19

Para pasar 4 542″ a forma compleja:

4542″	60	
342	75′	60
42	15	1°

4 542″ = 1° 15′ 42″

Unidades de tiempo

Las unidades de tiempo son:

1 hora = 1 h

1 minuto = 1 min

1 segundo = 1 s

Expresión de las medidas de tiempo

2,15 h no son 2 horas y 15 minutos. Para pasar a horas y minutos, se calcula así:

2,15 h = 2 h + 0,15 h

Para pasar 0,15 h a minutos:

$$0{,}15 \text{ h} \cdot \frac{60 \text{ min}}{1 \text{ h}} = 0{,}15 \cdot 60 = 9 \text{ min}$$

Por tanto:

2,15 h = 2 h + 0,15 h = 2 h + 9 min

Ejemplo 17

- 90° 50′ y 62′ 27″ son medidas de ángulos en forma compleja.
- 549′ y 120° son medidas de ángulos en forma incompleja.

Actividades

14. Copia en tu cuaderno y pasa a la unidad pedida las siguientes medidas de ángulos:

a) 960″ = ___′
b) 34° = ___′ = ___″
c) 28′ = ___″
d) 53° 22′ = ___″
e) 13° = ___″
f) 1° 23′ = ___″

15. Copia en tu cuaderno y pasa a forma compleja e incompleja, según el caso, los siguientes ángulos:

a) 10° 23′ 42″
b) 15 624″
c) 2° 56′ 34″
d) 345″
e) 25° 37′ 15″
f) 98′
g) 56° 12″
h) 5 642″

4•• Operaciones con ángulos

En el sistema sexagesimal, reducir a la unidad correspondiente de orden superior significa que cuando los minutos o segundos son mayores que 60 se ajustan, pasando el exceso de minutos o segundos a las unidades superiores grados o minutos:

Por ejemplo, 118″ se puede reducir a 1′58″:

$$\begin{array}{r|l} 118 & 60 \\ \hline 58 & 1 \end{array}$$

Los ángulos, escritos en forma compleja o incompleja, al igual que las medidas de tiempo, se pueden sumar, restar, multiplicar por un número natural y dividir por un número natural.

4.1• Suma de ángulos

Para **sumar ángulos** se colocan los sumandos haciendo coincidir grados, minutos y segundos de ambas cantidades, y se suman independientemente.

Si en el resultado los minutos o los segundos sobrepasan 60, se reduce a la unidad correspondiente de orden superior. (Ejemplo 20)

Ejemplo 20

La suma de los ángulos $\hat{P} = 23°25'43''$ y $\hat{Q} = 18°37'35''$ se calcula así:

$$\begin{array}{rl} & 23°\ 25'\ 43'' \\ + & 18°\ 37'\ 35'' \\ \hline & 41°\ 62'\ 78'' = 41°\ (62+1)'\ 18'' = 41°\ 63'\ 18'' = (41+1)°\ 3'\ 18'' = 42°\ 3'\ 18'' \end{array}$$

$78 \,\underline{|60} \Rightarrow 78'' = 1'\ 18''$; $18 \quad 1$. Se suma 1′ y quedan 18″

$63 \,\underline{|60} \Rightarrow 63' = 1°\ 3'$; $3 \quad 1$. Se suma 1° y quedan 3′

$\hat{P}+\hat{Q} = 23°\ 25'\ 43'' + 18°\ 37'\ 35'' = 42°\ 3'\ 18''$

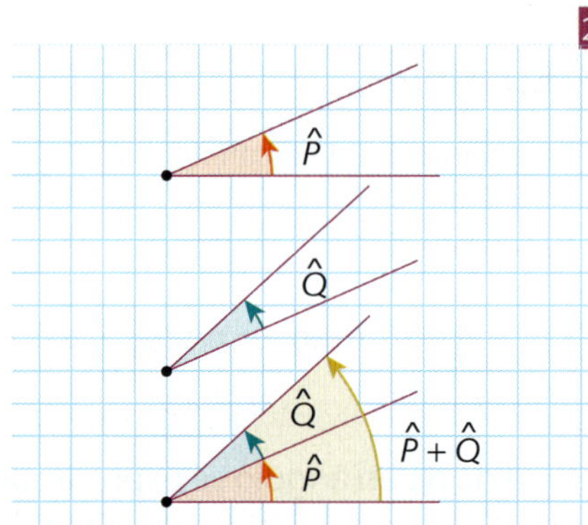

4.2• Resta de ángulos

Para **restar ángulos** se colocan el minuendo y el sustraendo haciendo coincidir los grados, minutos y segundos de ambas cantidades, y se restan independientemente.

En caso de que alguno de los minuendos sea menor que su sustraendo correspondiente, se quita una unidad a la inmediatamente superior al minuendo y se le añaden 60 unidades al minuendo. (Ejemplo 21)

Ejemplo 21

La resta de los ángulos $\hat{R} = 125°25'10''$ y $\hat{S} = 26°34'25''$ se calcula así:

$$\begin{array}{rl} & 125°\ 25'\ 10'' \\ - & 26°\ 34'\ 25'' \\ \hline \end{array} \Rightarrow \begin{array}{rl} & 124°\ 85'\ 10'' \\ - & 26°\ 34'\ 25'' \\ \hline \end{array} \Rightarrow \begin{array}{rl} & 124°\ 84'\ 70'' \\ - & 26°\ 34'\ 25'' \\ \hline & 98°\ 50'\ 45'' \end{array}$$

$25' < 34' \Rightarrow 125°\ 25'\ 10'' = 124°\ 85'\ 10''$

$10'' < 25'' \Rightarrow 124°\ 85'\ 10'' = 124°\ 84'\ 70''$

$\hat{R} - \hat{S} = 125°\ 25'\ 10'' - 26°\ 34'\ 25'' = 98°\ 50'\ 45''$

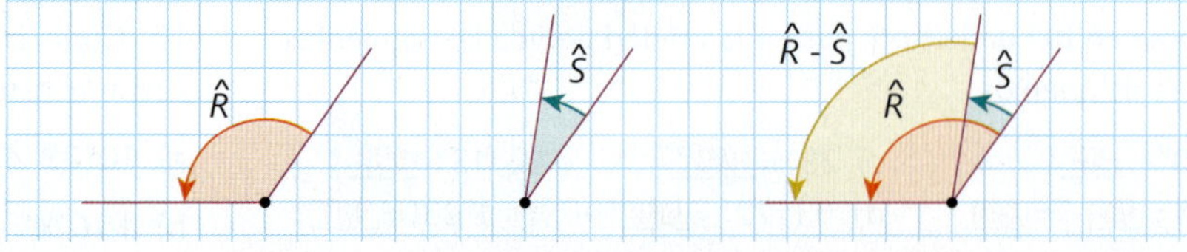

4.3• Producto de un ángulo por un número natural

Para **multiplicar** un **ángulo** por un **número natural,** se multiplican independientemente cada una de las unidades por ese número. El producto resultante se reduce a la unidad correspondiente de orden superior. (Ejemplo 22)

Ejemplo 22

Calcular $(15^\circ\ 22'\ 32'')\cdot 2$.

$$\begin{array}{r} 15^\circ\ 22'\ 32'' \\ \times\quad 2 \\ \hline 30^\circ\ 44'\ 64'' \end{array}$$

Como $64''=1'\ 4''$, se reduce el resultado.

A 44′ se le suma 1′ y a 64″ se le resta 60″.

Entonces, $30^\circ 44'\ 64''=30^\circ 45'\ 4''$

Por tanto, $(15^\circ 22'\ 32'')\cdot 2=30^\circ 45'\ 4''$

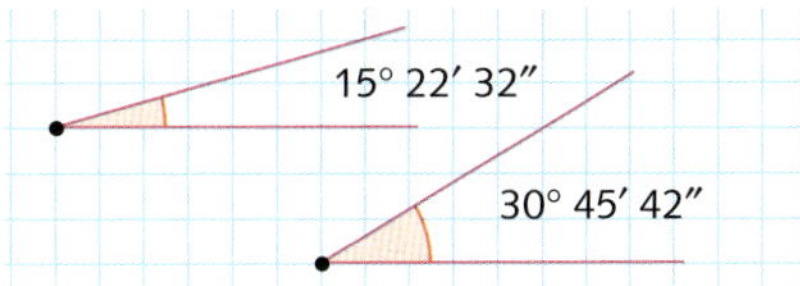

Ejemplo 23

Calcular $(77^\circ 27' 42''):4$.

$$\begin{array}{llll} 77^\circ & 27' & 42'' & \underline{|4\quad\quad} \\ \underline{-76^\circ} & \underline{+60'} & \underline{+180''} & 19^\circ\ 21'\ 55'' \\ 1^\circ & 87' & 222'' & \\ & \underline{-84'} & \underline{-220''} & \\ & 3' & 2'' & \end{array}$$

$(77^\circ\ 27'\ 42''):4=19^\circ\ 21'\ 55''$

y el resto es 2″.

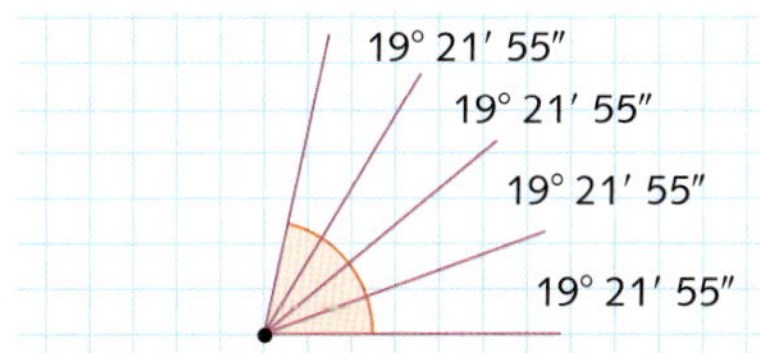

4.4• División por un número natural

Para **dividir** un ángulo por un número, se dividen independientemente cada una de las unidades por ese número, empezando por los grados.

- Se **dividen** los **grados** entre el número y el resto pasa a minutos, que se suman a los minutos que había.
- Se **dividen** los **minutos** entre el número y el resto pasa a segundos, que se suman a los segundos que había. Por último, se **dividen** los **segundos** entre el número. (Ejemplo 23)

Bisectriz de un ángulo

La **bisectriz** de un ángulo es la recta que pasa por el vértice del ángulo y lo divide en dos ángulos iguales. Los puntos de la bisectriz son equidistantes a los dos lados del ángulo.

Prefijo –equi–

El prefijo equi significa "igual".

Los puntos equidistantes a una recta son los que están a igual distancia de la recta.

Problema resuelto 3

Trazar la bisectriz del ángulo α con regla y compás.

- Trazar con el compás un arco con centro en el vértice, *V*, que corte a los lados del ángulo en los puntos *A* y *B*.
- Con el radio anterior y centro en *A*, trazar un arco. Del mismo modo, con el mismo radio, trazar otro arco con centro en *B*, que corte el anterior trazado. Así se obtiene el punto *C*.
- Trazar la recta que une el vértice con el punto *C*. La recta *r* es la bisectriz del ángulo α.

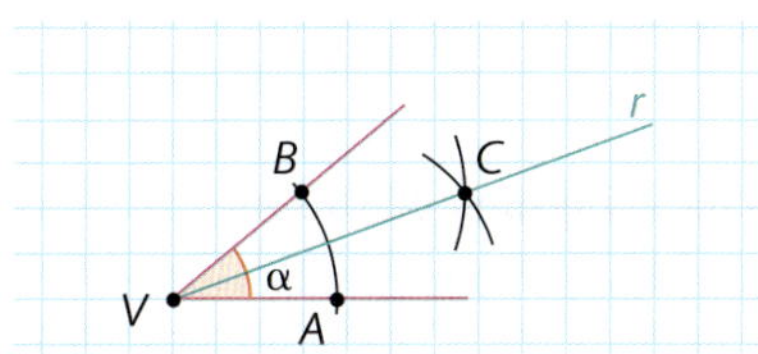

Actividades

16. Realiza estas sumas de ángulos en forma compleja:

a) $24^\circ 35' 40''+18^\circ 15' 55''=$ b) $37^\circ 20''+10^\circ 59' 55''=$

17. Efectúa estas restas de ángulos en forma compleja:

a) $44^\circ 35' 15''-10^\circ 15' 55''=$ b) $25^\circ 20''-21^\circ 59' 5''=$

18. Dado el ángulo $\hat{A}=21^\circ 12' 38''$, calcula $2\cdot\hat{A}$.

¿Cuánto le falta a $2\cdot\hat{A}$ para ser un ángulo recto?

19. Dado el ángulo $\hat{A}=124^\circ 15' 28''$, calcula su ángulo mitad.

¿Cuánto le falta a su ángulo mitad para ser un ángulo recto?

5•• La circunferencia y sus ángulos

Una **circunferencia** es una línea plana y cerrada que se forma al unir todos los puntos que están a la misma distancia de un punto dado C, llamado **centro** de la circunferencia, O.

- El segmento que une el centro de la circunferencia con cualquier punto situado sobre ella se llama **radio, *r*.** Todos los radios de una circunferencia tienen la misma longitud.
- Se llama **arco** a la parte de la circunferencia comprendida entre dos de sus puntos.
- La unión de dos puntos situados sobre una circunferencia forma un segmento, llamado **cuerda,** si no pasa por el centro, o **diámetro *d*,** si pasa por el centro.
- La prolongación de las cuerdas o diámetros de una circunferencia da lugar a **rectas secantes *s*,** que cortan a la circunferencia en dos puntos. Si una recta corta a la circunferencia en un solo punto, se llama **recta tangente, *t*.** (Ejemplo 24).

A partir de los segmentos contenidos en una circunferencia se pueden definir distintos **tipos de ángulos:**

- El **ángulo inscrito** en una circunferencia es aquel que tiene su vértice sobre la circunferencia y cuyos lados son dos cuerdas de la misma. Se cumple que los ángulos inscritos en una circunferencia que abarcan el mismo arco son iguales. (Ejemplo 25)
- El **ángulo central** en una circunferencia es aquel que tiene su vértice en el centro de la circunferencia, siendo sus lados dos radios (Ejemplo 26). Un ángulo central de 180° divide a la circunferencia en dos arcos iguales llamados semicircunferencias. (Ejemplo 27)

Cuando un ángulo inscrito y un ángulo central de una circunferencia abarcan el mismo arco, el ángulo inscrito vale la mitad que el ángulo central (Ejemplo 28).

Ejemplo 24

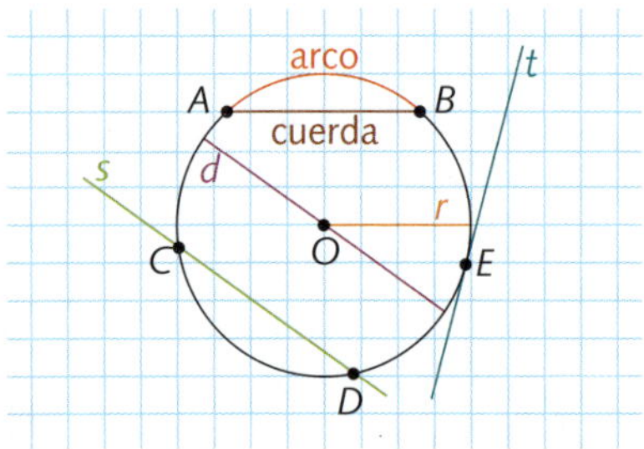

Ejemplo 25

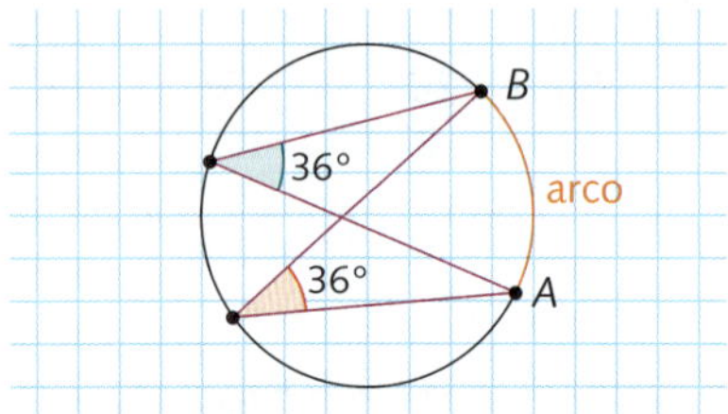

Ejemplo 26

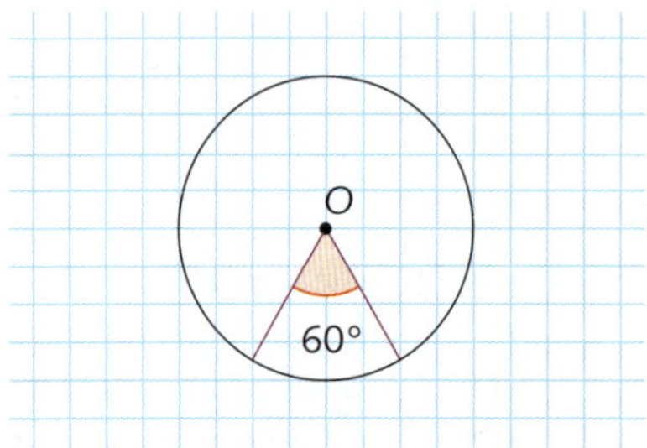

Ejemplo 27

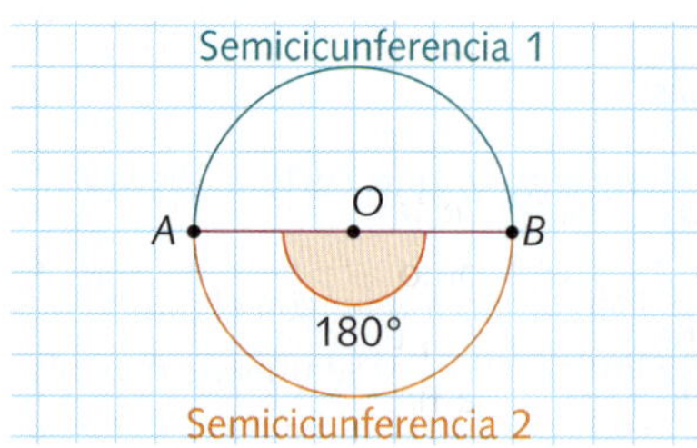

Ejemplo 28

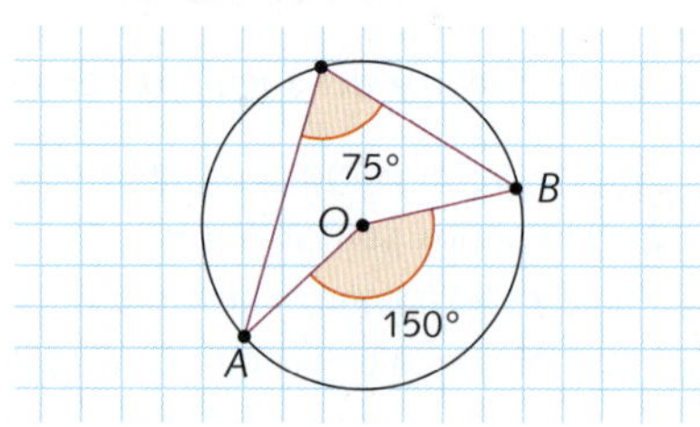

Arcos y ángulos centrales

Dos puntos sobre la circunferencia determinan dos arcos y, por tanto, dos ángulos centrales.

Actividades

20. Dibuja en tu cuaderno un punto *M* y dibuja todos los puntos que se encuentran a 2 cm de ese punto. Dibuja también una recta que pase por el punto *M*. ¿Qué recta es?

21. Dibuja en tu cuaderno un ángulo central recto y un ángulo inscrito con el mismo arco. ¿Cuánto mide el ángulo inscrito?

22. Si un ángulo inscrito tiene una amplitud de 35°, ¿cuál es la amplitud del ángulo central correspondiente al mismo arco?

23. Al repartir una pizza familiar en 9 trozos iguales, ¿qué ángulo corresponde a cada ración? Para que cada ración fuese de 20°, ¿en cuántos trozos habría que repartirla?

Técnicas de trabajo

COORDENADAS GEOGRÁFICAS

El uso de forma masiva del sistema global de navegación por satélite, conocido como GPS (sistema de posicionamiento global), integrado actualmente en teléfonos móviles *Smartphone*, permite determinar la posición de cualquier objeto o persona con enorme precisión. Así, el uso de coordenadas geográficas, que solo eran utilizadas hasta ahora por profesionales de la navegación marítima o aérea, se está extendiendo a toda la población, por ejemplo en tarjetas de visita, páginas web o anuncios, sustituyendo a la clásica dirección postal o a las enrevesadas indicaciones para llegar a algún sitio.

Cualquier lugar sobre la superficie terrestre se puede localizar con exactitud matemática por ser la intersección de unas **líneas imaginarias,** llamadas meridianos y paralelos, que cubren todo el globo terráqueo.

Los **paralelos** son círculos imaginarios perpendiculares al eje de rotación de la Tierra. El paralelo de mayor radio se denomina ecuador. La **latitud** de un punto indica la distancia que existe entre ese punto y el ecuador. Todos los lugares situados por debajo del ecuador están en el sur (S) y los situados por encima, en el norte (N). La latitud de un punto siempre es menor o igual a 90°, positivo hacia el norte y negativo hacia el sur. Todos los lugares que están en el mismo paralelo tienen la misma latitud. (Ejemplo 1)

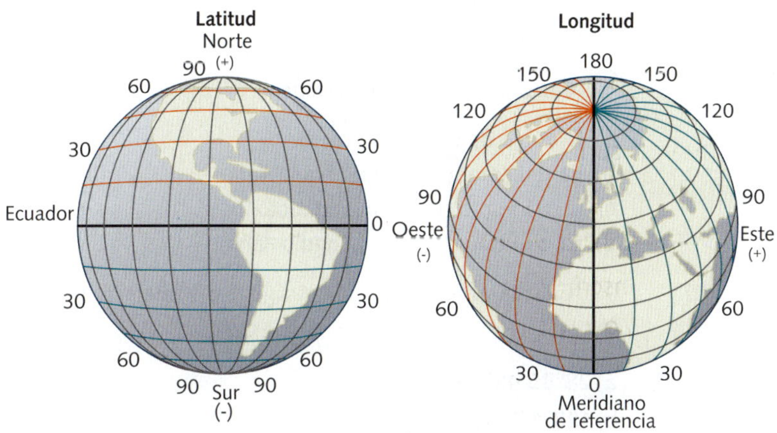

Los **meridianos** son arcos del globo terrestre cuyos extremos están en los polos norte y sur. El meridiano de Greenwich, meridiano 0, se estableció como meridiano de referencia. La **longitud** de un punto es la distancia que hay entre ese punto y el meridiano de Greenwich. Así, la longitud oscila desde –180° cuando se viaja hacia el Oeste (O) hasta 180° cuando se viaja hacia el Este (E). (Ejemplo 2)

Actividades

1. Consultando Google Maps realiza las siguientes búsquedas:

a) Averigua el nombre del restaurante favorito de Francisco, que tiene de coordenadas: 42° 24′ 32″ N – 8° 45′ 21″ O.

b) ¿A qué lugar corresponden las coordenadas 28° 3′ 51,66″ N, 16° 43′ 54,47″ O?

La principal función de los mapas es facilitar la localización de cualquier lugar en el globo terráqueo.

Ejemplo 1

Lisboa está en el paralelo 38° N, Madrid y Pekín, en el paralelo 40° N, mientras que Buenos Aires está en el paralelo 34° S.

Situación de España

La mayor parte de la Península Ibérica se encuentra a la izquierda del meridiano de Greenwich. Solo Cataluña, Baleares y parte de la comunidad Valenciana se encuentran al este.

Ejemplo 2

Meridiano de Madrid: 3° 41′ 16,5″ O, meridiano de Nueva York 73° 56′ O y el de París 2° 19′ E.

Los **meridianos** también se utilizan como referencia para establecer los **husos horarios.** Se han descrito 24 meridianos, con 15° de separación cada uno, correspondientes a 24 husos horarios, 12 hacia el este y 12 hacia el oeste, de manera que cada arco de 15° hacia el este o hacia el oeste del meridiano de Greenwich equivale a 1 hora.

Google Maps es el servicio de Google que permite localizar y visualizar lugares de casi todo el mundo mediante imágenes vía satélite. Basta introducir el nombre de una localidad para obtener sus coordenadas geográficas y viceversa.

Actividades finales

1. Dibuja 2 rectas distintas que pasen a la vez por los puntos *A* y *B*. ¿Es posible? Razona la respuesta.

2. Dibuja los siguientes ángulos:

a) Ángulo alterno interno con 1.
b) Ángulo correspondiente con 2.
c) Ángulo alterno externo con 3.

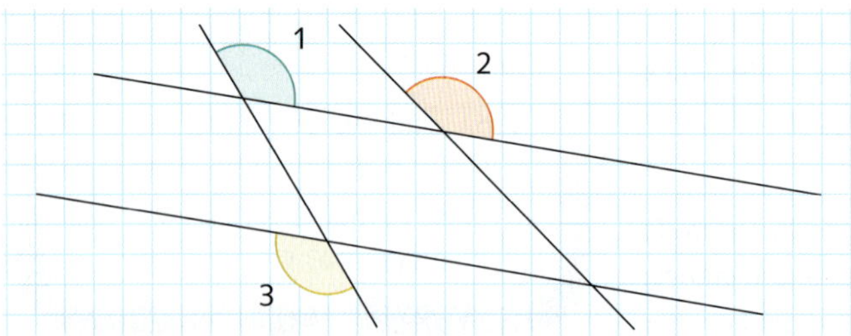

3. Dibuja la mediatriz de un segmento de 5 cm.

4. Clasifica los siguientes ángulos:

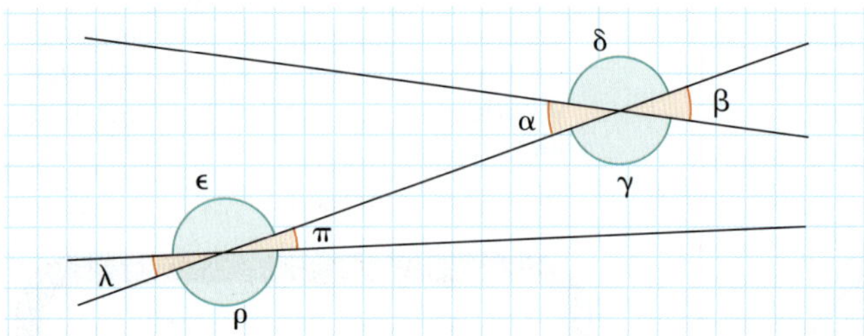

a) α y δ son ____.
b) α y β son ____.
c) γ y ε son ____.
d) π y γ son ____.
e) ρ y δ son ____.
f) ρ y γ son ____.

5. Dibuja en tu cuaderno los siguientes ángulos:

a) Un ángulo cóncavo α.
b) Un ángulo convexo β.
c) Un ángulo recto δ.
d) Un ángulo agudo π.
e) Un ángulo obtuso γ.
f) Un ángulo completo.

6. Copia en tu cuaderno y halla el ángulo complementario y suplementario de:

a) 31°
b) 50°
c) 27°
d) 75°
e) 45°
f) 80°

7. Calcula mentalmente y completa las siguientes oraciones:

a) Un grado sexagesimal equivale a ____ minutos y a ____ segundos.
b) ____ minutos equivalen a 360 segundos.
c) 180 minutos equivalen a ____ grados sexagesimales.
d) ____ segundos equivalen a 10 minutos.

8. El profesor de Literatura piensa organizar un acto el 23 de abril con la siguiente distribución del tiempo:

- Bienvenida y presentación: 10′
- Presentación monólogos: 1′15″
- Actuación monólogos: 15′
- Lectura microrrelatos cortos: 8′ 15″
- Entrega de premios del concurso de microrrelatos: 6′
- Despedida: 45″

Si el acto no puede superar los 45′, ¿le alcanza el tiempo?

9. Resuelve:

a) $72°40'38'' + 45°31'21''$
b) $67°16'30'' - 26°48'12''$
c) $93°27'46'' - 29°48'34''$
d) $150°32'18'' - 96°58'27''$

10. Copia en tu cuaderno y realiza las siguientes operaciones con los ángulos.

$$\alpha = 56°24'38'',\ \beta = 73°36'',\ \lambda = 148°35'$$

a) La suma entre α y β.
b) El doble de la diferencia entre λ y β.
c) La tercera parte de β más el triple de α.
d) La diferencia entre la mitad de λ y α.

11. Calcula cuántos grados mide:

a) El doble de un ángulo recto.
b) La tercera parte de un ángulo llano.
c) El cuádruplo de un ángulo recto.
d) La quinta parte de un ángulo llano.

12. Calcula el resultado de las siguientes operaciones con ángulos:

a) $28°35'48'' \cdot 3$
b) $123°11' : 4$
c) $\frac{3}{5}$ de $256°37'55''$
d) $32°15'26'' \cdot 4$

13. Copia en tu cuaderno y traza la bisectriz de cada ángulo.

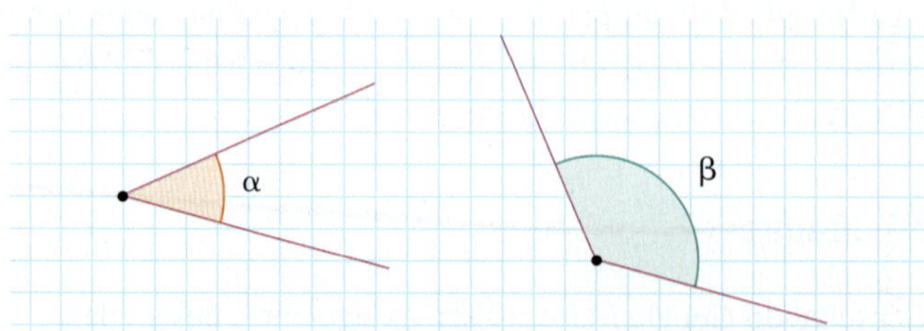

14. Traza la bisectriz de un ángulo cuyo complementario es 25°.

15. Si el ángulo central de una circunferencia mide 140°, ¿cuál será la amplitud del ángulo inscrito correspondiente?

Unidad 7

Figuras geométricas del plano

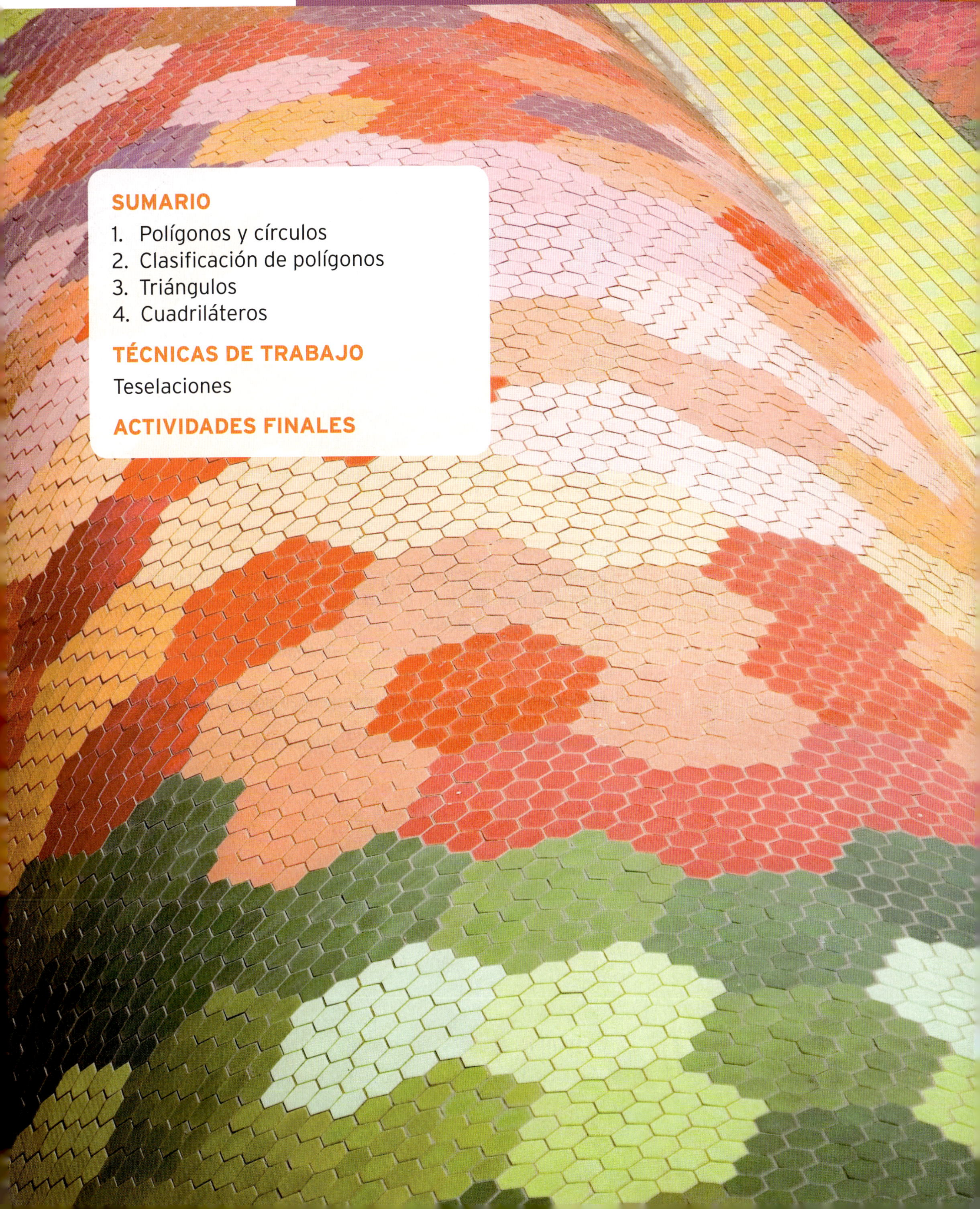

SUMARIO

1 Polígonos y círculos

Una **línea poligonal** es un conjunto de segmentos consecutivos, cada uno de los cuales empieza donde acaba el anterior.

Si los extremos libres del primer y último segmento coinciden, la línea poligonal es cerrada, y si no coinciden, es una línea poligonal abierta. (Ejemplo 1)

Ejemplo 1

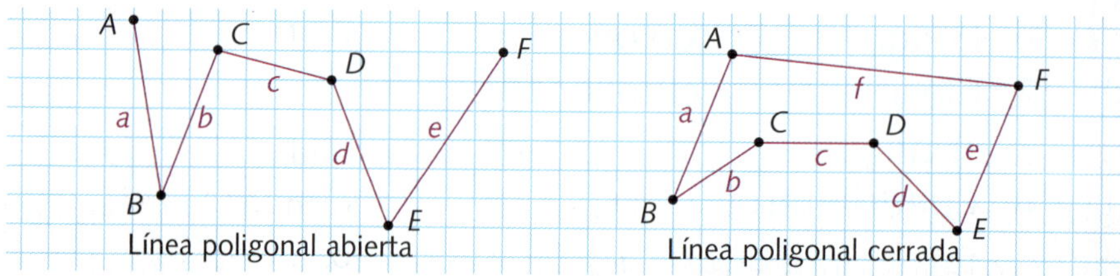

Un **polígono** es una región del plano limitada por una línea poligonal cerrada. (Ejemplo 2)

Ejemplo 2

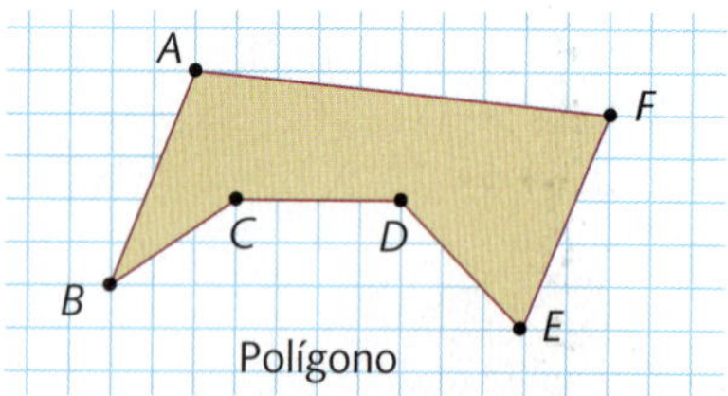

Elementos de un polígono

- Los **lados** de un polígono son los segmentos que forman la línea poligonal que lo limita.
- Los **vértices** de un polígono son los puntos donde se cortan los lados.
- Un **ángulo interior** de un polígono es el limitado por dos lados consecutivos. Un **ángulo exterior** de un polígono es el limitado por un lado y la prolongación del lado consecutivo. Un ángulo interior y uno exterior son suplementarios, es decir, suman 180°.
- Las **diagonales** son los segmentos que unen dos vértices no consecutivos.

  Un polígono de n lados tiene $\frac{n(n-3)}{2}$ diagonales. (Ejemplo 3)

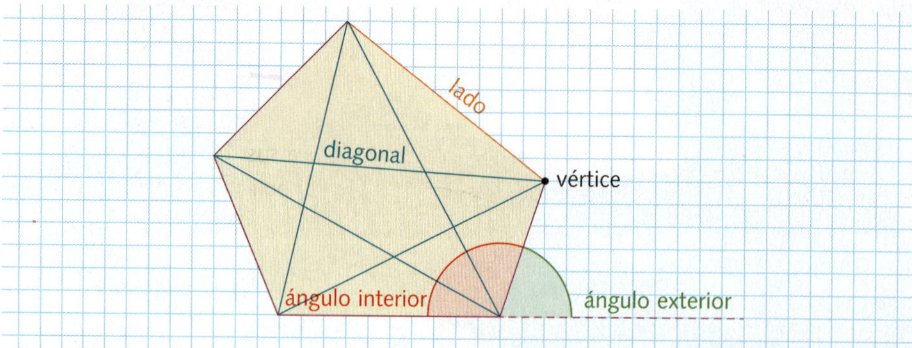

Ejemplo 3

Si un polígono tiene $n=5$ lados, el número de diagonales que tiene es:

$$\frac{5\cdot(5-3)}{2}=\frac{10}{2}=5$$

Circunferencia y círculo

Una **circunferencia** es el conjunto de puntos del plano que están a la misma distancia, radio, *r*, de un punto fijo llamado centro, *O*.

Un **círculo** es la porción de plano limitada por una circunferencia. El círculo comprende todos los puntos de la circunferencia y todos los puntos interiores a ella.

Con el mismo centro, *O*, y distintos radios, r_1 y r_2, se pueden trazar diferentes circunferencias, C_1 y C_2, llamadas **circunferencias concéntricas.** (Ejemplo 4)

Los radios, cuerdas y circunferencias concéntricas determinan ciertas figuras circulares:

- Un **sector circular** es la porción de círculo comprendida entre dos radios, que a su vez determinan un ángulo llamado ángulo central. Si el ángulo central es recto el sector circular es un cuarto de círculo. (Ejemplo 5)
- Un **segmento circular** es la porción de círculo comprendida entre una cuerda y el arco que tiene sus extremos. (Ejemplo 6)
- Una **corona circular** es la superficie de plano comprendida entre dos círculos concéntricos. (Ejemplo 7)

Ejemplo 4

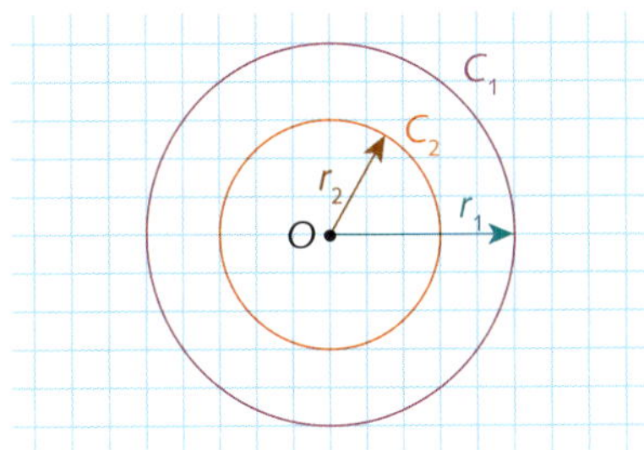

Ejemplo 5

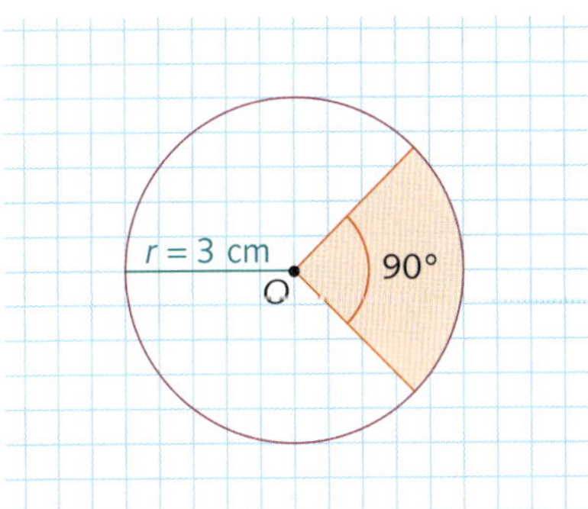

Sector circular

Ejemplo 6

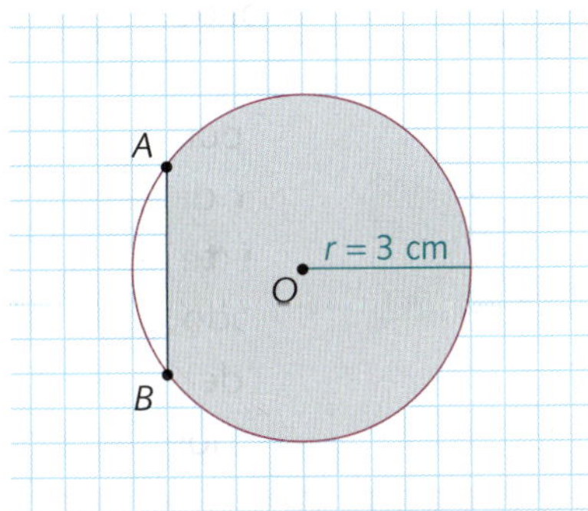

Segmento circular

Ejemplo 7

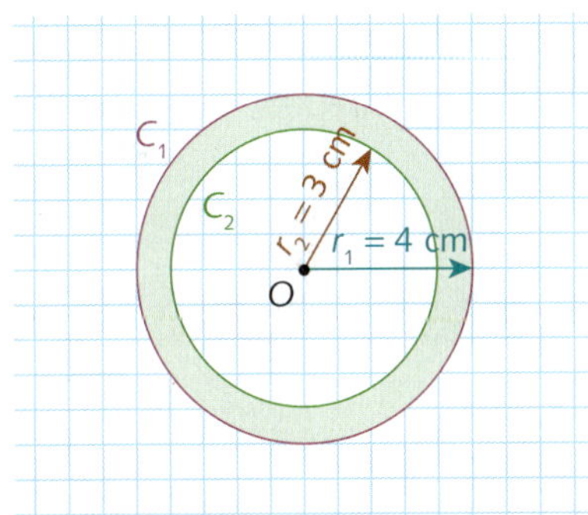

Corona circular

Actividades

1. Reproduce en tu cuaderno los siguientes polígonos. Señala sus vértices y ángulos. Calcula el número de diagonales de cada polígono y dibújalas.

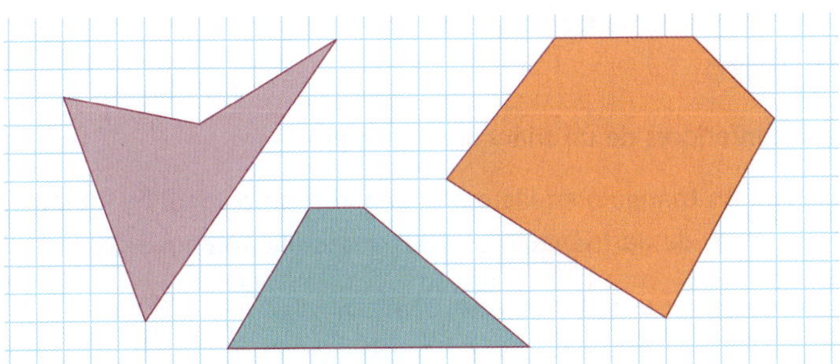

2. Escribe en tu cuaderno los nombres de estas figuras:

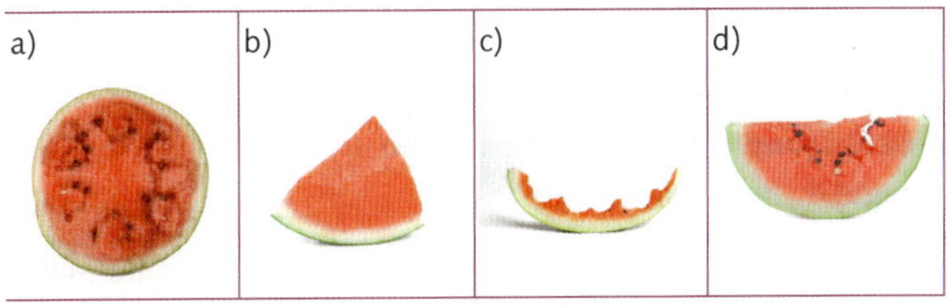

3. Dibuja en tu cuaderno un sector circular de radio 4 cm y amplitud 135°.

4. Dibuja en tu cuaderno una corona circular definida por dos círculos cuyos radios miden 2 cm y 5 cm.

2•• Clasificación de polígonos

Los polígonos pueden clasificarse **según sus ángulos interiores:** (Ejemplo 8)

- Un **polígono** es **convexo** si todos sus ángulos interiores son menores que 180°.
- Un **polígono** es **cóncavo** si alguno de sus ángulos interiores es mayor de 180°.

Un polígono es **regular** si tiene todos sus ángulos y todos sus lados iguales; en caso contrario, es **irregular**. (Ejemplo 9)

Ejemplo 8

Este polígono es convexo; todos sus ángulos interiores miden menos de 180º.

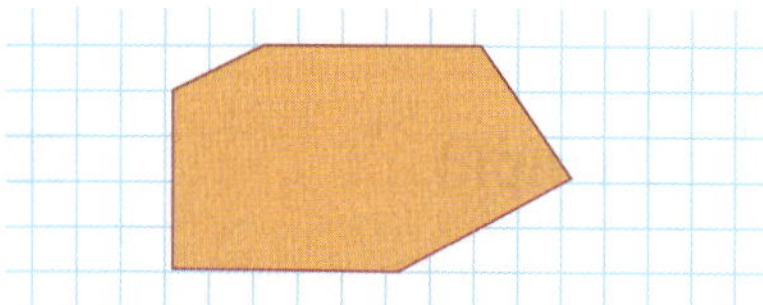

Este polígono es cóncavo; tiene dos ángulos interiores mayores de 180º.

Ejemplo 9

Polígono regular:

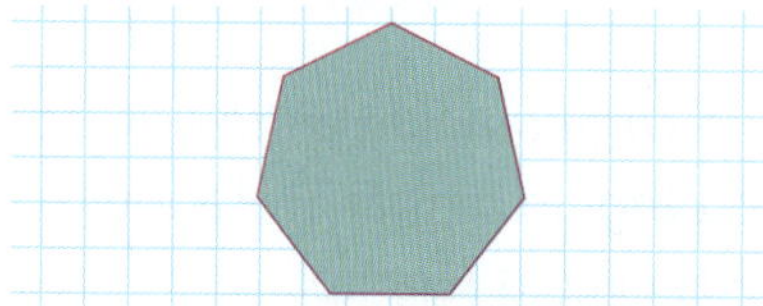

Polígono irregular:

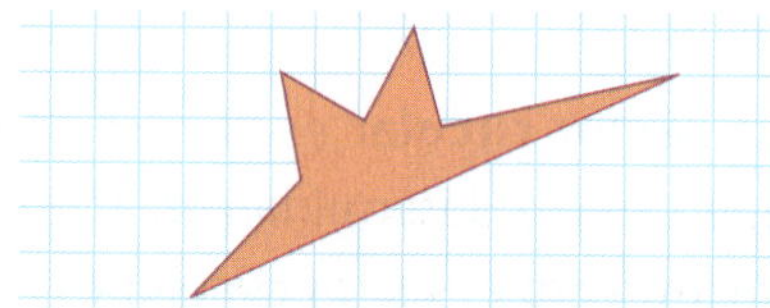

Los polígonos pueden clasificarse según el **número** de **lados:** triángulo, de 3 lados; cuadrilátero, de 4 lados; pentágono, de 5 lados; hexágono, de 6 lados; heptágono, de 7 lados; .... (Ejemplo 10) (Ejemplo 11)

Ejemplo 10

Triángulo regular y triángulo irregular

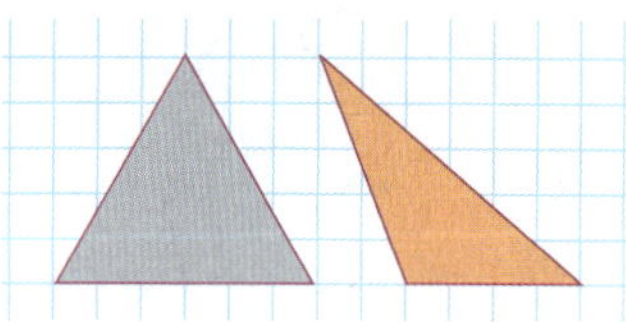

Cuadrado y cuadrilátero irregular

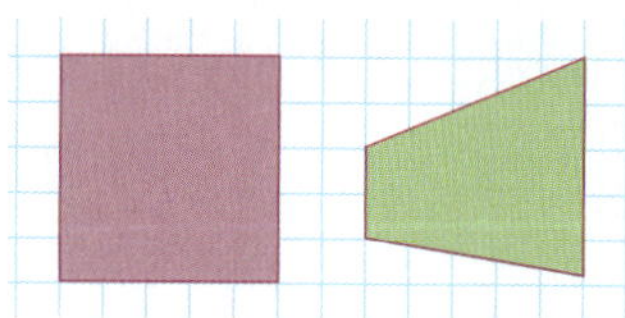

Pentágono regular y pentágono irregular

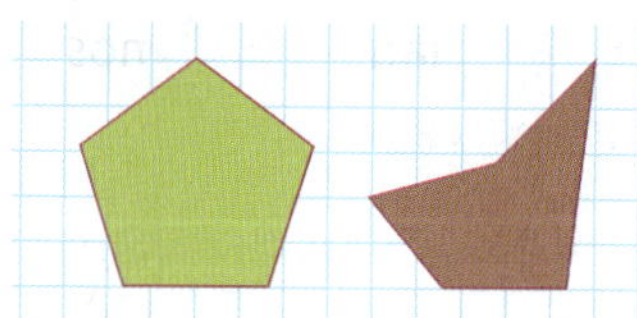

Hexágono regular y hexágono irregular

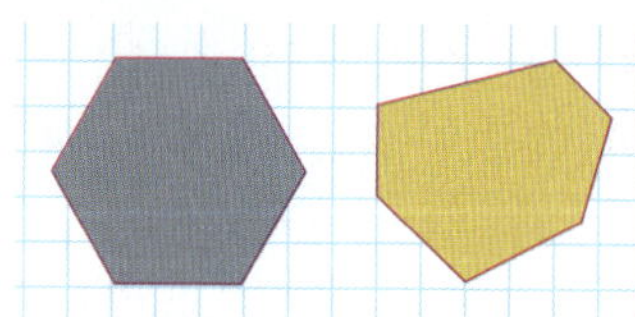

Ejemplo 11

Los polígonos regulares de tres lados se llaman **triángulos equiláteros** y los de cuatro lados, **cuadrados.** A partir de cinco lados se denominan: **pentágono regular, hexágono regular, heptágono regular,** etc.

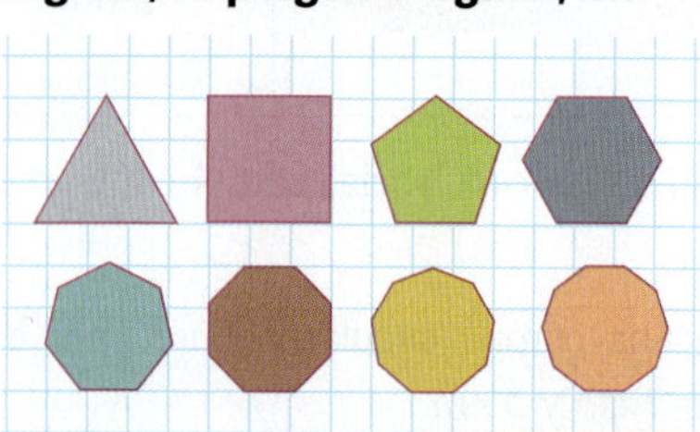

Suma de los ángulos interiores de un polígono convexo

La **suma** de los **ángulos interiores de un triángulo es 180°,** es decir, $\alpha+\beta+\gamma=180°$.

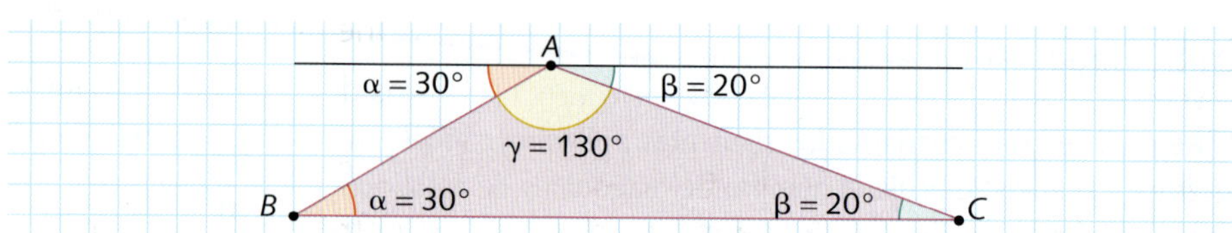

Problema resuelto 1

¿Cuánto miden los ángulos interiores de un triángulo equilátero?

Los tres ángulos interiores de un triángulo equilátero miden lo mismo, $\alpha=\beta=\gamma$. Como la suma de los ángulos interiores de un triángulo es 180° y dada la anterior igualdad:

$$\alpha+\beta+\gamma=180° \underset{\alpha=\beta=\gamma}{\Leftrightarrow} \alpha+\alpha+\alpha=180° \Leftrightarrow 3\alpha=180° \Leftrightarrow \alpha=\frac{180°}{3}=60°$$

Por tanto, cada uno de los ángulos de un triángulo equilátero mide 60°.

Cualquier polígono convexo, regular o no, se puede **descomponer** en tantos **triángulos** como número de lados tenga, menos dos, $(n-2)$. Para ello, basta trazar las diagonales desde uno de sus vértices, v. (Ejemplo 12)

Como los ángulos interiores de cada triángulo suman 180°, la suma de los ángulos interiores de un polígono regular de n lados es $(n-2)\cdot 180°$.

Además, el valor de cada uno de los ángulos interiores es $\dfrac{(n-2)\cdot 180°}{n}$. (Ejemplo 13)

Ejemplo 13

Un hexágono se puede descomponer en $n-2=6-2=4$ triángulos.

Como los ángulos interiores de cada triángulo suman 180°, la suma de los ángulos interiores del hexágono es $180°\cdot(6-2)=180°\cdot 4=720°$.

En consecuencia, cada uno de los ángulos interiores del hexágono es:

$$\frac{(6-2)\cdot 180°}{6}=120°$$

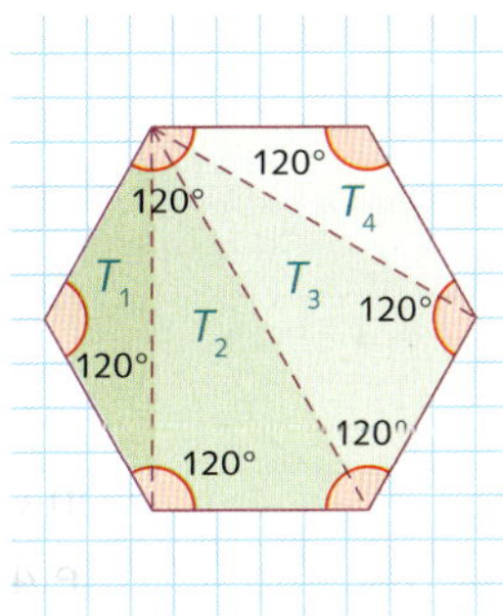

Características de los polígonos regulares

Una característica de los **polígonos regulares** es que están **inscritos** en una **circunferencia** que toca a cada uno de los vértices del polígono. (Ejemplo 14)

Además de los vértices, los ángulos y los lados, podemos definir los siguientes **elementos** principales de un **polígono regular**:

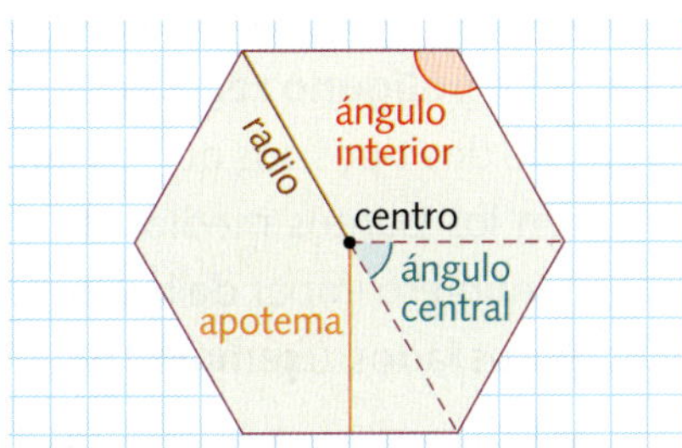

- El **centro** es el punto que equidista de todos los vértices.
- El **radio** es el segmento que une el centro con un vértice del polígono.
- La **apotema** es el segmento que une el centro con el punto medio de un lado.
- El **ángulo central** está formado por dos radios que unen vértices consecutivos. Su valor es $\dfrac{360°}{n}$ donde n es el número de lados del polígono. La suma de todos los ángulos centrales es de 360°.
- El **ángulo interior** es suplementario del ángulo central; es decir, entre los dos suman 180°. (Ejemplo 15)

Ejemplo 15

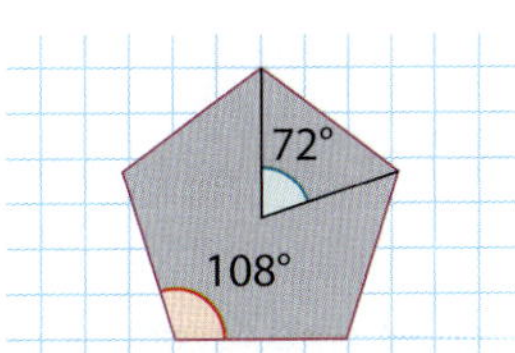

El ángulo central en un pentágono regular es $\dfrac{360°}{5}=72°$.

Como la suma del ángulo central y del ángulo interior es 180°, entonces:

ángulo interior = 180° − ángulo central = 180° − 72° = 108°

Ejemplo 12

Un cuadrilátero se puede dividir en 2 triángulos:

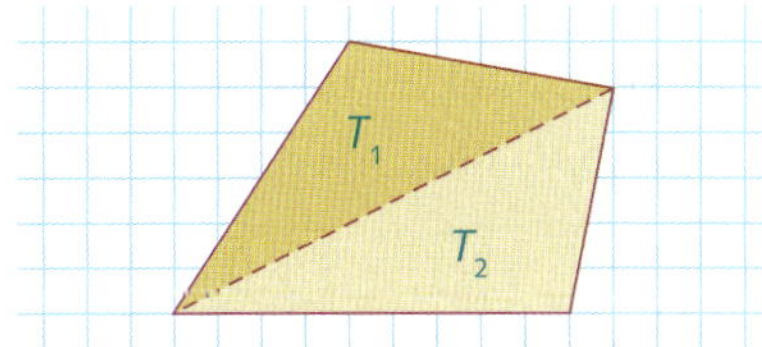

Un pentágono se puede dividir en 3 triángulos:

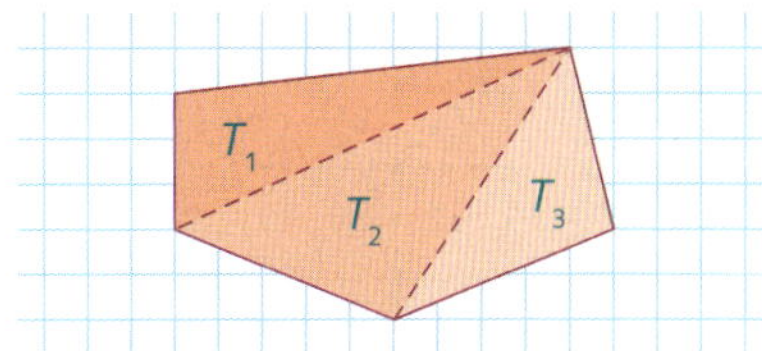

Un hexágono se puede dividir en 4 triángulos:

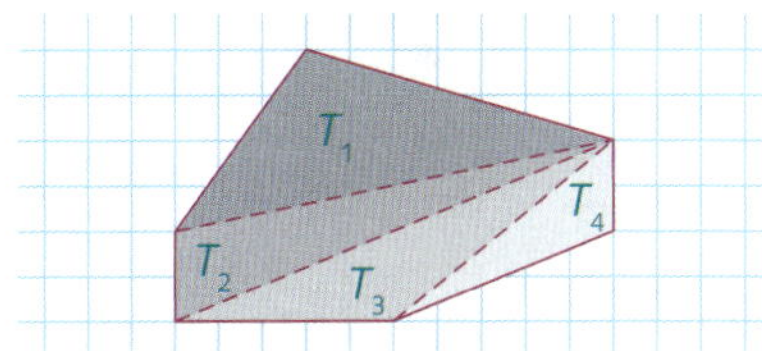

Ejemplo 14

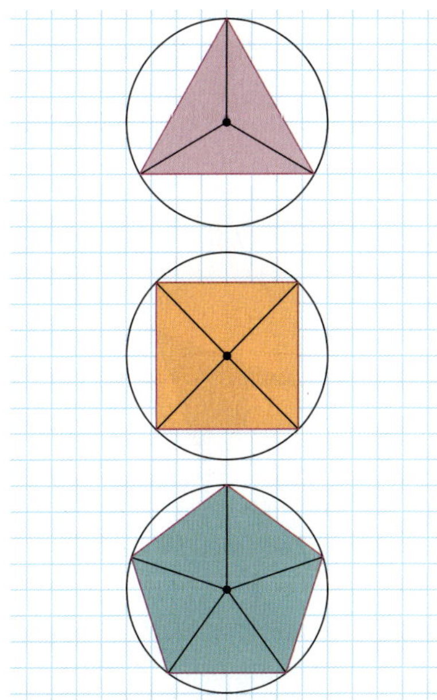

Los ángulos centrales de un **polígono regular** son útiles para trazar algunos polígonos regulares.

Problema resuelto 2

Dibujar el polígono cuyo ángulo central mide 36°.

1. Trazar una circunferencia.
2. Con ayuda del transportador, marcar en la circunferencia un ángulo de 36°.
3. Trazar el segmento que une los dos puntos marcados en la circunferencia.
4. Tomar la medida del segmento dibujado y trasladarlo sobre la circunferencia con ayuda de un compás, marcando los puntos de corte.
5. Trazar los segmentos que unen cada uno de los puntos marcados.
6. El polígono regular obtenido es un decágono.

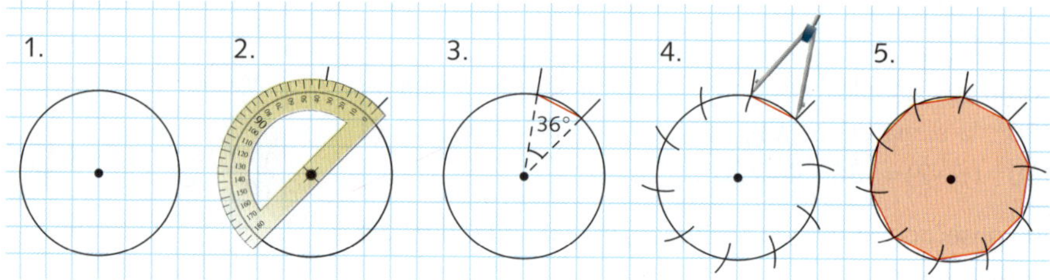

Ejemplo 16

Polígono con 4 lados

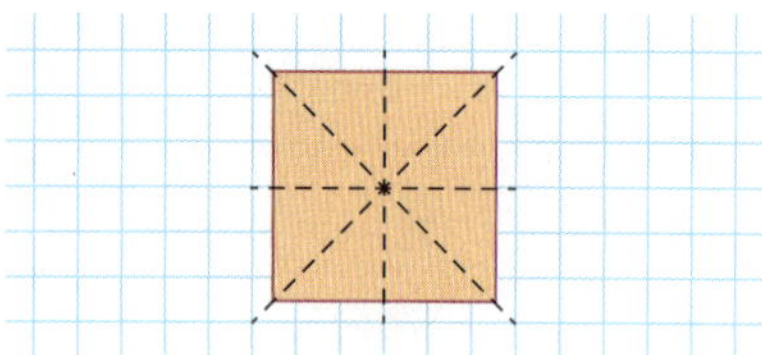

Polígono con 5 lados

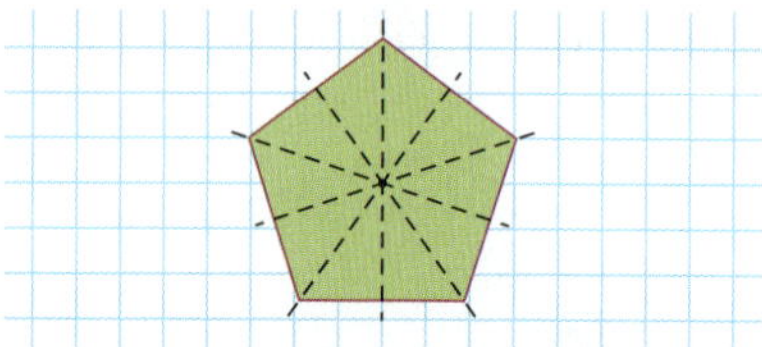

Ejemplo 17

De los siguientes polígonos irregulares: el primero, no tiene ningún eje de simetría; el segundo, un eje de simetría, y el tercero, dos ejes de simetría.

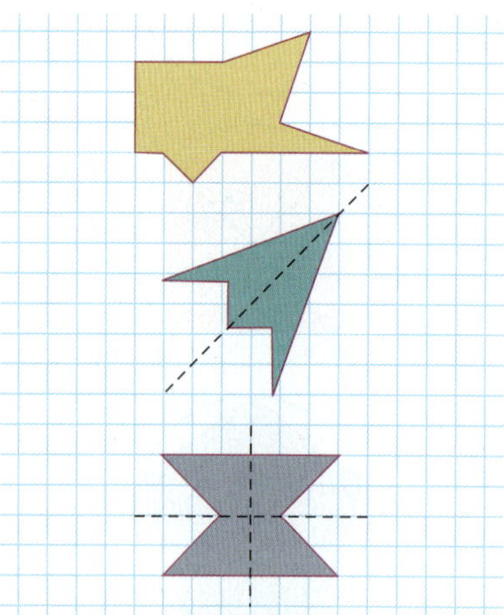

Eje de simetría

El **eje de simetría** de un polígono es la línea recta que divide al polígono en dos partes iguales.

Si se dibuja en una hoja de papel un **polígono** y se dobla por el eje de simetría, las dos partes del polígono se superponen, coincidiendo totalmente.

Los **polígonos regulares** tienen tantos ejes de simetría como número de lados. Si un **polígono regular** tiene un número par de lados, sus ejes de simetría son de dos tipos: los que pasan por cada uno de los vértices opuestos y los que unen los puntos medios de dos lados opuestos. Si el **polígono regular** tiene un número impar de lados, sus ejes de simetría coinciden con las mediatrices de sus lados. (Ejemplo 16)

Los **polígonos irregulares** pueden no tener eje de simetría, tener uno o varios. (Ejemplo 17)

Actividades

5. Clasifica los siguientes polígonos en cóncavos o convexos:

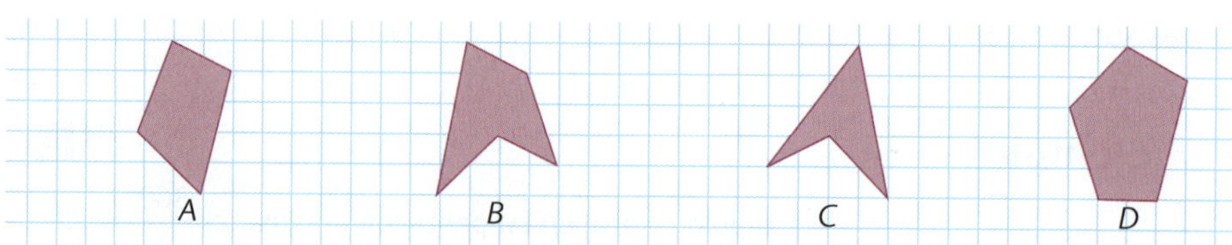

6. Calcula la medida de los ángulos centrales e interiores de un cuadrilátero, de un pentágono, de un heptágono y de un octágono.

7. ¿Cuántos ejes de simetría tiene un hexágono regular? Dibújalos. ¿Y un octágono regular?

3•• Triángulos

El **triángulo** es el polígono más básico que se puede construir, ya que solo tiene tres lados y tres ángulos. Además de ser el más básico, es el más importante, porque todo polígono puede ser descompuesto en triángulos.

Los **vértices** de los triángulos se nombran con las letras mayúsculas, *A*, *B* y *C*; los **lados** opuestos, con minúsculas, *a*, *b* y *c*, y los **ángulos interiores,** con letras griegas, α, β y γ, o con la letra del vértice con el símbolo: $\hat{A}$, $\hat{B}$ y $\hat{C}$. (Ejemplo 18)

La suma de los tres ángulos de un triángulo es 180: $\alpha+\beta+\gamma=180°$ (Ejemplo 19)

Ejemplo 18

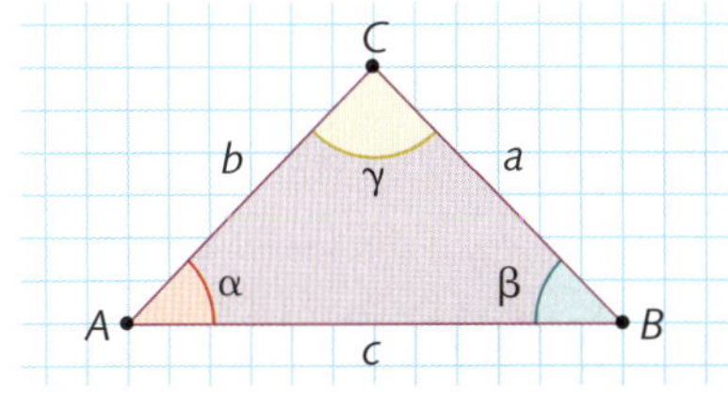

Ejemplo 19

Si dos de los ángulos de un triángulo miden $\alpha=22°$ y $\beta=55°$, se puede calcular el tercer ángulo, γ.

Como los ángulos de un triángulo cumplen que $\alpha+\beta+\gamma=180°$, para conocer el valor de γ se despeja en la anterior igualdad y se sustituyen los valores de los ángulos conocidos:

$$\alpha+\beta+\gamma=180° \Leftrightarrow \gamma=180°-\alpha-\beta=180°-22°-55°=103°$$

Ángulos de triángulos equiláteros

Los triángulos equiláteros tienen los tres lados y los tres ángulos iguales.

3.1• Clasificación de triángulos

Los triángulos se pueden **clasificar** según sus **lados** o sus **ángulos.**

Clasificación de los triángulos según sus lados

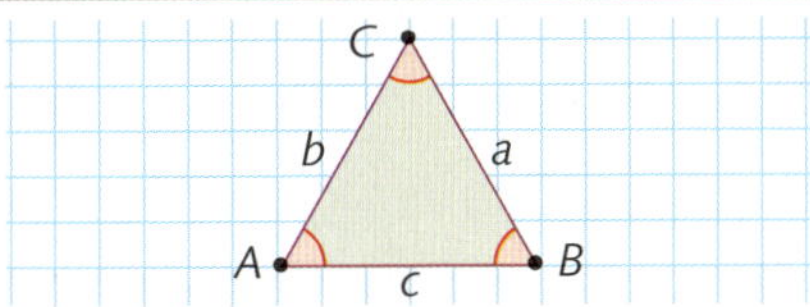

Equilátero. Tres lados iguales.

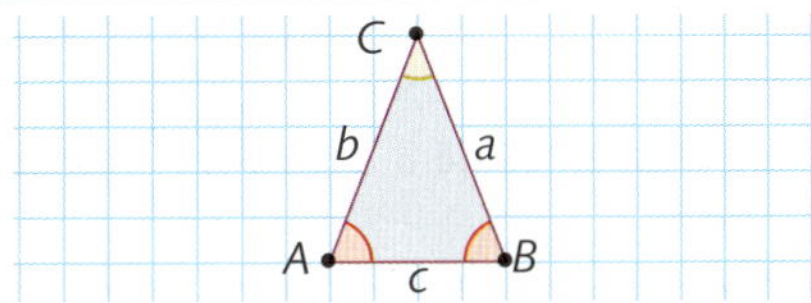

Isósceles. Dos lados iguales.

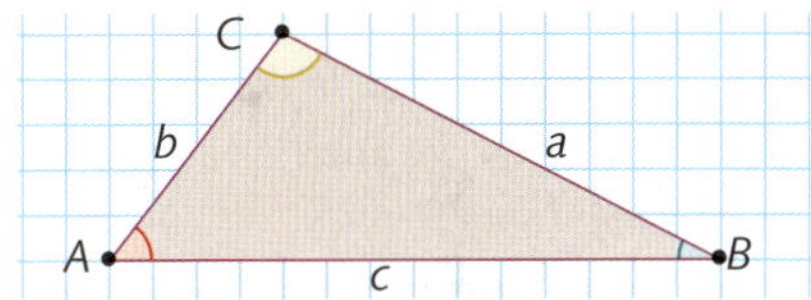

Escaleno. Tres lados distintos.

Clasificación de los triángulos según sus ángulos

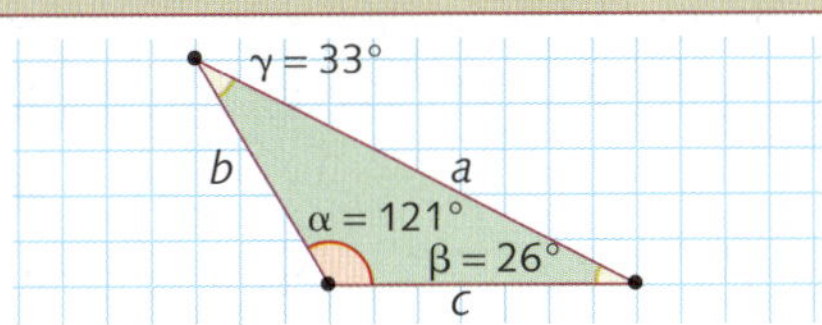

Obtusángulo. Un ángulo es obtuso.

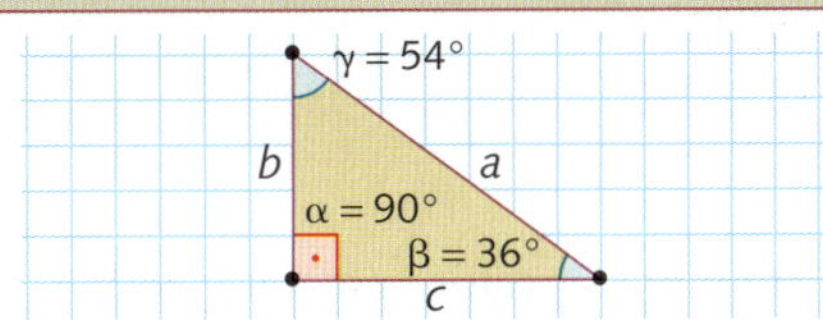

Rectángulo. Un ángulo recto.

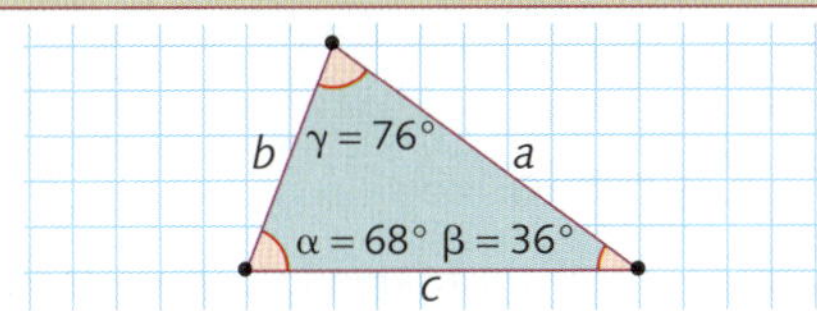

Acutángulo. Los tres ángulos son agudos.

Actividades

8. Copia en tu cuaderno y calcula el valor del tercer ángulo en los siguientes casos:

a) $\alpha=20°$, $\beta=45°$ y $\gamma=$ ___
b) $\alpha=38°$, $\beta=72°$ y $\gamma=$ ___
c) $\alpha=75°$, $\beta=15°$ y $\gamma=$ ___
d) $\alpha=48°\ 30'$, $\beta=63°\ 45'$ y $\gamma=$ ___

9. En un triángulo isósceles el ángulo desigual mide 30°. Calcula en tu cuaderno el valor de los otros ángulos.

10. Copia esta tabla y completa. Indica Sí o No, según sea posible que un triángulo pueda verificar dos de estas condiciones simultáneamente:

	Equilátero	**Isósceles**	**Escaleno**
Acutángulo	● ● ● ●	● ● ● ●	● ● ● ●
Rectángulo	● ● ● ●	● ● ● ●	● ● ● ●
Obtusángulo	● ● ● ●	● ● ● ●	● ● ● ●

3.2• Construcción de triángulos

Los lados de un triángulo, *a, b* y *c*, siempre cumplen las **relaciones:** $a<b+c$ y $a > b-c$. Un triángulo se puede construir de las tres formas explicadas a continuación.

Construir un **triángulo conocidos** los **tres lados.** El triángulo solo se puede construir en el caso de que los lados cumplan las relaciones anteriores entre sus lados. (Ejemplo 20)

Ejemplo 20

Para construir un triángulo cuyos lados miden 3 cm, 4 cm y 6 cm:

- Se toma como base del triángulo el lado mayor, el de 6 cm.
- Desde un extremo de este segmento se traza un arco de circunferencia de radio 3 cm.
- Desde el otro extremo se traza otro arco de circunferencia de radio 4 cm.
- El punto de corte de ambos arcos es el tercer vértice del triángulo.

Uniendo este punto con los otros dos vértices, se obtiene el triángulo buscado.

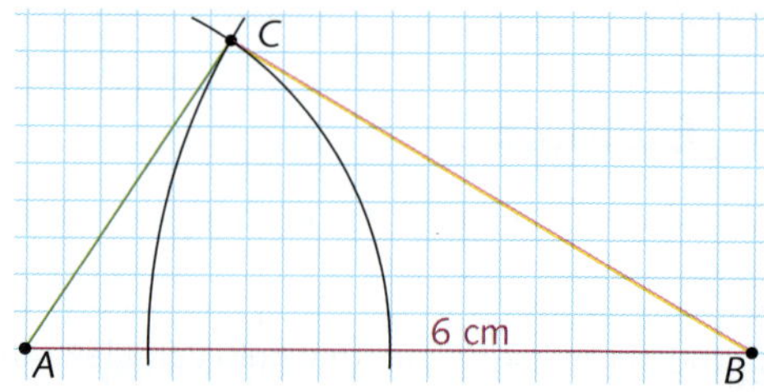

Construir un **triángulo conocidos dos lados** y el **ángulo** comprendido **entre ellos.** El tercer lado viene determinado por los extremos de los otros dos. (Ejemplo 21)

Ejemplo 21

Para construir un triángulo dos de cuyos lados miden 3 cm y 5 cm, siendo el ángulo comprendido entre los dos de 50°:

- Con el transportador se dibuja un ángulo de 50°.
- Sobre los lados del anterior ángulo se dibujan los segmentos de 3 cm y 5 cm, respectivamente.
- Se unen los extremos y así se obtiene el tercer lado.

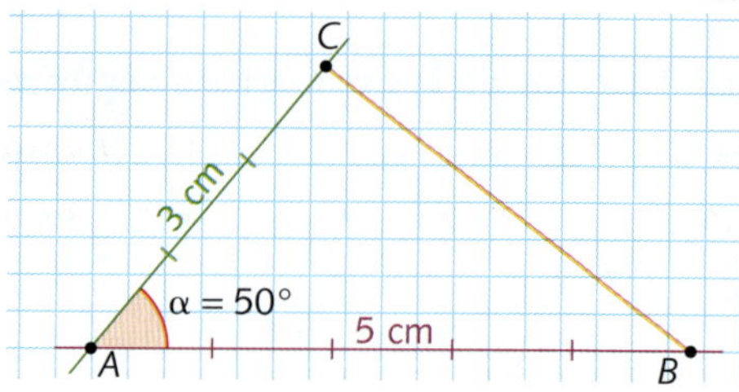

Construir un **triángulo conocidos** un **lado** y sus **dos ángulos contiguos** (Ejemplo 22)

Ejemplo 22

Para construir un triángulo con un lado de 5 cm y dos ángulos contiguos de 50° y 30°:

- Se toma como base del triángulo el lado de 5 cm y con un transportador de ángulos, se dibujan los ángulos correspondientes, sobre los extremos de la base.
- El corte de la prolongación de los lados de los ángulos es el tercer vértice del triángulo.

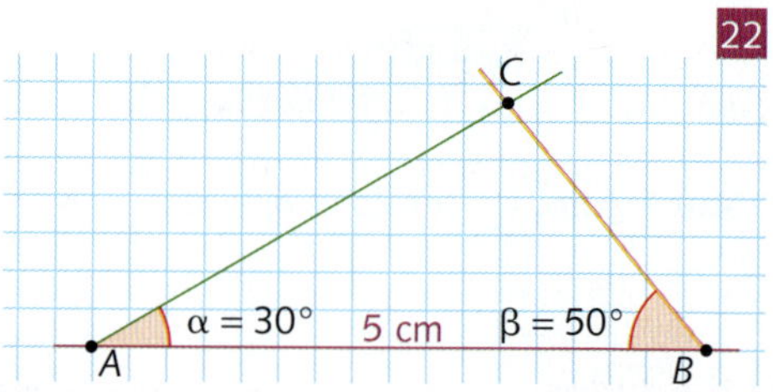

Problema resuelto 3

La distancia de la casa de Ana al colegio de sus hijos es de 6 km; la distancia del colegio a su trabajo, 3 km, y la distancia desde su trabajo a su casa, 12 km. Con estas medidas, ¿la casa de Ana, el colegio de sus hijos y su lugar de trabajo pueden formar un triángulo?

En caso de ser un triángulo, sus lados serían

$$a=12,\ b=3 \text{ y } c=6.$$

Hay que comprobar si estos valores cumplen las relaciones para que formen un triángulo:

$$a<b+c \text{ y } a>b-c \Leftrightarrow 12>6+3=9 \text{ y } 12>6-3=3$$

Como las distancias entre los lugares no cumplen una de las relaciones, los puntos en los que se sitúan la casa de Ana, el colegio de sus hijos y su lugar de trabajo, no forman un triángulo.

Criterios de igualdad de triángulos

Dos triángulos son iguales si tienen sus tres lados y tres ángulos iguales.

No siempre sabemos estas medidas en dos triángulos. Para saber si son iguales, basta con que cumplan uno de los siguientes criterios:

1. Tienen tres lados iguales.
2. Tienen dos lados iguales y el ángulo formado entre ellos también es igual.
3. Tienen un lado igual y sus ángulos contiguos iguales.

Que **dos triángulos** tengan **iguales** sus **tres ángulos** no es un criterio suficiente para asegurar que son iguales. (Ejemplo 23)

Ejemplo

23

Los tres ángulos de los dos triángulos equiláteros dibujados a continuación miden 60°.

Sin embargo, los lados del triángulo grande miden 4 cm y los del triángulo pequeño, 2 cm. Los dos triángulos no son iguales a pesar de que tres de sus elementos son iguales, en este caso, tres ángulos.

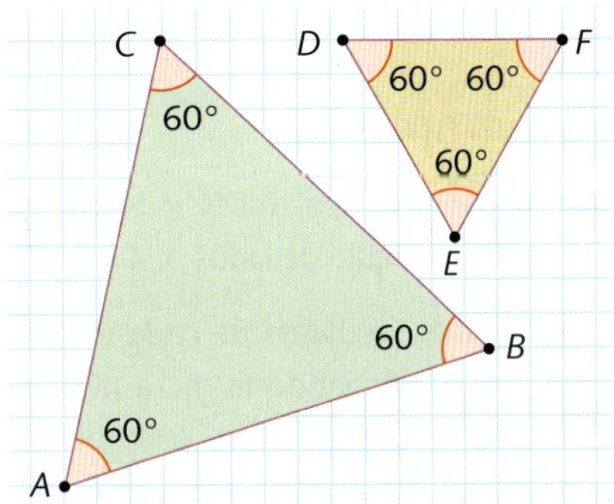

Igualdad entre triángulos rectángulos

Para que dos triángulos rectángulos sean iguales basta con comprobar que cumplen uno de los siguientes criterios:

Los catetos son iguales.

Un cateto y la hipotenusa son iguales.

Un ángulo agudo y uno de sus lados consecutivos.

Que dos triángulos tengan **dos lados iguales** y un ángulo cualquiera igual no es un criterio suficiente para asegurar que son iguales. (Ejemplo 24)

Ejemplo

24

Estos triángulos tienen dos lados iguales y un ángulo igual. Sin embargo, no tienen todos sus lados iguales, así que los dos triángulos no son iguales.

El motivo es que estos triángulos no cumplen el criterio de igualdad, porque el ángulo que tienen igual no es el ángulo común a los dos lados iguales.

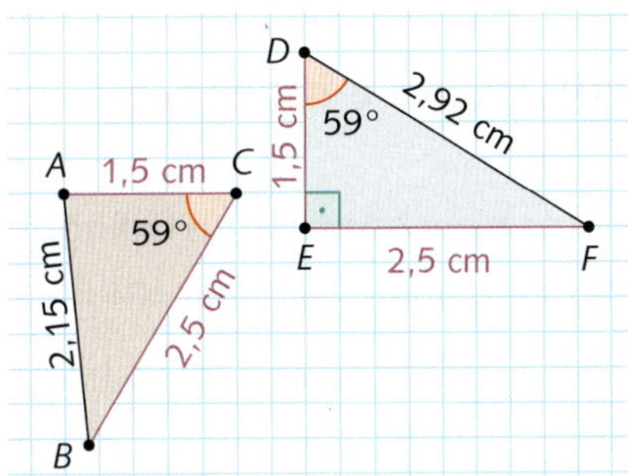

Actividades

11. Dibuja en tu cuaderno los siguientes triángulos:

a) $c=6$ cm, $\alpha=45°$, $\beta=50°$
b) $a=8$ cm, $b=6$ cm, $\alpha=50°$
c) $a=4,4$ cm, $b=3,1$ cm y $c=2,5$ cm

12. Copia en tu cuaderno y verifica si estos segmentos pertenecen a un triángulo:

a) 2 cm, 2 cm y 4 cm
b) 5 cm, 3 cm y 4 cm

13. Dibuja en tu cuaderno un triángulo equilátero cuyo lado mida 5 cm.

14. Demuestra que dos triángulos rectángulos son iguales cuando tienen respectivamente iguales la hipotenusa y un ángulo agudo.

15. ¿Se puede afirmar que dos triángulos isósceles rectángulos son iguales?

Razona tu respuesta.

3.3• Rectas y puntos notables de un triángulo

En un triángulo hay una serie de rectas y puntos importantes. Las llamadas **rectas notables** son sus **mediatrices, bisectrices, alturas y medianas.** Los **puntos** donde se cortan estas rectas se denominan **circuncentro, incentro, ortocentro y baricentro,** respectivamente.

Circunferencia circunscrita

Es una circunferencia por la que pasan todos los vértices de una figura plana. Es la circunferencia con centro en el circuncentro. Pasa por todos los vértices de la figura y la contiene en su interior.

Mediatrices y circuncentro

Las **mediatrices de un triángulo** son las rectas que cortan perpendicularmente a cada lado por su punto medio.

Las mediatrices se cortan en un punto llamado **circuncentro**, que es el centro de la circunferencia circunscrita y que equidista de los vértices del triángulo. (Ejemplo 25)

Ejemplo 25

Determinar las mediatrices y el circuncentro del triángulo de lados 3, 4 y 6 cm:

- Se traza la mediatriz de cada uno de los lados, dibujando la recta perpendicular a cada lado que pasa por su punto medio, m_1, m_2 y m_3.
  El punto en el que se cortan las tres mediatrices es el circuncentro, C.
- Luego, se traza la circunferencia circunscrita, cuyo centro es el circuncentro y cuyo radio es la distancia de este a cada uno de los vértices del triángulo.

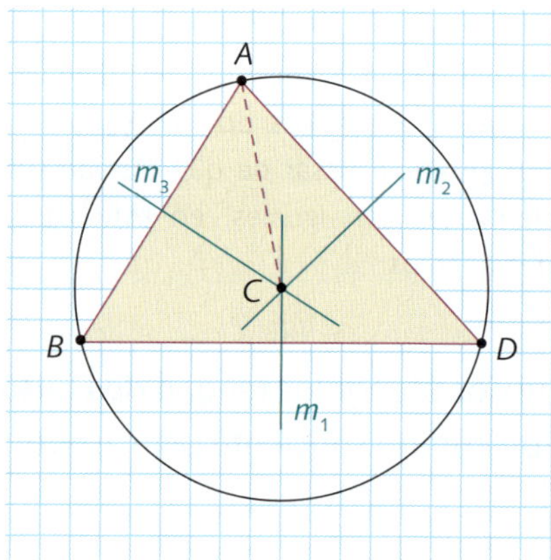

Circuncentro fuera del triángulo

El circuncentro puede estar dentro o fuera del triángulo. (Ejemplo 26)

Ejemplo 26

El circuncentro de este triángulo está fuera del triángulo.

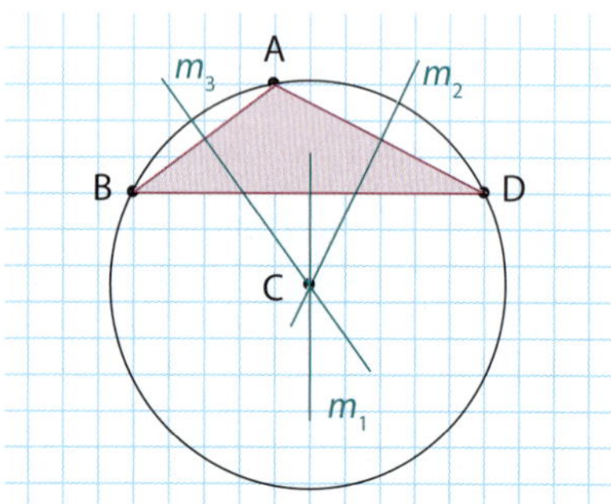

Bisectrices e incentro

Las **bisectrices de un triángulo** son las rectas que pasan por los vértices del triángulo dividiendo cada ángulo en dos partes iguales.

Las bisectrices se cortan en un punto llamado **incentro**, que es el centro de la circunferencia inscrita al triángulo y que equidista de sus tres lados, siendo tangente a ellos. (Ejemplo 27)

Ejemplo 27

Para determinar las bisectrices y el incentro del triángulo de lados 3 cm, 4 cm y 5 cm:

- Se traza la bisectriz de los tres ángulos del triángulo, que es la recta que divide al ángulo en dos partes iguales, b_1, b_2 y b_3. El punto en el que se cortan las tres bisectrices es el incentro, I.

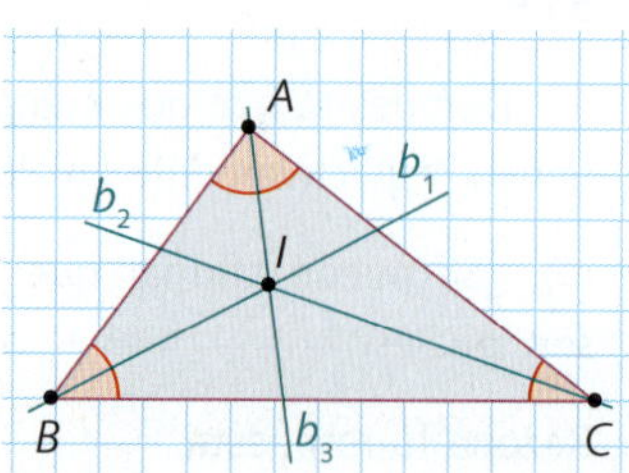

- Luego, se dibuja la circunferencia inscrita. El centro de esta circunferencia inscrita es el incentro y su radio es la distancia que hay desde este punto, I, a uno de los lados del triángulo.

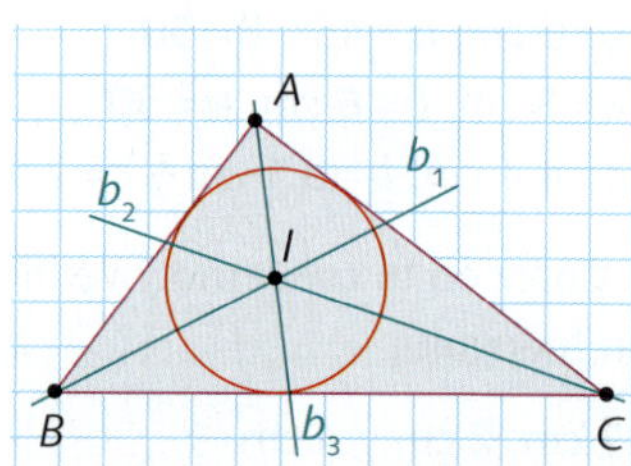

Alturas y ortocentro

Las **alturas** de un triángulo son las rectas perpendiculares a cada lado que pasan por los vértices opuestos. Se designan con la letra *h*.

Las alturas se cortan en un punto llamado **ortocentro.** (Ejemplo 28)

Ejemplo 28

Para determinar las alturas y el ortocentro se trazan las alturas de cada lado del triángulo, que son las rectas perpendiculares a cada lado que pasan por el vértice opuesto, h_1, h_2 y h_3.

El punto en el que se cortan las tres alturas es el ortocentro, *O*.

En algunos triángulos el ortocentro puede estar fuera de la superficie del triángulo.

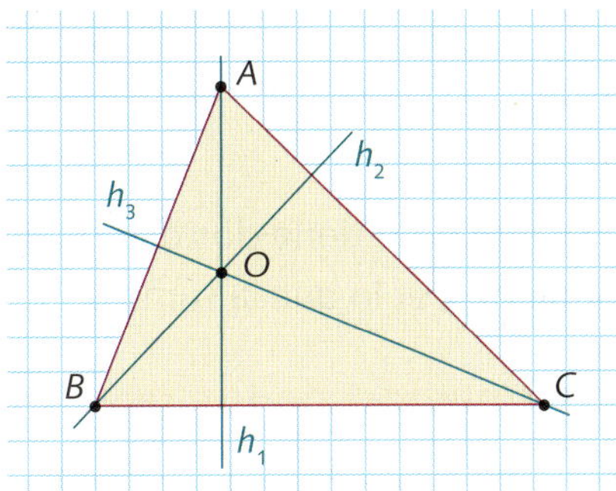

Altura de un triángulo

La altura de un triángulo también se puede definir como la distancia que hay entre un vértice y su lado opuesto.

A veces, hay que prolongar ese lado para poder trazar la perpendicular que pasa por el vértice opuesto. (Ejemplo 29)

Ejemplo 29

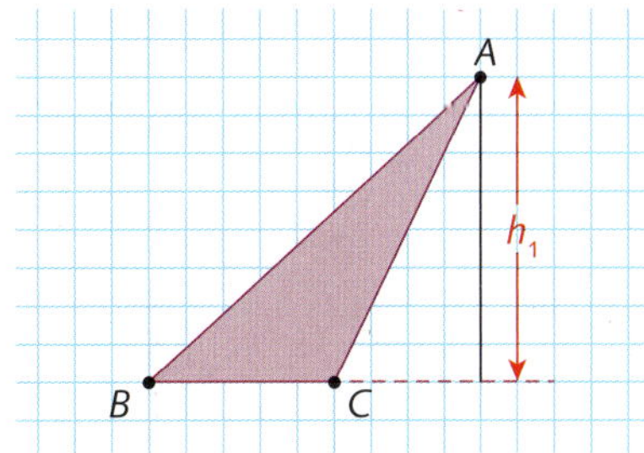

Medianas y baricentro

Las **medianas** de un triángulo son las rectas que unen cada vértice con el punto medio del lado opuesto.

Las tres medianas se cortan en un punto llamado **baricentro.** (Ejemplo 30)

Ejemplo 30

Para determinar las medianas y el baricentro de este triángulo, de lados 3 cm, 4 cm y 6 cm:

Se trazan las medianas de cada lado del triángulo, que son las rectas que pasan por el punto medio de cada lado y su vértice opuesto, M_1, M_2 y M_3.

El punto en el que se cortan las tres medianas es el baricentro, *B*.

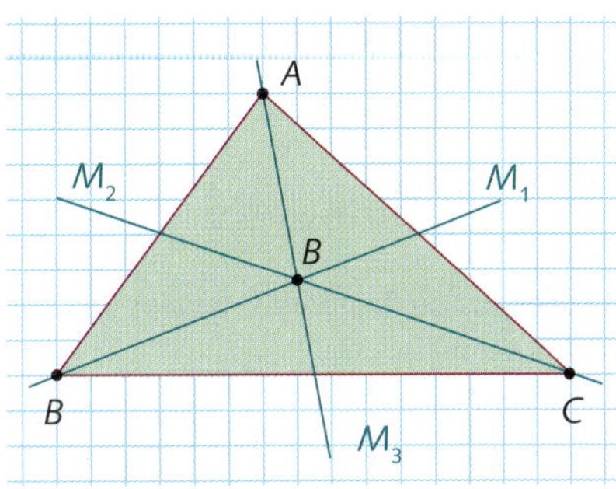

El baricentro siempre se encuentra en el interior del triángulo.

Actividades

16. Determina las mediatrices, bisectrices, alturas y medianas de un triángulo equilátero de lado 4 cm. ¿Qué característica crees que cumple un triángulo equilátero respecto de sus rectas y puntos notables?

17. Señala en el mapa el lugar exacto donde habría que instalar una antena de telefonía móvil para que diera cobertura a tres ciudades y estuviera a igual distancia de cada una de ellas.

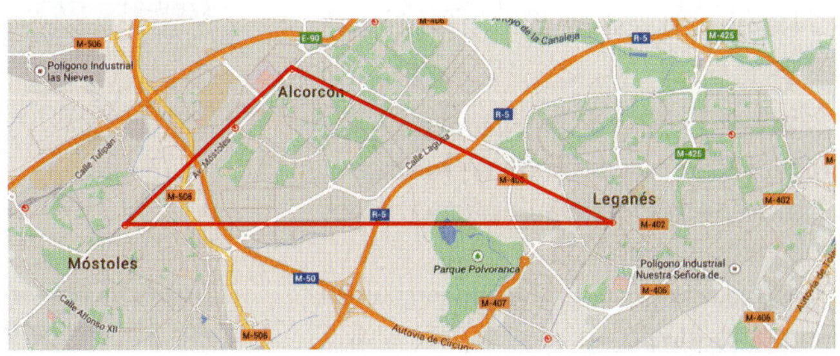

4•• Cuadriláteros

Ejemplo 31

Este cuadrilátero tiene dos diagonales:

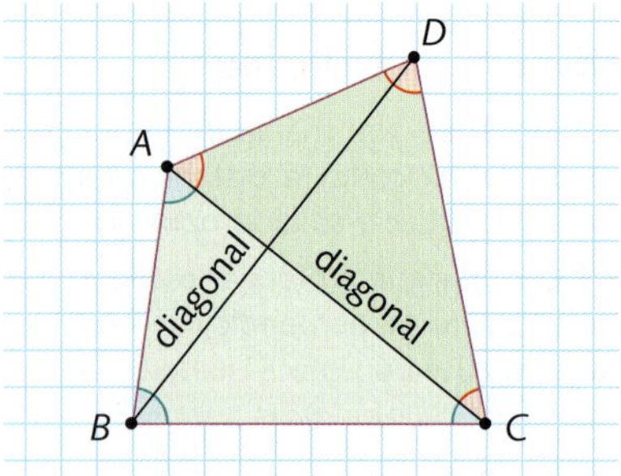

Una diagonal divide al cuadrilátero en dos triángulos. Como la suma de los ángulos interiores de cada triángulo es 180°, la suma de los ángulos del cuadrilátero, es:

$$180° + 180° = 360°$$

Un **cuadrilátero,** *ABCD,* es un polígono de cuatro lados y, por tanto, de cuatro ángulos.

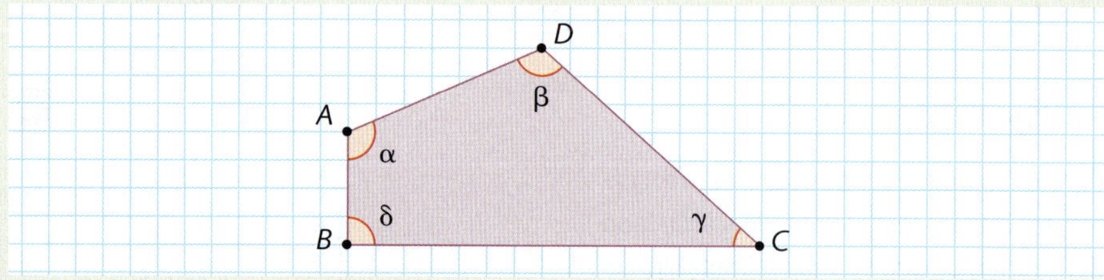

Un cuadrilátero tiene dos diagonales, cada una de las cuales lo divide en dos triángulos, por lo que la suma de sus ángulos es 360°. (Ejemplo 31)

Clasificación de los cuadriláteros

Los cuadriláteros se pueden clasificar según el número de lados paralelos que tengan:

- Los **paralelogramos** tienen los lados paralelos e iguales dos a dos. También sus ángulos son iguales dos a dos. Sus diagonales se cortan en el punto medio. En el caso del cuadrado y del rombo, las diagonales se cortan formando un ángulo recto.
- Los **trapezoides** tienen dos lados paralelos y los otros dos, no. Los dos lados paralelos se llaman bases y la distancia entre ellos, altura.

Paralelogramos

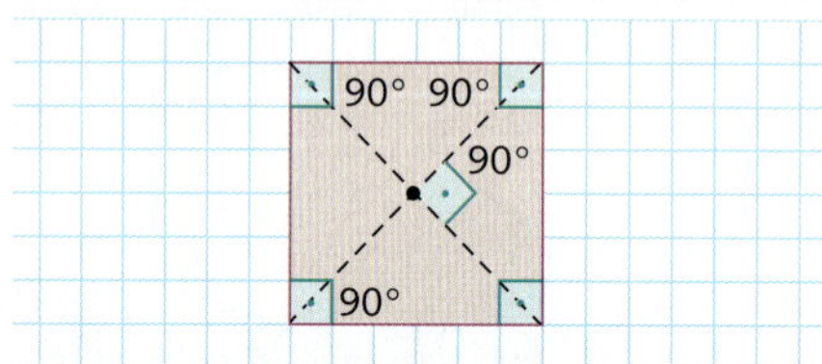

Cuadrado. Cuatro lados iguales y cuatro ángulos de 90°.

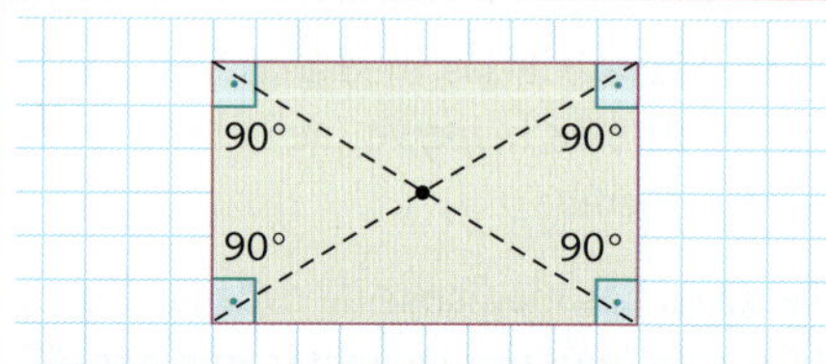

Rectángulo. Cuatro lados iguales dos a dos. Cuatro ángulos de 90°.

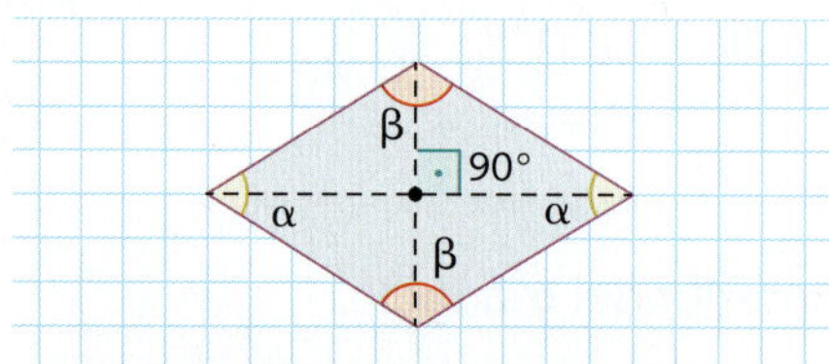

Rombo. Cuatro lados iguales y ángulos opuestos iguales.

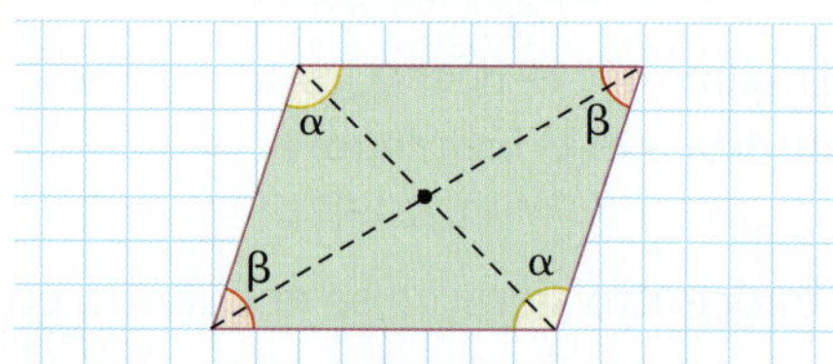

Romboide. Lados iguales dos a dos y ángulos opuestos iguales.

Trapezoides

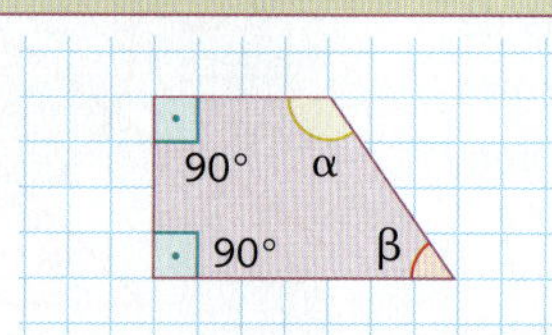

Trapecio rectángulo. Dos ángulos rectos.

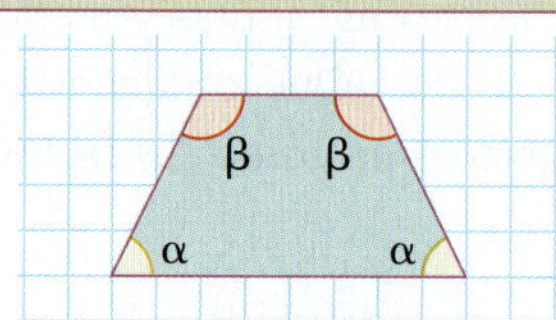

Trapecio isósceles. Lados no paralelos iguales y ángulos contiguos iguales.

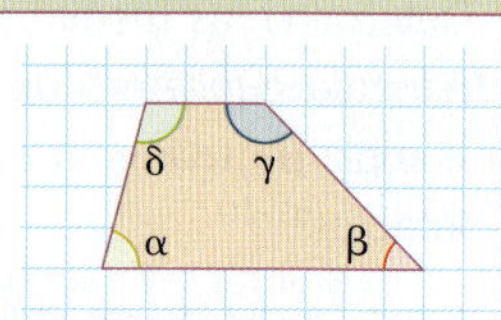

Trapecio escaleno. No tiene lados ni ángulos iguales.

Actividades

18. Dibuja un cuadrado y un rombo cuyos lados midan 4 cm. Explica las diferencias entre rombos y cuadrados.

19. Los dos ángulos agudos de un romboide miden 42°. ¿Cuánto mide cada ángulo obtuso?

20. Dibuja en tu cuaderno dos trapecios que al unirlos den lugar a:

a) Un cuadrado.
b) Un rombo.

21. Razona si estas afirmaciones son ciertas:

a) Si las diagonales de un cuadrilátero son perpendiculares, se trata de un rombo.
b) Los trapecios rectángulos tienen todos sus ángulos iguales.
c) Las diagonales de un trapecio se cortan en el punto medio.

Técnicas de estudio

TESELACIONES

La teselación es una técnica de pavimentación que consiste en recubrir el plano mediante piezas llamadas teselas que no pueden superponerse ni pueden dejar huecos sin recubrir, de tal forma que los ángulos que concurren en un vértice deben sumar 360°. Por ejemplo, la medida del ángulo interior de un triángulo equilátero es 60°; por lo tanto, al unirse 6 triángulos equiláteros en un vértice completan 360°. Solamente hay tres polígonos regulares con los que se puede cubrir el plano completamente sin sobreponerse: el triángulo equilátero, el cuadrado y el hexágono.

Los mosaicos son obras artísticas que se crean aplicando giros, simetrías, traslaciones y deslizamientos a figuras geométricas sencillas.

Para diseñar un mosaico, se toma como base un polígono y se transforma en otra figura recortando algún fragmento que mediante giros o traslaciones se coloca en otra posición de dicho polígono.

Ejemplo 1

Para diseñar un mosaico, se puede proceder del siguiente modo:

1. Se dibuja un hexágono.
2. Se recorta un semicírculo de un lado y se traslada a otro lado del hexágono.
3. Se recortan dos triángulos y se trasladan a otro lado.
4. Se recorta una figura y se traslada al otro lado. Así se consigue una forma final del hexágono transformado.
5. Se añaden detalles característicos de un caballo y se colocan las figuras juntas. En algunas ocasiones es difícil reconocer el polígono inicial.

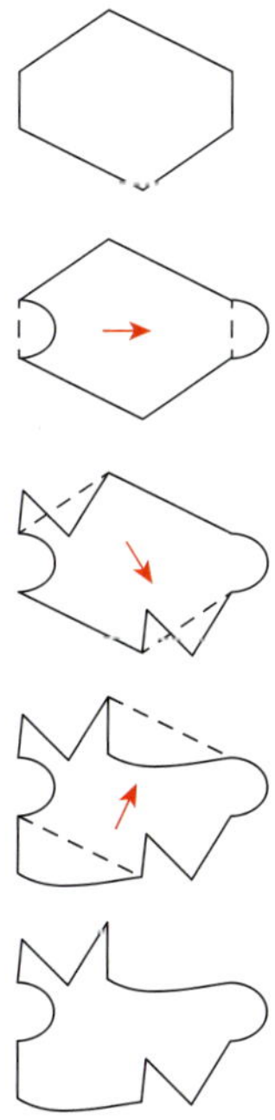

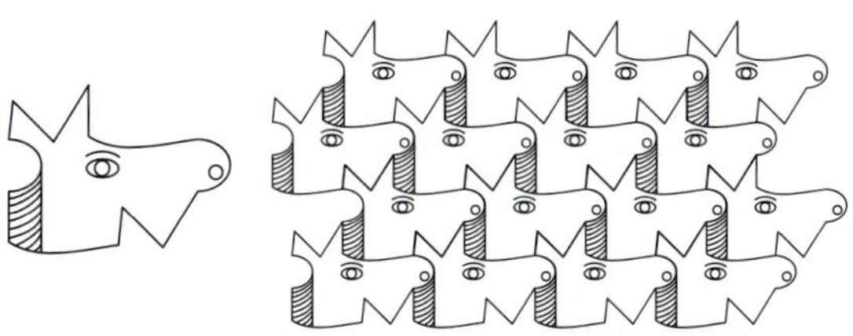

Ejemplo 2

1. Se dibuja un rectángulo y se recortan dos triángulos que mediante un giro sobre el vértice común se colocan sobre otros lados del cuadrado.
2. Forma final del rectángulo transformado.
3. Aplicando giros a las figuras se va construyendo el mosaico.

Las nuevas figuras obtenidas mediante traslaciones o giros ocupan la misma superficie que el polígono regular original.

La idea de rellenar el plano con un mismo motivo se debe al artista holandés M.C. Escher, quien dibujó sorprendentes mosaicos formados por lagartos, caballeros o pájaros. Sin duda, Escher es el artista del siglo XX más admirado por los matemáticos debido al gran conocimiento geométrico que reflejan sus obras.

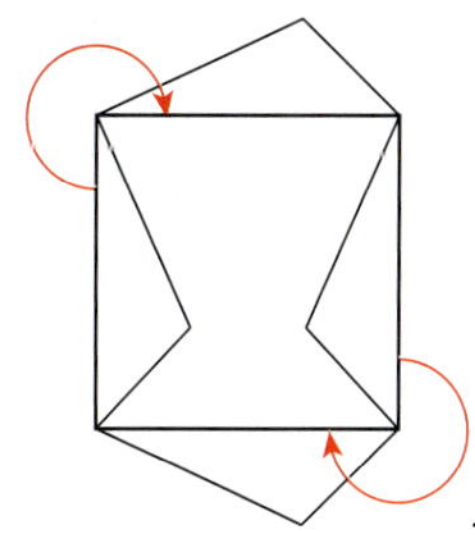

1.

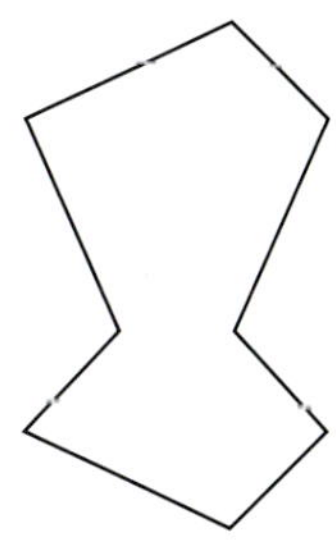

2.

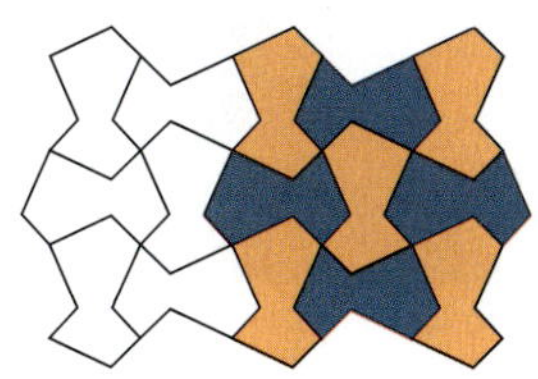

3.

Actividades

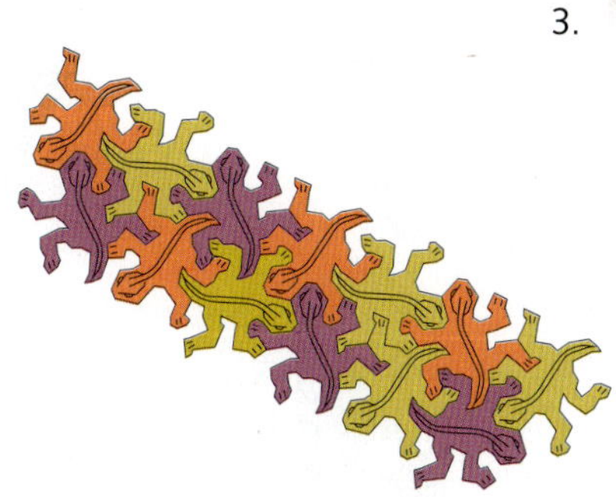

1. ¿Cuántos cuadrados se necesitan para que al unirse en un vértice la suma de sus ángulos internos sea 360°? ¿Y cuántos hexágonos regulares?
2. ¿Se pueden hacer mosaicos con pentágonos regulares? ¿Y con polígonos de más de 6 lados?
3. Inventa tu propio mosaico a partir del polígono regular adecuado.
4. Investiga en Internet sobre la obra de Escher.

Actividades finales

1. Dibuja una circunferencia de 6 cm de diámetro y en ella un sector circular de 45° de amplitud.

2. Calcula la suma de los ángulos interiores de estos polígonos:

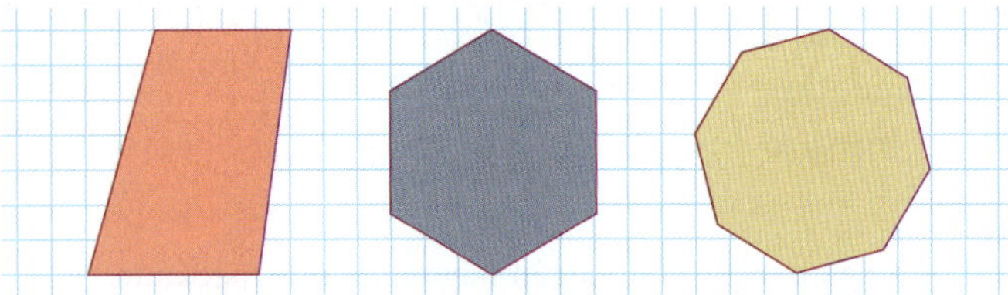

3. Calcula en tu cuaderno la medida de los ángulos que faltan:

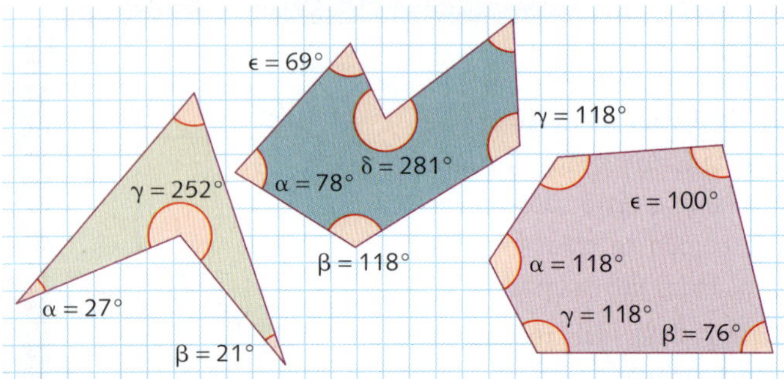

4. ¿Qué polígono regular tiene un ángulo central de 72°?

5. Dos de los ángulos de un triángulo miden 34°25′ y 23°13′. ¿Cuánto mide el tercer ángulo?

6. Dos ángulos de un trapecio isósceles miden 35° y 72°. ¿Cuánto miden los otros dos ángulos?

7. Clasifica los siguientes triángulos según sus lados y sus ángulos:

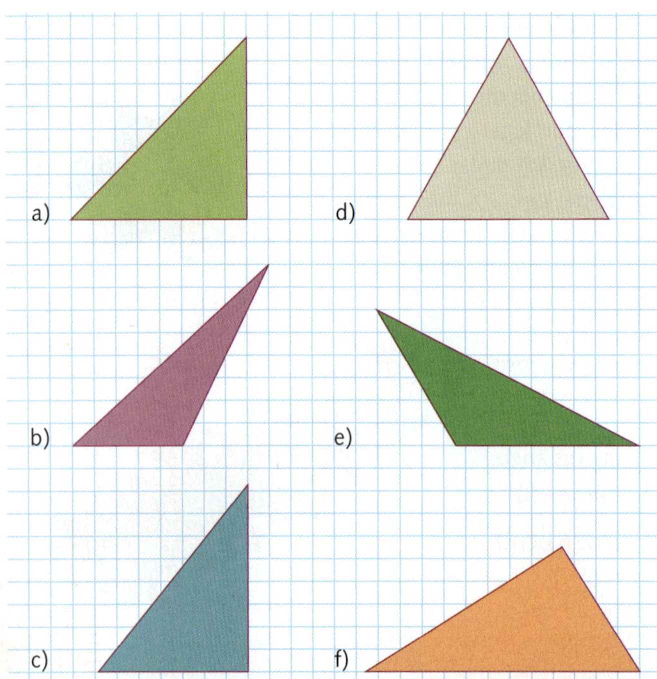

8. Calcula los ángulos central e interior del cuadrado y del eneágono regular. ¿Cuánto suman los ángulos de un cuadrado? ¿Y los ángulos de un eneágono?

9. Comprueba en tu cuaderno las siguientes afirmaciones:

a) En un triángulo equilátero coinciden baricentro y circuncentro.
b) En un triángulo equilátero coinciden circuncentro y ortocentro.
c) En cualquier triángulo el baricentro divide a las medianas en dos segmentos de razón 1:2.
d) En cualquier triángulo el ortocentro, circuncentro y baricentro están en la misma recta.

10. Dibuja, a partir del ángulo central, un hexágono regular inscrito en una circunferencia de 2,6 cm de radio.

11. En caso de ser posible, dibuja en tu cuaderno estos triángulos:

a) Los lados miden 15 cm, 9 cm y 5 cm.
b) Los ángulos consecutivos miden 95° y 89° y un lado, 10 cm.
c) Dos lados miden 5 cm y forman un ángulo de 90°.

12. Dibuja en tu cuaderno cuatro triángulos cuyos lados midan 6 cm, 7 cm y 8 cm, y, en cada uno de ellos, traza los siguientes elementos:

a) Medianas y baricentro.
b) Alturas y ortocentro.
c) Circuncentro.
d) Incentro.

13. Dibuja en tu cuaderno este triángulo y determina su ortocentro, su incentro y su baricentro.

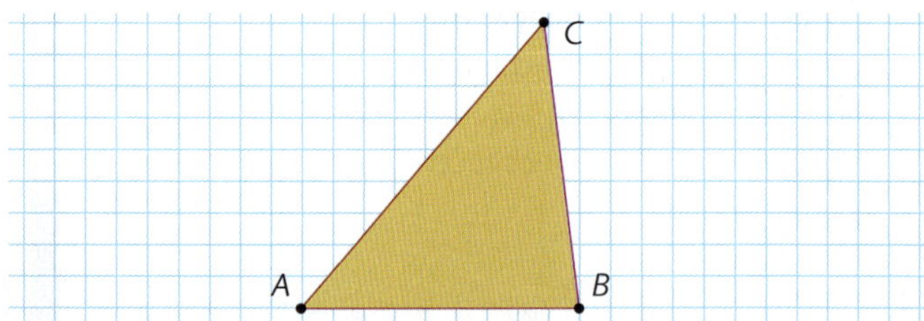

14. Razona si las siguientes afirmaciones son verdaderas o falsas:

a) Las diagonales de los romboides se cortan en su punto medio.
b) En todos los paralelogramos, las diagonales miden lo mismo.
c) Un cuadrilátero con cuatro lados iguales es un cuadrado.
d) Los trapecios tienen solo dos lados paralelos.
e) Las diagonales de un rombo son perpendiculares.

15. Calcula en tu cuaderno el número de diagonales y la suma de los ángulos interiores de un dodecágono.

16. Dibuja en tu cuaderno los siguientes polígonos:

a) Un cuadrilátero no paralelogramo con dos ángulos rectos.
b) Un paralelogramo con las diagonales iguales.
c) Un paralelogramo con dos pares de ángulos iguales.
d) Un cuadrilátero no paralelogramo con dos pares de ángulos iguales.

Unidad 8

Perímetros y áreas de figuras planas

SUMARIO

1 Concepto de perímetro y área de figuras planas

El concepto de **medida** está presente en numerosas situaciones cotidianas. Medimos el tiempo que tardamos en hacer una tarea, la distancia a la que se encuentra nuestro destino de vacaciones, nuestra altura, etc. En todos los casos, medir implica comparar una cosa con otra. Para medir longitudes o áreas se elige una unidad de medida y, luego, se cuenta el número de veces que las líneas o figuras contienen esa unidad. (Ejemplo 1)

Ejemplo 1

En el **Sistema Internacional de Unidades (SI)** existen siete unidades fundamentales:

- Metro (m) para medir la longitud.
- Kilogramo (kg) para medir la masa.
- Segundo (s) para medir el tiempo.
- Amperio (A) para medir la corriente eléctrica.
- Kelvin (k) para medir la temperatura.
- Mol (mol) para medir la cantidad de sustancia.
- Candela (cd) para medir la intensidad luminosa.

En el Sistema Internacional de Unidades la unidad fundamental utilizada para **medir** la **longitud** es el metro, m.

Para medir el área se emplea la unidad derivada metro cuadrado, m^2. También se utilizan los múltiplos y submúltiplos del metro y del metro cuadrado:

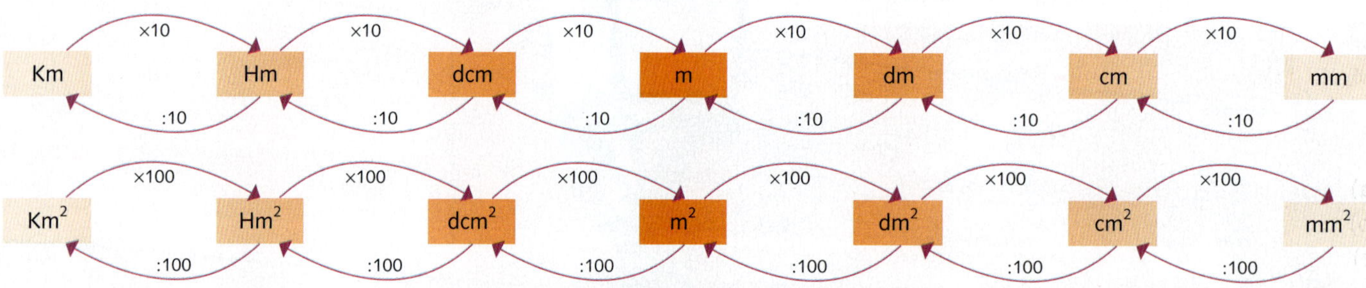

El **perímetro** de una figura plana es el contorno o borde que lo delimita. Para calcular el perímetro de una figura se suman las longitudes de sus lados.

El **área** de una figura plana es la medida de la superficie contenida dentro del perímetro. Para calcular el área de una figura hay que recurrir a diferentes fórmulas y estrategias matemáticas que estudiaremos en detalle. (Ejemplo 2)

Ejemplo

2

El perímetro de esta figura se calcula sumando las longitudes de sus lados:

$$P = 3 + 2 + 2 + 5 + 3 = 15 \text{ cm}$$

La figura contiene 13 cuadrados, considerados como unidad de superficie, así que su área es:

$$A = 13 \text{ cm}^2$$

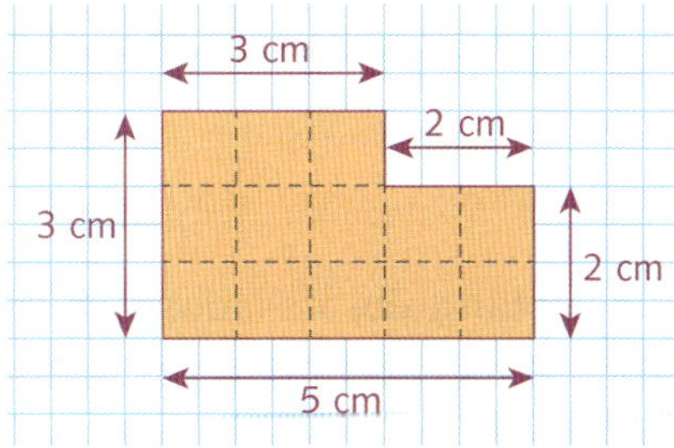

Problema resuelto

1

Los lunes, Nicolás da 10 vueltas a un campo de fútbol. La línea de banda mide 90 m y la de meta mide 45 m.

a) ¿Cuántos metros corre Nicolás cada lunes?
b) Si el césped artificial del campo está en muy malas condiciones, ¿cuántos metros cuadrados de césped se necesitan para sustituirlo por uno nuevo?

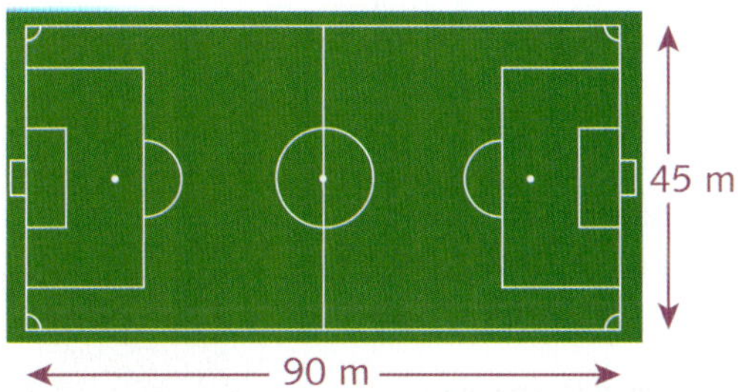

a) Cada vuelta que da al campo de fútbol, recorre su perímetro. Para calcularlo se suman las longitudes de los 4 lados:

$$P = 90 + 45 + 90 + 45 = 270 \text{ m}$$

Como son 10 vueltas, cada tarde corre:

$$10 \cdot P = 10 \cdot 270 = 2\,700 \text{ m; es decir, 2 km y 700 m}$$

b) Como la banda del campo mide 90 m y la de meta, 45 m, se puede cubrir el campo de fútbol con $90 \cdot 45 = 4\,050$ cuadrados de césped de 1 m^2 cada uno. Así, se necesitan 4 050 m^2 de césped nuevo.

Actividades

1. Halla el perímetro en metros de las siguientes figuras:

a) Un triángulo equilátero de 6 dam de lado.
b) Un cuadrado de 6 dam de lado.
c) Un pentágono de 6 dam de lado.

2. Pasa a metros cuadrados las siguientes medidas:

a) El área de una finca de 75 hm^2.
b) El Guernica ocupa una superficie de 2 730 dm^2.
c) La superficie del Palacio Real de Madrid es de 1 350 dam^2.

3. El salón de la casa de Álvaro tiene forma de rectángulo. Si de largo mide 7 m y de ancho mide 3 m, ¿qué superficie ocupa el salón?

2 Perímetros y áreas de polígonos regulares

Perímetro y área de un rectángulo

En un **rectángulo,** los lados son iguales dos a dos, por lo que un rectángulo queda identificado al conocer el lado base y el lado altura. (Ejemplo 3)

Ejemplo 3

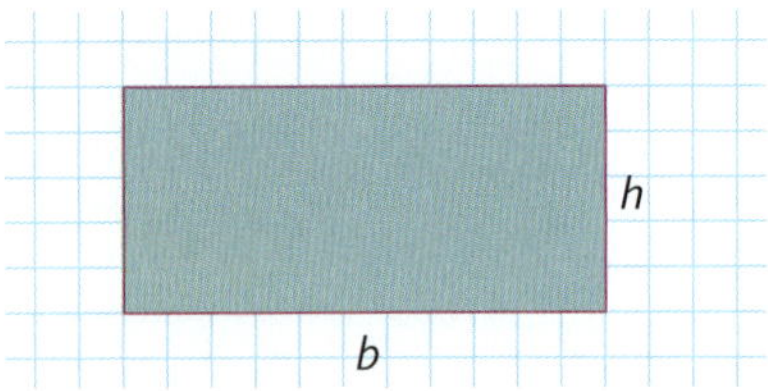

El **perímetro** de un **rectángulo** de base b y altura h, es la suma de sus cuatro lados:

$$P_{\text{rectángulo}} = h + b + h + b = 2 \cdot (b + h)$$

Para cubrir la superficie que ocupa un rectángulo de base b y altura h se necesitan $b \cdot h$ cuadrados. El **área** de un **rectángulo** de base b y altura h es igual al producto de su base por su altura:

$$A_{\text{rectángulo}} = b \cdot h$$ (Ejemplo 4)

Ejemplo 4

El perímetro de un rectángulo de base $b=3$ cm y altura $h=2$ cm es:

$P = 2 + 3 + 2 + 3 = 2 \cdot (3 + 2) = 10$ cm

La superficie de este rectángulo se cubre con $3 \cdot 2 = 6$ cuadrados de 1 cm^2, por lo que el área del rectángulo es:

$A = 3 \cdot 2 = 6$ cm^2

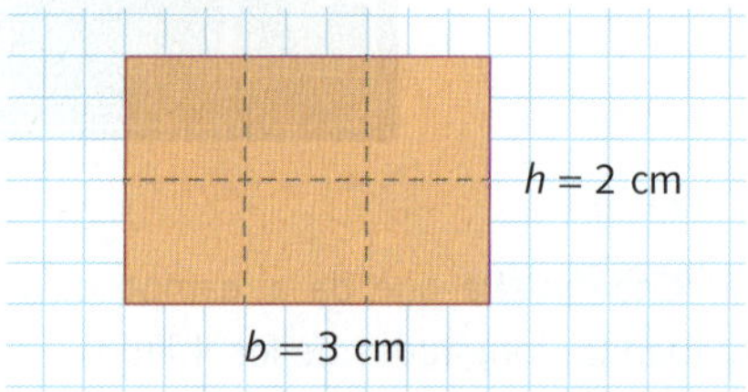

El cálculo del área de un rectángulo es básico para entender el cálculo de áreas de otros polígonos como pueden ser los cuadrados, paralelogramos, triángulos y trapecios.

Perímetro y área de un cuadrado

Un **cuadrado** de lado l es un caso particular del rectángulo en el que la base es igual a su altura, igual al lado del cuadrado. (Ejemplo 5)

Ejemplo 5

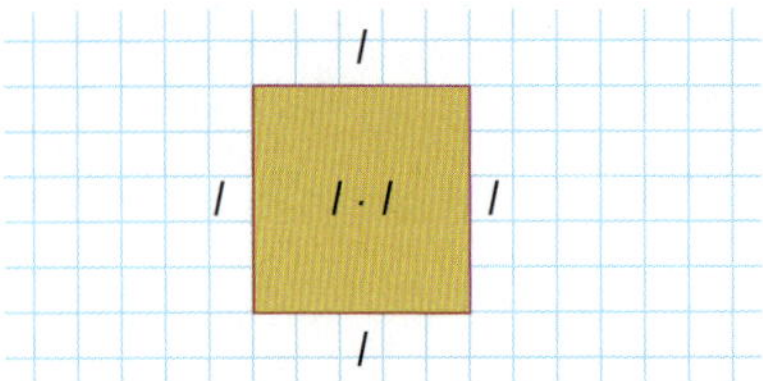

El **perímetro** de un **cuadrado** de lado l es la suma de sus cuatro lados:

$$P_{\text{cuadrado}} = 4 \cdot l$$

El **área** de un **cuadrado** de lado l es: $A_{\text{cuadrado}} = l \cdot l = l^2$ (Ejemplo 6)

Ejemplo 6

El perímetro de un cuadrado de lado $l=2$ cm es: $P = 4 \cdot 2 = 8$ cm.

La superficie de este cuadrado se cubre con $2 \cdot 2 = 4$ cuadrados de 1 cm^2, por lo que el área del cuadrado es: $A = 2 \cdot 2 = 4$ cm^2.

Perímetro y área de un romboide

Si a un **romboide** de lados *a* y *b*, cuya altura es *h*, se le quita el triángulo de la izquierda y se coloca a la derecha, se transforma en un rectángulo de base *b* y altura *h*.

Un **romboide** de base *b* y altura *h* ocupa la misma superficie que un rectángulo de la misma base y altura. (Ejemplo 7)

Ejemplo 7

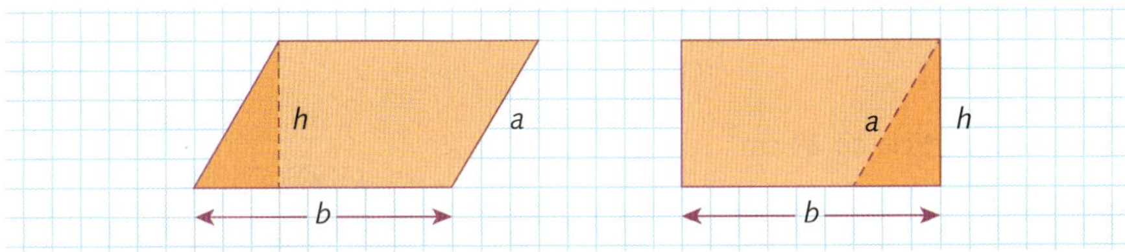

Para calcular el **perímetro** de un **romboide** se suman sus cuatro lados:

$$P_{\text{romboide}} = 2 \cdot (a + b)$$

Para calcular el **área** de un **romboide** se multiplica su base *b* por su altura *h*:

$$A_{\text{romboide}} = b \cdot h$$ (Ejemplo 8)

Ejemplo 8

Si en un romboide de lados $a = 2{,}23$ cm y $b = 3$ cm y altura $h = 2$ cm, como el del dibujo, se corta un triángulo de altura $h = 2$ cm, situado a la izquierda, y se coloca a la derecha, se obtiene un rectángulo de base $b = 3$ cm y altura $h = 2$ cm.

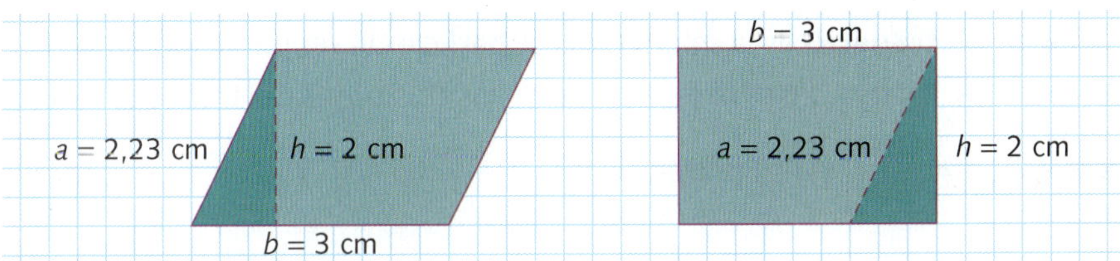

El romboide ocupa la misma área que el rectángulo; por tanto:

$$A_{\text{romboide}} = A_{\text{rectángulo}} = 3 \cdot 2 = 6 \text{ cm}^2$$

Sin embargo, el perímetro del romboide no coincide con el del rectángulo de la misma área:

$$P_{\text{romboide}} = 2 \cdot (2{,}23 + 3) = 10{,}46 \text{ cm mientras que } P_{\text{rectángulo}} = 2 \cdot (3 + 2) = 10$$

Actividades

4. Halla el área de un cuadrado de 60 cm de perímetro.

5. Halla el área de un rectángulo que tiene 100 cm de perímetro y 40 cm de largo.

6. ¿Cuánto cuesta vallar una finca cuadrada de 15 m de lado a razón de 0,90 € el metro lineal de alambrada?

7. Empapelar una pared de 7 m de larga y 2,5 m de altura ha costado 60 €. ¿A cómo sale el metro cuadrado?

Perímetro y área de un triángulo

Un **triángulo** de lados a, b, c y altura h, es la mitad de un paralelogramo de base b y altura h. (Ejemplo 9)

El **perímetro** de un **triángulo** es la suma de sus lados: $P_{\text{triángulo}} = a + b + c$.

El **área** que ocupa un **triángulo** es la mitad de la superficie de un paralelogramo de la misma base, b, y altura, h: $A_{\text{triángulo}} = \dfrac{b \cdot h}{2}$. (Ejemplo 10)

Ejemplo 9

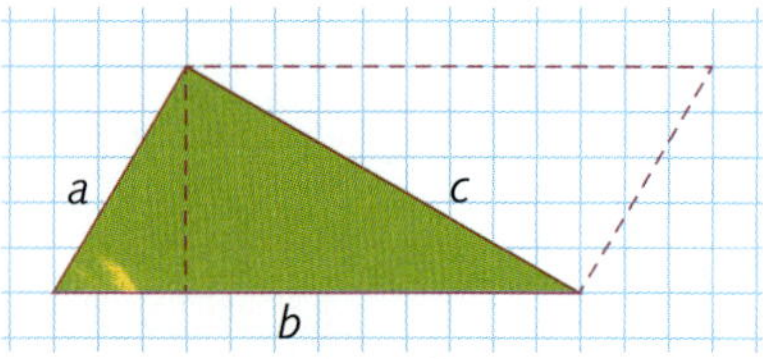

Ejemplo 10

Un paralelogramo de base $b = 8$ cm y $h = 3$ cm ocupa una superficie de 24 cm^2.

Si se corta este paralelogramo por una de sus diagonales, se obtienen dos mitades iguales que son dos triángulos con la misma base y la misma altura que el paralelogramo, y cuya área es la mitad:

$$A_{\text{triángulo}} = \frac{b \cdot h}{2} = \frac{8 \cdot 3}{2} = 12 \text{ cm}^2$$

La diagonal del paralelogramo coincide con uno de los lados del triángulo, $d = 5$ cm, de manera que: $P_{\text{triángulo}} = 5 + 8 + 5 = 18$ cm

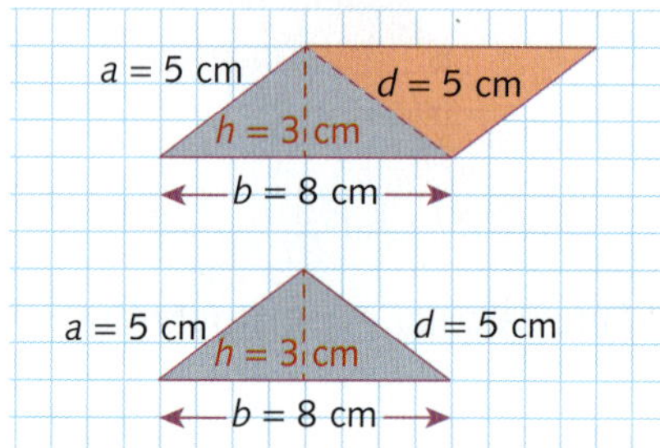

Perímetro y área de un trapecio

Trapecio

En un trapecio, sus lados paralelos son las bases, b (base menor) y B (base mayor), y la altura es la distancia entre ambas. (Ejemplo 11)

Si a un **trapecio** de lados a, b, c, B y altura h, se le une por uno de los lados oblicuos otro trapecio igual, se forma un paralelogramo de base $b + B$ y altura h. (Ejemplo 12)

El **perímetro** de un **trapecio** es la suma de sus lados: $P_{\text{trapecio}} = a + B + c + b$.

El **área** de un **trapecio** es la mitad de la superficie de un paralelogramo de la misma altura, h, cuya base mide la suma de las dos bases del trapecio, $b + B$. Es decir: $A_{\text{trapecio}} = \dfrac{(B + b) \cdot h}{2}$. (Ejemplo 13)

Ejemplo 11

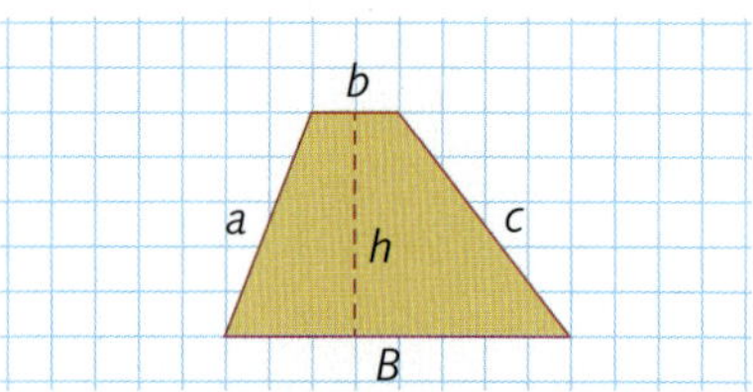

Ejemplo 12

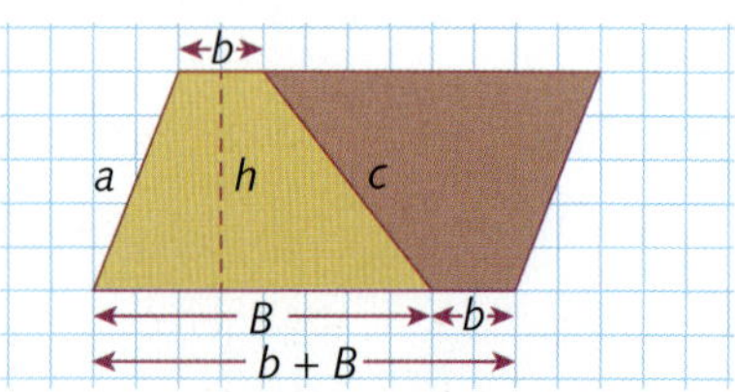

Ejemplo 13

Para calcular el área que ocupa un trapecio cuya base mayor es $B = 7$ cm y base menor, $b = 1$ cm, se toma otro trapecio igual, se le da la vuelta y se unen ambos trapecios por uno de los lados oblicuos, formando así un paralelogramo de base $B + b = 7 + 1 = 8$ cm, cuya altura es la misma que la de los trapecios juntos.

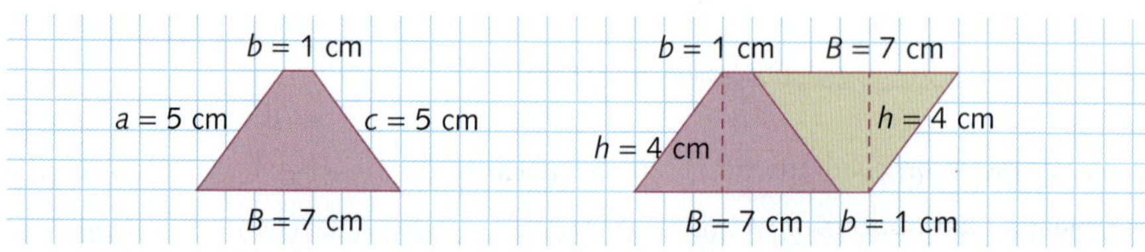

El área del paralelogramo formado es: $A_{\text{paralelogramo}} = (B + b) \cdot h = 8 \cdot 4 = 32 \text{ cm}^2$. Entonces, el área del trapecio es la mitad de 32 cm^2:

$$A_{\text{trapecio}} = \frac{(B + b) \cdot h}{2} = \frac{(7 + 1) \cdot 4}{2} = 16 \text{ cm}^2$$

El perímetro del trapecio es: $P = a + B + c + b = 5 + 7 + 5 + 1 = 18$ cm.

Perímetro y área de un rombo

El **perímetro** de un **rombo** es la suma de sus lados, l. Así, $P_{rombo}=4\cdot l$

El **área** de un **rombo** cuyas diagonales miden D y d, es la suma de las superficies que ocupan dos triángulos de altura $\frac{D}{2}$. Por tanto: $A_{rombo}=\frac{D\cdot d}{2}$.
(Ejemplo 14)

Ejemplo

14

Al dividir un rombo, de diagonal mayor $D=4$ cm y diagonal menor $d=2$ cm, por su diagonal menor, se obtienen dos triángulos iguales.

El área del rombo es el doble del área de uno de ellos. La altura de cada triángulo es $h=\frac{D}{2}=\frac{4}{2}=2$ cm y su base, $b=d=2$ cm. Así, el área del rombo es:

$$A_{rombo}=2\cdot\frac{b\cdot h}{2}=b\cdot h=\frac{D\cdot d}{2}=4\ \text{cm}^2$$

Aplicando el teorema de Pitágoras se obtiene que cada lado del rombo mide 2,23 cm, y por tanto su perímetro es:

$$P_{rombo}=4\cdot 2{,}23=8{,}92\ \text{cm}$$

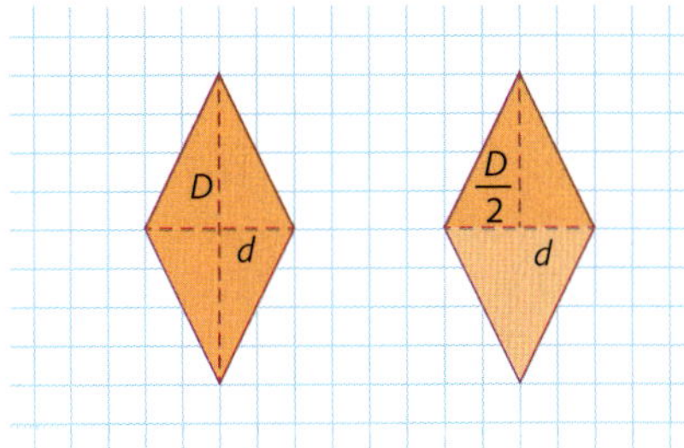

Perímetro y área de un polígono regular de *n* lados

El **perímetro** de un polígono cualquiera es igual a la suma de las longitudes de sus lados. En el caso de los **polígonos regulares,** su perímetro es igual a la longitud de un lado, l, multiplicada por el número de lados del polígono, n:

$$P_{polígono}=n\cdot l$$

El **área** de un **polígono regular** de n lados es la suma de las áreas de los n triángulos iguales en los que se divide el polígono, al unir el centro con cada uno de los n vértices. Se puede ver en el dibujo de la derecha el caso de un pentágono. Como todos los triángulos tienen el mismo área, el área del polígono regular es el área de uno de estos triángulos multiplicada por el número de lados del polígono:

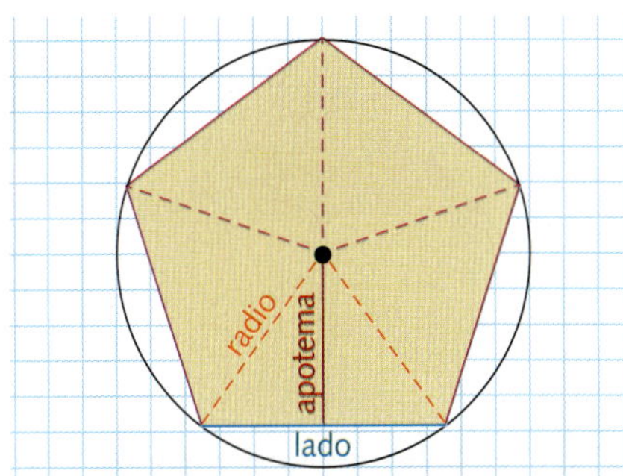

El área de cada triángulo es: $A_{triángulo}=\frac{b\cdot h}{2}=\frac{\text{lado}\cdot\text{apotema}}{2}=\frac{l\cdot a_p}{2}$

Como el polígono regular tiene n triángulos y el perímetro del polígono regular es $P_{polígono}=n\cdot l$:

$A_{polígono\ regular}=n\cdot A_{triángulo}=n\cdot\frac{l\cdot a_p}{2}=\frac{(n\cdot l)\cdot a_p}{2}=\frac{P_{polígono}\cdot a_p}{2}$ (Ejemplo 15)

Ejemplo

15

Para calcular el perímetro de un hexágono regular de lado $l=4$ cm basta con multiplicar la medida del lado por los 6 lados que tiene:

$$P_{hexágono}=6\cdot 4=24\ \text{cm}$$

Conociendo el perímetro del hexágono y que su apotema mide $a_p=3{,}5$ cm, se puede calcular el área que ocupa:

$$A_{hexágono}=\frac{24\cdot 3{,}5}{2}=42\ \text{cm}^2$$

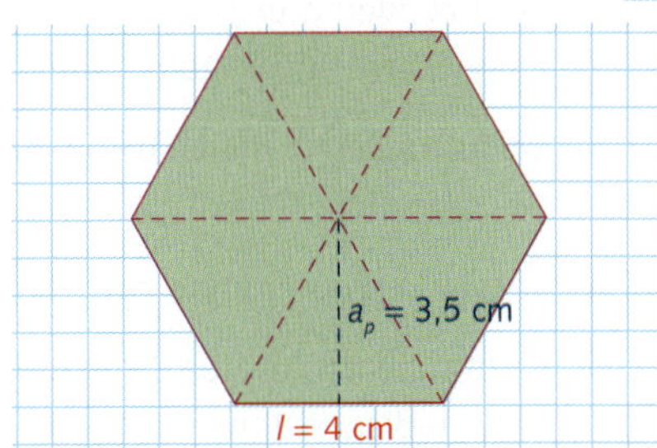

Problema resuelto

2

En una finca con forma de pentágono regular de 45 000 m^2 de superficie y 900 m de perímetro, se quiere construir un pozo. ¿A qué distancia quedará el pozo de la caseta de labranza si se construye en el centro de la finca como indica el mapa?

Observando el dibujo, la distancia a la que se encuentra el pozo de la casa es la apotema del pentágono dibujado.

Sustituyendo en la fórmula del área de un polígono regular los datos del problema, se obtiene:

$$A_{\text{polígono}} = \frac{P_{\text{polígono}} \cdot a_p}{2} \Leftrightarrow 45000 = \frac{900 \cdot a_p}{2}$$

Despejando la apotema de la anterior igualdad: $a_p = \frac{45000 \cdot 2}{900} = 100$ m.

Perímetros y áreas de polígonos irregulares

El **perímetro** de un **polígono irregular** se obtiene sumando la longitud de todos sus lados.

Para calcular el **área** de un **polígono irregular** hay que descomponerlo en polígonos regulares conocidos, de manera que su área sea la suma de las áreas de los polígonos regulares que lo forman. (Ejemplo 16)

Ejemplo

16

Para calcular el área de este polígono irregular se puede descomponer en tres trapecios, como podemos observar en la siguiente figura:

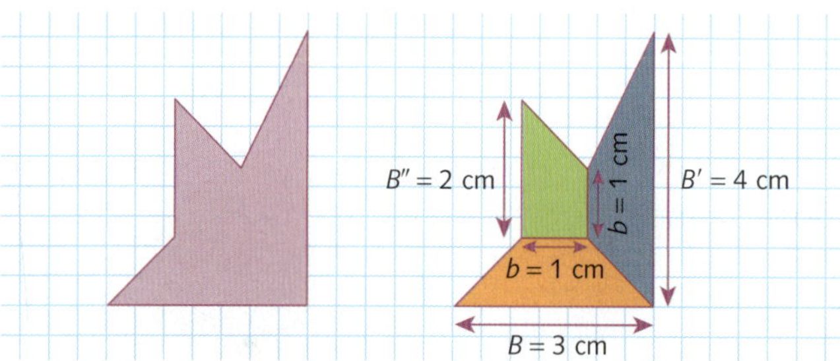

Área del trapecio verde:

$$A_{\text{verde}} = \frac{(2+1)\cdot 1}{2} = 1{,}5 \text{ cm}^2$$

Área del trapecio azul:

$$A_{\text{azul}} = \frac{(4+1)\cdot 1}{2} = 2{,}5 \text{ cm}^2$$

Área del trapecio naranja:

$$A_{\text{naranja}} = \frac{(3+1)\cdot 1}{2} = 2 \text{ cm}^2$$

Por tanto, el área del polígono irregular original es:

$A_{\text{polígono}} = A_{\text{azul}} + A_{\text{verde}} + A_{\text{naranja}} = 1{,}5 + 2{,}5 + 2 = 6 \text{ cm}^2$

Actividades

8. Halla en tu cuaderno el perímetro y área de un triángulo equilátero de lado 5 cm y altura 4,38 cm.

9. Halla en tu cuaderno el perímetro de un trapecio isósceles de bases 80 cm y 60 cm cuyos lados miden 29 cm.

10. Halla en tu cuaderno el área de un trapecio isósceles de bases 40 cm y 20 cm y altura 5 cm.

11. Calcula el lado de un rombo cuyo perímetro mide 80 cm.

12. Halla en tu cuaderno el área de un rombo cuya diagonal mayor mide 12 cm y su diagonal menor, 10 cm.

13. Calcula en tu cuaderno el área y el perímetro de un hexágono regular de 10 cm de lado y 9,2 cm de apotema.

14. Calcula en tu cuaderno el área de la siguiente figura:

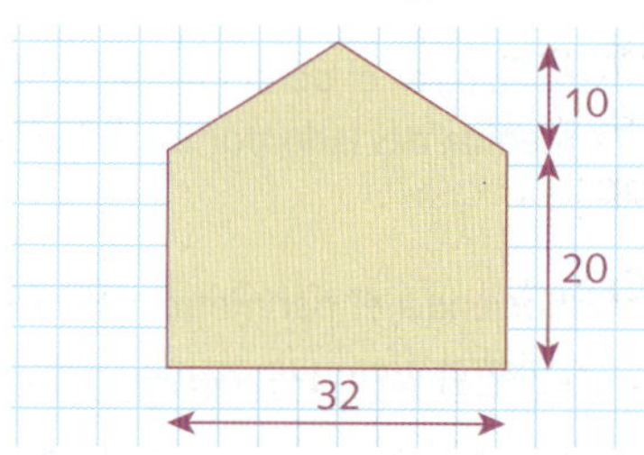

3•• Teorema de Pitágoras y sus aplicaciones

En un **triángulo rectángulo,** los lados que forman el ángulo recto se llaman **catetos** y el lado opuesto al ángulo recto se denomina **hipotenusa**.

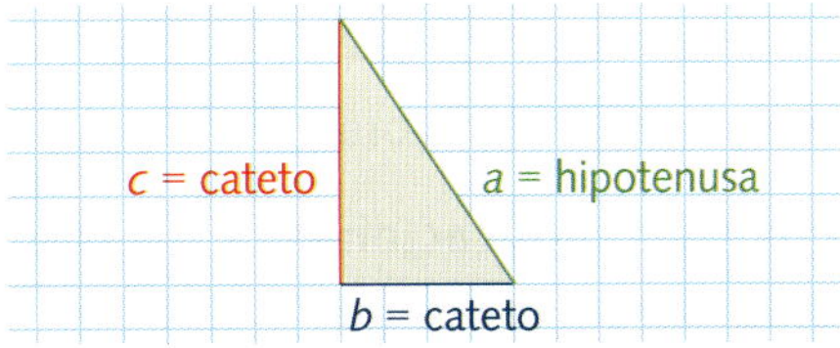

El **teorema de Pitágoras** dice que, en un triángulo rectángulo, el cuadrado de la longitud de la hipotenusa, a^2, es igual a la suma de los cuadrados de las longitudes de los catetos, b^2 y c^2, es decir, $a^2=b^2+c^2$.

El teorema de Pitagoras se puede leer de otra forma: el área del cuadrado construido sobre la hipotenusa a, es igual a la suma de las áreas de los cuadrados construidos sobre los catetos, b y c. La explicación gráfica es la siguiente:

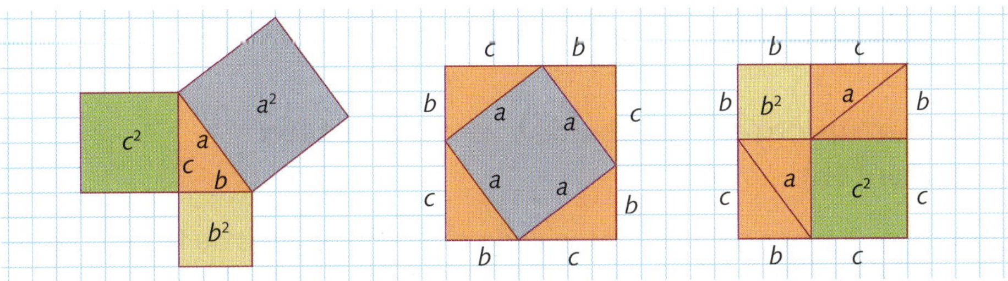

Los dos cuadrados dibujados de lados $b+c$ son iguales. Si en ambos cuadrados se eliminan los cuatro triángulos de lados a, b, c, se deduce gráficamente que $a^2=b^2+c^2$. (Ejemplo 18)

Ejemplo 18

En un triángulo rectángulo de hipotenusa $a=5$ cm, y catetos $b=3$ cm y $c=4$ cm, el área del cuadrado construido sobre la hipotenusa, es igual a la suma de las áreas de los cuadrados construidos sobre los catetos.

Se construye el triángulo del dibujo:

$A_{\text{cuadrado verde}}=a^2=5^2=25$

$A_{\text{cuadrado rosa}}=b^2=3^2=9$

$A_{\text{cuadrado azul}}=c^2=4^2=16$

Se verifica el teorema de Pitágoras:

$a^2=25=9+16=b^2+c^2$

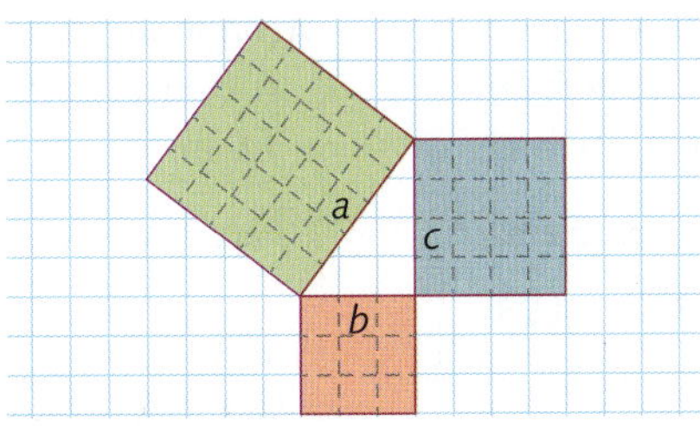

La relación del teorema de Pitágoras sólo tiene sentido si el triángulo es rectángulo, así que si no se cumple, el triángulo tiene que ser acutángulo u obtusángulo.

Criterio de **clasificación** de los **triángulos** según sus ángulos: (Ejemplo 19)

- Si $a^2=b^2+c^2$, el triángulo es rectángulo.
- Si $a^2<b^2+c^2$, el triángulo es acutángulo.
- Si $a^2>b^2+c^2$, el triángulo es obtusángulo.

Pitágoras

Pitágoras fue un matemático griego del siglo V a.C. que descubrió la importante relación entre los lados de un triángulo rectángulo.

Ternas pitagóricas

Tres números naturales que cumplen el teorema de Pitágoras forman una terna pitagórica. (Ejemplo 17)

Ejemplo 17

Los números 3, 4 y 5 forman una terna pitagórica, ya que $5^2=3^2+4^2$.

Utilización del teorema de Pitágoras

La descomposición de los polígonos, tanto regulares como irregulares, en triángulos rectángulos permite que se pueda aplicar el teorema de Pitágoras en multitud de problemas como pueden ser: el cálculo de diagonales, distancias, perímetros, apotemas o áreas.

Ejemplo 19

Para comprobar si un triángulo de lados 5 cm, 4 cm y 8 cm, es rectángulo se comprueba la igualdad del teorema de Pitágoras. Si fuera un triángulo rectángulo, la hipotenusa sería el lado mayor $a=8$.

Como $5^2+4^2=41<8^2=64$, el triángulo no es rectángulo, sino obtusángulo.

3.1• Calcular el tercer lado de un triángulo rectángulo conocidos dos lados

Calcular la hipotenusa conocidos los catetos

La hipotenusa, *a*, se calcula aplicando la raíz cuadrada en ambos miembros de la fórmula de Pitágoras: $\sqrt{a^2} = \sqrt{b^2 + c^2} \Leftrightarrow a = \sqrt{b^2 + c^2}$

Una de las **aplicaciones** de esta fórmula es el **cálculo** de la **diagonal** en **cuadrados y rectángulos.**

Problema resuelto 3

El campo de fútbol de Nicolás mide 90 m de largo y 45 m de ancho. ¿Cuál es la distancia máxima que puede recorrer en línea recta?

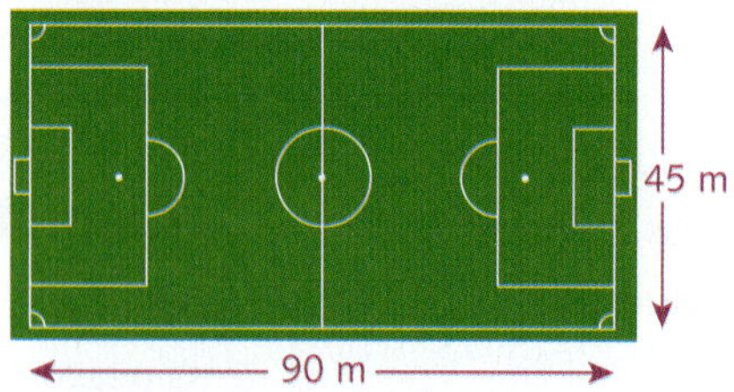

La distancia máxima que puede recorrer es la diagonal del campo de fútbol que lo divide en dos triángulos rectángulos.

La diagonal del rectángulo es la hipotenusa del triángulo rectángulo cuyos catetos miden 45 m y 90 m. Sustituyendo en la fórmula del teorema de Pitágoras:

$$a^2 = 2025 + 8100 = 10125 \Leftrightarrow a = \sqrt{10125} = 100{,}62$$

La hipotenusa, y por tanto la diagonal, mide 100,62 m.

Calcular un cateto conocidos el otro cateto y la hipotenusa

Los catetos *b* y *c* se calculan despejando cada uno de ellos de la fórmula del teorema de Pitágoras y aplicando la raíz cuadrada en ambos miembros:

$$a^2 = b^2 + c^2 \Leftrightarrow b^2 = a^2 - c^2 \Leftrightarrow b = \sqrt{a^2 - c^2}$$

$$a^2 = b^2 + c^2 \Leftrightarrow c^2 = a^2 - b^2 \Leftrightarrow c = \sqrt{a^2 - b^2}$$

Problema resuelto 4

Una empresa de limpieza de ventanales tiene una escalera que mide 4 m. ¿A qué distancia ha de colocarla para limpiar un ventanal que está a 3,5 m de altura?

Se dibuja un triángulo que representa la escalera de 4 m (hipotenusa *a*), colocada a una distancia *b* de la pared (cateto *b*), que llega a un ventanal que está a 3,5 m de altura (cateto *c*).

Así que basta con calcular el cateto *b* para resolver el problema:

$$4^2 = b^2 + 3{,}5^2 \Leftrightarrow b^2 = 4^2 - 3{,}5^2 = 3{,}75 \Leftrightarrow b = \sqrt{3{,}75} = 1{,}93$$

Hay que colocar la escalera a una distancia de $b = 1{,}93$ m.

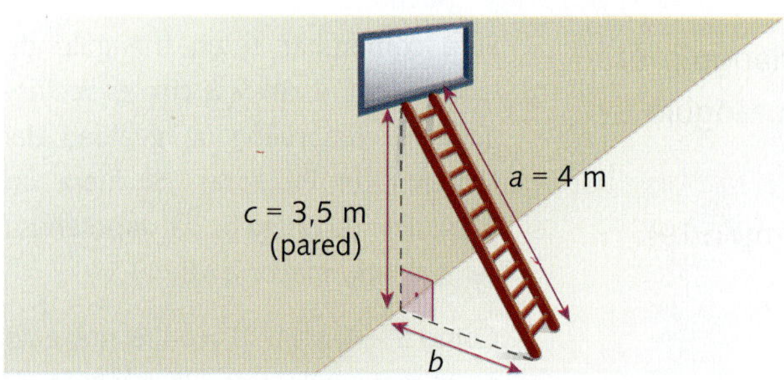

Problema resuelto 5

La misma empresa de limpieza coloca otra escalera de 3 m a una distancia de 1,5 m del edificio. ¿Qué altura alcanza?

Se realiza el mismo dibujo, pero en este caso la distancia desconocida es la altura del triángulo rectángulo que se forma al colocar una escalera sobre una pared a una distancia de 1,5 m.

Para resolverlo se aplica el teorema de Pitágoras:

$$3^2 = 1{,}5^2 + c^2 \Leftrightarrow c^2 = 3^2 - 1{,}5^2 = 6{,}75 \Leftrightarrow c = \sqrt{6{,}75} = 2{,}59$$

La escalera alcanza una altura de $c = 2{,}59$ m.

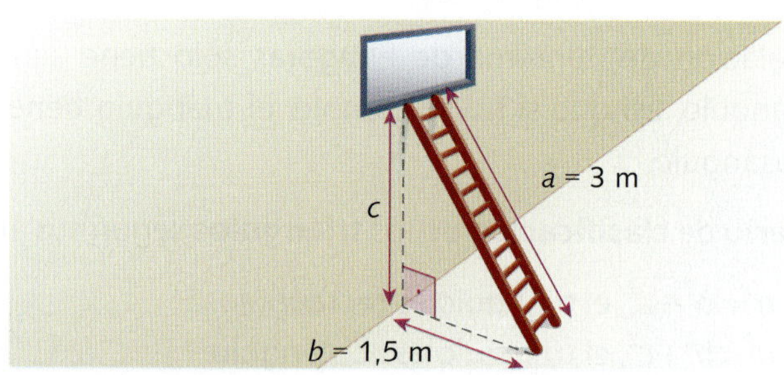

Se puede **aplicar** el teorema de Pitágoras para calcular el **perímetro** de una **figura poligonal** sin conocer todos sus lados.

Problema resuelto

6

¿Cuántos metros de alambre necesita Javier para vallar una finca como esta?

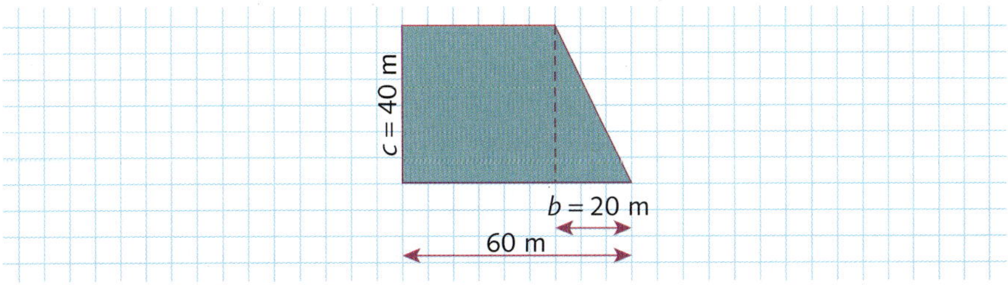

Para resolver el problema hay que calcular el perímetro de la finca. Para ello, primero debemos calcular la medida del lado oblicuo.

La finca tiene forma de trapecio, así que se puede descomponer en un cuadrado y un triángulo rectángulo.

Para calcular el lado oblicuo, se calcula la hipotenusa del triángulo rectángulo de catetos $c = 40$ m y $b = 20$ m, aplicando el teorema de Pitágoras:

$$a = \sqrt{20^2 + 40^2} = \sqrt{2000} = 44,72 \text{ m}$$

Por tanto, Juan necesita $P = 40 + 40 + 60 + 44,72 = 184,72$ m de alambre.

3.2• Calcular la altura de un triángulo

En triángulos equiláteros y triángulos isósceles, sus alturas los cortan por la mitad generando dos triángulos rectángulos en los que se puede aplicar el teorema de Pitágoras.

Problema resuelto

7

Halla el área de un triángulo equilátero de 90 dm de perímetro.

Como en un triángulo equilátero sus lados son iguales, para calcular lo que mide cada lado, se divide el perímetro entre 3: $l = P : 3 = 90 : 3 = 30$ dm.

Si se divide el triángulo equilátero por su altura, esta se puede calcular aplicando el teorema de Pitágoras en cualquiera de los dos triángulos rectángulos que se forman, cuyos lados miden $b = 15$ dm y $a = 30$ dm. Así:

$$c = \sqrt{30^2 - 15^2} = \sqrt{675} = 25,98 \text{ dm}$$

En consecuencia, el área de este triángulo equilátero es:

$$A_{\text{triángulo}} = \frac{\text{base} \cdot \text{altura}}{2} = \frac{30 \cdot 25,98}{2} = 389,71 \text{ dm}^2$$

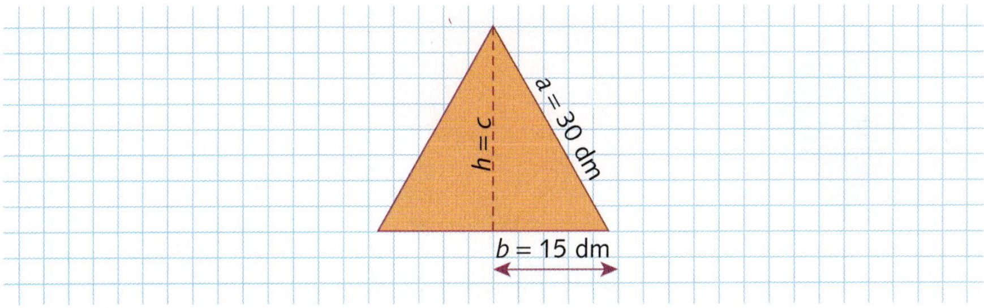

3.3• Calcular la apotema de polígonos regulares

Calcular la apotema de un polígono regular equivale a calcular la altura de triángulos equiláteros o isósceles. Si el polígono es un hexágono regular, este se descompone en 6 triángulos equiláteros, mientras que el resto de polígonos regulares se descomponen en triángulos isósceles.

Problema resuelto

8

Calcular el área de un pentágono de 12 cm de lado y 10,8 cm de radio.

Para calcular el área de un pentágono se aplica la fórmula:

$$A_{\text{polígono}} = \frac{P_{\text{polígono}} \cdot a_p}{2}$$

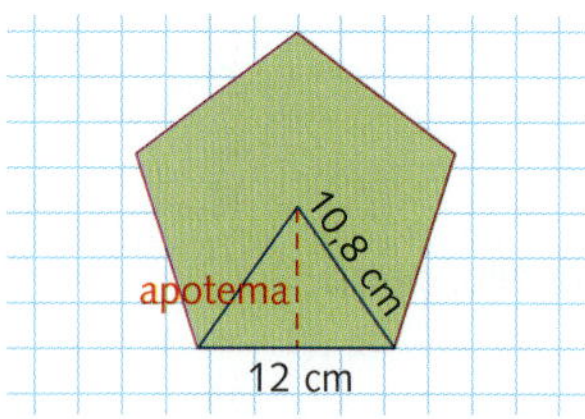

El perímetro del pentágono es:

$$P_{\text{pentágono}} = 5 \cdot 12 = 60 \text{ cm}$$

Para calcular la apotema se utiliza el teorema de Pitágoras:

$$a_p = \sqrt{10{,}8^2 - 6^2} = \sqrt{80{,}64} = 8{,}97 \text{ cm}$$

Así, el área del pentágono es:

$$A_{\text{pentágono}} = \frac{60 \cdot 8{,}97}{2} = 269{,}1 \text{ cm}^2$$

Actividades

15. Clasifica los siguientes triángulos en rectángulos, acutángulos u obtusángulos:

a) Triángulo de lados 6, 7 y 11.
b) Triángulo de lados 4, 7 y 8.

16. ¿Cuáles de las siguientes ternas son pitagóricas?

a) 5, 7 y 9.
b) 7, 9 y 11.
c) 10, 24 y 26.

17. Completa las siguientes ternas pitagóricas:

a) $a=10$ y $b=6$.
b) $b=12$ y $c=5$.

18. Calcula la diagonal de los siguientes cuadriláteros:

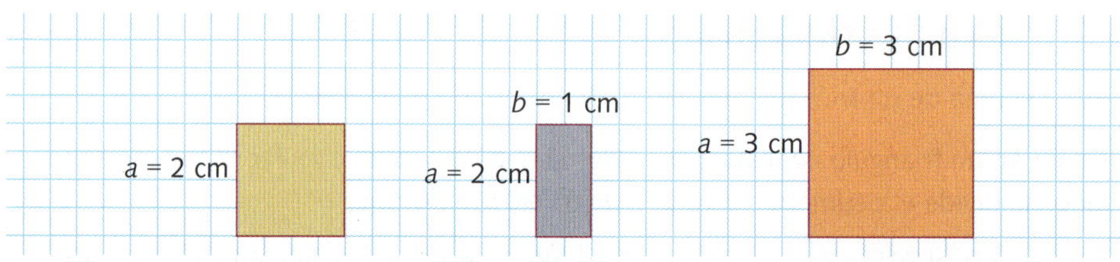

19. Para sostener una antena de 3 m de alto disponemos de un gancho situado a 2,7 m de la antena. ¿Cuántos metros de cable se necesitan?

20. La diagonal mayor de un rombo mide 15 cm y la diagonal menor mide 4 cm. ¿Cuánto mide el lado del rombo? ¿Cuánto mide el perímetro del rombo?

21. Calcula el perímetro y el área de las siguientes figuras:

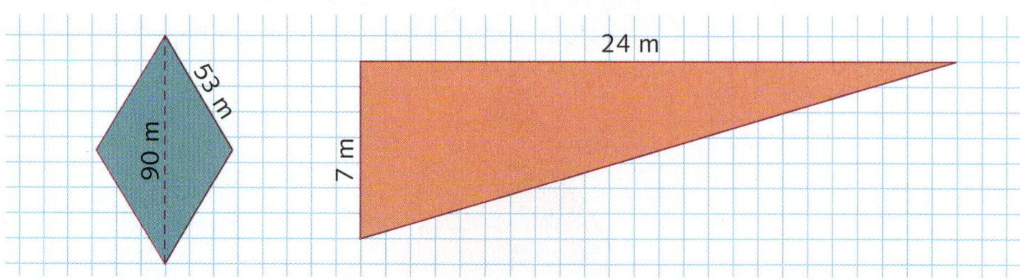

22. Calcula el perímetro y el área de un hexágono de 8 cm de lado.

4•• Longitudes y áreas de figuras circulares

El **perímetro** de un **círculo** es la longitud de la circunferencia que lo rodea.

Al dividir la longitud de cualquier circunferencia entre su diámetro, se obtiene un número decimal entre 3 y 4, que se denomina π y se lee "pi". Aunque este número tiene infinitas cifras decimales, se toma como valor aproximado $\pi = 3{,}14$.

De la relación entre la **longitud de la circunferencia,** l, y su diámetro d, se obtiene la longitud de la circunferencia:

$$l = \pi \cdot d = 2 \cdot \pi \cdot r$$

El **área** de la **circunferencia** se calcula como el área de un polígono regular de muchos lados cuya apotema es el radio del círculo:

$$A_{\text{círculo}} = \frac{P_{\text{polígono}} \cdot a_p}{2} = \frac{(2 \cdot \pi \cdot r) \cdot r}{2} = \pi \cdot r^2$$

Longitud de la circunferencia

Como el diámetro de una circunferencia es el doble de su radio, $d = 2 \cdot r$, resulta:

$$l = \pi \cdot d = 2 \cdot \pi \cdot r$$

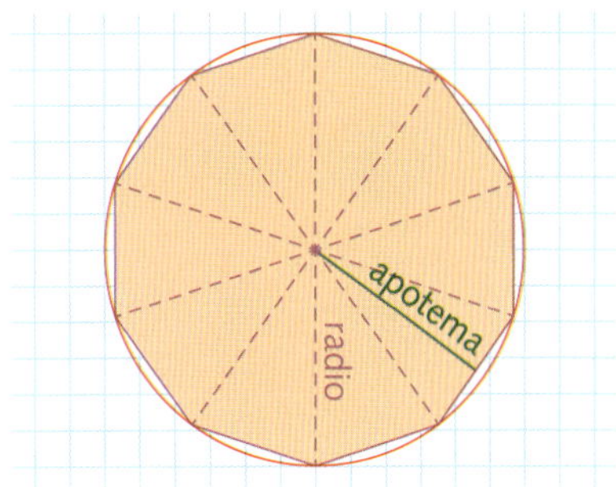

Problema resuelto

9

La Plaza de Toros de las Ventas, la mayor de España, tiene un diámetro de 61,5 m. ¿Cuánto mide su perímetro? ¿Y su área?

El perímetro del círculo que forma la Plaza de Toros de las Ventas se calcula multiplicando su diámetro por π:

$l = \pi \cdot 61{,}5 = 3{,}14 \cdot 61{,}5 = 193{,}11$ m

El área de este círculo de diámetro 61,5 m es:

$$A_{\text{círculo}} = \pi \cdot r^2 = \pi \cdot (30{,}75)^2 \cong 3{,}14 \cdot 945{,}562 \cong 2\,969{,}06625 \text{ m}^2 \cong 2\,969{,}07 \text{ m}^2$$

El **área** de un **sector circular** de amplitud n es:

$$A_{\text{sector circular}} = \frac{n \cdot \pi \cdot r^2}{360} \text{ (Ejemplo 20)}$$

El **área** de una **corona circular** se calcula restando al área del círculo mayor, de radio R, el área del círculo menor, de radio r:

$$A_{\text{corona circular}} = \pi \cdot R^2 - \pi \cdot r^2 = \pi(R^2 - r^2) \text{ (Ejemplo 21)}$$

Ejemplo

20

El área de un sector circular de amplitud 80°, contenido en un círculo de radio 20 m es:

$$A_{\text{sector circular}} = \frac{80 \cdot \pi \cdot 20^2}{360} = 279{,}11 \text{ m}^2$$

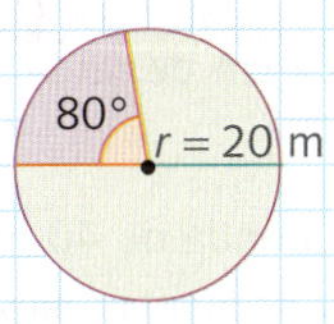

Ejemplo 21

El área de una corona circular del dibujo cuyo radio mayor es $R=8$ cm y radio menor, $r=2$ cm, se calcula del siguiente modo:

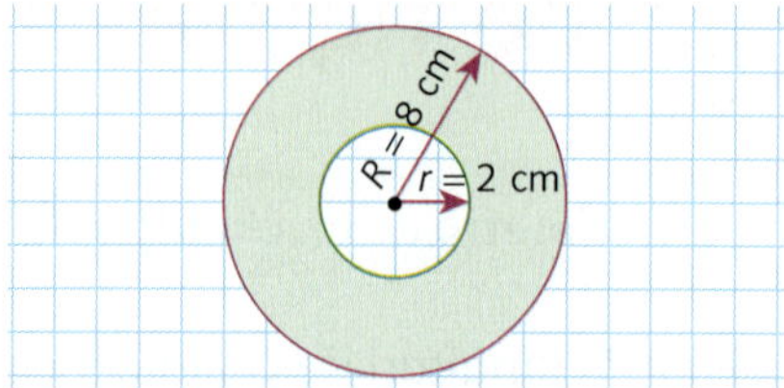

$$A_{corona} = \pi \cdot 8^2 - \pi \cdot 2^2 = \pi \cdot (8^2 - 2^2) = \pi \cdot 60 = 118{,}50 \text{ cm}^2$$

Problema resuelto 10

Si en la Plaza de Toros de las Ventas se reserva un sector circular de amplitud 80º, ¿qué área estamos reservando?

¿Cuánta superficie queda libre después de la reserva?

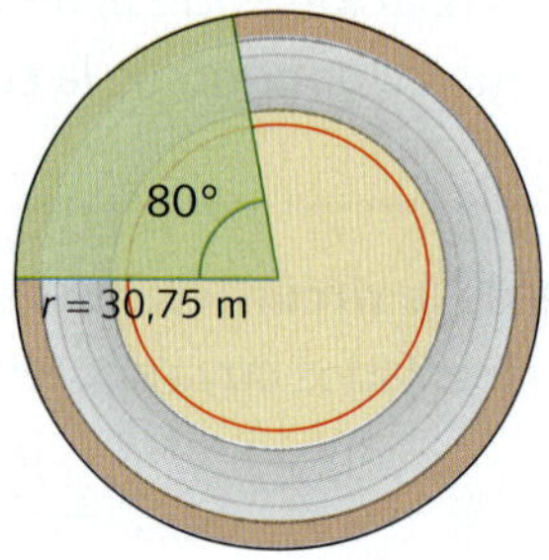

El área del sector circular es:

$$A_{sector\ circular} = \frac{80 \cdot \pi \cdot 30{,}75^2}{360} = 659{,}75 \text{ m}^2$$

El área que queda libre es: $A_{libre} = A_{plaza\ Toros} - A_{sector\ circular} = 2\,969{,}07 - 659{,}75 = 2\,309{,}32 \text{ m}^2$

Problema resuelto 11

Un DVD tiene de diámetro 12 cm y su agujero, un diámetro de 1,5 cm. ¿Cuál es el área que ocupa?

El área a calcular es una corona circular cuyo círculo mayor tiene como radio $R = \frac{d}{2} = \frac{12}{2} = 6$ cm y su círculo menor, $r = \frac{d}{2} = \frac{1{,}5}{2} = 0{,}75$ cm:

El área que ocupa es: $A_{corona} = \pi \cdot 6^2 - \pi \cdot 0{,}75^2 = 113{,}04 - 1{,}76 = 111{,}28 \text{ cm}^2$

Actividades

23. Calcula en tu cuaderno el área y el perímetro de un círculo de 3 cm de radio.

24. Si el perímetro de un balón de fútbol mide 94,20 cm, ¿cuánto mide su radio?

25. La rueda de una bicicleta tiene 22 cm de radio. ¿Cuántos centímetros recorre en una vuelta? ¿Y en cien?

26. Se quiere construir una piscina redonda de 40 m de radio en una finca circular de 50 m de radio. ¿Cuántos metros cuadrados quedan para sembrar césped?

Técnicas de estudio

DESCOMPOSICIÓN DE ÁREAS

En muchas ocasiones, tenemos que calcular el área de superficies que no tienen la forma de ningún polígono conocido. Por ejemplo, una parcela de terreno, una habitación, etc. En esto casos, para determinar el área, se descompone en figuras geométricas sencillas.

Un grupo de alumnos de carpintería y muebles, diseña una percha para pañuelos, fulares, bufandas y otros accesorios. Los materiales que se necesitan para fabricarla son:

- 1 tablero de MDF de 5 mm de grosor cuyo precio es de 10,28 €/m^2.
- Pintura de látex. El tubo de 12 ml cuesta 3 € y se utiliza 1 l de pintura por cada 10 m^2 de superficie a pintar.

Las medidas del tablero son 40 cm × 100 cm. El asa es una semicorona circular con radio mayor $R = 20$ cm y radio menor $r = 10$ cm. Los huecos son circulares con un radio de 8,5 cm y se pinta por ambas caras. ¿Cuál es el coste total de fabricación de la percha?

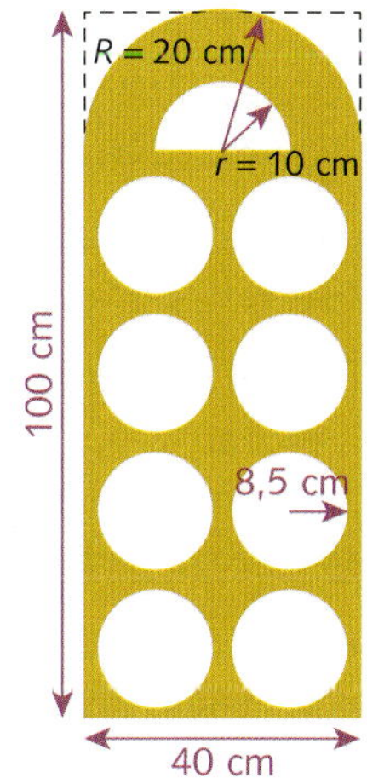

El coste de fabricación de la percha se calcula sumando al coste del tablero, el coste de la pintura.

Como las medidas del tablero necesario son 40 cm × 100 cm, se necesita $40 \cdot 100 = 4000$ cm^2 de tablero. Y pasando de cm^2 a m^2: $4000 \text{ cm}^2 \cdot \dfrac{1 \text{ m}^2}{10000 \text{ cm}^2} - 0{,}40 \text{ m}^2$

Como 1 m^2 de tablero cuesta 10,28 €, 0,40 m^2 de tablero costará: $10{,}28 \cdot 0{,}40 = 4{,}11$ €.

A continuación, calculamos la superficie que hay que pintar; para ello, se descompone la percha en figuras geométricas conocidas:

- Una parte de la percha es el asa, construida en un rectángulo de medidas 40 cm × 20 cm.
  El asa es una semicorona circular formada por un semicírculo mayor de radio 20 cm y otro semicírculo menor de radio 10 cm, por lo que el área del asa de la percha es:

$$A_{\text{asa de la percha}} = A_{\text{semicírculo exterior}} - A_{\text{semicírculo interior}} = \frac{\pi \cdot 20^2}{2} - \frac{\pi \cdot 10^2}{2} = \frac{\pi \cdot 300}{2} = 471 \text{ cm}^2$$

- Otra parte de la percha es un rectángulo de 40 cm × 80 cm al que hay que restar la superficie de los 8 círculos de radio 8,5 cm:
  $A_{\text{resto de percha}} = A_{\text{rectángulo}} - A_{\text{los 8 círculos}} = 40 \cdot 80 - 8 \cdot \pi \cdot 8{,}5^2 = 3\,200 - 1\,814{,}92 = 1\,385{,}08$ cm^2.

  Por tanto, la superficie a pintar es: $1\,385{,}08 + 471 = 1\,856{,}08$ cm^2. Y pasando de cm^2 a m^2: $1856{,}08 \text{ cm}^2 \cdot \dfrac{1 \text{ m}^2}{10000 \text{ cm}^2} = 0{,}1856 \text{ m}^2$

  Como la percha tiene dos caras, la superficie que hay que pintar será: $0{,}1856 \text{ m}^2 \cdot 2 = 0{,}3712$ m^2.

  Por último, se calculan los litros de pintura que se necesitan. Como con 1 l de pintura se pintan 10 m^2 de superficie, para pintar 0,3712 m^2 se necesitarán x litros. Así, mediante una regla de tres: $\dfrac{10 \text{ m}^2}{1 \text{ l}} = \dfrac{0{,}3712 \text{ m}^2}{x \text{ l}} \Rightarrow x = 0{,}03712$ l

  La cantidad de pintura necesaria en mililitros es: $0{,}03712 \text{ l} \cdot \dfrac{1000 \text{ ml}}{1 \text{ l}} = 37{,}12$ ml

  Como 12 ml de pintura cuestan 3 €, 37,12 ml costarán x euros: $\dfrac{12 \text{ ml}}{3 \text{ €}} = \dfrac{37{,}12 \text{ ml}}{x} \Rightarrow x = \dfrac{37{,}12 \cdot 3}{12} = 9{,}28$ €

  Por tanto, el coste total de fabricación de la percha es: $9{,}28 + 4{,}11 = 13{,}39$ €.

Actividades

1. Mide con la regla la siguiente pieza, dibújala en tu cuaderno y calcula su coste de fabricación, empleando una madera de aglomerado que cuesta 0,12 €/cm^2.

Actividades finales

1. En una hoja de papel cuadriculado dibuja cuadriláteros con las medidas indicadas:

a) Cuadrilátero A: 12 cm de perímetro y 8 cm^2 de superficie.
b) Cuadrilátero B: 12 cm de perímetro y 9 cm^2 de superficie.

2. Para vallar una finca cuadrangular de lado 42 dam con tres vueltas de alambre espinoso, ¿cuántos metros de alambre se necesitan?

3. Una piscina tiene 5 dam de largo y 2 dam de ancho. ¿Qué superficie ocupa en metros cuadrados?

4. Si una baldosa tiene 5 dm de largo y 5 dm de alto, ¿cuántas baldosas se necesitan para cubrir un suelo de 44 m^2?

5. Un jardín rectangular mide 30 m de largo y 20 m de ancho. El jardín está atravesado por dos caminos perpendiculares que forman una cruz de 7 m y 8 m de ancho, respectivamente. Calcula el área de zona verde.

6. Calcula en tu cuaderno el lado que falta en cada uno de los siguientes triángulos:

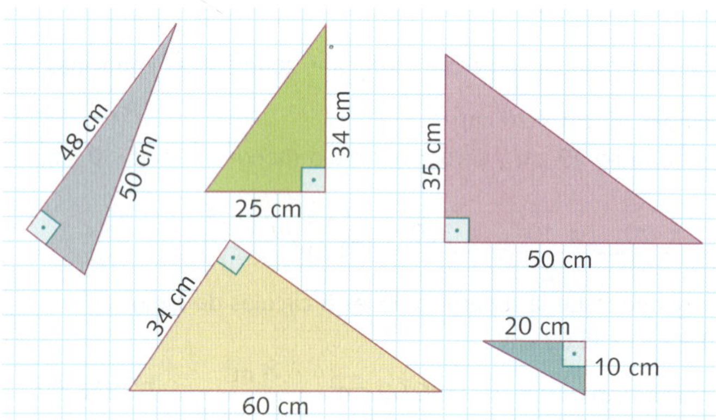

7. Dibuja en tu cuaderno un cuadrado cuyo perímetro mide 28 cm y calcula cuánto mide su diagonal.

8. Halla en tu cuaderno el perímetro de un rombo cuyas diagonales miden 42 cm y 40 cm.

9. Un pueblo se encuentra a 8 km al este y 12 km al norte de otro pueblo. ¿Cuál es la distancia lineal que separa ambos pueblos?

10. Los lados de un triángulo miden 11 cm, 16 cm y 8 cm. Comprueba si es un triángulo rectángulo.

11. Un campo de fútbol mide 125 m de largo. Si la longitud de sus diagonales es de 150 m, ¿cuál es el ancho del campo de fútbol?

12. Para asegurar una antena de 24 m de altura se va a sujetar desde su extremo superior con 4 tensores que se atarán a tierra a 10 m de la base de la torre de la antena. ¿Cuántos metros de cable se necesitan para sujetarla?

13. El perímetro de un pentágono regular es 45 cm, y su apotema mide 6,4 cm. ¿Cuál es su área en metros cuadrados?

14. El área del siguiente octógono es 100 m^2 y el valor de $x = 50$ dm. Calcula en tu cuaderno el área del cuadrado.

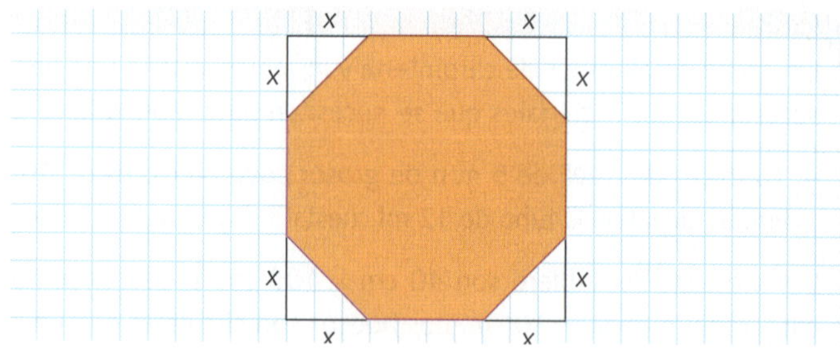

15. Calcula en tu cuaderno el perímetro y el área que ocupará una fuente con el siguiente diseño:

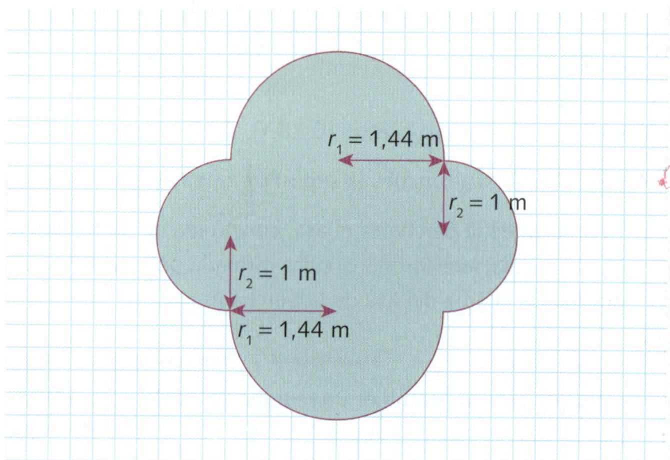

16. Calcula el radio de una circunferencia sabiendo que a un ángulo de 30° le corresponde un arco de 5 cm.

17. Calcula el área de la zona coloreada en cada figura:

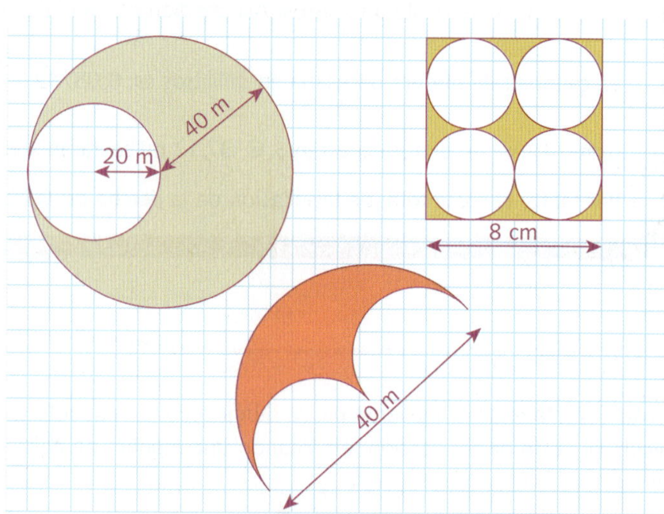

Unidad 9

Semejanza
Teorema de Tales

SUMARIO

1•• Figuras semejantes

Figuras semejantes en la vida diaria

En la vida cotidiana, se encuentran constantemente figuras semejantes, como una misma fotografía en distintos tamaños, un cuadro y su postal de recuerdo, etc.

Lados homólogos

La homología entre figuras semejantes es la relación que existe entre los lados situados en posición equivalente.

Dos **figuras** son **semejantes** si tienen la misma forma, aunque puedan tener distinto tamaño o distinta orientación. (Ejemplo 1)

Un polígono está determinado por sus lados y sus ángulos; por tanto, **dos polígonos** son **semejantes** si sus **lados homólogos** son proporcionales y todos sus ángulos **iguales**. (Ejemplo 2)

La **razón de semejanza, *k*,** entre dos figuras semejantes es el número de veces que hay que ampliar o reducir una figura para obtener la otra $\frac{L'}{L} = k$.

Ejemplo 1

Foto original:

Foto girada 90°:

Foto ampliada:

Las tres fotos son semejantes, aunque su orientación y tamaño sean diferentes.

Ejemplo 2

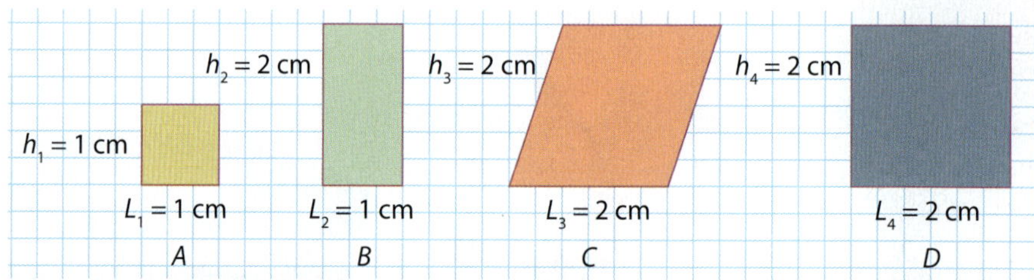

Los cuadriláteros *A* y *B* no son semejantes:

- Tienen sus cuatro ángulos iguales.
- Sus lados homólogos **no** están en la misma proporción: la altura de *B* es el doble de la altura de *A*, $h_2=2h_1$, pero sus bases son iguales, $L_2=L_1$.

Los cuadriláteros *A* y *C* no son semejantes porque no tienen sus ángulos iguales.

Los cuadrados *A* y *D* sí son semejantes:

- Tienen todos sus ángulos iguales.
- Sus lados son proporcionales: los lados del cuadrado *D* miden el doble de los lados del cuadrado *A*, $L_4=2\cdot L_1$ y $h_4=2\cdot h_1$. La razón de semejanza es $k=2$.

La razón de semejanza se puede expresar de tres formas: forma decimal, mediante una fracción o con un porcentaje. (Ejemplo 3)

Ejemplo 3

Lenguaje cotidiano	*k* (Forma decimal)	*k* (Fracción)	*k* (Porcentaje)
Ampliar al doble	2	2	200%
Reducir a la mitad	0,5	$\frac{1}{2}$	50%
Ampliar una vez y media	1,5	$1+\frac{1}{2}=\frac{3}{2}$	150%
Reducir al 30%	0,3	$\frac{3}{10}$	30%
Reducir en un 30%	0,7	$\frac{7}{10}$	70%

Actividades

1. Los lados de un triángulo miden 24 m, 18 m y 36 m, respectivamente. Si los lados de otro triángulo miden 12 m, 16 m y 24 m. ¿Son semejantes ambos triángulos?

2. Los lados de un triángulo miden 36 m, 42 m y 54 m, respectivamente. Un triángulo semejante tiene un lado de 24 m homólogo al primero. Halla los otros lados de este triángulo.

2•• Relación entre longitudes, áreas y volúmenes de figuras semejantes

Dadas dos figuras semejantes, A y B, cuya razón de semejanza es k: (Ejemplo 4)

La **razón entre sus perímetros** es igual a la razón de semejanza: $\frac{P_B}{P_A} = k$.

La **razón entre sus áreas** es el cuadrado de la razón de semejanza: $\frac{A_A}{A_B} = k^2$.

La **razón entre sus volúmenes** es el cubo de la razón de semejanza: $\frac{V_A}{V_B} = k^3$.

Problema resuelto 1

Una tableta de chocolate tiene 5 filas de 3 onzas cada una. ¿Entre cuántos niños se puede repartir la tableta ofreciendo una onza a cada uno?

Si otra tableta de formato XXL, es el doble de ancha y alta que la anterior, ¿entre cuántos niños se puede repartir?

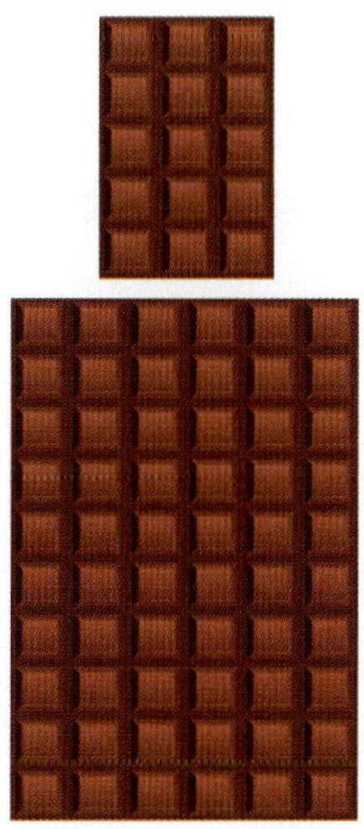

El área de la primera tableta es $A_{\text{tableta}} = 5 \cdot 3 = 15$ onzas; entonces, se puede repartir entre 15 niños.

Como las dos tabletas son semejantes y la razón de semejanza es $k = 2$, el área de la tableta XXL se obtiene multiplicando por $k^2 = 4$ el área de la primera tableta:

$$A_{\text{tabletaXXL}} = A_{\text{tableta}} \cdot k^2 = 15 \cdot 2^2 = 60$$

La tableta de chocolate XXL se puede repartir entre 60 niños.

Problema resuelto 2

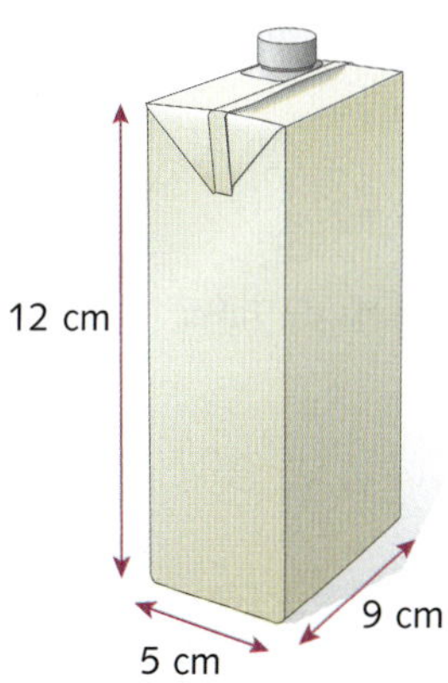

El volumen del tetrabrik es: $V = 5 \cdot 9 \cdot 12 = 540$ cm^3. ¿Cuál es el volumen de otro tetrabrik semejante a este con razón de semejanza $k = 2$? ¿Cuánto papel se necesitaría para forrar el nuevo tetrabrik?

El volumen del tetrabrik semejante es:

$$V' = k^3 \cdot V = 2^3 \cdot 540 = 4\,320 \text{ cm}^3$$

Para calcular el área del segundo tetrabrik, calculamos el área del primero, y la multiplicamos por 2^2.

El área total del primer tetrabrick es:

$$A = 2 \cdot (5 \cdot 12) + 2 \cdot (9 \cdot 12) + 2 \cdot (9 \cdot 5) = \\ = 120 + 216 + 90 = 426 \text{ cm}^2$$

Para forrar el tetrabrick semejante de razón 2 se necesitan:

$$A' = 2^2 \cdot A = 4 \cdot 426 = 1704 \text{ cm}^2 \text{ de papel}$$

Ejemplo 4

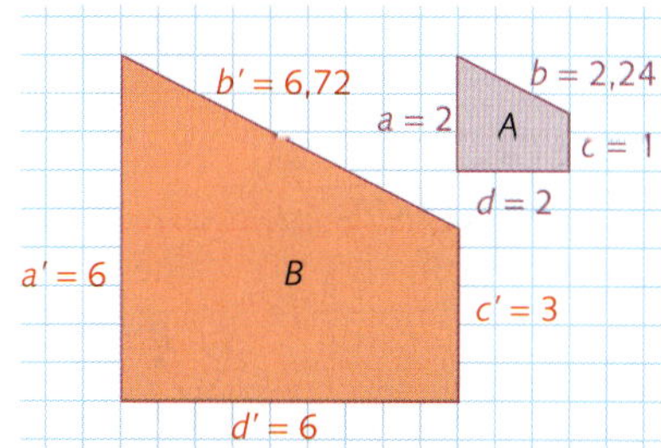

La razón de semejanza entre estos dos polígonos es $k = 3$.

El perímetro del polígono B es $P_B = 6 + 6 + 3 + 6{,}72 = 21{,}72$ m. Y sabemos que P_B es el triple del perímetro de A, P_A:

$$P_B = 3 \cdot P_A = 3 \cdot (2 + 2 + 1 + 2{,}24) = \\ = 3 \cdot 7{,}24 = 21{,}72 \text{ m}$$

El área de B es: $A_B = 6 \cdot 3 + \frac{6 \cdot 3}{2} = 27$ m^2.

Y A_B también se puede calcular multiplicando el área de A, A_A, por $k^2 = 3^2$:

$$A_B = 3^2 \cdot A_A = 9 \cdot \left(2 \cdot 1 + \frac{2 \cdot 1}{2}\right) = \\ = 9 \cdot 3 = 27 \text{ m}^2$$

Actividades

3. Dos piscinas tienen razón de semejanza $k = 4$. Si el perímetro de la mayor es 124 m, ¿cuál es el perímetro de la menor?

4. En una vivienda, la cocina y el salón son semejantes con razón de semejanza $\frac{3}{4}$. Si el salón es más grande y ocupa una superficie de 16 m^2, ¿cuál es la superficie de la cocina?

5. La razón entre las áreas de dos figuras semejantes es 64. ¿Cuál es la razón de semejanza?

6. En un bidón caben 100 l de cerveza. ¿Cuántos litros caben en un bidón semejante con razón de semejanza $r = 0{,}5$? (1 l = 1 dm^3).

3•• Semejanza de triángulos

Teorema de Tales

Si a dos rectas secantes, *r* y *s*, las cortan varias rectas paralelas, t_1, t_2 y t_3, los segmentos formados en *s*, *AB*, *BC* y *AC*, son proporcionales a los segmentos en *r*, *A'B'*, *B'C'* y *A'C'*, de tal forma que se cumple:

$$\frac{A'B'}{AB}=\frac{B'C'}{BC}=\frac{A'C'}{AC} \text{ (Ejemplo 5)}$$

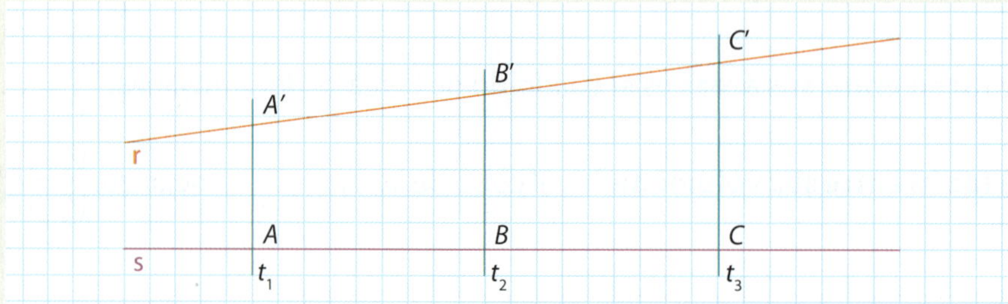

Ejemplo 5

Si $A'B'=7$ cm, $B'C'=2$ cm y $AB=11$ cm, ¿cuánto mide *BC*?

$$\frac{7}{11}=\frac{2}{x}\Rightarrow 7\cdot x=2\cdot 11\Rightarrow$$

$$\Rightarrow x=\frac{2\cdot 11}{7}=\frac{22}{7}=3{,}14$$

BC mide 3,14 cm.

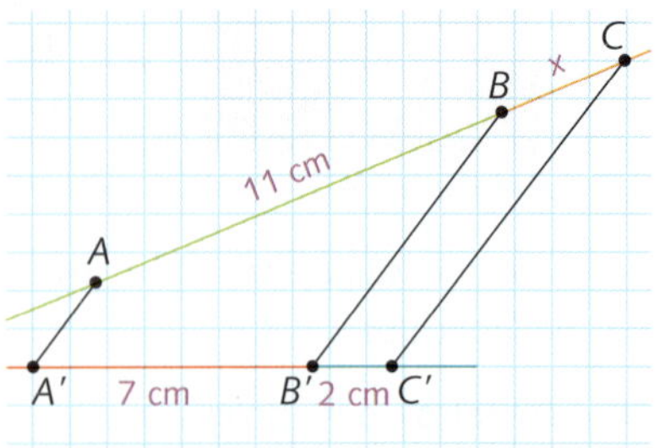

Segmentos proporcionales

Los **segmentos** *AB* y *BC* son **proporcionales** a los segmentos *A'B'* y *B'C'* si la razón entre *A'B'* y *AB* es la misma que la razón entre *B'C'* y *BC*:

$$\frac{A'B'}{AB}=\frac{B'C'}{BC}$$

Si las rectas *r* y *s* son secantes y tienen un punto *O* en común, al cortarlas por otras rectas paralelas se obtienen los **triángulos** *A'OA*, *B'OB*, *C'OC*.

Los segmentos que se forman verifican el teorema de Tales:

$$\frac{OA}{OA'}=\frac{OB}{OB'}=\frac{OC}{OC'}=\frac{AB}{A'B'} \text{ (Ejemplo 6)}$$

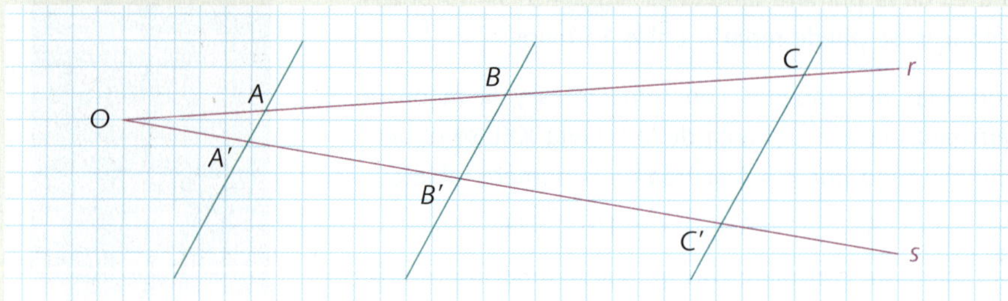

Ejemplo 6

Comprobar que los segmentos $OA=6$ cm, $OA'=4$ cm, $A'B'=2$ cm y $AB=3$ cm verifican el teorema de Tales.

Los segmentos verifican el teorema si se cumple la siguiente relación:

$$\frac{OA}{OA'}=\frac{AB}{A'B'}\Leftrightarrow\frac{6}{4}=\frac{3}{2}\Leftrightarrow 4\cdot 3=6\cdot 2\Leftrightarrow 12=12$$

Queda confirmado que los cuatro segmentos verifican el teorema de Tales.

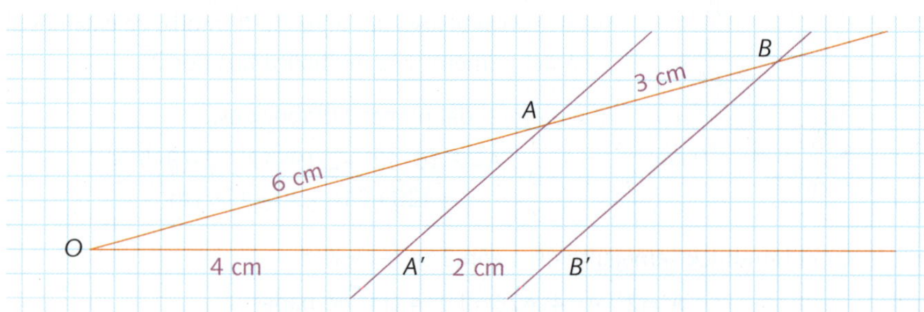

Actividades

7. Las rectas *a*, *b* y *c* son paralelas. Halla la longitud del segmento *x*.

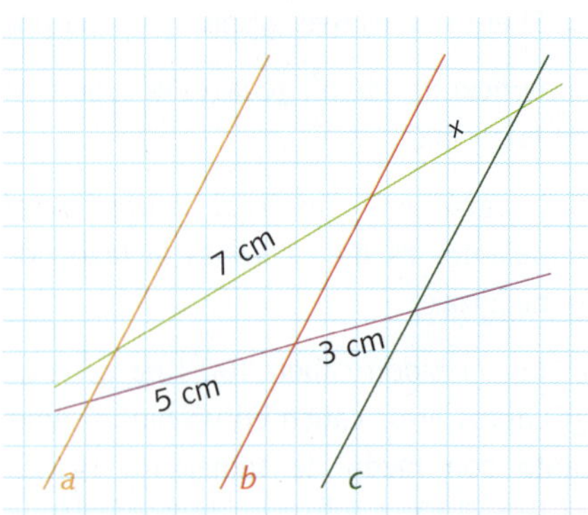

3.1• Triángulos en posición de Tales

Dos **triángulos,** ABC y $AB'C'$, con un ángulo en común, $\hat{A}$, y con sus lados opuestos a ese ángulo paralelos, se dice que están en **posición de Tales.**

Los triángulos en posición de Tales son semejantes. (Ejemplo 7)

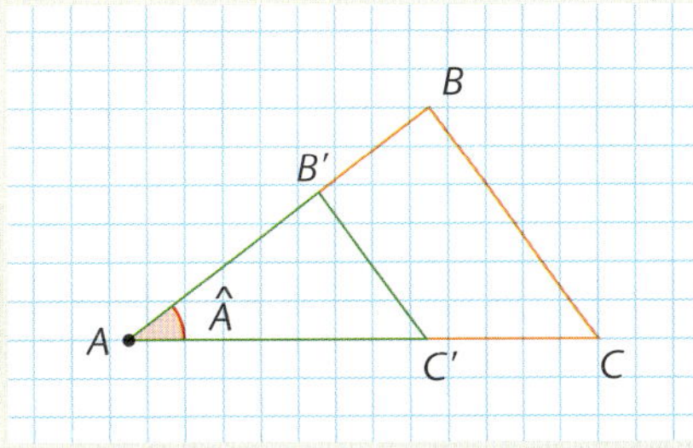

Triángulos semejantes

En general, dos triángulos, al igual que cualquier polígono, son semejantes si tienen sus ángulos iguales y sus lados homólogos proporcionales.

Ejemplo 7

Los triángulos de la derecha se encuentran en posición de Tales. Para calcular el lado a se aplica el teorema de Tales. Observando el dibujo, se ve que se puede aplicar de alguna de estas formas:

1. Lados del triángulo mayor en el numerador y lados homólogos del triángulo menor en el denominador: $\frac{h'}{h} = \frac{a'}{a} \Leftrightarrow \frac{4}{2} = \frac{6}{a} \Leftrightarrow 4 \cdot a = 2 \cdot 6 \Leftrightarrow a = \frac{12}{4} = 3$
2. Lados del triángulo menor en el numerador y lados homólogos del triángulo mayor en el denominador: $\frac{h}{h'} = \frac{a}{a'} \Leftrightarrow \frac{2}{4} = \frac{a}{6} \Leftrightarrow 2 \cdot 6 = 4 \cdot a \Leftrightarrow a = \frac{12}{4} = 3$
3. La relación entre los lados del mismo triángulo es igual a la relación entre los lados homólogos en el otro triángulo: $\frac{a'}{h'} = \frac{a}{h} \Leftrightarrow \frac{6}{4} = \frac{a}{2} \Leftrightarrow 2 \cdot 6 = 4 \cdot a \Leftrightarrow a = \frac{12}{4} = 3$

Resolviéndolo con cualquiera de estas proporciones se llega al mismo resultado $a = 3$ cm.

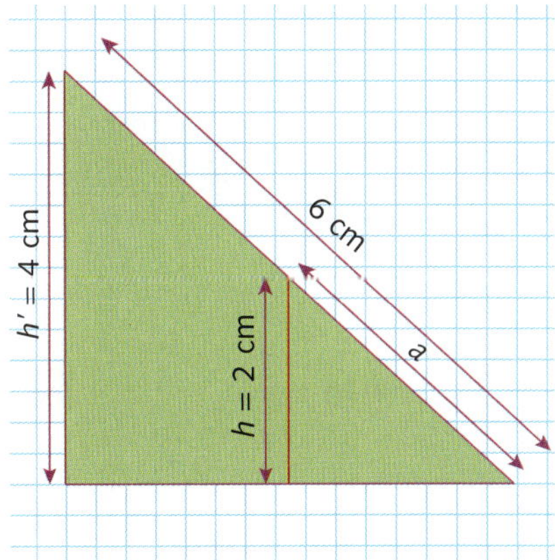

Construcción de triángulos en posición de Tales

Dado un triángulo cualquiera, trazando una línea paralela a uno de sus lados y prolongando o reduciendo los otros lados, se obtiene un **triángulo semejante** a este. (Ejemplo 8)

Ejemplo 8

A partir del triángulo de lados $AB = 3$ cm, $AC = 4$ cm y $BC = 1{,}5$ cm, se pide construir:

a) Un triángulo en posición de Tales con razón $k = \frac{2}{3}$.

Como la razón es menor que 1, el nuevo triángulo semejante será más pequeño. Para construir el nuevo triángulo se reducen los lados AB y AC del triángulo inicial y se traza una paralela a BC.

Aplicando el teorema de Tales se calculan los lados homólogos:

$$\frac{AB'}{AB} = \frac{AC'}{AC} = \frac{B'C'}{BC} = \frac{2}{3} \Rightarrow AB' = 2\ ;\ AC' = 2{,}6\ ;\ B'C' = 1$$

b) Un triángulo en posición de Tales con razón $k = \frac{3}{2}$.

Como la razón es mayor que 1, el nuevo triángulo semejante será más grande. Para construir el nuevo triángulo se amplían los lados AB y AC del triángulo inicial y se traza una paralela a BC. Aplicando el teorema de Tales se calculan los lados homólogos:

$$\frac{AB'}{AB} = \frac{AC'}{AC} = \frac{B'C'}{BC} = \frac{3}{2} \rightarrow AB' = 4{,}5\ ;\ AC' = 6\ ;\ B'C' = 2{,}25$$

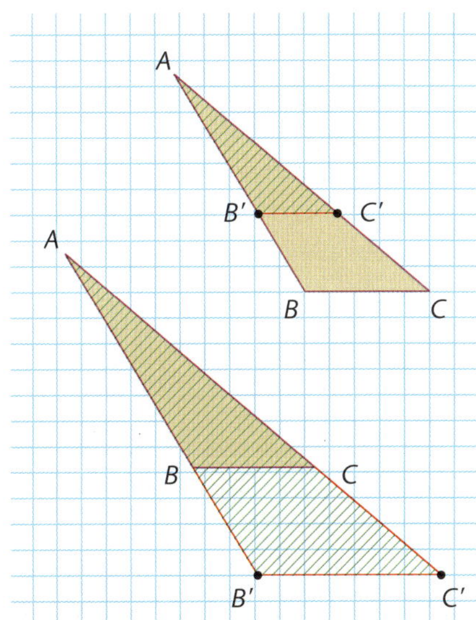

3.2• Criterios de semejanza de triángulos

Debido a las propiedades de los triángulos, el estudio de su semejanza se reduce a comprobar ciertas condiciones.

Dos triángulos, *ABC* y *A′B′C′*, son semejantes si cumplen alguno de estos criterios:

Primer criterio	**Segundo criterio**	**Tercer criterio**
ABC y *A′B′C′* son semejantes si tienen dos ángulos homólogos iguales, $\hat{A} = \hat{A'}$ y $\hat{B} = \hat{B'}$. (Ejemplo 9)	*ABC* y *A′B′C′* son semejantes si tienen un ángulo igual $\hat{A} = \hat{A'}$ y los lados que forman ese ángulo son proporcionales, $\frac{b}{b'} = \frac{c}{c'}$. (Ejemplo 10)	*ABC* y *A′B′C′* son semejantes si tienen sus tres lados proporcionales, $\frac{a}{a'} = \frac{b}{b'} = \frac{c}{c'}$. (Ejemplo 11)
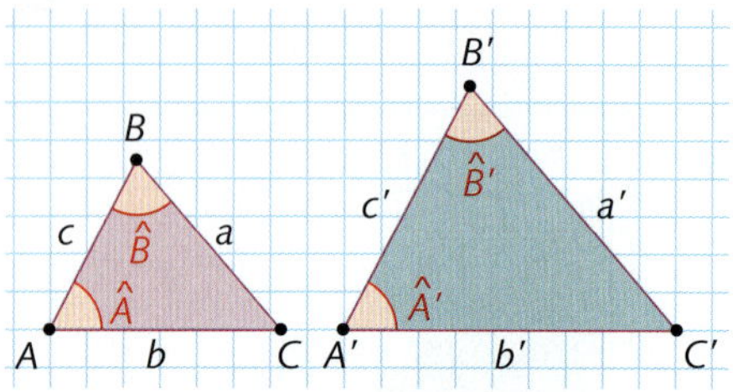	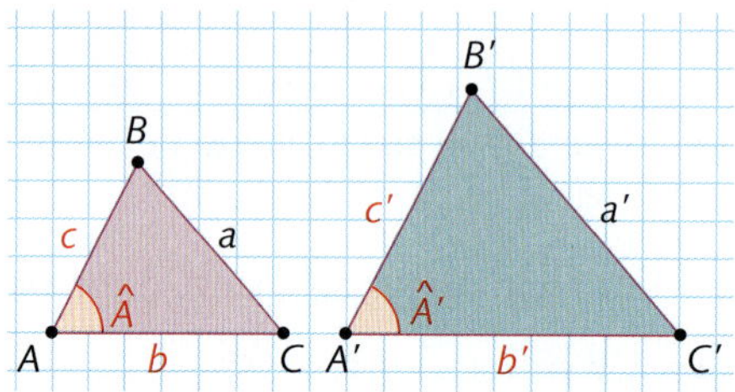	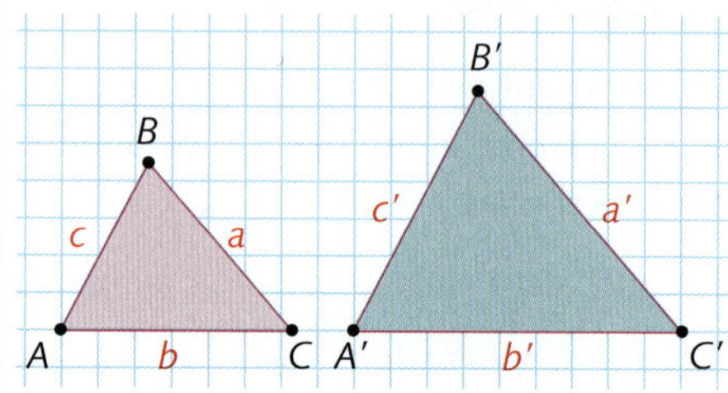

Ejemplo 9

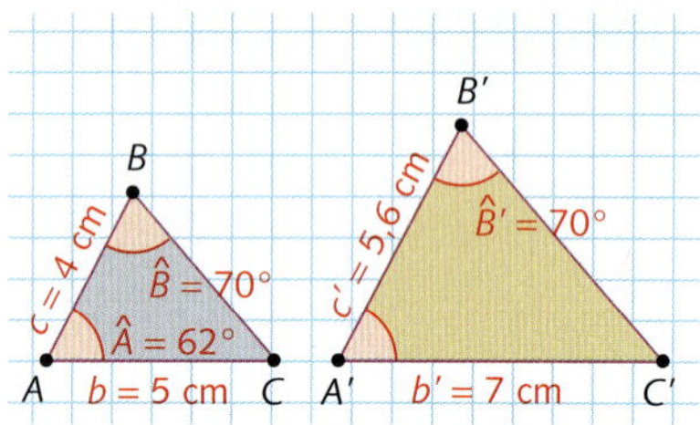

Ejemplo 10

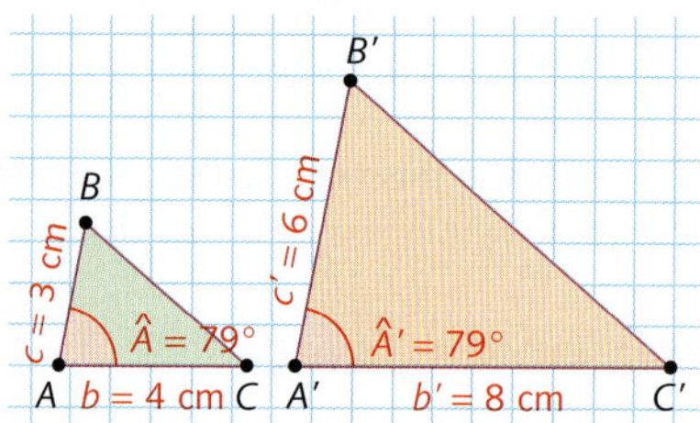

Ejemplo 11

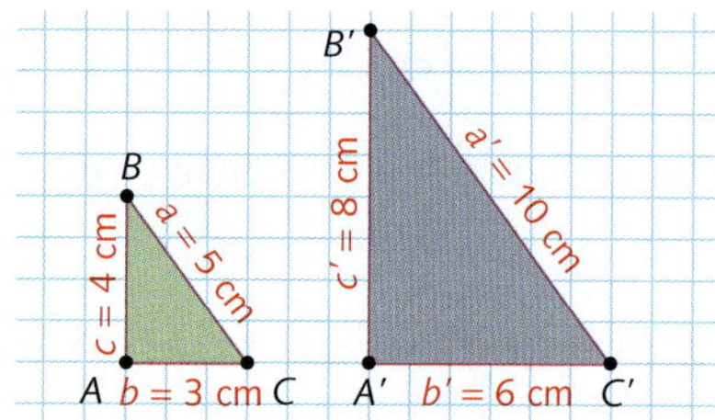

3.3• Semejanza de triángulos rectángulos

Dos **triángulos rectángulos,** *ABC* y *A′B′C′*, son **semejantes** si tienen un ángulo agudo igual. (Ejemplo 12)

Ejemplo 12

Los triángulos *ABC* y *EFD* tienen un ángulo igual de 36°. Como son triángulos rectángulos, tienen otro ángulo igual de 90°. Por el criterio 1 de semejanza, dado que tienen dos ángulos homólogos iguales, *ABC* y *EFD*, son triángulos semejantes.

Además, sus lados homólogos son proporcionales porque verifican la relación $\frac{10}{15} = \frac{8}{12}$, que surge al aplicar el teorema de Tales en lados homólogos.

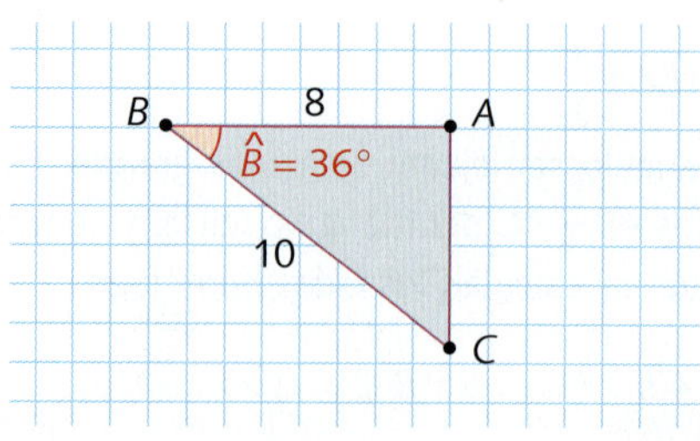

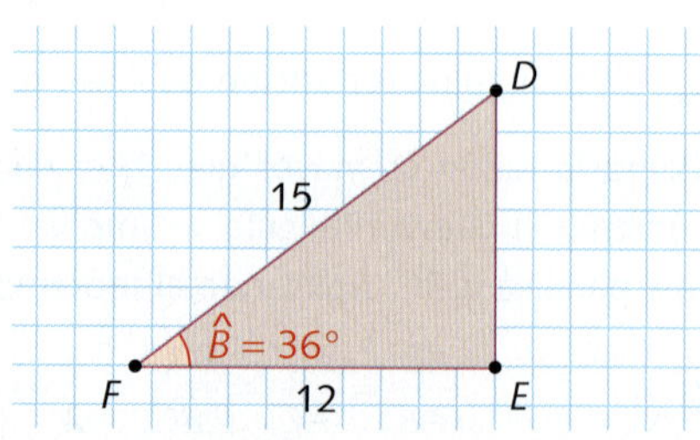

La **altura** sobre la hipotenusa, h, de un **triángulo rectángulo**, ABC, lo **divide** en **dos triángulos semejantes** al original. (Ejemplo 13)

Ejemplo 13

En el dibujo se observan tres triángulos rectángulos: ABC, ABD y DBC. El segmento DB es la altura sobre la hipotenusa del triángulo rectángulo ABC.

Como los triángulos ABC y ABD tienen un ángulo en común, $\hat{A}$, son semejantes.

Como los triángulos ABC y DBC tienen un ángulo común, $\hat{C}$, son semejantes.

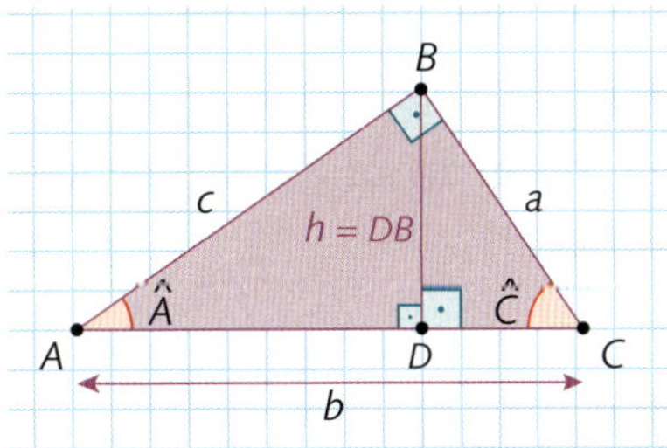

En el dibujo se puede ver que en el triángulo rectángulo ABC hay dos triángulos rectángulos, DAC y DAB, donde

- a_1 es la proyección del cateto b sobre la hipotenusa, a.
- a_2 es la proyección del cateto c sobre la hipotenusa, a.

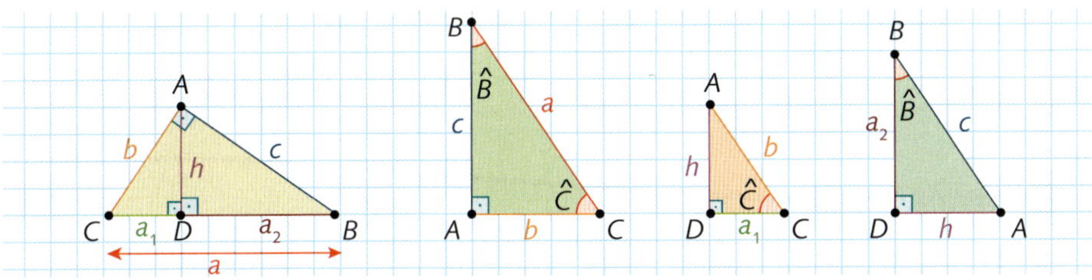

- Como los triángulos ABC y DAC tienen dos ángulos en común, $\hat{C}$ y el ángulo recto, son semejantes. Por tanto, sus lados son proporcionales: $\frac{a}{b}=\frac{b}{a_1} \Leftrightarrow b^2 = a \cdot a_1$.
- Como los triángulos ABC y DBA tienen dos ángulos en común, $\hat{B}$ y el ángulo recto, son semejantes. Por tanto, sus lados son proporcionales: $\frac{a}{c}=\frac{c}{a_2} \Leftrightarrow c^2 = a \cdot a_2$.

Esta igualdad constituye el teorema del cateto.

Teorema del cateto

En un triángulo rectángulo, el cuadrado de un cateto es igual al producto de la hipotenusa por la proyección de dicho cateto sobre la hipotenusa.
(Ejemplo 14)

Ejemplo 14

Aplicando el teorema del cateto se calcula la medida de la hipotenusa de este triángulo:

$$c^2 = a \cdot a_2 \Rightarrow 12^2 = a \cdot 6 \Rightarrow$$

$$\Rightarrow a = \frac{12^2}{6} = \frac{144}{6} = 24$$

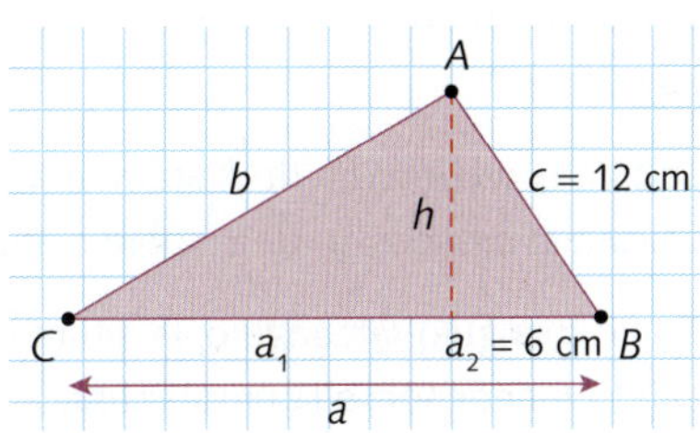

Aplicando el teorema de Tales a los triángulos rectángulos *DAC* y *DBA*, vemos que son semejantes, por lo que se cumple la relación: $\frac{h}{a_2} = \frac{a_1}{h} \Rightarrow h^2 = a_1 \cdot a_2$. Esta igualdad constituye el teorema de la altura.

Teorema de la altura

En un triángulo rectángulo, el cuadrado de la altura sobre la hipotenusa es igual al producto de los dos segmentos en que dicha altura divide a la hipotenusa. (Ejemplo 15)

Ejemplo 15

Para calcular la medida de la hipotenusa del triángulo rectángulo del dibujo, se aplica el teorema de la altura:

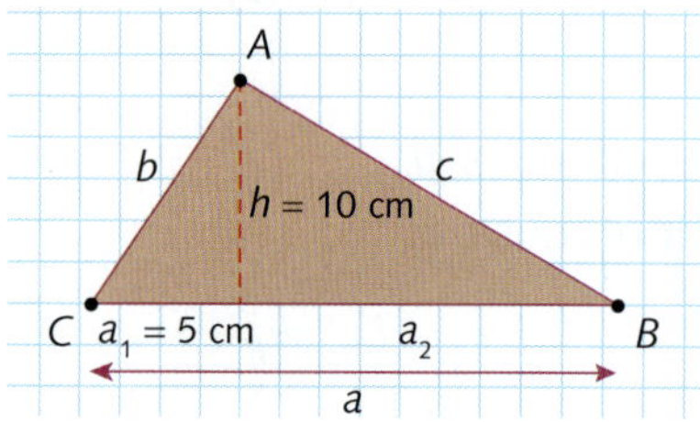

$$\frac{h}{a_2} = \frac{a_1}{h} \Rightarrow h^2 = a_1 \cdot a_2 \Rightarrow$$

$$\Rightarrow \frac{10}{5} = \frac{a_2}{10} \Rightarrow 10^2 = 5 \cdot a_2 \Rightarrow$$

$$\Rightarrow a_2 = \frac{100}{5} = 20 \text{ m}$$

La hipotenusa mide: $a = 20 + 5 = 25$ m

Actividades

8. De dos triángulos en posición de Tales se conocen las medidas de uno: 36 cm, 42 cm y 54 cm, y el lado más pequeño del otro, 24 cm. Calcula las medidas de los otros dos lados.

9. Construye un triángulo semejante al de lados 3,5 mm y 7 mm con razón de semejanza 2.

10. Un triángulo de lados 20 cm, 32 cm y 48 cm se reduce en una fotocopiadora al 25%. ¿Cuánto miden los lados del nuevo triángulo?

11. Los lados de un triángulo miden 20 cm, 40 cm y 50 cm. Calcula las medidas de un triángulo semejante a este, cuyo lado más pequeño mide 100 cm.

12. Los lados de un triángulo miden 7,5 m, 12 m y 21 m. Si los lados de otro triángulo miden 2,5 m, 4 m y 7 m, respectivamente, ¿son semejantes ambos triángulos?

13. En el dibujo se observa que los segmentos *LK* y *CB* son paralelos. ¿Son semejantes los triángulos *LKM* Y *BCM*?

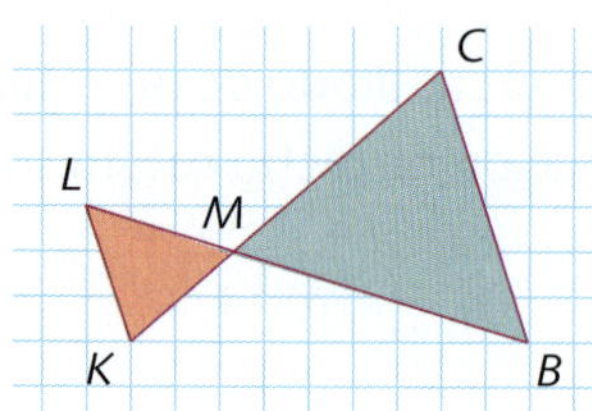

14. Dibuja un triángulo rectángulo de catetos *b* y *c*, y traza su altura sobre la hipotenusa *a*. Si $a = 60$ cm:

a) Calcula la proyección de *b* sobre a, cuando $c = 50$ cm.
b) Calcula la proyección de *c* sobre a, cuando $b = 10$ cm.

15. En un triángulo rectángulo, la altura relativa a la hipotenusa mide 4 cm, y la proyección del cateto menor sobre la hipotenusa, 2,5 cm. ¿Cuánto mide la hipotenusa?

4•• Aplicaciones del teorema de Tales

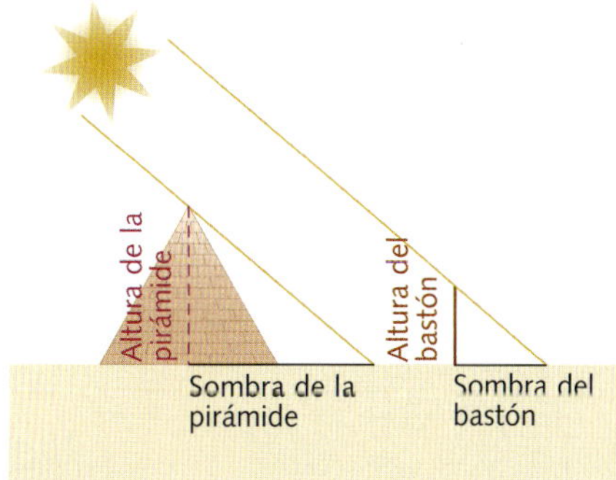

La semejanza de triángulos nos permite calcular longitudes inaccesibles que no podemos medir. Como hizo Tales de Mileto, que calculó la altura de la pirámide de Keops a partir de la longitud de la sombra de su bastón:

$$\frac{\text{altura pirámide}}{\text{sombra pirámide}} = \frac{\text{longitud bastón}}{\text{sombra bastón}}$$

4.1• Cálculo de distancias

Cálculo de la altura de un objeto a partir de su sombra

El teorema de Tales se utiliza para **calcular** la **altura** de **objetos** usando las medidas de la sombra del objeto a medir, de un segundo objeto del que se conoce su altura y de la sombra del segundo objeto.

Esto es posible porque los triángulos formados en el dibujo, *ABC* y *DEF*, son semejantes.

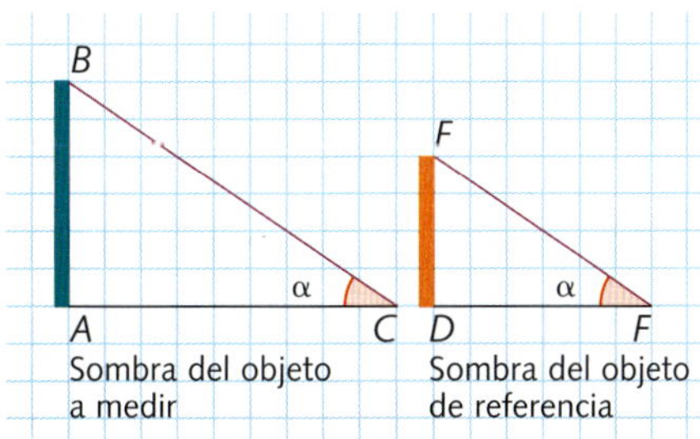

Problema resuelto 3

Una farola mide 5 m de alto y la sombra que proyecta sobre el suelo, 3 m. Para conocer lo que mide de alto un edificio cuya sombra mide 15 m en ese mismo instante, se aplica el teorema de Tales.

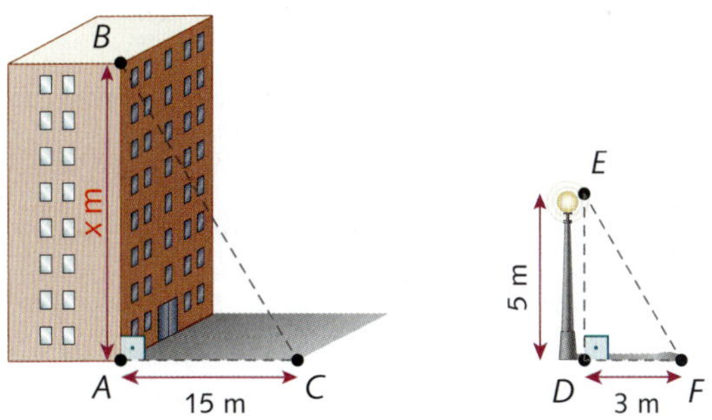

Los triángulos rectángulos del dibujo que representan el edificio y la farola, *ABC* y *DEF*, son semejantes

Además del ángulo recto tienen otro ángulo igual, el que se forma con la hipotenusa y la sombra, ya que los rayos del Sol inciden por igual a la misma hora del día en ambos objetos.

Dado que sus lados son proporcionales, se cumple:

$$\frac{x}{15} = \frac{5}{3} \Rightarrow x = \frac{15 \cdot 5}{3} = 25$$

Por tanto, el edificio mide 25 m.

Cálculo de la altura de un objeto a partir de su reflejo

Se puede **calcular** la **altura** de **objetos** usando las medidas del reflejo del objeto a medir, por ejemplo en un espejo o en el agua, de un segundo objeto del que se conoce su altura y del reflejo del segundo objeto.

Como se puede ver en el dibujo de la izquierda, esto es posible porque el ángulo de reflexión es el mismo para los dos objetos, formándose dos triángulos semejantes, *ABC* y *CDE*.

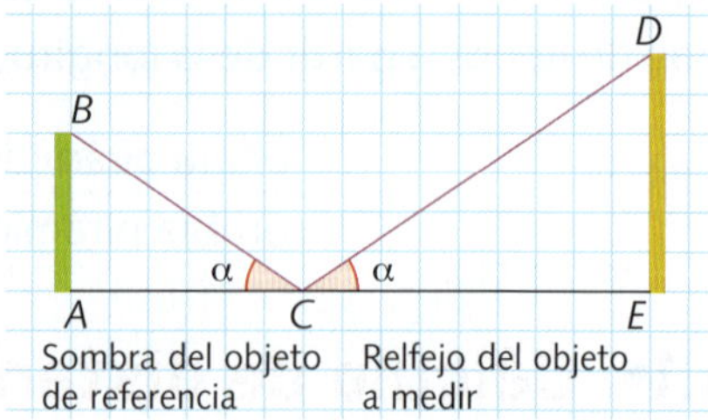

Problema resuelto 4

Una persona de 1,60 m de altura observa que su reflejo en un estanque mide 2 m. ¿Cuál será la altura de un edificio situado al otro lado del estanque y cuyo reflejo mide 30 m?

Como sabemos que se cumple la proporción $\frac{1,6}{2} = \frac{h}{30}$, podemos determinar el valor de la altura:

$$1,6 \cdot 30 = 2 \cdot h \Rightarrow h = \frac{48}{2} = 24 \text{ m}$$

Dividir un segmento en varias partes iguales

Para **dividir** un **segmento** dado, *AB*, **en *n* partes iguales**: (Ejemplo 16)

- Se traza desde el extremo *A* una semirrecta, *r*.
- Sobre la semirrecta *r* y con ayuda de un compás, se lleva una medida arbitraria *n* veces, obteniendo así el punto *n*.
- Se traza una recta que una el punto *n* con el extremo *B*. Se trazan paralelas a esta recta, que pasen por cada uno de los puntos marcados en la semirrecta, *r*.

Ejemplo 16

El segmento *AB* mide 7 cm y se quiere dividir en 8 partes iguales. Para ello:

- Se traza desde el punto *A* una semirrecta, *r*, donde se marcan, con la misma medida, con un compás, las 8 marcas.
- Se traza una recta que una *B* con la marca 8 y se trazan paralelas a esta recta. Estas paralelas dividirán el segmento *AB* en partes iguales.

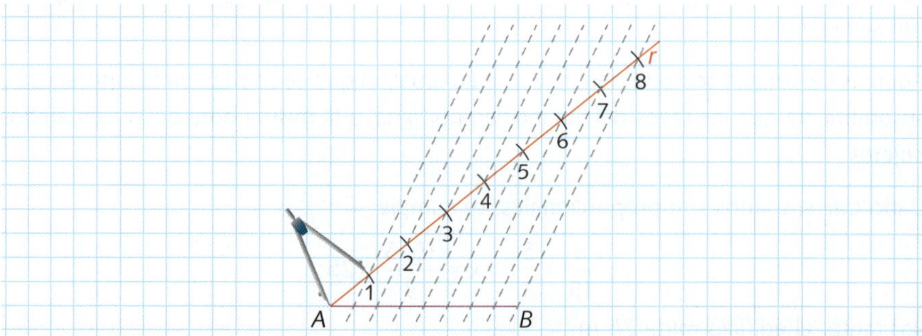

4.2• Escalas

Los mapas y planos son representaciones en el plano de objetos reales a tamaño más pequeño. El cociente entre la medida de la reproducción y la medida correspondiente del objeto real, se denomina **escala:**

$$\text{escala} = \frac{\text{plano}}{\text{realidad}}$$

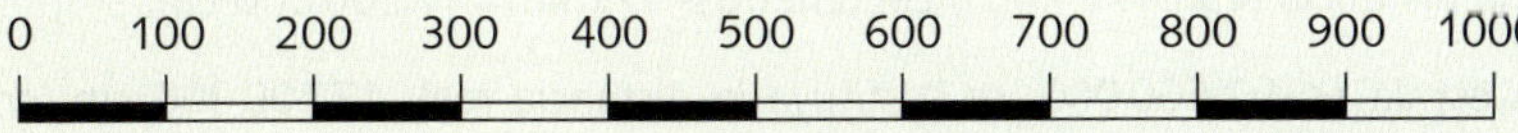

Escala 1 : 1000

La escala puede venir representada de forma gráfica o numérica. Por ejemplo, la expresión 1:1 000 significa que 1 unidad (m, km, ...) del plano corresponde a 1 000 unidades en la realidad.

Problemas de escalas

Los problemas con escalas se pueden reducir a tres tipos:

- Cálculo de la distancia real: se conoce la escala y la medida en el plano.
- Cálculo de la medida en el plano: se conoce la escala y la medida real.
- Cálculo de la escala: se conocen las medidas en el plano y en la realidad.

Problema resuelto 5

En un mapa, de escala 1:2 500 000, la distancia entre Villalba y Mondoñedo es de 1,8 cm. ¿Cuál es la distancia real entre ambos pueblos?

Se trata de un problema en el que hay que calcular una distancia real, conocida una medida en el plano. La escala del mapa es 1:2 500 000, lo que significa que 1 cm en el plano corresponde con 2 500 000 cm = 25 km en la realidad.

Se sustituye la distancia en el plano por 1,8 cm y se resuelve la proporción:

$$\frac{1}{2\,500\,000} = \frac{\text{plano}}{\text{realidad}} \Rightarrow \frac{1}{2\,500\,000} = \frac{1{,}8}{x} \Rightarrow$$

$$\Rightarrow 1 \cdot x = 1{,}8 \cdot 2\,500\,000 \Rightarrow x = 4\,500\,000$$

La distancia está calculada en centímetros, pero en la realidad la unidad utilizada para expresar distancias entre pueblos son kilómetros, por lo que la distancia entre Villalba y Mondoñedo son: 4 500 000 cm = 45 km.

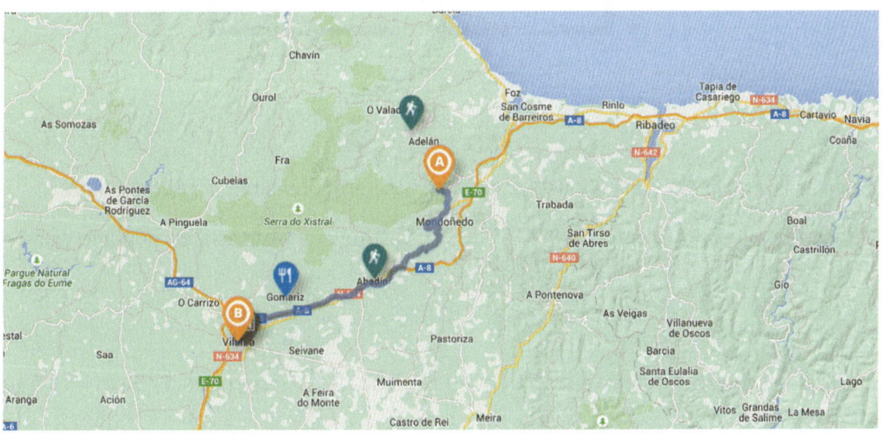

Problema resuelto 6

Se sabe que la distancia real entre Santiago de Compostela y Ribadeo es de 172 km, y se quiere conocer la distancia que hay entre ambos municipios en este mapa de escala 1:2 500 000.

Se trata de un problema en el que hay que calcular una medida en el plano, conocida una medida real.

Dado que en el plano las medidas están en centímetros, lo primero que hay que hacer es pasar la distancia real, 172 km, a centímetros: 172 km = 17 200 000 cm.

Como la escala es 1:2 500 000, se sustituye la distancia real, 17 200 000 cm, en la proporción $\frac{1}{2500000} = \frac{\text{plano}}{\text{realidad}}$, y se resuelve:

$$\frac{1}{2\,500\,000} = \frac{x}{17\,200\,000} \Rightarrow 2\,500\,000 \cdot x = 1 \cdot 17\,200\,000 \Rightarrow x = \frac{17\,200\,000}{2\,500\,000} = 6{,}88$$

Por tanto, la distancia en el plano entre Santiago y Ribadeo son 6,88 cm.

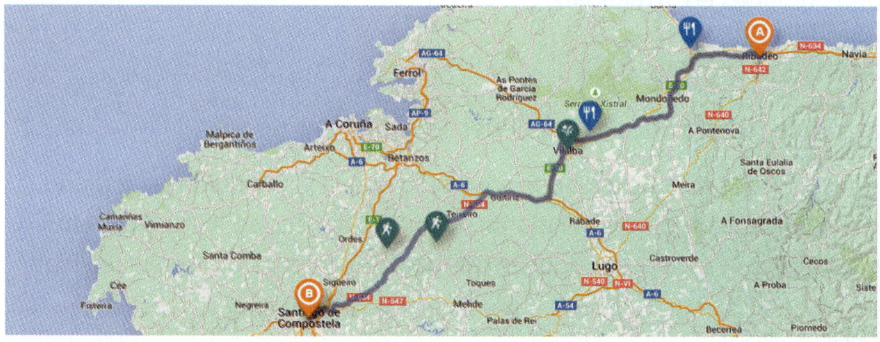

Problema resuelto 7

La siguiente ilustración corresponde al plano de un piso. Si la casa tiene un ancho de 6,30 m en la realidad y en el plano mide 3,6 cm, ¿cuál es la escala utilizada?

Calcular la escala equivale a calcular cuánto mide en la realidad 1 cm del plano.

Se plantea la proporción $\frac{3{,}60}{630} = \frac{\text{plano}}{\text{realidad}}$ y se sustituye la distancia en el plano por 1:

$$\frac{3{,}60}{630} = \frac{1}{x} \Rightarrow 3{,}6 \cdot x = 1 \cdot 630 \Rightarrow x = \frac{630}{3{,}6} = 175$$

La escala es 1:175, es decir que a 1 cm en el plano, le corresponden 175 cm = 1,75 m en la realidad.

Actividades

16. En el momento en que la sombra de mi abuela mide 90 cm, un eucalipto proyecta una sombra de 1,25 m. ¿Cuánto medirá el eucalipto si mi abuela mide 1,65 m?

17. En un charco de la calle se refleja la parte más alta de un edificio situado a diez metros y al mismo tiempo se refleja una farola que mide 2,52 m situada a un metro y veinte centímetros del charco. Calcula la altura del edificio.

18. Divide en tu cuaderno un segmento AB de 5 cm en 7 partes iguales.

19. La fachada de un edificio mide 1 cm en el plano. Si la escala utilizada es 1:25 000, ¿cuánto mide en realidad?

20. Una guitarra clásica tiene una longitud de 100 cm. Si se representa en un dibujo mediante un segmento de 4 cm, ¿qué escala se ha utilizado?

Técnicas de estudio

TAMAÑOS DE PAPEL DIN DE LA SERIE A

El formato de papel tomado como estándar es el DIN de la serie A que tiene las siguientes características:

- El formato A0 es el de mayor tamaño con una superficie de 1 m^2.
- En todos los tamaños de esta serie existe la misma proporción entre su lado mayor y su lado menor.
- Al cortar por la mitad una hoja de este papel por su lado más largo se obtienen dos hojas iguales del formato siguiente.

Esto quiere decir que todos los tamaños de papel DIN de la serie A mantienen la misma proporción entre sus lados, por lo que todos son semejantes a la hoja DIN A0.

El teorema de Tales puede utilizarse, como hemos visto, para medir grandes alturas o longitudes inaccesibles, o para realizar mapas o maquetas, pero también se puede apreciar en algo tan simple como en las medidas de una hoja de papel.

Ejemplo

Supongamos que a es el largo de un papel DIN y b su ancho. Si cortando por la mitad este papel queremos obtener un papel semejante, cuyo largo sea b y su ancho $\frac{a}{2}$, aplicando el teorema de Tales, se debe cumplir la proporción $\frac{a}{b} = \frac{b}{a/2}$. Por tanto, resolviendo la igualdad se obtiene:

$$a \cdot \frac{a}{2} = b \cdot b \Leftrightarrow a^2 = 2b^2 \Leftrightarrow a = \sqrt{2b^2} = \sqrt{2} \cdot b$$

Es decir, la razón de semejanza en esta serie de papel DIN es $\frac{a}{b} = \sqrt{2}$

Además, la hoja DIN A0 no puede tener unas medidas cualesquiera. Como la superficie que ocupa la hoja DIN A0 es 1 m^2 se sabe que $a \cdot b = 1$. Para calcular las medidas a y b de la hoja de formato A0, basta resolver el sistema de ecuaciones: $\begin{cases} a = \sqrt{2} \cdot b \\ a \cdot b = 1 \end{cases}$.

En $a \cdot b = 1$ se sustituye a por $a = \sqrt{2} \cdot b$ y el resultado es $\sqrt{2} \cdot b \cdot b = 1 \Leftrightarrow b^2 = \frac{1}{\sqrt{2}} \Leftrightarrow b = \frac{1}{\sqrt[4]{2}}$

Por tanto, el lado menor de la hoja de papel DIN A0 solo puede medir $b = \frac{1}{\sqrt[4]{2}} \simeq 0{,}841$ m y su lado mayor $a = \sqrt{2} \cdot b = \sqrt{2} \cdot \frac{1}{\sqrt[4]{2}} \simeq 1{,}189$ m.

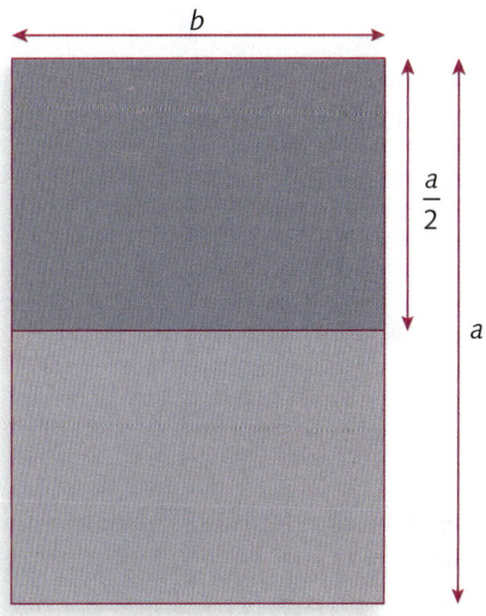

Existen otros formatos de papel normalizado: el pliego, el folio que mide 215 mm x 315 mm, la cuartilla y la octavilla, pero también mantienen una relación de proporción entre ellos.

Un pliego tiene el tamaño de dos folios, el folio de dos cuartillas y la cuartilla de dos octavillas. De hecho, la cuartilla es la cuarta parte del pliego y la octavilla es la octava parte del pliego.

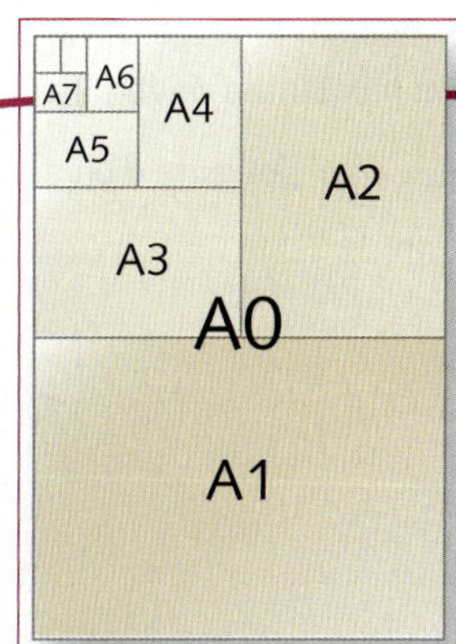

Actividades

1. Completa la tabla e indica las medidas del formato más usado, el DIN A4:

Formato	A0	A1	A2	A3	A4	A5	A6	A7	A8	A9	A10
mm × mm	841 × 1 189	•	•	•	•	•	•	•	•	•	26 × 37

2. Si un folio tiene de medidas 215 mm x 315 mm, calcula las medidas del pliego, la cuartilla y la octavilla.

Actividades finales

1. Los lados de un triángulo miden 20 cm, 35 cm y 14 cm. Calcula las medidas de un triángulo semejante a este, cuyo lado más pequeño mide 7 cm.

2. ¿Son semejantes los siguientes tetrabrik?

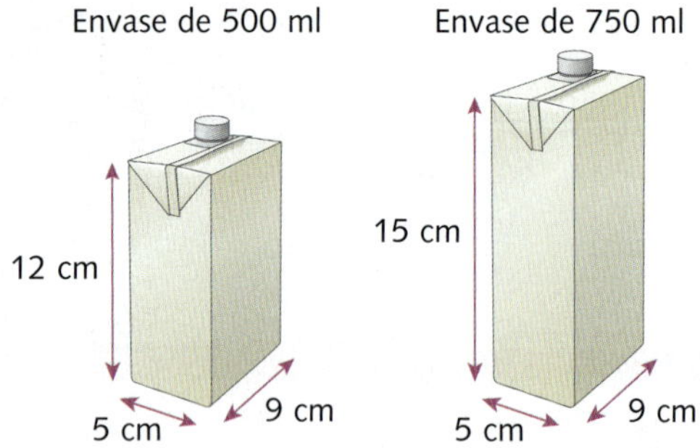

3. En un depósito de agua caben 75 litros. ¿Cuántos litros caben en un depósito semejante con razón de semejanza $r=1{,}5$?

4. ¿Son semejantes los triángulos *ABC* y *DEF*?

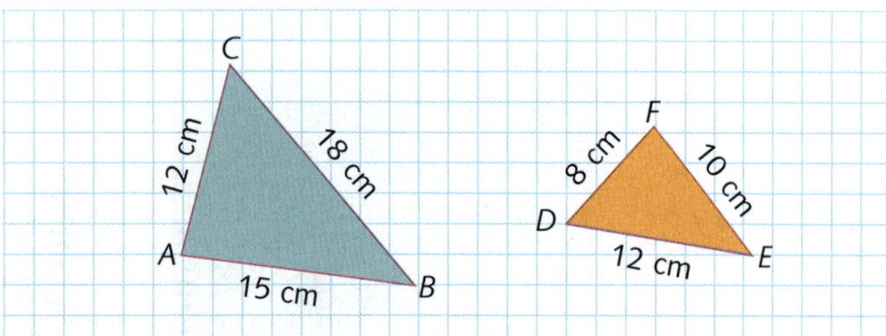

5. Comprueba si las siguientes medidas corresponden a triángulos semejantes:

a) En un triángulo, dos lados miden 2 cm y 3 cm y el ángulo comprendido mide 40°. Los lados de otro triángulo miden, 2,5 cm y 3,75 cm y el ángulo comprendido mide 40°.
b) En un triángulo, dos ángulos miden 71° y 34°. En otro triángulo, dos ángulos miden 75° y 34°.
c) En un triángulo, los lados miden 3 cm, 5 cm y 4 cm. En otro triángulo, los lados miden 5 cm, 7 cm y 6 cm.

6. Los catetos de un triángulo rectángulo miden 12 cm y 5 cm. ¿Cuánto medirán los catetos de otro triángulo semejante al primero cuya hipotenusa mide 52 cm?

7. Calcula *x* en el siguiente dibujo si $a=6$ cm, $b=8$ cm y $c=3$ cm:

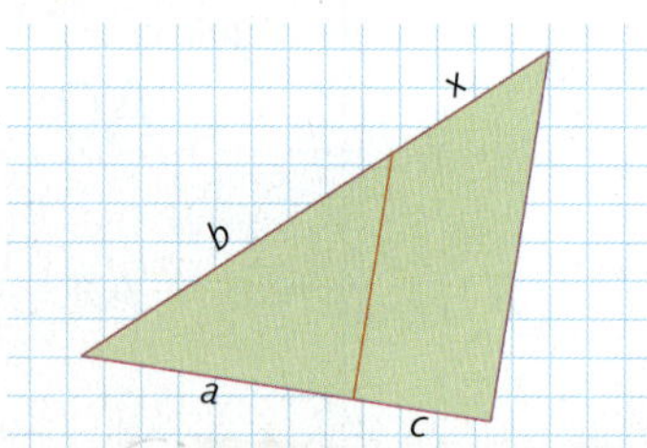

8. Calcula la altura de un edificio que proyecta una sombra de 7 m si a la misma hora una farola de 3 m de altura da una sombra de 0,50 m.

9. Un eucalipto proyecta a las 12 de la mañana una sombra de 6,5 metros. A la misma hora, una estatua del parque de 3 metros de altura proyecta una sombra de 70 cm. ¿Cuál es la altura del eucalipto?

10. Calcula el valor de *x* en cada triángulo:

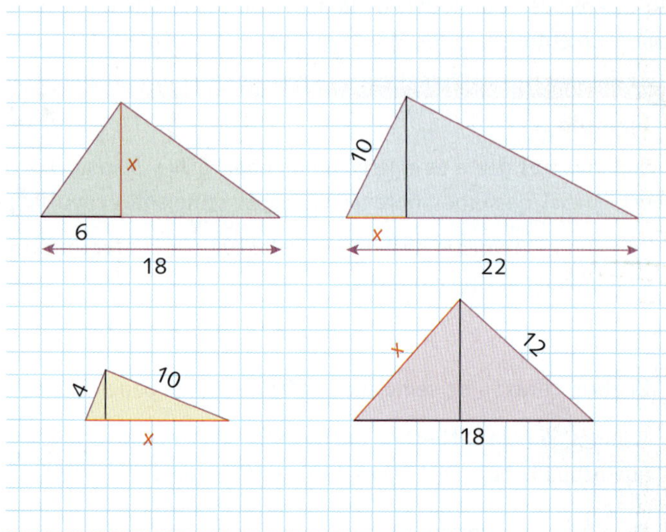

11. En un triángulo rectángulo, la hipotenusa mide 10 cm y uno de los catetos mide 4 cm. ¿Cuánto mide la proyección de dicho cateto sobre la hipotenusa?

12. La hipotenusa de un triángulo rectángulo mide 17 cm y uno de los catetos, 15 cm. Calcula:

a) La proyección del cateto sobre la hipotenusa.
b) La proyección del otro cateto sobre la hipotenusa.
c) La altura del triángulo sobre la hipotenusa.
d) El otro cateto.

13. En un triángulo rectángulo, uno de los catetos mide 10 cm y su proyección sobre la hipotenusa mide 6,5 cm. Calcula el área y el perímetro del triángulo.

14. Una autovía tiene 24 metros de ancho. ¿Cuántos milímetros ocupará si se dibuja en un plano de escala 1:200?

15. Si la distancia entre dos pueblos es de 9,5 cm en el mapa y la escala utilizada es 1:470 000, ¿cuántos kilómetros tendrá la carretera que une esos dos pueblos?

16. Una mesa de 125 cm de longitud está representada en un plano por un segmento de 3 cm. ¿Qué escala se ha utilizado en el plano?

Unidad 10

Cuerpos geométricos en el espacio

1•• Cuerpos geométricos

Los **cuerpos geométricos** son elementos que ocupan un espacio.

Los cuerpos geométricos pueden ser:

- **Poliedros.** Son cuerpos geométricos limitados por polígonos. (Ejemplo 1)
- **Cuerpos de revolución.** Se forman al girar una figura plana alrededor de un eje. Son cuerpos geométricos limitados por superficies curvas. (Ejemplo 2)

Ejemplo 1

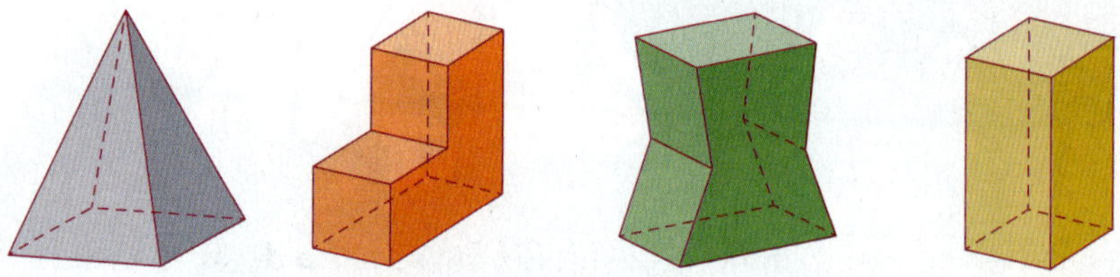

Existen **otros cuerpos geométricos** que no son ni poliedros ni cuerpos de revolución. (Ejemplo 3)

Ejemplo 2

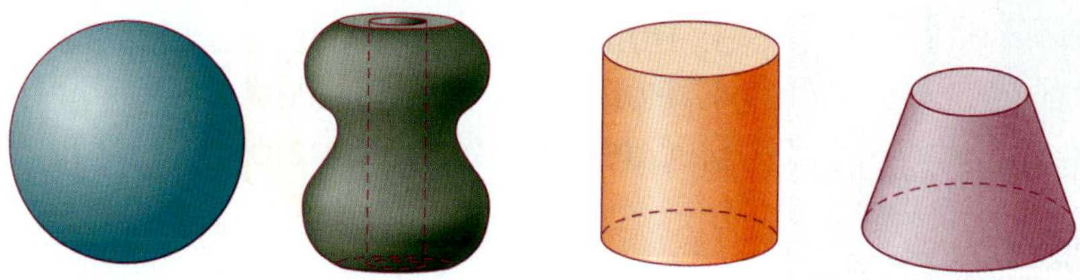

Ejemplo 3

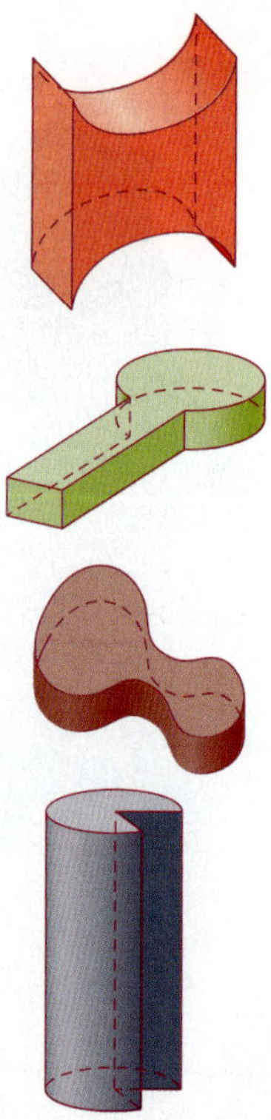

Actividades

1. Observa estos cuerpos geométricos e indica si son poliedros, cuerpos de revolución u otro tipo de cuerpo geométrico.

a) 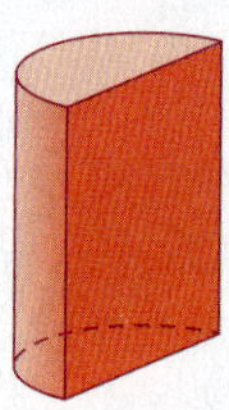

b) 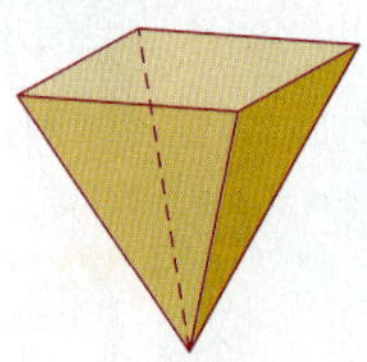

c) 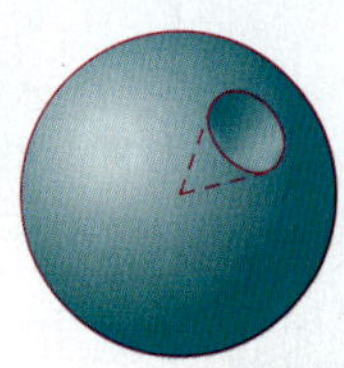

d) 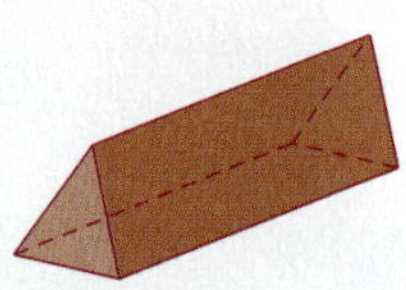

e) 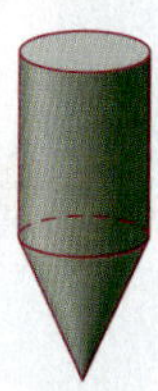

f) 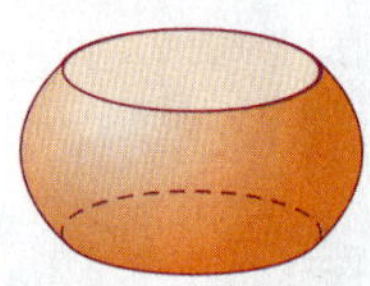

2•• Poliedros

Los **poliedros** son cuerpos geométricos limitados por polígonos.

Los **elementos** de un poliedro son: (Ejemplo 4)

- **Caras.** Son los polígonos que lo limitan. Pueden ser caras laterales o bases.
- **Aristas.** Son los lados de los polígonos que forman las caras del poliedro. En cada arista se unen dos caras.
- **Vértices.** Son las intersecciones de tres o más de sus aristas.

Un poliedro **convexo** es aquel en el que un segmento que une dos puntos cualesquiera del poliedro está dentro del mismo; en caso contrario, se dice que el poliedro es **cóncavo.** (Ejemplo 5)

Teorema de Euler

En cualquier poliedro convexo se cumple el **teorema de Euler:** $C+V=A+2$. Donde C es el número de caras, V es el número de vértices y A es el número de aristas. (Ejemplo 5)

El **nombre** de los **poliedros** viene dado por la forma de sus bases: tetraedro (4 caras), pentaedro (5 caras), hexaedro (6 caras), heptaedro (7 caras), octaedro (8 caras), eneaedro (9 caras), y así sucesivamente: decaedro, dodecaedro, etc.

Los poliedros pueden ser: (Ejemplo 6)

- **Regulares,** si todas sus caras son polígonos regulares iguales entre sí.
- **Irregulares,** si todas sus caras no son iguales.

Ejemplo 4

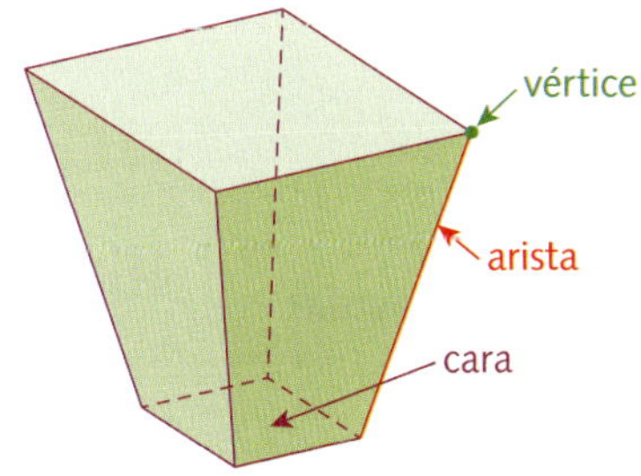

Ejemplo 5

c)

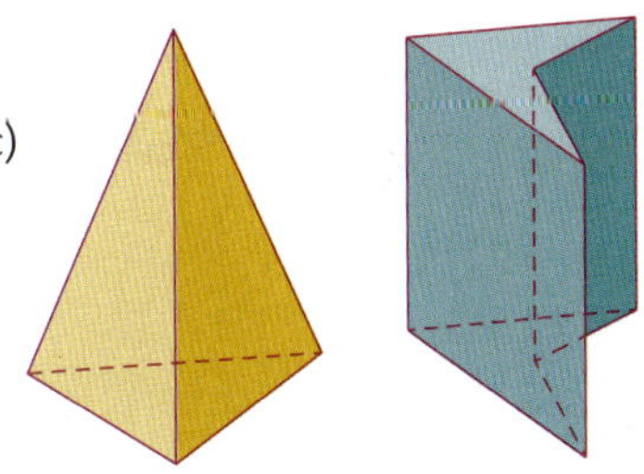

Poliedro convexo — Poliedro cóncavo

Para el poliedro convexo del dibujo, la fórmula del teorema de Euler se verifica:

$C=$ N.º caras $=4$
$V=$ N.º vértices $=4$
$A=$ N.º aristas $=6$
$C+V=A+2 \Leftrightarrow 4+4=6+2$

Ejemplo 6

c)

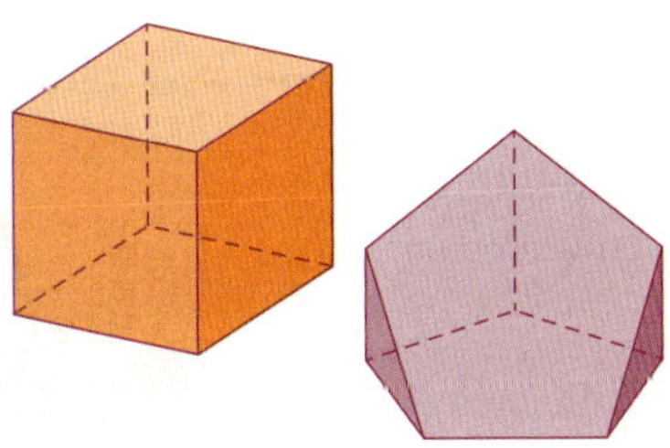

Poliedro regular — Poliedro irregular

Actividades

2. ¿Cuáles de estas figuras son poliedros? De los que son poliedros indica cuáles son regulares y cuáles irregulares.

a) 
b) 
c) 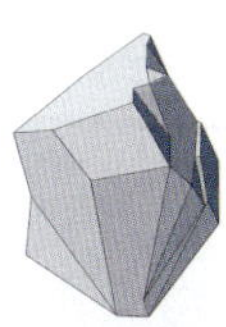
d) 
e) 
f) 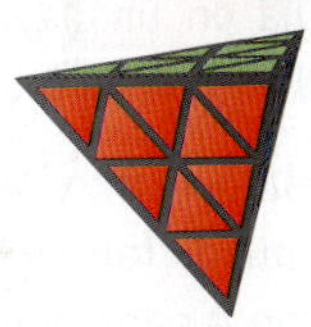

3. Completa en tu cuaderno:

a) El cubo tiene ___ caras, ___ aristas y ___ vértices.
b) El tetraedro tiene ___ caras, ___ aristas y ___ vértices.

4. En estos poliedros, señala sus elementos, caras, aristas y vértices. Cuenta el número que hay de cada uno de ellos. ¿Se verifica el teorema de Euler?

a) 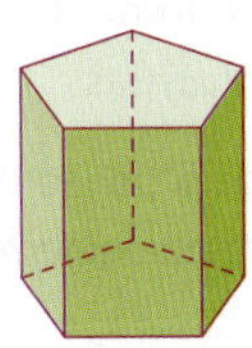
b) 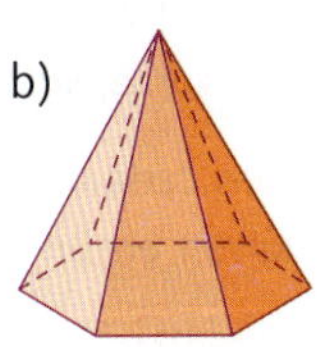
c) 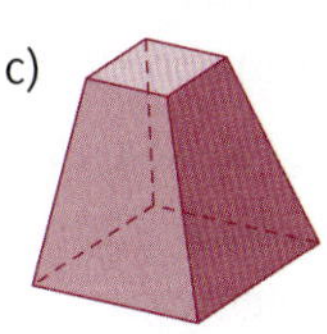

3 Poliedros regulares

Un **poliedro regular** es **todo** cuerpo geométrico cuyas **caras** son **polígonos regulares idénticos** y en cada uno de cuyos **vértices** concurren el **mismo número de caras.**

Solo hay **cinco poliedros regulares:**

Tetraedro regular	Hexaedro regular o cubo	Octaedro regular	Dodecaedro regular	Icosaedro regular
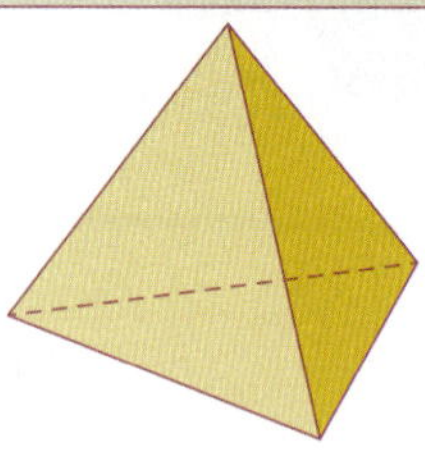	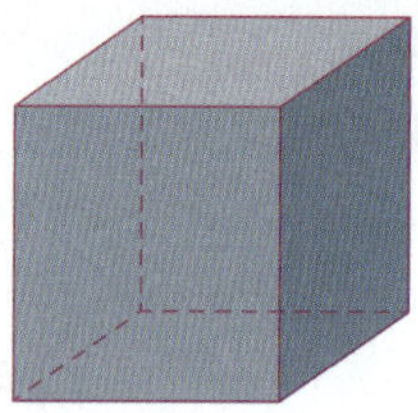	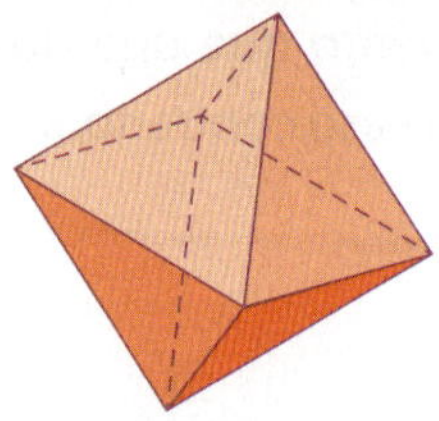	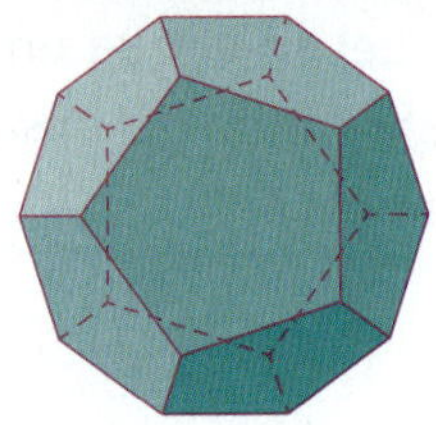	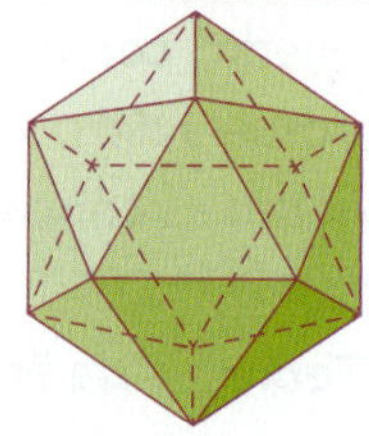
Tiene 4 caras, que son triángulos equiláteros. En cada vértice concurren 3 triángulos.	Tiene 6 caras, que son cuadrados. En cada vértice concurren 3 cuadrados.	Tiene 8 caras, que son triángulos equiláteros. En cada vértice concurren 4 triángulos.	Tiene 12 caras, que son pentágonos. En cada vértice concurren 3 pentágonos.	Tiene 20 caras, que son triángulos equiláteros. En cada vértice concurren 5 triángulos.

Observa que **solo existen estos cinco poliedros regulares.** No se puede construir ningún poliedro regular más. La razón es que para que varios polígonos formen el vértice de un poliedro, la suma de los ángulos interiores de las caras en ese vértice, debe ser menor de 360°. (Ejemplo 7)

Ejemplo 7

Para comprobar cuántos triángulos coinciden en un vértice de un poliedro regular se pueden dibujar triángulos equiláteros en un papel y recortarlos.

Al juntar 3, 4 o 5 triángulos, la suma de sus ángulos interiores es 180°, 240° y 300°, respectivamente. En ningún caso completan los 360°. Sin embargo al juntar 6 triángulos equiláteros, la suma es 360° y no se puede formar el vértice y, por lo tanto, no se forma el poliedro.

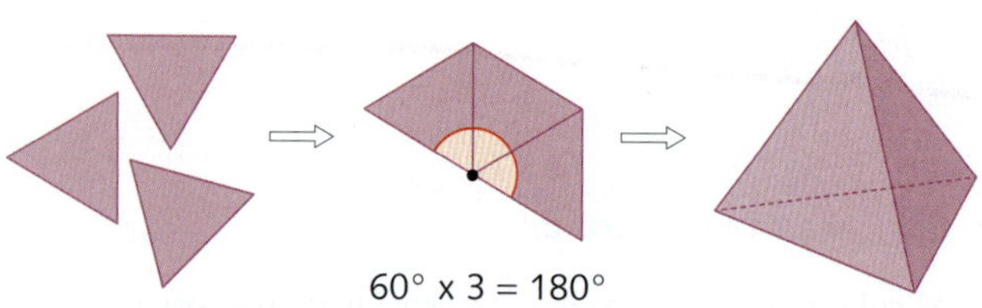

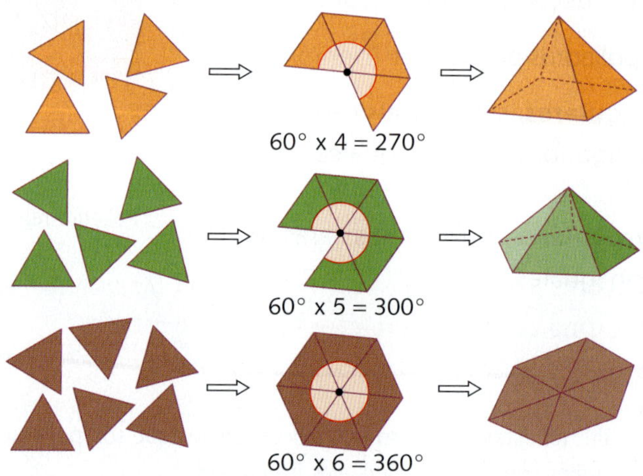

Actividades

5. ¿Qué forma tiene un dado de parchís? ¿Qué forma tienen sus caras? Dibuja uno y cuenta sus caras, vértices y aristas.

6. Cuenta las aristas que tienen cada uno de los 5 poliedros regulares. ¿Cuántas aristas concurren en un vértice cualquiera de un poliedro regular?

7. Dibuja en un papel varios cuadrados y varios pentágonos y recórtalos. Prueba a unir 3 cuadrados y después 4.

a) ¿Cuánto suman los ángulos de todos los cuadrados juntos?
b) ¿Se puede formar un vértice con ellos?
c) ¿Y con 4 pentágonos?

4•• Poliedros irregulares

Un **poliedro irregular** es un cuerpo geométrico cuyas caras son polígonos, pero en el que todas sus caras no son iguales entre sí.

Los poliedros irregulares más importantes son los **prismas** y las **pirámides.**

4.1• Prismas

Un **prisma** es un poliedro formado por dos caras iguales y paralelas, llamadas **bases**, que son polígonos, y varias **caras laterales**, que son paralelogramos. El prisma tendrá tantas caras laterales como lados tengan las bases.

La **altura** de un prisma es la distancia que hay entre las dos bases. (Ejemplo 8)

Si las caras laterales de un prisma son perpendiculares a las bases, se llama **prisma recto;** si no son perpendiculares, se llama **prisma oblicuo.** (Ejemplo 9)

Un prisma recto que tiene como bases polígonos regulares, se llama **prisma regular.** (Ejemplo 10)

Ejemplo 8

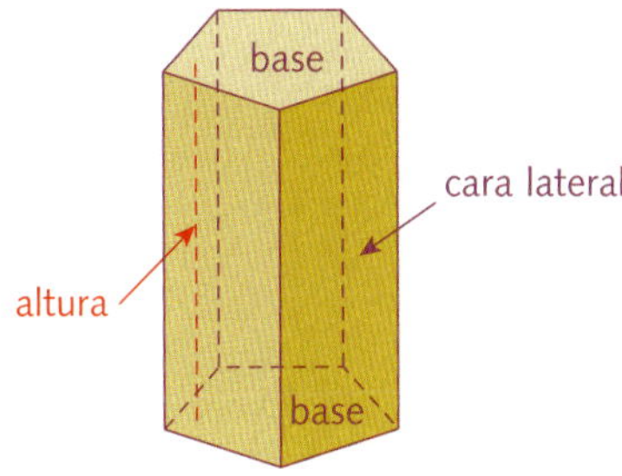

Ejemplo 9

Prisma recto

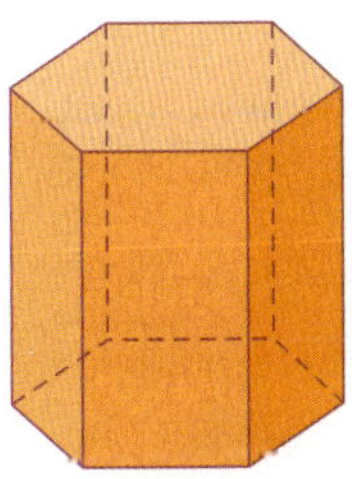

Prisma oblicuo

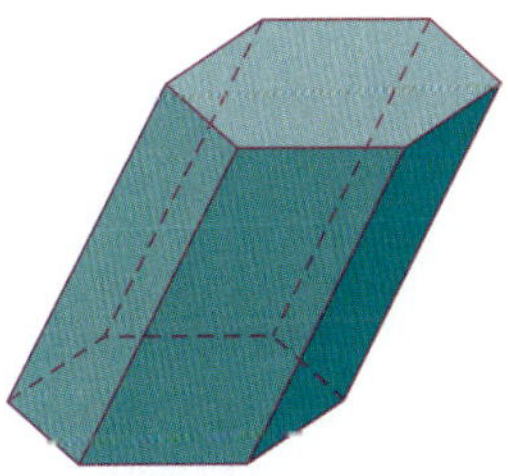

Ejemplo 10

Prisma irregular

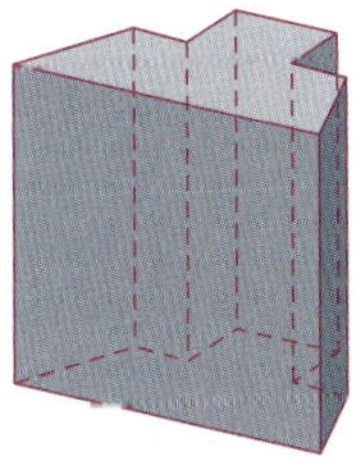

Prisma regular

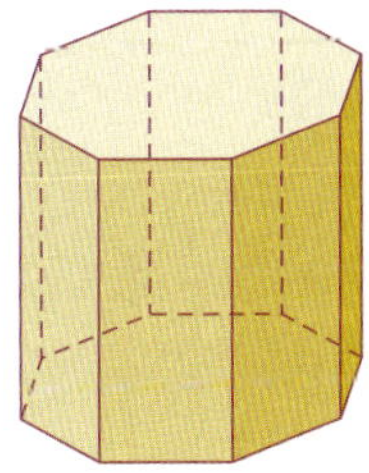

Los prismas se pueden **clasificar** por el número de caras que tengan sus bases:

- El prisma triangular, sus bases son triángulos.
- El prisma cuadrangular, sus bases son cuadrados.
- El prisma pentagonal, sus bases son pentágonos.
- El prisma hexagonal, sus bases son hexágonos.
- Y así sucesivamente. (Ejemplo 11)

Ejemplo 11

Prisma triangular

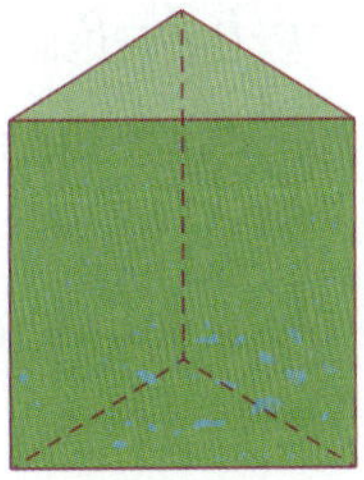

Prisma cuadrangular

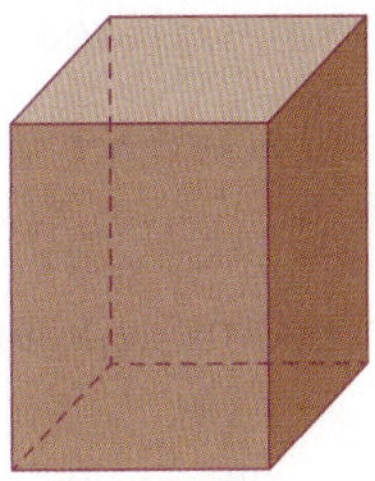

Prisma pentagonal

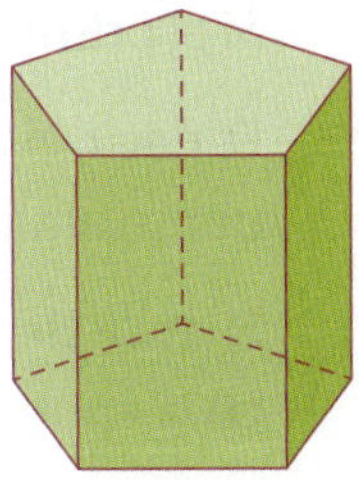

Prisma hexagonal

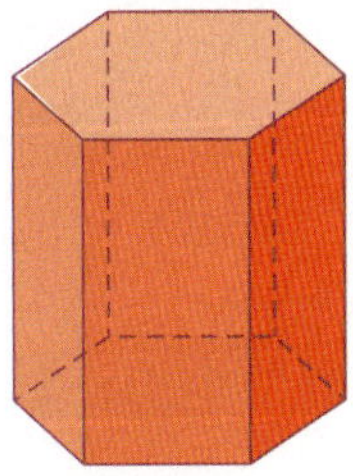

Paralelepípedos

Los **paralelepípedos** son prismas cuyas bases son paralelogramos.

El paralelepípedo más conocido es el **ortoedro.** (Ejemplo 12)

Ejemplo 12

Todas las caras de un ortoedro son rectángulos.

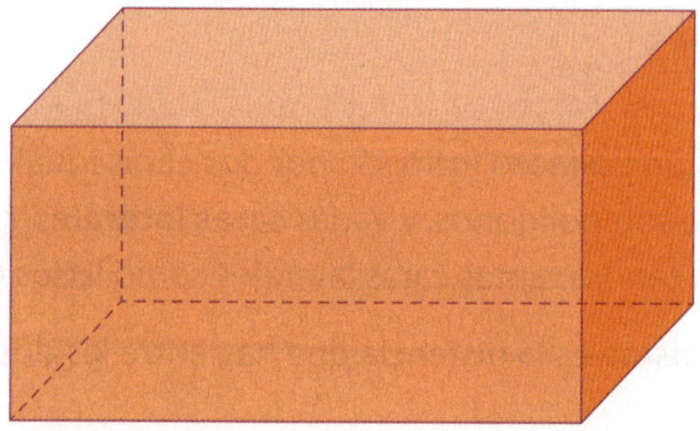

Desarrollo plano de un prisma regular

El **desarrollo plano** de un **prisma regular** está formado por los dos polígonos que forman sus bases y por tantos paralelogramos como lados tengan los polígonos de las bases. (Ejemplo 13)

Ejemplo 13

Desarrollo plano de un prisma pentagonal.

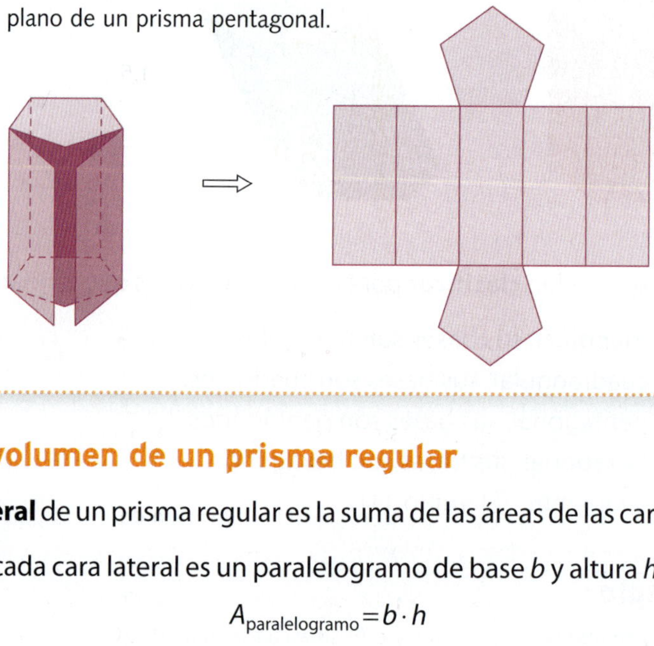

Área y volumen de un prisma regular

El **área lateral** de un prisma regular es la suma de las áreas de las caras laterales.

Dado que cada cara lateral es un paralelogramo de base b y altura h, su área es:

$$A_{\text{paralelogramo}} = b \cdot h$$

Si el prisma tiene ***n*** caras laterales, el área lateral es: $A_{\text{lateral}} = n \cdot b \cdot h = P_{\text{base}} \cdot h$.

Es decir, el área lateral es igual al producto del perímetro de la base del prisma por su altura.

El **área de las bases** de un prisma regular es el área de un polígono regular cuya apotema es a:

$$A_{\text{base}} = P_{\text{base}} \cdot a.$$

El **área total** de un prisma es la suma del área lateral más el área de los dos polígonos de las bases:

$$A_{total} = A_{lateral} + 2 \cdot A_{base}$$

El **volumen** de un prisma es igual al área de la base por la altura del prisma:

$$V_{prisma} = A_{base} \cdot h$$ (Ejemplo 14)

Ejemplo

14

El área lateral del prisma hexagonal del dibujo es igual a la suma de las áreas de los rectángulos de base 2 cm y altura 5 cm:

$$A_{lateral} = 6 \cdot 2 \cdot 5 = 60 \text{ cm}^2$$

El área de la base es igual al área del hexágono de 2 cm de lado y 3 cm de apotema:

$$A_{base} = A_{hexágono} = n \cdot \frac{l \cdot a}{2} = 6 \cdot \frac{2 \cdot 3}{2} = 18 \text{ cm}^2$$

Por tanto, el área total será:

$$A_{total} = A_{lateral} + 2 \cdot A_{base} = 60 + 2 \cdot 18 = 60 + 36 = 96 \text{ cm}^2$$

El volumen de este prisma hexagonal es igual al área de la base por la altura del prisma:

$$V_{prisma} = A_{base} \cdot h = 18 \cdot 5 = 90 \text{ cm}^3$$

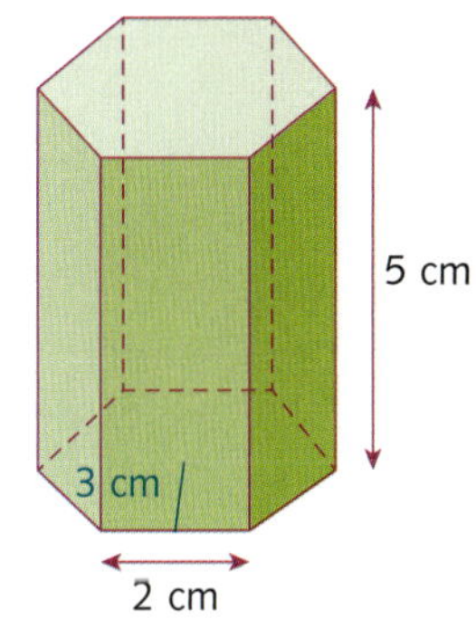

Problema resuelto

1

¿Cuántos metros cuadrados de madera se necesitan para fabricar una caja con forma de prisma de base cuadrada de 1 m de lado y 1,5 m de altura?

¿Cuál es la capacidad de esta caja de madera?

La caja que se quiere construir es un prisma de base cuadrada como la del siguiente dibujo:

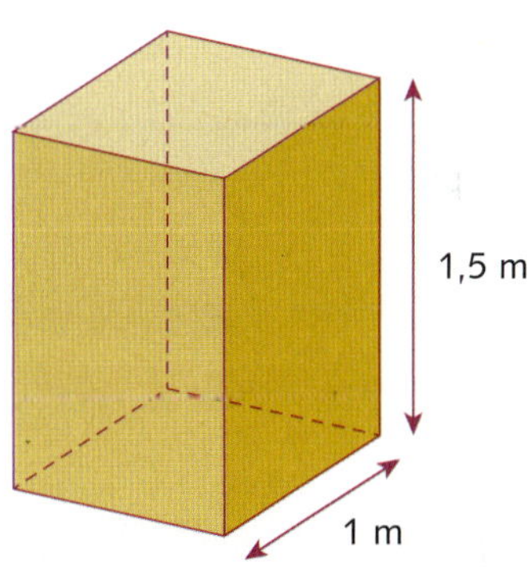

Para calcular cuántos metros cuadrados de madera se necesitan para construir la caja se ha de calcular el área total del prisma.

$$A_{lateral} = 4 \cdot 1 \cdot 1{,}5 = 6 \text{ m}^2$$

$$A_{base} = 1 \cdot 1 = 1 \text{ m}^2$$

$$A_{total} = A_{lateral} + 2 \cdot A_{base} = 6 + 2 \cdot 1 = 8 \text{ m}^2$$

Por tanto, para construir la caja se necesitan 8 m^2 de madera.

Para saber cuál es la capacidad de la caja de madera, basta con calcular el volumen que puede contener:

$$V_{prisma} = A_{base} \cdot h = 1 \cdot 1{,}5 = 1{,}5 \text{ m}^3$$

Actividades

8. Dibuja el desarrollo plano de un prisma hexagonal de 5 cm de altura cuyas bases tienen 2 cm de lado.

9. Dibuja el desarrollo plano de un prisma triangular de 6 cm de altura cuya base tiene 2 cm de lado. Calcula su área total y el volumen que ocupa.

10. Calcula cuántos azulejos de 0,5 m^2 se necesitan para recubrir el interior de una piscina de 12 m de largo por 5 m de ancho y de 3 m de profundidad. ¿Cuántos litros de agua se necesitan para llenarla? (1dm^3 = 1 litro)

11. ¿Cuánto cuesta pintar una columna de 4 m de altura con forma hexagonal si el lado de la base mide 50 cm y la pintura es de 18 €/m^2?

12. Un albañil tiene que empapelar las paredes de una habitación cuadrada de 4 m de lado y 2,75 m de altura. Si el metro cuadrado de papel cuesta 10 €, ¿cuánto cuesta empapelar la habitación?

4.2• Pirámides

Una **pirámide** es un poliedro irregular formado por una **base**, que es un polígono, y varias **caras laterales,** que son triángulos y concurren en un solo vértice, que se llama **vértice de la pirámide.** Una pirámide tiene tantas caras laterales como lados tiene su base.

La **altura** de una pirámide es la distancia que hay entre el centro de la base y el vértice. (Ejemplo 15)

Ejemplo 15

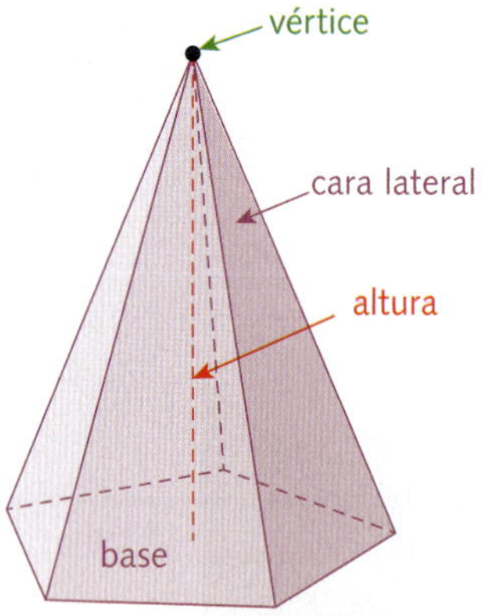

Si la altura de una pirámide coincide con la distancia del centro de la base de la pirámide al vértice, es una **pirámide recta.** Si no se cumple lo anterior, es una **pirámide oblicua.** (Ejemplo 16)

Si una pirámide es recta y su base es un polígono regular, decimos que es una **pirámide regular.** Las caras laterales de una pirámide regular son triángulos isósceles iguales entre sí y sus alturas son las **apotemas de la pirámide.** (Ejemplo 17)

Ejemplo 16

Pirámide recta

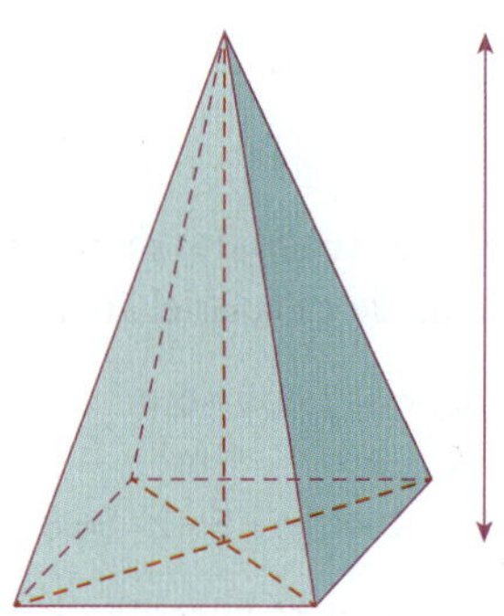

Pirámide oblicua

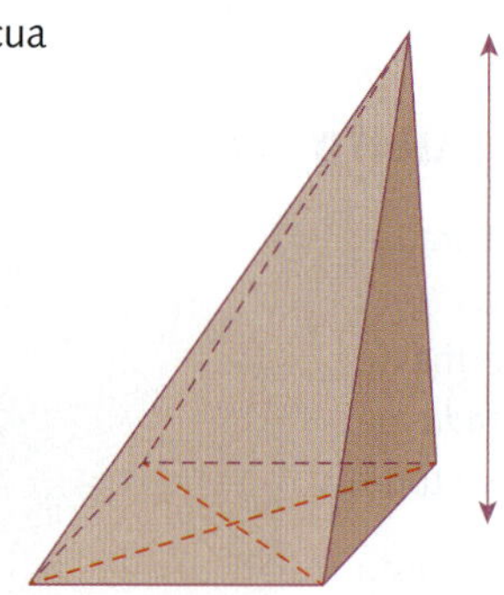

Ejemplo 17

Pirámide regular

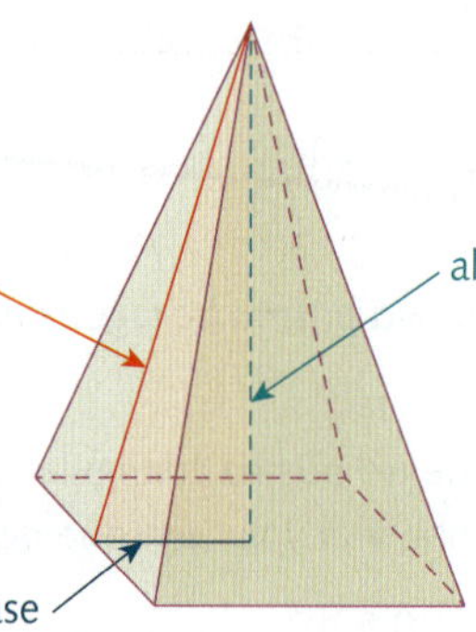

Las pirámides se pueden **clasificar** por el número de lados que tenga su base:

- La pirámide triangular, sus bases son triángulos.
- La pirámide cuadrangular, sus bases son cuadrados.
- La pirámide pentagonal, sus bases son pentágonos.
- La pirámide hexagonal, sus bases son hexágonos.
- Y así sucesivamente. (Ejemplo 18)

Ejemplo

18

Pirámide triangular

Pirámide cuadrangular

Pirámide pentagonal

Pirámide hexagonal

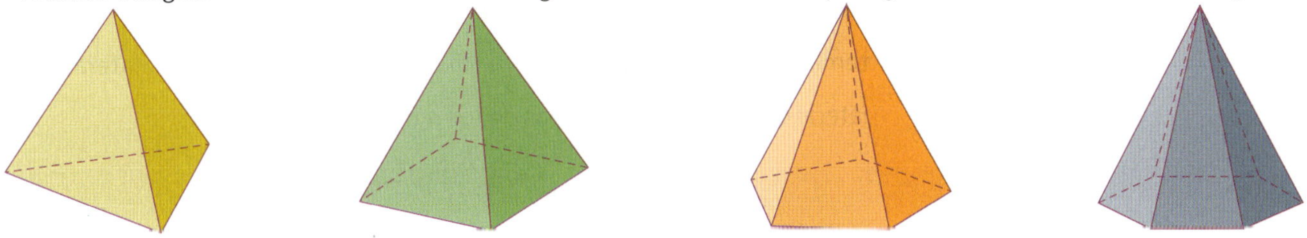

Desarrollo plano de una pirámide regular

El **desarrollo plano** de una **pirámide regular** está formado por el polígono que forma su base y por tantos triángulos como lados tenga el polígono de la base. (Ejemplo 19)

Relación entre la altura de una pirámide regular, la apotema de la base y la apotema de la pirámide

La altura (h) de una pirámide regular, la apotema de su base (a) y la apotema de la pirámide (a_p), forman un triángulo rectángulo.

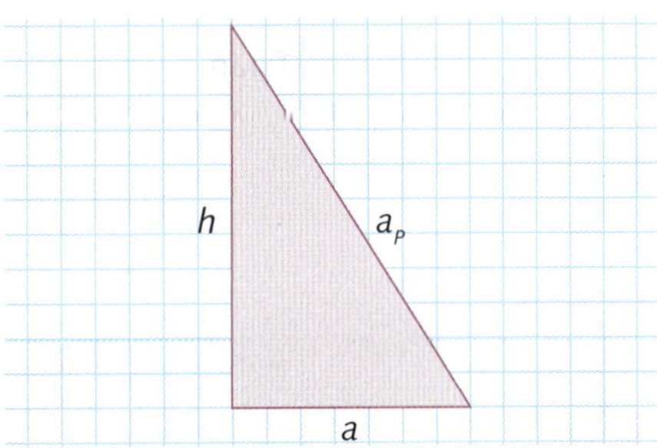

Se cumple el teorema de Pitágoras, siendo la apotema de la pirámide la hipotenusa: $a_p^2 = h^2 + a^2$

Tronco de pirámide

Si una pirámide se corta por un plano paralelo a la base de la pirámide, se obtiene un **tronco de pirámide.** Consta de **dos bases,** que son polígonos con la misma forma, pero de diferente tamaño, y sus **caras laterales** son trapecios.

Si se parte de una pirámide regular para obtener un tronco de pirámide, este también es **regular** y sus caras laterales son trapecios isósceles iguales. La altura de cada uno de ellos, es la apotema del tronco de pirámide, a_p. (Ejemplo 20)

Ejemplo

19

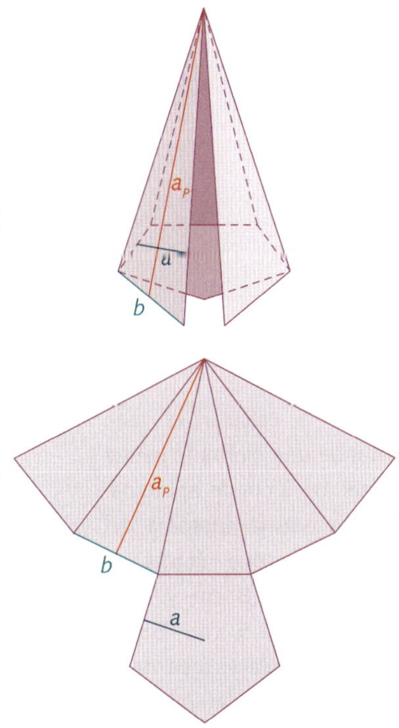

Ejemplo

20

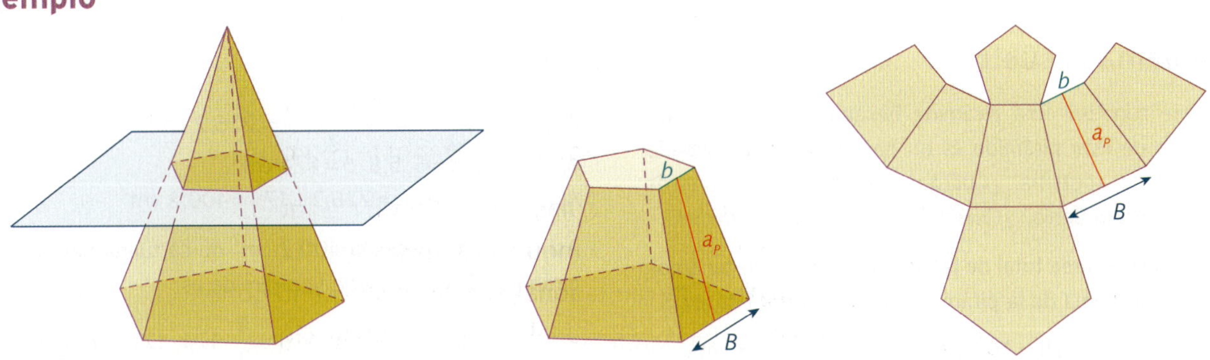

Área y volumen de una pirámide regular

El **área lateral** de una **pirámide regular** es la suma de las áreas de las caras laterales. Dado que cada cara lateral es un triángulo isósceles de base *b* y apotema *a*, su área es: $A_{triángulo} = \frac{b \cdot a}{2}$. Si la pirámide tiene *n* caras laterales, el área lateral es la suma de las áreas de los *n* triángulos isósceles:

$$A_{lateral} = n \cdot \frac{b \cdot a}{2} = \frac{n \cdot b \cdot a}{2} = \frac{P_{base} \cdot a}{2}$$

Es decir, el área lateral es igual al producto del perímetro de la base de la pirámide por la apotema de la pirámide, dividido entre dos.

El **área de la base** de un pirámide regular es el área de un polígono regular cuya apotema es *a*:

$$A_{base} = P_{base} \cdot a.$$

El **área total** de una pirámide es la suma del área lateral más el área del polígono de la base:

$$A_{total} = A_{lateral} + A_{base}$$

El **volumen** de una pirámide es igual al área de la base por la altura, divido entre 3:

$$V_{pirámide} = \frac{1}{3} \cdot A_{base} \cdot h$$ (Ejemplo 21)

Ejemplo 21

Vamos a calcular el área total de una pirámide pentagonal, de 3 cm de apotema. Vemos que la apotema del pentágono que forma la base mide 1,8 cm y cada lado mide 2,5 cm. Entonces, se calcula el área de la base y el área lateral de la pirámide:

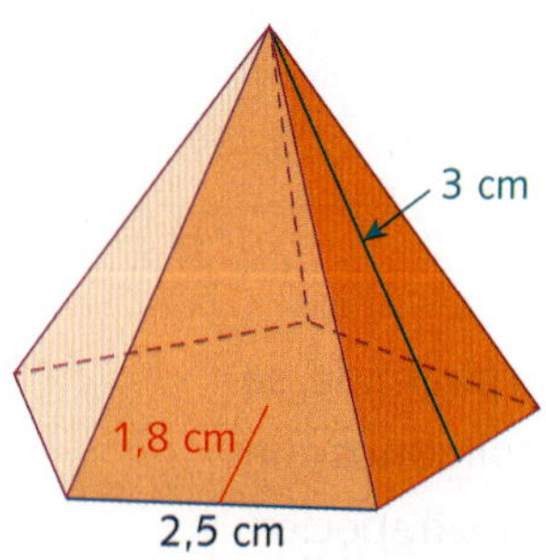

$$A_{lateral} = \frac{P_{base} \cdot a_P}{2} = \frac{5 \cdot 2{,}5 \cdot 3}{2} = 18{,}75 \text{ cm}^2$$

$$A_{base} = P_{base} \cdot a = 5 \cdot 2{,}5 \cdot 1{,}8 = 22{,}5 \text{ cm}^2$$

$$A_{total} = A_{lateral} + A_{base} = 18{,}75 + 22{,}5 = 41{,}25 \text{ cm}^2$$

Para calcular el volumen de esta pirámide pentagonal se necesita conocer la altura de la pirámide. Como no se dispone de este dato, se calcula aplicando el teorema de Pitágoras al triángulo que forman la apotema de la pirámide, su altura y la apotema del pentágono:

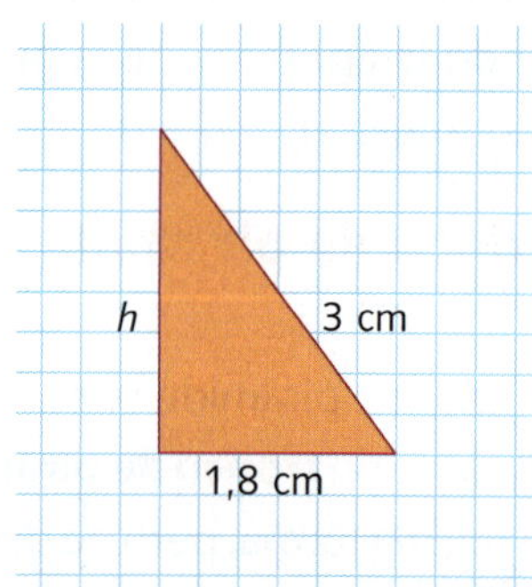

$$a_p^2 = a^2 + h^2 \Rightarrow 3^2 = 1{,}8^2 + h^2 \Rightarrow h^2 = 3^2 - 1{,}8^2 = 9 - 3{,}24 = 5{,}76 \text{ cm}$$

Por tanto, el volumen de la pirámide es:

$$V_{pirámide} = \frac{1}{3} \cdot A_{base} \cdot h = \frac{1}{3} \cdot 22{,}5 \cdot 5{,}76 = 43{,}2 \text{ cm}^3$$

Problema resuelto 2

Sonia quiere construir una pirámide hexagonal de 12 cm de alto. La base de esta pirámide es un hexágono de 5,8 cm de lado y 5 cm de apotema. ¿Cuánta cartulina, en centímetros cuadrados, utilizará Sonia? ¿Qué volumen tiene la pirámide?

Hay que calcular el área total de la pirámide. Como no tenemos el valor de la apotema de la pirámide, se calcula por Pitágoras:

$$a_p^2 = 12^2 + 5^2 = 144 + 25 = 169 \text{ cm}^2 \Rightarrow a_p = \sqrt{169} = 13 \text{ cm}^2$$

$$A_{lateral} = \frac{P_{base} \cdot a_P}{2} = \frac{6 \cdot 5{,}8 \cdot 13}{2} = 226{,}2 \text{ cm}^2$$

$$A_{base} = P_{base} \cdot a = 6 \cdot 5{,}8 \cdot 5 = 174 \text{ cm}^2$$

$$A_{total} = A_{lateral} + A_{base} = 226{,}2 + 174 = 400{,}2 \text{ cm}^2$$

Así que Sonia necesita 400,2 cm^2 de cartulina para construir la pirámide. El volumen de la pirámide es:

$$V_{pirámide} = \frac{1}{3} \cdot A_{base} \cdot h = \frac{1}{3} \cdot 174 \cdot 12 = 696 \text{ cm}^3$$

Área de un tronco de pirámide regular

El **área lateral** de un tronco de **pirámide regular** es la suma de las áreas de los trapecios isósceles. Hay tantas caras como lados tengan las bases. Entonces, siendo la base más pequeña de lado *b*, y la base mayor de lado *B*:

$$A_{\text{lateral}} = n \cdot \frac{b+B}{2} \cdot a_p = \frac{n \cdot b + n \cdot B}{2} \cdot a_p = \frac{P_{\text{base menor}} + P_{\text{base mayor}}}{2} \cdot a_p$$

El **área total** de un tronco de pirámide es la suma del área lateral más el área del polígono de la base:

$$A_{\text{total}} = A_{\text{lateral}} + A_{\text{base menor}} + A_{\text{base mayor}}$$ (Ejemplo 22)

Área de las bases de un tronco de pirámide regular

El área de la las bases de un tronco de pirámide regular es el área de los polígonos regulares que las forman. Si la apotema de cada uno es *a*:

$$A_{\text{base}} = P_{\text{base}} \cdot a$$

Ejemplo 22

El área lateral del tronco de pirámide del dibujo es:

$$A_{\text{lateral}} = n \cdot \frac{b+B}{2} \cdot a_p = 5 \cdot \frac{4+6}{2} \cdot 8 = 200 \text{ cm}^2$$

El área total del tronco de pirámide es:

$$A_{\text{base menor}} = P_{\text{base menor}} \cdot a = 5 \cdot 4 \cdot 2{,}8 = 56 \text{ cm}^2$$

$$A_{\text{base mayor}} = P_{\text{base mayor}} \cdot a = 5 \cdot 6 \cdot 4{,}1 = 123 \text{ cm}^2$$

$$A_{\text{total}} = A_{\text{lateral}} + A_{\text{base menor}} + A_{\text{base mayor}} = 200 + 56 + 123 = 379 \text{ cm}^2$$

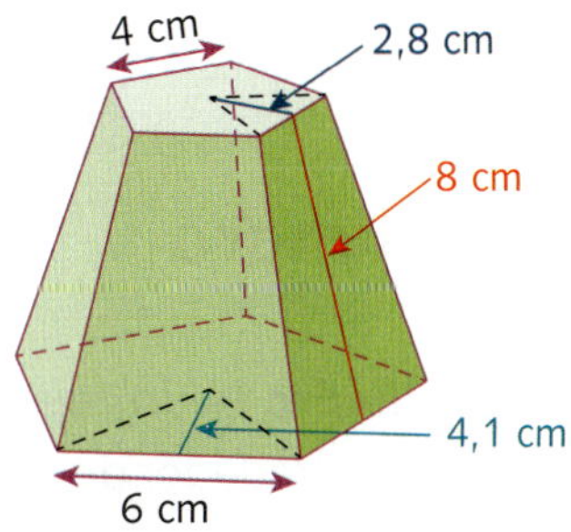

Actividades

13. Calcula en tu cuaderno el área lateral y total de este prisma regular de base hexagonal. Después, calcula su volumen.

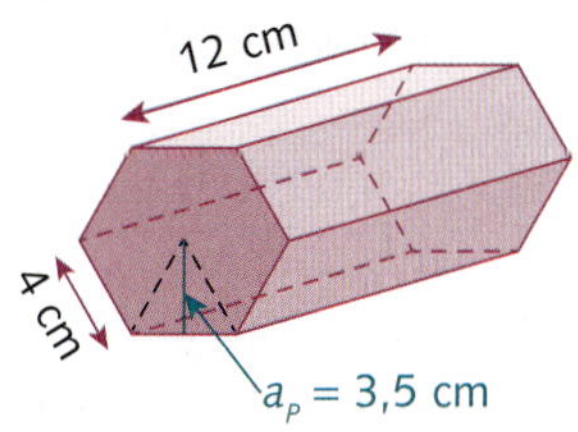

14. ¿Cuántos metros de papel se necesitan para cubrir un cubo de 4 cm de arista?

15. Copia en tu cuaderno e indica cuál de estos cálculos se corresponde con el cálculo del área total del prisma de base rectangular del dibujo:

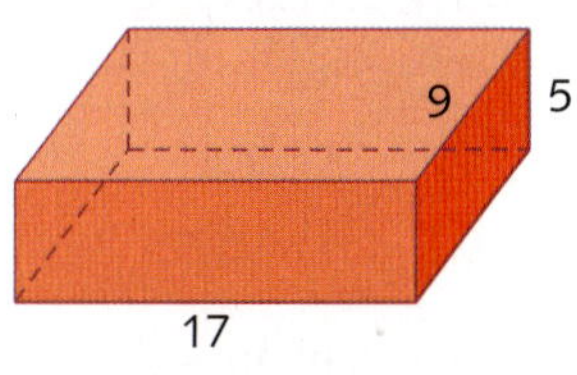

a) $9 \cdot 17 + 9 \cdot 5 \cdot 2 + 17 \cdot 5 \cdot 2$
b) $5 \cdot (9+9+17+17) + 9 \cdot 17 \cdot 2$
c) $9 \cdot 17 + 9 \cdot 17 + (9+17) \cdot 2 \cdot 5$
d) $9 \cdot 5 \cdot 4 + 9 \cdot 17 \cdot 2$

16. Calcula en tu cuaderno el área lateral y total de esta pirámide regular de base hexagonal. Después, calcula su volumen.

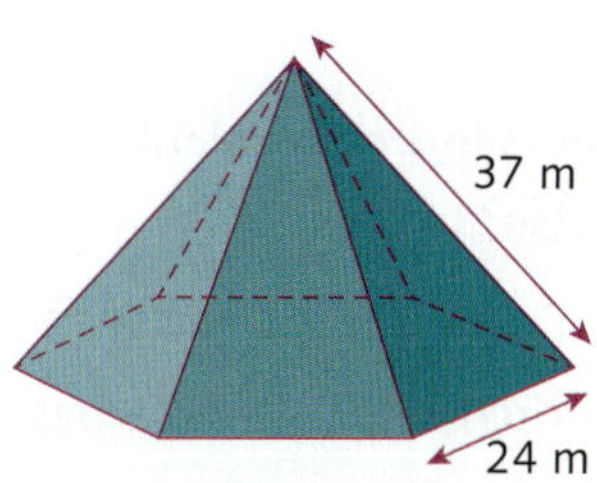

17. El triángulo del dibujo es una de las cuatro caras de una pirámide de base cuadrada.

a) Dibuja en tu cuaderno la pirámide formada.
b) Calcula en tu cuaderno el área lateral y total de la pirámide y su volumen.

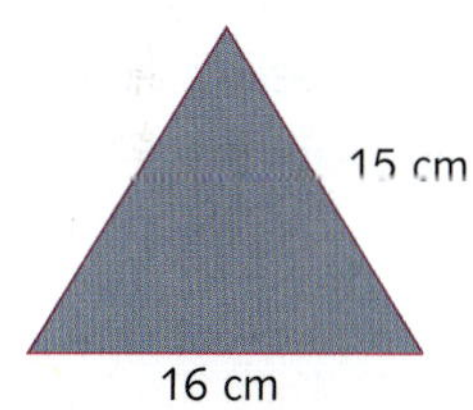

18. Calcula en tu cuaderno el área total del cuerpo del dibujo de la derecha. Observa que este cuerpo está formado por un cubo y una pirámide.

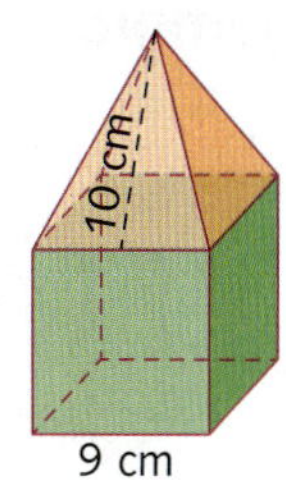

19. Calcula el área total y el volumen de este tronco de pirámide:

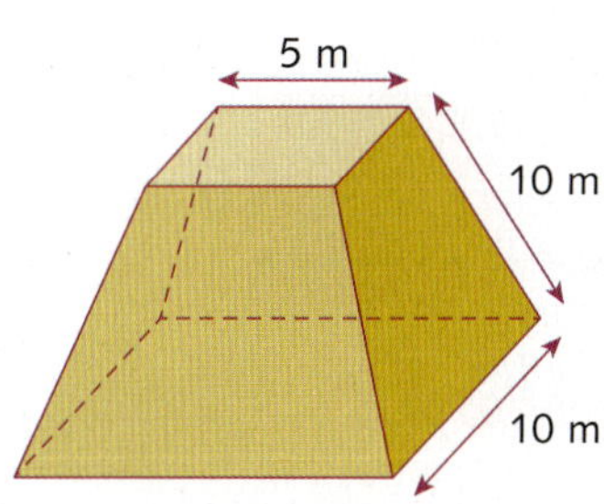

5•• Cuerpos de revolución

Un **cuerpo de revolución** es un cuerpo geométrico que se genera haciendo girar una figura plana alrededor de una recta, llamada eje de giro. (Ejemplo 23)

Ejemplo 23

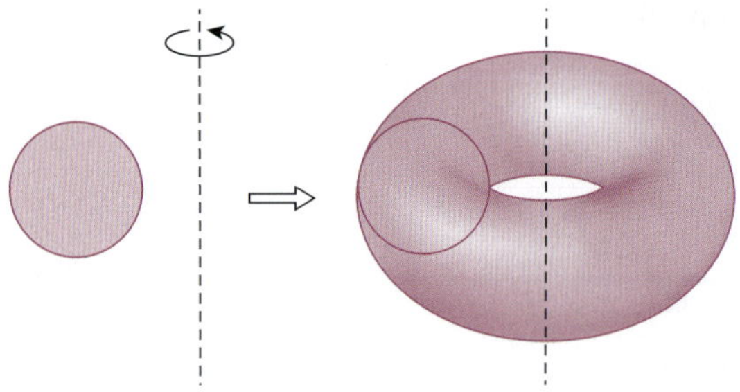

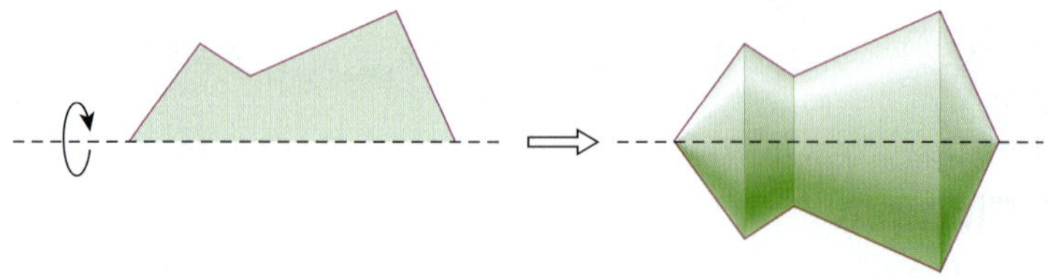

5.1• Cilindro

Un **cilindro** es un cuerpo de revolución que se genera al hacer girar un rectángulo alrededor de uno de sus lados. El lado del rectángulo que permanece fijo constituye el eje de giro, mientras que el lado que gira, generando la superficie del cilindro, se llama **generatriz, *g*.** La generatriz y el eje de giro son paralelos. La **altura, *h*,** del cilindro es igual a la medida de su generatriz.

Un cilindro tiene dos **bases** iguales, que son círculos, y una **superficie lateral,** que extendida es un rectángulo.

El **radio, *r*,** del cilindro es el radio de los círculos que forman sus bases. (Ejemplo 24)

Ejemplo 24

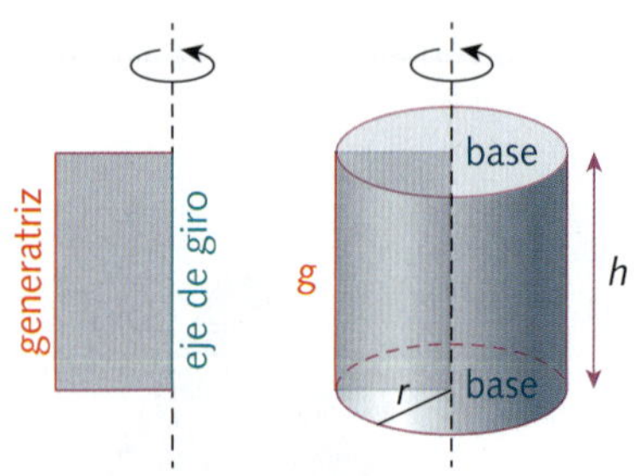

Desarrollo plano de un cilindro

El **desarrollo plano** de un **cilindro,** de radio r y altura h, está formado por dos círculos de radio r y un rectángulo de altura h cuya base mide $2\pi r$. (Ejemplo 25)

Ejemplo 25

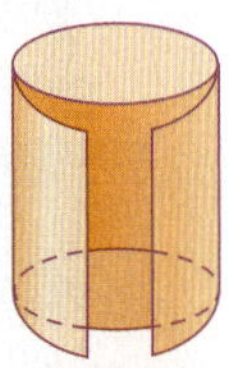

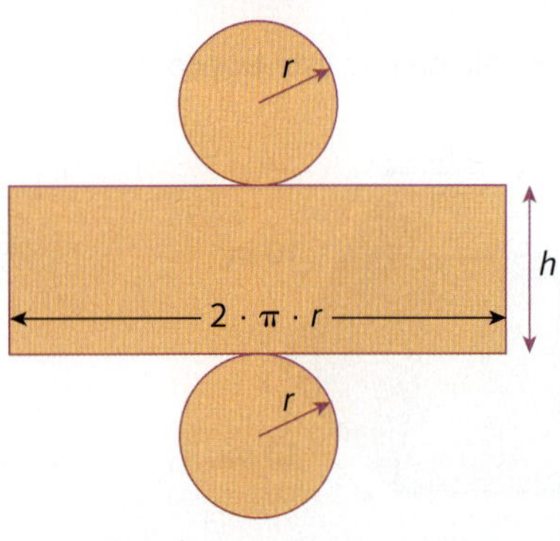

Área y volumen de un cilindro

El **área lateral** de un cilindro es el área del rectángulo del desarrollo plano, es decir, el producto de su base por su altura: $A_{\text{rectángulo}} = 2\pi r \cdot h$.

El **área** de una de las **bases** de un cilindro de radio r es: $A_{\text{base}} = \pi r^2$.

El **área total** de un cilindro se calcula sumando el área lateral más dos veces el área de una base:

$$A_{\text{total}} = A_{\text{rectángulo}} + 2 \cdot A_{\text{base}} = 2\pi r \cdot h + 2 \cdot \pi r^2 = 2\pi rh + 2\pi r^2$$

El **volumen** de un cilindro es el área de la base por la altura:

$$V_{\text{cilindro}} = A_{\text{base}} \cdot h = \pi r^2 \cdot h$$ (Ejemplo 26)

Ejemplo

26

El área lateral del cilindro del dibujo es: $A_{rectángulo} = 2\pi r \cdot h = 2\pi \cdot 3 \cdot 7{,}5 \cong 141{,}4\ cm^2$.

El área de la base de este cilindro es: $A_{base} = \pi r^2 = \pi \cdot 3^2 = \pi \cdot 9 \cong 28{,}3\ cm^2$.

Por tanto, el área total del cilindro es: $A_{total} = A_{rectángulo} + 2 \cdot A_{base} = 141{,}4 + 2 \cdot 28{,}3 = 198\ cm^2$.

El volumen del cilindro de la figura es: $V_{cilindro} = \pi r^2 \cdot h = \pi \cdot 3^2 \cdot 7{,}5 \cong 212{,}1\ cm^3$.

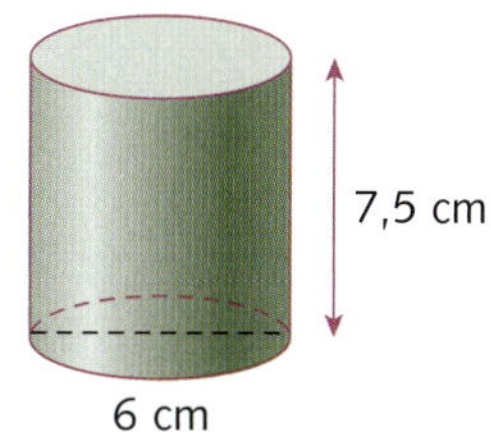

Problema resuelto

3

Para hacer una lata cilíndrica de 8 cm de diámetro y 10 cm de altura, Lola dispone de 300 cm² de hojalata. ¿Cuánto material necesita para las bases? ¿Le llega con la hojalata que tiene o necesitará más?

La lata que va a hacer Lola es un cilindro de 4 cm de radio y 10 cm de altura. Para saber cuánta hojalata necesita para las bases, se calcula el área de un círculo de radio 4 cm y se multiplica por dos:

$$A_{base} - \pi r^2 - \pi \cdot 4^2 - \pi \cdot 16 \cong 50{,}3\ cm^2$$

Así que Lola necesita $2 \cdot 50{,}3 = 100{,}6\ cm^2$ para las bases de la lata.

Para saber si le llegará a Lola con los 300 cm² de hojalata para hacer la lata, falta saber cuánto es el área lateral del cilindro:

$$A_{rectángulo} = 2\pi r \cdot h = 2\pi \cdot 4 \cdot 10 = 251{,}3\ cm^2$$

Así que Lola necesita en total $50{,}3 + 251{,}3 = 301{,}6\ cm^2$ de hojalata. Por tanto, no le llega con la cantidad de hojalata que tiene; nccesitará 1,6 cm² más.

5.2• Cono

Un **cono** es un cuerpo de revolución que se genera al hacer girar un triángulo rectángulo alrededor de uno de sus catetos. La hipotenusa del triángulo es la **generatriz, *g*,** y el cateto que permanece fijo durante la rotación constituye el eje de giro. El punto de apoyo de la generatriz sobre el eje es el **vértice** del cono, y la **altura, *h*,** del cono es la distancia del vértice al centro de la base.

Un cono tiene una **base**, que es un círculo, y una **superficie lateral,** que es un sector circular. El **radio** del cono, ***r*,** es el radio del círculo que forma su base. (Ejemplo 27)

Ejemplo

27

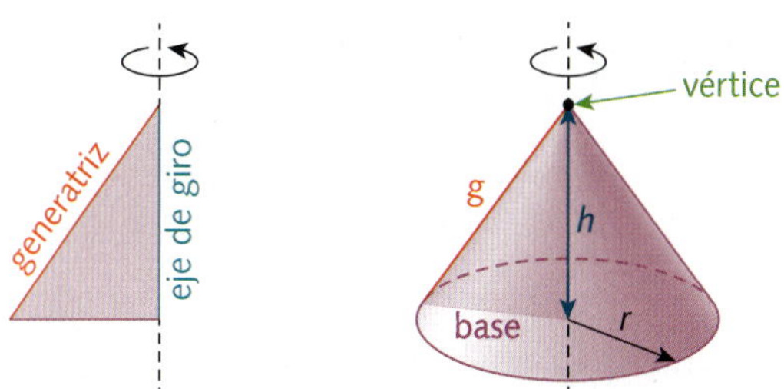

Desarrollo plano de un cono

El **desarrollo plano** de un **cono,** de radio *r* y generatriz *g*, está formado por un círculo de radio *r* y un sector circular con radio igual a la generatriz y longitud de arco $2\pi r$. (Ejemplo 28)

Ejemplo

28

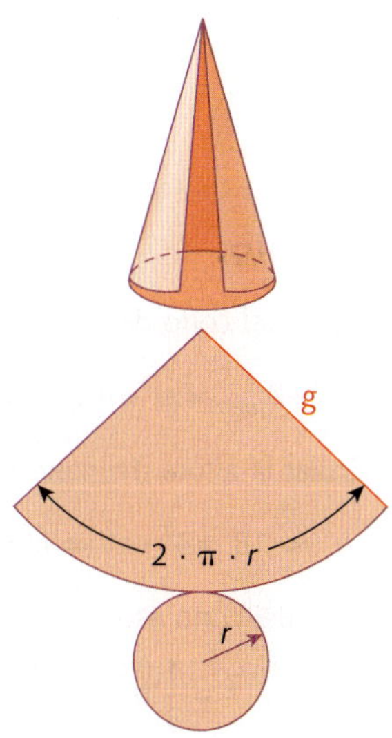

Tronco de cono

Si un cono se corta por un plano paralelo a la base del cono, se obtiene un **tronco de cono.** Un tronco de cono es un cuerpo de revolución generado al hacer girar un trapecio rectángulo alrededor de su altura.

La **generatriz** del tronco de cono, *g*, es el lado del trapecio que lo genera, y la **altura**, es la distancia entre sus dos bases.

Un tronco de cono tiene una **base**, que es un círculo, y una **superficie lateral**, que es un trapecio circular. (Ejemplo 29)

Ejemplo 29

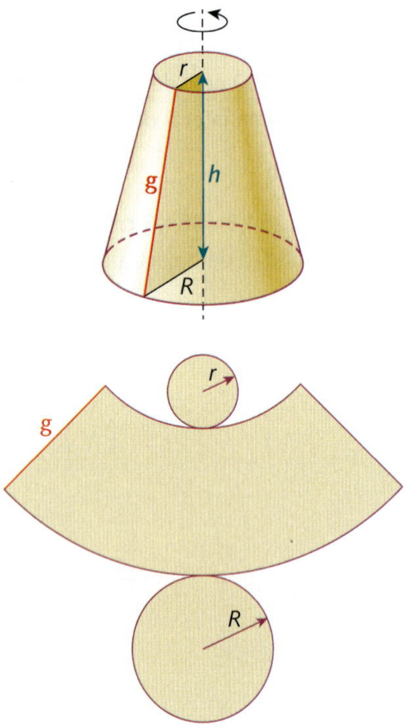

Relación entre la altura, la generatriz y el radio de un cono

La generatriz del cono, el radio y la altura forman un triángulo rectángulo.

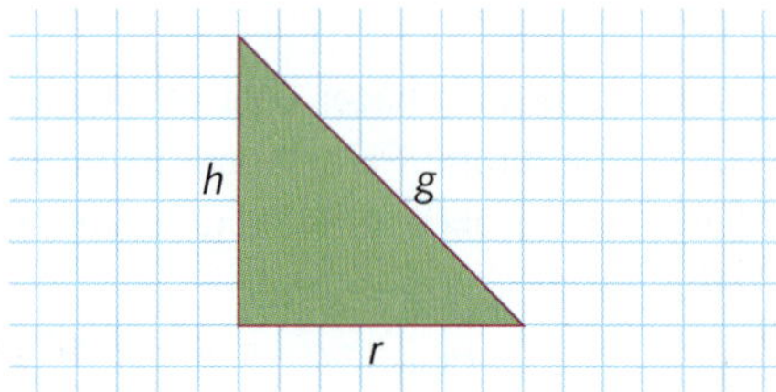

Estas medidas cumplen el teorema de Pitágoras, siendo la generatriz la hipotenusa y las otras dos medidas, los catetos: $g^2=r^2+h^2$

Área y volumen de un cono

El **área lateral** del cono, $A_{Lateral}$, es el área del sector circular de radio *g* y longitud de arco $2\pi r$. Calcular el área de este sector circular equivale a calcular la parte proporcional que le corresponde del área de un círculo de radio *g*, πg^2:

$$\frac{A_{\text{círculo}}}{L_{\text{círculo}}}=\frac{A_{\text{sector circular}}}{L_{\text{sector circular}}}\Rightarrow\frac{A_{\text{sector circular}}}{2\pi r}=\frac{\pi g^2}{2\pi g}\Rightarrow A_{\text{lateral}}=A_{\text{sector circular}}=\frac{\cancel{2}\pi r\cancel{\pi}g^{\cancel{2}}}{\cancel{2}\cancel{\pi}\cancel{g}}=\pi rg$$

El área de la **base** de un cono de radio *r* es el área de un círculo de radio *r*:

$$A_{\text{base}}=\pi r^2$$

El **área total** de un cono se calcula sumando el área lateral y el área de la base:

$$A_{\text{total}}=A_{\text{base}}+A_{\text{lateral}}=\pi r^2+\pi rg$$

El **volumen** de un cono, al igual que el de todos los cuerpos geométricos que terminan en un vértice, es la tercera parte del área de la base por la altura.

$$V_{\text{cono}}=\frac{1}{3}\cdot A_{\text{base}}\cdot h=\frac{1}{3}\pi r^2 h$$ (Ejemplo 30)

Ejemplo 30

El área total del cono del dibujo es:

$A_{\text{total}}=A_{\text{base}}+A_{\text{lateral}}=\pi r^2+\pi rg=\pi 4^2+\pi\cdot 4\cdot 18\cong 50{,}3+226{,}2=276{,}5\ \text{cm}^2$

Para calcular la altura del cono se aplica el teorema de Pitágoras:

$g^2=r^2+h^2\Rightarrow 18^2=4^2+h^2\Rightarrow h^2=18^2-4^2=324-16=308\Rightarrow h=\sqrt{308}\simeq 17{,}5\ \text{cm}$

El volumen del cono es:

$V_{\text{cono}}=\frac{1}{3}\cdot A_{\text{base}}\cdot h=\frac{1}{3}\pi r^2 h=\frac{1}{3}\pi\cdot 4^2\cdot 17{,}5\cong 293{,}2$

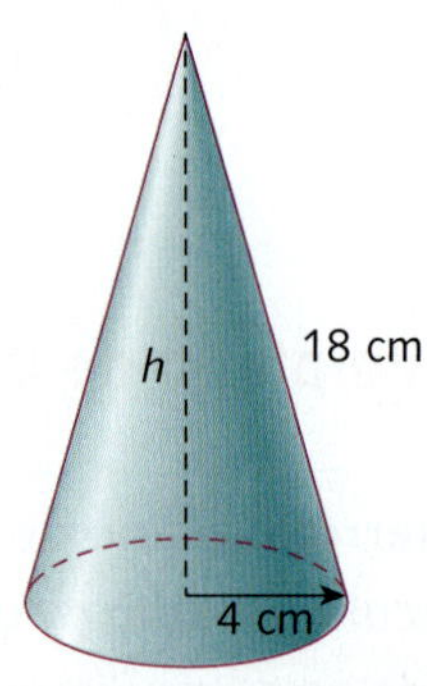

Área de un tronco de cono

El **área lateral** de un tronco de cono, cuya base mayor tiene un radio r_1 y cuya base menor tiene un radio r_2, es el área del trapecio circular que forma:

$$A_{lateral} = \pi \cdot (r_1 + r_2) \cdot g$$

Las **áreas** de las **bases** son:

$$A_{base\ mayor} = \pi r_1^2 \text{ y } A_{base\ menor} = \pi r_2^2$$

Por tanto, el **área total** de un tronco de cono es:

$$A_{total} = A_{lateral} + A_{base\ menor} + A_{base\ mayor} = \pi \cdot (r_1 + r_2) \cdot g + \pi r_1^2 + \pi r_2^2$$ (Ejemplo 31)

Ejemplo 31

El área total del tronco de cono del dibujo es:

$A_{total} = A_{lateral} + A_{base\ menor} + A_{base\ mayor} =$
$= \pi \cdot (5+3) \cdot 10 + \pi 5^2 + \pi 3^2 =$
$= \pi \cdot (80 + 25 + 9) =$
$= \pi \cdot 114 \cong 358,1\ cm^2$

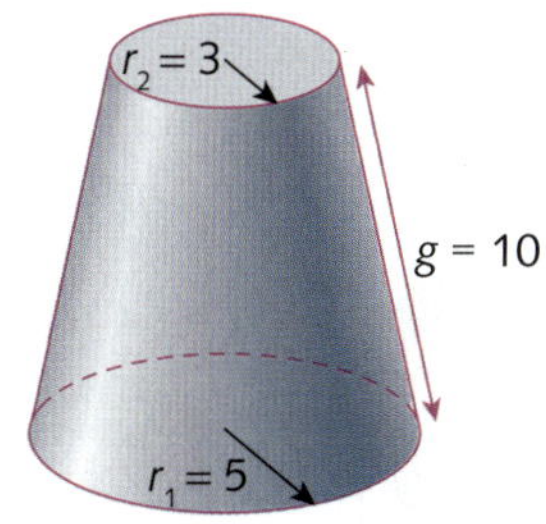

5.3• Esfera

Una **esfera** es un cuerpo de revolución que se genera al hacer girar una semicircunferencia alrededor de su diámetro.

El diámetro del semicírculo permanece fijo constituyendo el eje de giro, mientras que la semicircunferencia es la **generatriz, *g***, que al girar genera la esfera.

El centro de la esfera es el centro de la semicircunferencia. (Ejemplo 32)

Ejemplo 32

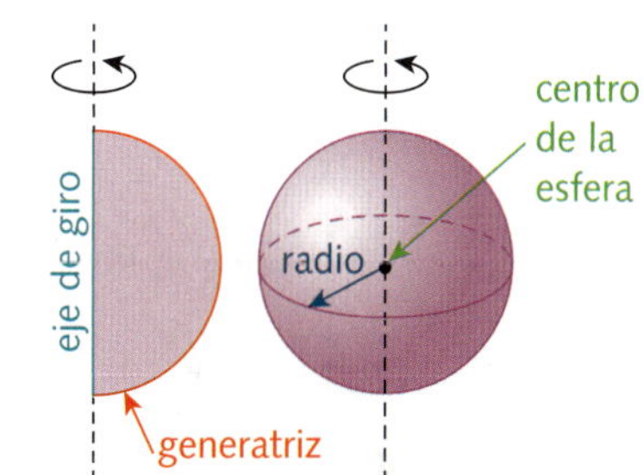

Área y volumen de una esfera

En los cuerpos geométricos, el área se calcula a partir de su desarrollo plano, pero en el caso de la esfera esto no es posible porque su desarrollo plano no se puede realizar de forma exacta.

Calcular el **área** de una esfera equivale a calcular el área lateral de un cilindro que tenga el mismo radio y cuya altura sea el diámetro de la esfera.

$$A_{esfera} = A_{lateral\ cilindro} = 2\pi r \cdot 2r = 4\pi r^2$$

Por tanto, el área de una esfera de radio *r* es igual al área de cuatro círculos del mismo radio.

El **volumen** de una esfera coincide con las dos terceras partes del volumen del cilindro que la contiene:

$$V_{esfera} = \frac{2}{3} \cdot V_{cilindro} = \frac{2}{3} \pi r^2 \cdot 2r = \frac{4}{3} \pi r^3$$ (Ejemplo 33)

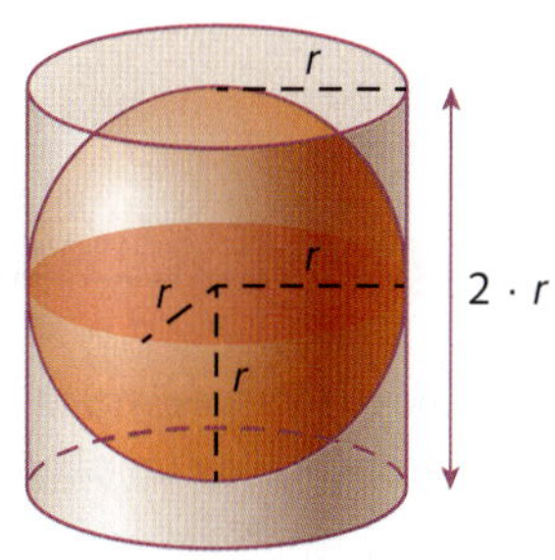

Ejemplo 33

El área total de la esfera del dibujo es: $A_{esfera} = 4\pi r^2 = 4\pi \cdot 5^2 \cong 314\ cm^2$

Para calcular el volumen basta con aplicar la fórmula:

$$V_{esfera} = \frac{4}{3} \pi r^3 = \frac{4}{3} \pi \cdot 5^3 \cong \frac{1570}{3} \cong 523,3\ cm^3$$

Vamos a comprobar que el volumen de la esfera coincide con las dos terceras parte del volumen del cilindro que lo contiene:

$V_{cilindro} = \pi r^2 \cdot 2r = \pi 5^2 \cdot 2 \cdot 5 = \pi \cdot 250 \cong 785\ cm^3$

Efectivamente, $V_{esfera} = \frac{2}{3} V_{cilindro} = \frac{2}{3} 785 = \frac{1570}{3} \cong 523,3\ cm^3$

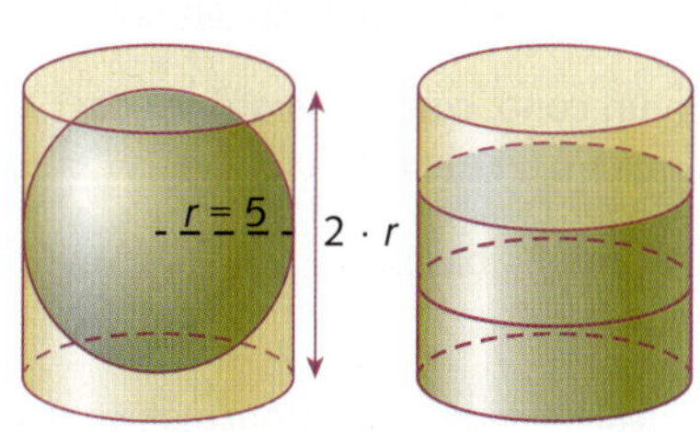

Cuerpos geométricos en la esfera

Una esfera se puede cortar con planos dando lugar a nuevos cuerpos geométricos:

Casquete esférico	Zona esférica
Es cada una de las partes de la esfera determinadas por un plano secante.	Es la parte de la esfera comprendida entre dos planos secantes paralelos.
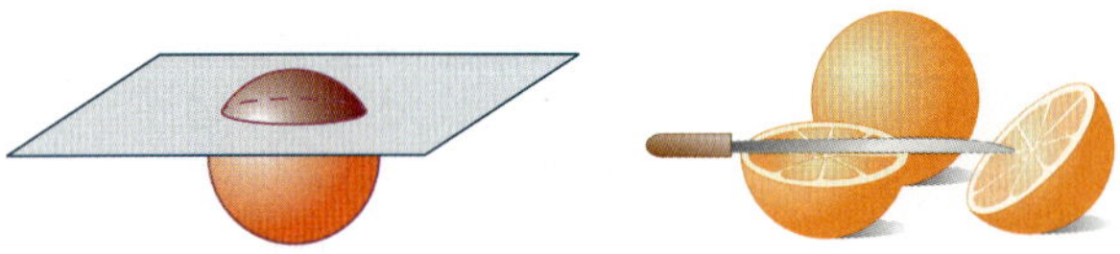	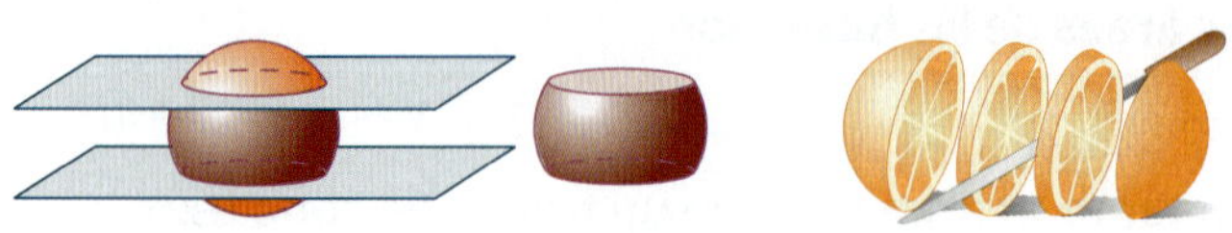

Áreas de cuerpos geométricos en la esfera

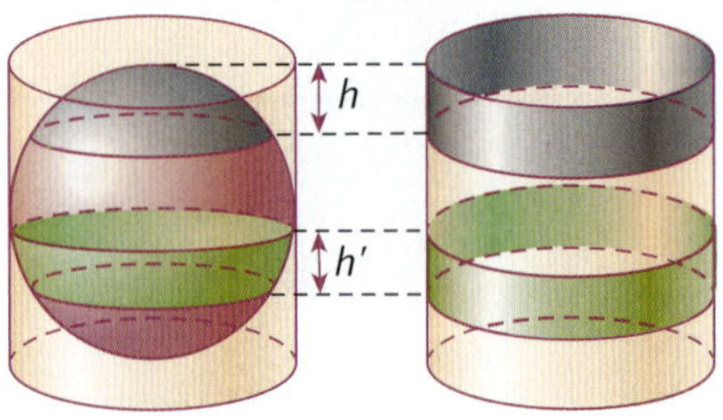

El **área** de un **casquete esférico** coincide con el área lateral de un cilindro cuyo radio es igual al radio de la esfera y cuya altura es la altura del casquete:

$$A_{\text{casquete esférico}} = 2\pi rh$$

El **área** de una **zona esférica** coincide con el área lateral de un cilindro cuyo radio es igual al radio de la esfera y cuya altura es la altura de la superficie esférica: (Ejemplo 34)

$$A_{\text{zona esférica}} = 2\pi rh'$$

Ejemplo

34

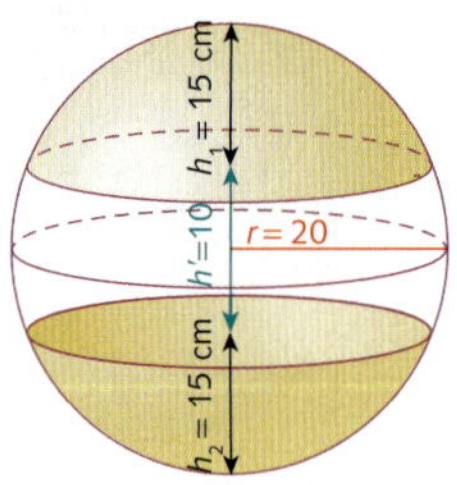

El área de la zona esférica del dibujo es:

$A_{\text{zona esférica}} = 2\pi \cdot 20 \cdot 10 \cong 1256 \text{ cm}^2$

De la misma manera se aplica la fórmula para calcular el área de los casquetes esféricos:

Según el dibujo, los casquetes esféricos son iguales. Para calcular su altura restamos a la altura de la esfera la altura de la zona esférica: $40-10=30$ cm. Por tanto, como son dos, cada uno de ellos tiene 15 cm de altura.

$A_{\text{casquete esférico}} = 2\pi \cdot 20 \cdot 15 \cong 1885 \text{ cm}^2$

Actividades

20. Copia en tu cuaderno y marca la opción que corresponda con el cálculo del área total de un cilindro de 18 cm de altura y 14 cm de diámetro.

a) $2 \cdot 7^2 \cdot \pi + 14 \cdot \pi \cdot 18$
b) $2 \cdot 14^2 \cdot \pi + 14 \cdot \pi \cdot 18$
c) $14 \cdot \pi + 14 \cdot \pi + 14 \cdot \pi \cdot 18$
d) $(2 \cdot 7^2 + 14 \cdot 18) \cdot \pi$

21. Dibuja el desarrollo plano de un cono de radio 5 cm y generatriz 17 cm. ¿Cuánto mide su altura?

22. En un cono, cuya generatriz mide 13 cm y el radio de su base es de 12 cm, calcula:

a) El área de la base.
b) El área lateral.
c) El área de todo el cono.
d) El volumen del cono.

23. Calcula el área de un tronco de cono de altura 12 cm, radio de la base mayor 5 cm y radio de la base menor 2 cm.

24. Calcula en tu cuaderno el área total y el volumen de este cilindro:

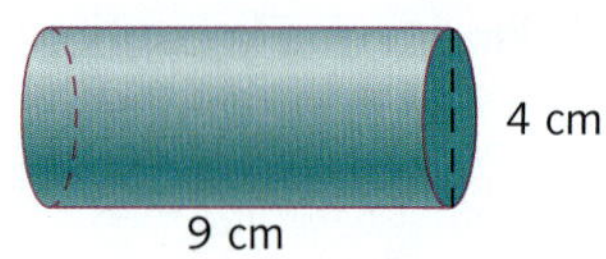

25. Una esfera tiene 4 m de radio. Calcula:

a) La altura del menor cilindro que la contiene.
b) El área de la esfera.

26. Compara el volumen de una pelota de tenis de 12 dm de diámetro con el volumen de un cilindro cuya altura y diámetro de la base también miden 12 dm.

27. En una esfera de 30 cm de diámetro, calcula:

a) El área de una zona esférica de 6 cm de altura.
b) El área de un casquete esférico de altura 6 cm.

Técnicas de trabajo

VOLUMEN EN CUERPOS SÓLIDOS IRREGULARES

Cuando un cuerpo sólido tiene una forma geométrica conocida (p. ej., cubo, cilindro) se puede determinar su volumen utilizando alguna fórmula matemática. Sin embargo, si nos encontramos ante un cuerpo sólido de forma irregular, como puede ser una piedra, al no disponer de fórmulas matemáticas que nos permitan determinar el espacio que ocupa, tenemos que recurrir a otros métodos. Un método sencillo es el **cálculo del desplazamiento o volumen desalojado.**

El desplazamiento o volumen desalojado es un método utilizado para medir el volumen que ocupa un objeto sólido si su forma no es regular.

Experimento para el cálculo del volumen que ocupa una pieza de fruta.

Material:

- 1 pieza de fruta (p. ej., un limón o una pera).
- Agua.
- 1 recipiente graduado lo suficientemente grande como para contener dentro la pieza de fruta.

Procedimiento:

1. En el recipiente graduado se vierte una cantidad de agua suficiente como para cubrir la pieza de fruta y se anota el volumen en el registro de datos (volumen inicial).
2. A continuación, se sumerge totalmente la pieza de fruta y se anota el nuevo volumen, que corresponde al agua con la fruta (volumen final).
3. El volumen que ocupa la pieza de fruta será la diferencia entre el volumen final, agua con fruta, y el volumen inicial, agua sola.

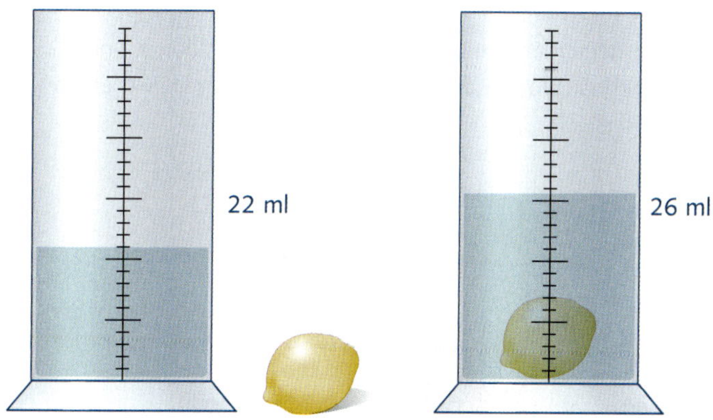

Registro de datos:

Datos	Valores
Volumen inicial (líquido)	150 ml
Volumen final (líquido y sólido)	175 ml
Diferencia de volumen	175 – 150 = 25 ml

Este método solo es útil para objetos pequeños que no absorben el líquido en el que son sumergidos. No sería posible utilizarlo, por ejemplo, ni para medir el espacio que ocupa un rascacielos, ni para medir el espacio que ocupa una porción de sal, porque esta se disuelve en el agua.

Actividades

1. Investiga en Internet cómo se inventó el método para determinar el volumen de un objeto con una forma irregular.

2. Busca dos objetos irregulares y calcula su volumen utilizando el método del desplazamiento.

Actividades finales

1. Completa en tu cuaderno estas frases:

a) El octaedro tiene ___ caras, ___ aristas y ___ vértices.
b) El dodecaedro tiene ___ caras, ___ aristas y ___ vértices.

2. ¿Qué cuerpo se puede formar con ocho triángulos equiláteros?

a) Dibuja el desarrollo plano del anterior cuerpo.
b) ¿Es un prisma? ¿Por qué?

3. Completa en tu cuaderno estas frases:

a) Una pirámide de base cuadrada tiene ___ caras, de las cuales ___ son paralelas, y tiene ___ aristas y ___ vértices.
b) Un cono tiene ___ caras, de las cuales ___ son paralelas, y tiene ___ aristas y ___ vértices.
c) Un prisma recto de base triangular tiene ___ caras, de las cuales ___ son paralelas, y tiene ___ aristas y ___ vértices.

4. Copia en tu cuaderno e indica cuál de estos cálculos se corresponde con el cálculo del área total del prisma cuya base es un trapecio isósceles.

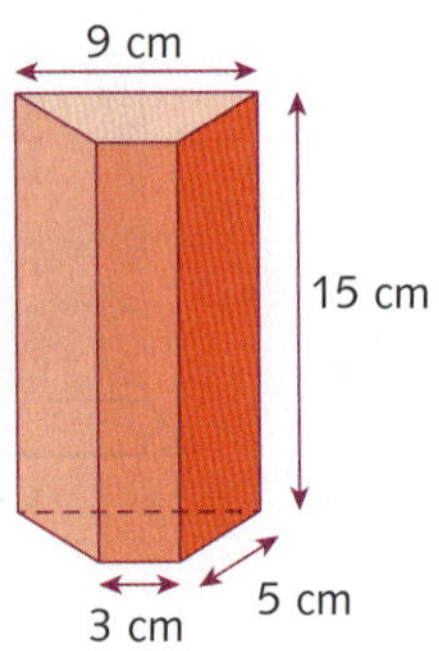

a) $(2 \cdot 5+3+9) \cdot 15$
b) $15 \cdot 5 \cdot 2+15 \cdot 9+15 \cdot 3$
c) $(9+3+5) \cdot 2 \cdot 15$
d) $3 \cdot 15+5 \cdot 15+9 \cdot 15+5 \cdot 15$

5. Calcula el área y volumen de estos cuerpos:

a) Un cubo de arista 12 cm.
b) Un tetraedro regular de arista 12 cm.

6. Halla el área total y el volumen de un prisma hexagonal regular de arista 8 cm y altura 10 cm.

7. Calcula en tu cuaderno el área total y el volumen de esta pirámide:

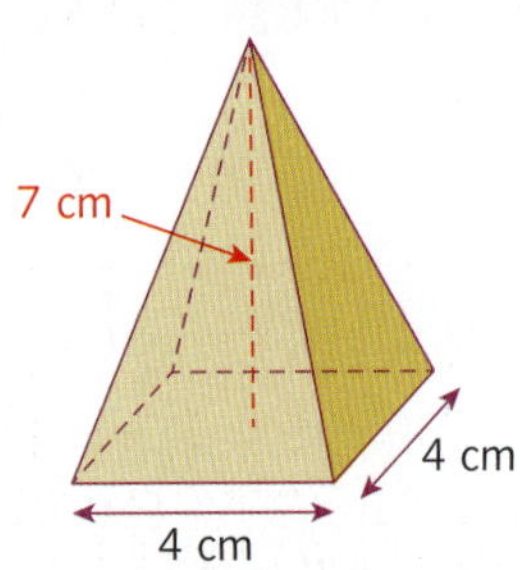

a) Si se construye otra pirámide de la misma altura cuya base sea un cuadrado cuyo lado mida el doble, ¿es verdad que se duplica el volumen?
b) Si se construye otra pirámide con el doble de altura y la misma base, ¿es verdad que se duplica el volumen?

8. ¿Qué cantidad de chapa se necesita para construir una lata cilíndrica de altura 1,8 cm cuya tapa tenga 0,6 cm de radio?

9. Calcula el área total y el volumen de este cuerpo, formado por dos cilindros:

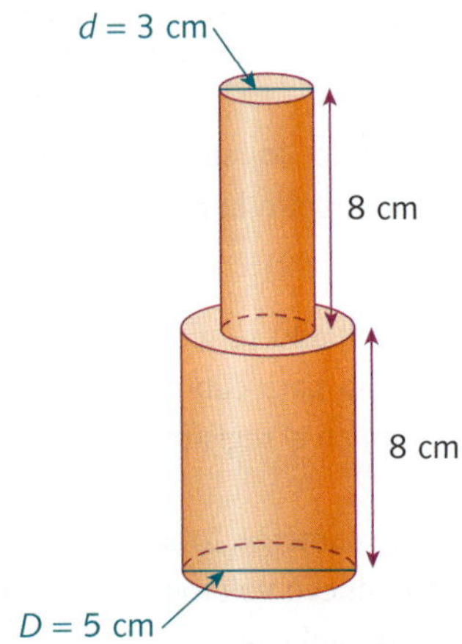

10. Calcula el área y el volumen de un depósito esférico de 4 metros de diámetro.

11. Sabiendo que el radio de la Tierra mide 6 370 km, ¿cuál será aproximadamente la superficie de nuestro planeta?

12. Halla el área de una zona esférica de altura 3 cm en una esfera de 14 cm de diámetro.

13. Indica cuál de los siguientes recipientes tiene la mayor capacidad:

a)

b)

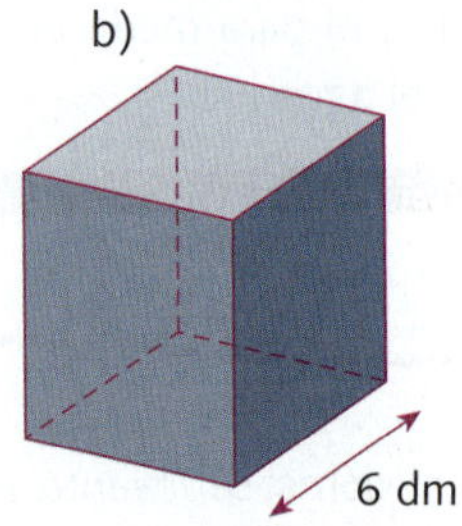

c)

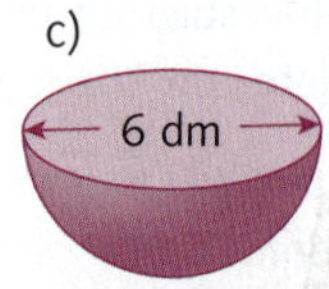

Unidad 11 Funciones: conceptos básicos

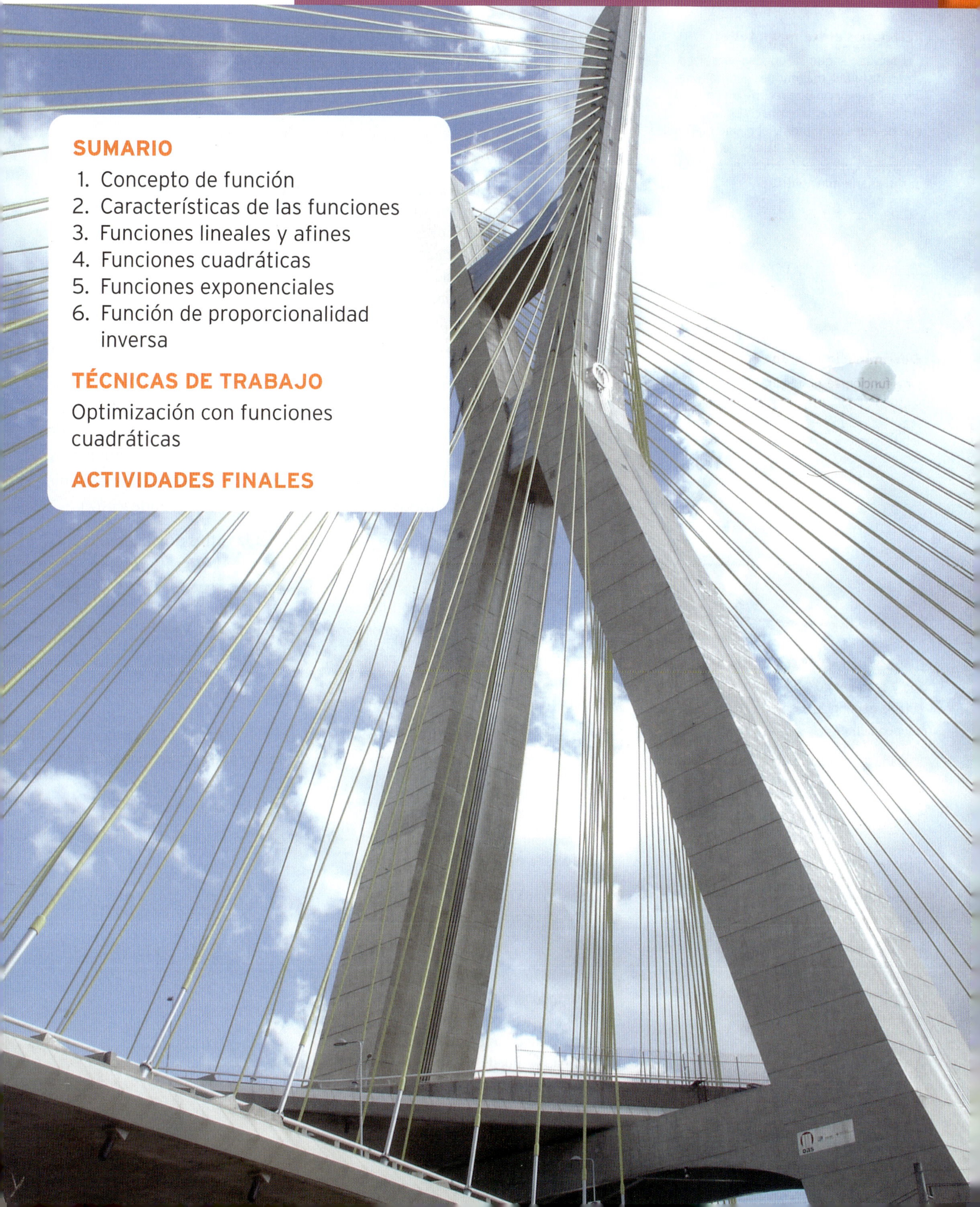

SUMARIO

1 Concepto de función

Una **función, *f*,** es una relación entre dos variables, *x* e *y*, tal que a cada valor de *x* (variable independiente) le corresponde, como mucho, **un único** valor de *y* (variable dependiente), de manera que $y=f(x)$. (Ejemplo 1)

Ejemplo 1

- La relación entre el área de un jardín cuadrado y su lado es una relación funcional, que viene dada por la función $f(x)=x^2$, donde *x* es el lado del jardín y el área que ocupa es x^2. Si el lado mide $x=5$ m, la superficie del jardín es $y=f(5)=5^2=25$ m^2.
- La relación entre la altura de una persona y su edad no es una relación funcional, porque una persona mide lo mismo durante muchos años. A la altura $x=1{,}65$ m le corresponde más de un valor de edad, por ejemplo, $y=14$, $y=15$ e $y=16$.

Las **relaciones funcionales** pueden ser **expresadas** de alguna de estas formas:

- **Algebraicamente:** mediante una **fórmula o ecuación** que permite obtener el valor de *y* cuando se conoce el valor de *x*.
- **Numéricamente:** mediante una **tabla** de valores que se obtiene a partir de una fórmula, dando valores a *x* y calculando los valores de *y* correspondientes.
- **Gráficamente:** la **gráfica** de una función, *f*, es la curva que se obtiene al unir, en el plano cartesiano, todos los puntos de la forma (*x*,*y*), donde $y=f(x)$.

A partir de cualquiera de ellas, se pueden obtener las otras dos. (Ejemplo 2)

Ejemplo 2

Una función relaciona los kilogramos vendidos de Naranjas de Valencia en una frutería, con el precio pagado por distintas cantidades de naranjas. Si el precio de las naranjas es 1,20 €/kg, *x*="N.º kilogramos vendidos" e *y*="precio de la venta".

Esta función se puede expresar de estas tres formas:

- Algebráicamente. Mediante la ecuación de la función: $f(x)=1{,}20x$.

  Dando valores a la variable *x* en la fórmula, se calculan los valores correspondiente de *y*:

  Si $x=1 \Rightarrow y=f(1)=1{,}20\cdot 1=1{,}20$ Si $x=3 \Rightarrow y=f(3)=1{,}20\cdot 3=3{,}60$

  Si $x=2 \Rightarrow y=f(2)=1{,}20\cdot 2=2{,}40$ Si $x=5 \Rightarrow y=f(5)=1{,}20\cdot 5=6$

- Numéricamente. Mediante una tabla se puede describir la función, con los valores hallados anteriormente:

X	1	2	3	5
Y	1,20	2,40	3,60	6

- Gráficamente. Conociendo la ecuación se pueden dibujar los puntos para poder representar la gráfica de la función.
  Conociendo la tabla, de la misma forma, se puede representar la gráfica de la función.
  Conociendo la gráfica, se puede construir la tabla de valores.

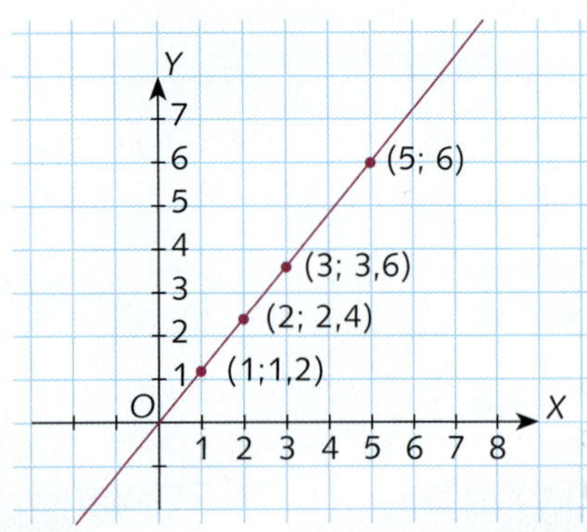

Relaciones entre magnitudes

Las relaciones que se pueden establecer entre distintas magnitudes, como pueden ser el espacio que recorre un coche y el tiempo que tarda en hacerlo, la cantidad de fruta comprada y el precio que se paga por ella, etc., se llaman relaciones funcionales, porque pueden ser expresadas mediante funciones.

Denominación de una función

Una función se denomina por la letra *f*, de manera que $y=f(x)$, y se lee "f de x".

Pero también es habitual usar otras letras, como *g* o *h*: $y=g(x)$ o $y=h(x)$.

Actividades

1. Amelia quiere invitar a sus amigas al cine y cada entrada cuesta 8 €. ¿Cuál es la variable dependiente en esta relación? ¿Y la independiente?

2. Dada la siguiente tabla, dibuja en tu cuaderno la gráfica de la función:

Diámetro	1	2	3	4	5
Longitud de la circunferencia	3,14	6,28	9,42	12,57	15,71

3. Construye en tu cuaderno una tabla de valores para estas funciones:

   a) $f(x)=3x$
   b) $f(x)=5(x+1)$
   c) $f(x)=1+x^2$
   d) $y=10-\dfrac{x}{2}$

4. Un metro de tela cuesta 10,25 €. ¿Cuánto cuestan 5 m de tela? ¿Y 10 m? ¿Y *x* m? Escribe la fórmula que expresa esta relación.

2•• Características de las funciones

Dada una representación gráfica de una curva se puede comprobar si corresponde o no a una función si para cada valor de la variable x le corresponde un único valor de y. (Ejemplo 3)

Ejemplo 3

Esta gráfica no representa una función, porque hay valores de x, a los que le corresponden más de un valor de y.

Por ejemplo:
$x=1$, $f(1)=2$ y $f(1)=-2$.

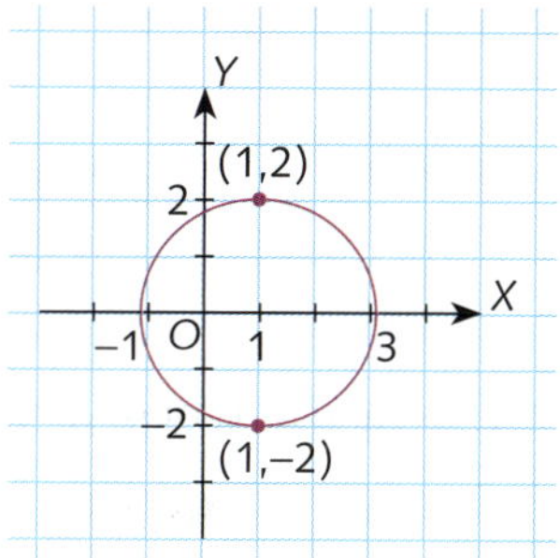

Esta gráfica sí corresponde a una función, porque se puede observar que a cada valor de la variable independiente x le corresponde un único valor y.

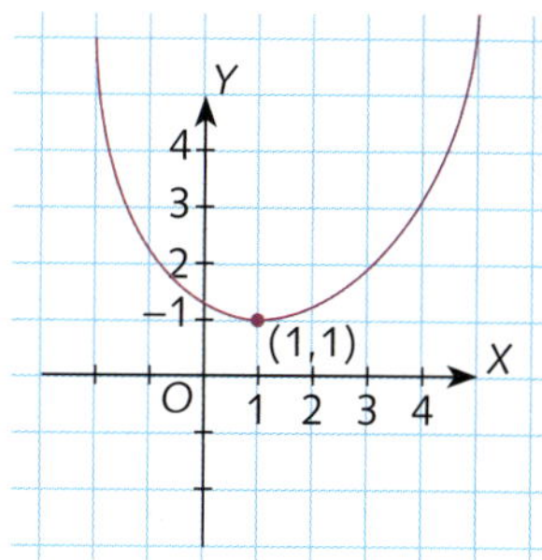

Para representar gráficamente una función, se deben estudiar sus características: dominio, recorrido, continuidad, puntos de corte con los ejes, crecimiento, puntos máximos y mínimos, periodicidad, simetría, etc.

2.1• Dominio, recorrido y continuidad de una función

El **dominio** de una función es el conjunto de valores de x para los cuales se puede calcular su imagen, y. Se representa por $D(f)$ o Dom (f). El **recorrido o imagen** es el conjunto de valores de y que son la imagen de algún valor del dominio.

Una **función** es **continua** si su gráfica no tiene ningún salto. En ese caso la gráfica se puede trazar sin necesidad de levantar el lápiz del papel. (Ejemplo 4)

Si la gráfica de una función da un salto en vertical en algún punto de su dominio, $x=a$, la función no es continua en ese punto. Los puntos donde la gráfica da un salto se denominan **discontinuidades** de la función. (Ejemplo 5)

Ejemplo 4

Esta función es continua para todos los números reales:

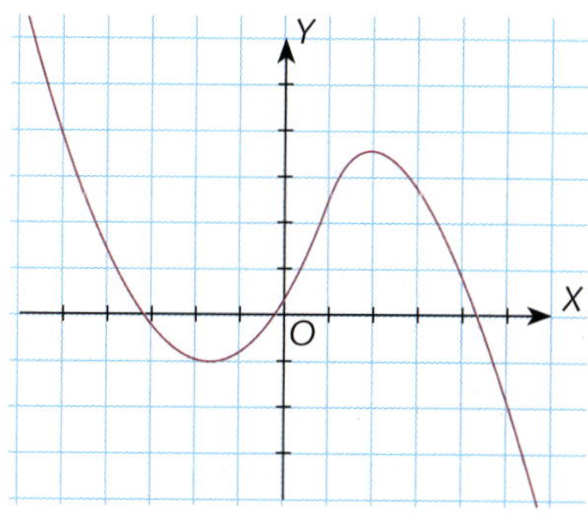

Ejemplo 5

En la gráfica de la derecha, el **dominio** de la función son todos los valores de x comprendidos entre −2 y 5.

El **recorrido** o **imagen** de esta función son todos los valores de y comprendidos entre 0 y 4.

La función correspondiente a esta gráfica es continua para todos los valores de x desde $x=-2$ hasta $x=5$, excepto en $x=1$, donde la función da un salto.

Es decir, $f(x)$ es discontinua en $x=1$.

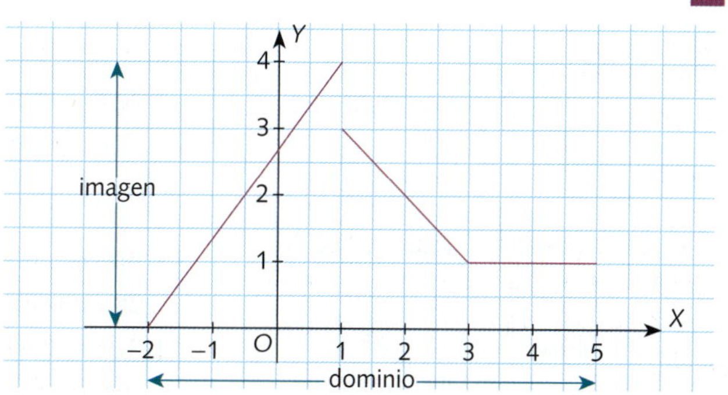

2.2• Puntos de corte con los ejes cartesianos

Los puntos de la función que pertenecen a los ejes de coordenadas se denominan **puntos de corte** y para calcularlos se procede así: (Ejemplo 6)

- **Puntos** de **corte** con el **eje *Y*, de ordenadas:** son aquellos puntos en los que $x=0$, por lo que son de la forma $(0, f(0))$.
- **Puntos** de **corte** con el **eje *X*, de abscisas:** son los puntos en los que $y=0$, son de la forma $(x, 0)$. Se calculan igualando la función a 0 y resolviendo la ecuación.

Ejemplo 6

Para la función $f(x)=x+5$, los puntos de corte con los ejes coordenados son:

- Corte con el eje *Y*:
  $x=0 \Rightarrow f(0)=0+5=5$
  El punto de corte es: (0, 5).
- Corte con el eje *X*:
  $y=0 \Rightarrow 0=x+5 \Rightarrow x=-5$
  El punte de corte es: (–5, 0).

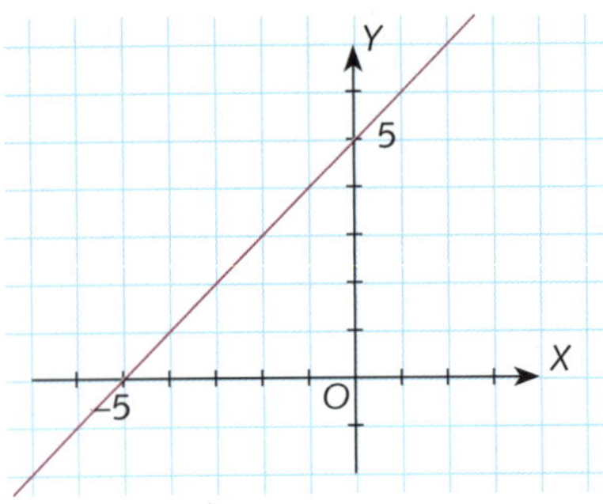

2.3• Crecimiento y decrecimiento

Una función *f* es **creciente** en un intervalo, (a, b), cuando al aumentar el valor de la variable *x*, aumenta el valor de la variable *y*. Entonces, la gráfica de la función, vista de izquierda a derecha, asciende. (Ejemplo 7)

Una función es **decreciente** en un intervalo, (a, b), cuando al aumentar el valor de la variable *x*, disminuye el valor de la variable *y*. Entonces, la gráfica de la función, vista de izquierda a derecha, desciende. (Ejemplo 8)

Una función es **constante** en un intervalo, (a, b), cuando al aumentar el valor de la variable *x*, la variable *y* toma el mismo valor. (Ejemplo 9) (Ejemplo 10)

Ejemplo 7

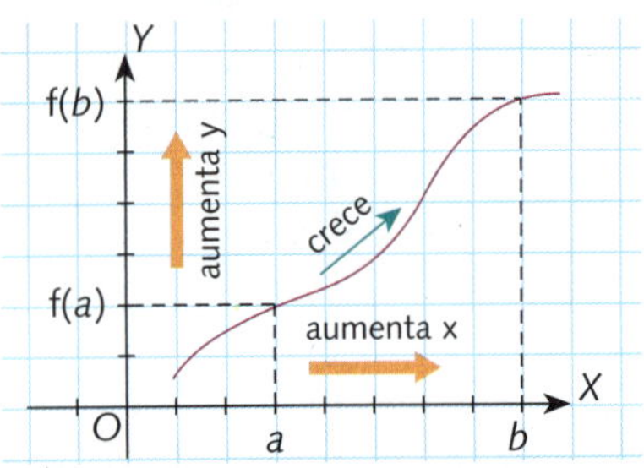

Ejemplo 8

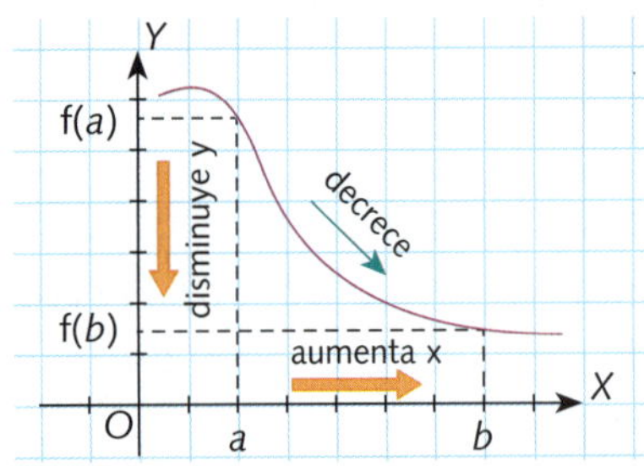

Ejemplo 9

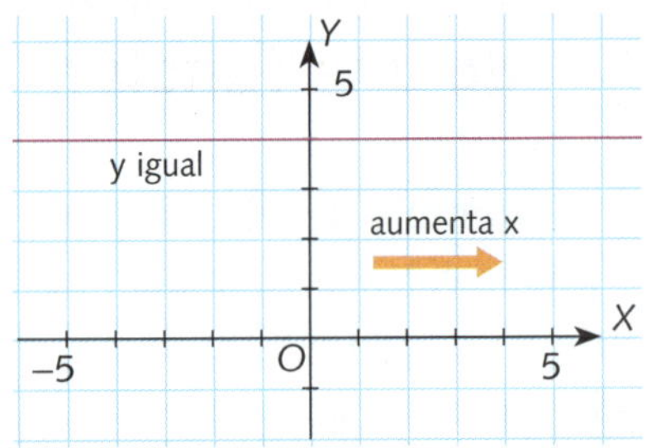

Ejemplo 10

En la gráfica del Ejemplo 5, la función es creciente desde $x=-2$ hasta $x=1$, decrece desde $x=1$ a $x=3$, y es constante desde $x=3$ hasta $x=5$.

2.4• Máximos y mínimos de una función

Una función presenta un **máximo relativo** en $x=a$, cuando $f(a)$ es mayor que cualquiera de los valores de $f(x)$ que están a su alrededor. En este punto, la función pasa de ser creciente a decreciente. Si $f(a)$ es mayor que cualquier otro punto, la función alcanza el **máximo absoluto** en $x=a$.

Una función presenta un **mínimo relativo** en $x=a$, cuando $f(a)$ es menor que cualquiera de los valores de $f(x)$ que están a su alrededor. En este punto, la función pasa de ser decreciente a creciente. Si $f(a)$ es menor que cualquier otro punto, la función alcanza el **mínimo absoluto** en $x=a$. (Ejemplo 11)

Ejemplo 11

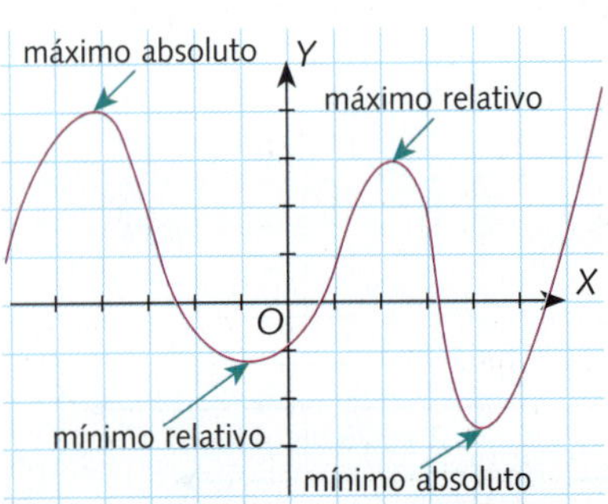

2.5• Periodicidad y simetría

Una **función** es **periódica** si al aumentar los valores de la x, se repite el mismo dibujo una y otra vez. El **periodo de la función, *p*,** es el fragmento que se va repitiendo. Así, cuando a un valor de x se le suma el periodo, se vuelve a obtener la misma imagen, $f(x)=f(x+p)$. (Ejemplo 12)

Ejemplo 12

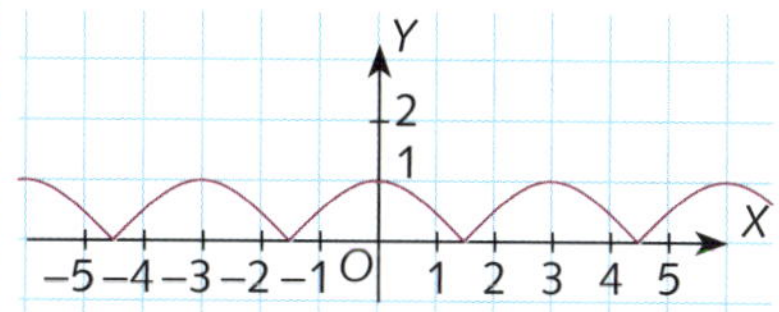

Como $f(0)=f(0+3)=1$, entonces el periodo es $p=3$.

Una **función** es **par** si es simétrica respecto al eje de ordenadas. En una función par se obtiene el mismo resultado al sustituir en ella un valor y su opuesto: $f(-x)=f(x)$. (Ejemplo 13)

Una **función** es **impar** si es simétrica respecto al origen de coordenadas. Al sustituir en una función impar un valor cualquiera y su opuesto, se obtienen resultados opuestos: $f(-x)=-f(x)$. (Ejemplo 14)

Ejemplo 13

La gráfica coincide a ambos lados al doblar el papel por el eje *OX*.

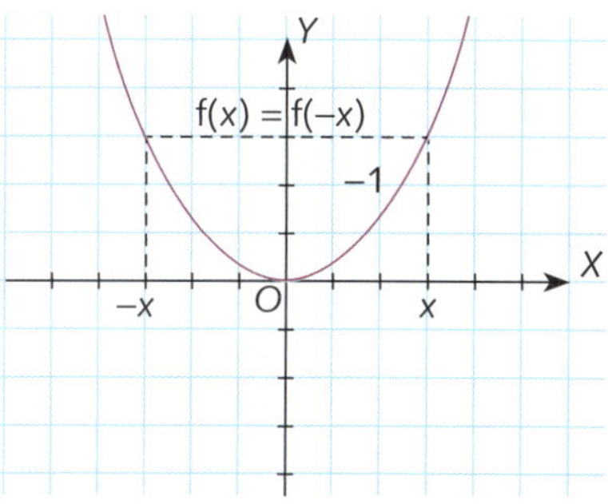

Ejemplo 14

La gráfica coincide al doblar el papel por el eje *OY* y después por el eje *OX*.

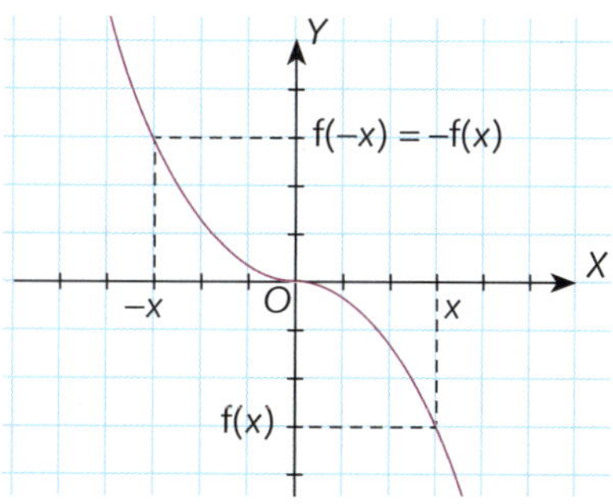

Problema resuelto 1

Observando la gráfica de la función $f(x)=x^2-x-2$, determina su dominio, el recorrido, la continuidad, los puntos de corte con los ejes, el crecimiento y decrecimiento, la simetría y los máximos y minimos, si los tiene.

Cualquier número real tiene una imagen, por lo que su **dominio** son todos los números reales. Sea cual sea el valor de la variable x, le corresponde un valor de y mayor que $-2{,}25$; por tanto, su **imagen o recorrido** son todos los números mayores que $-2{,}25$.

Es una función **continua** decreciente hasta $x=0{,}5$ y creciente desde $x=0{,}5$.

El **punto de corte** con el **eje *Y*** es: $(0, f(0)) = (0, -2)$.

Igualando la función a cero:
$x^2-x-2=0 \Leftrightarrow x=-1$ y $x=2$.

Por tanto, los **puntos de corte** con el **eje *X*** son: $(-1, 0)$ y $(2, 0)$.

La función alcanza su **mínimo** en $(0{,}5, -2{,}25)$.

No es una función par porque:
$f(-x)=(-x)^2-(-x)-2=x^2+x-2\neq f(x)$

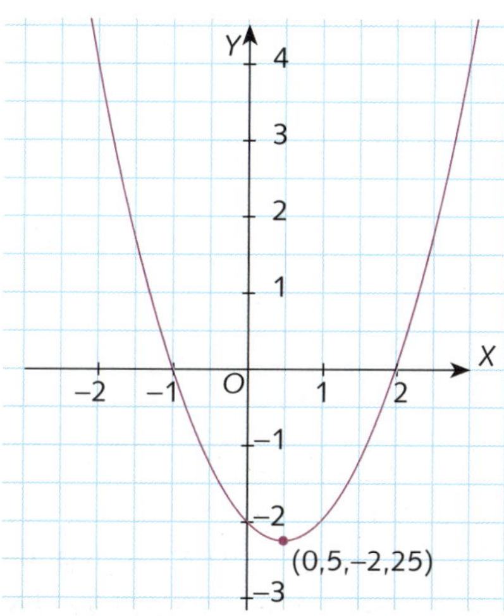

Actividades

5. Dada esta función, indica en tu cuaderno:

a) Dominio e imagen.
b) Crecimiento y decrecimiento.
c) Máximos y mínimos relativos y máximos y mínimos absolutos.

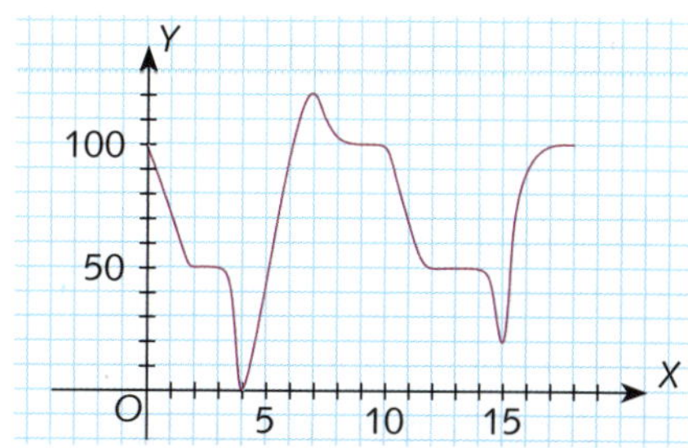

6. Para cada una de las siguientes funciones, indica en tu cuaderno:

a) Dominio e imagen.
b) Crecimiento y decrecimiento.
c) Máximos y mínimos relativos y máximos y mínimos absolutos.

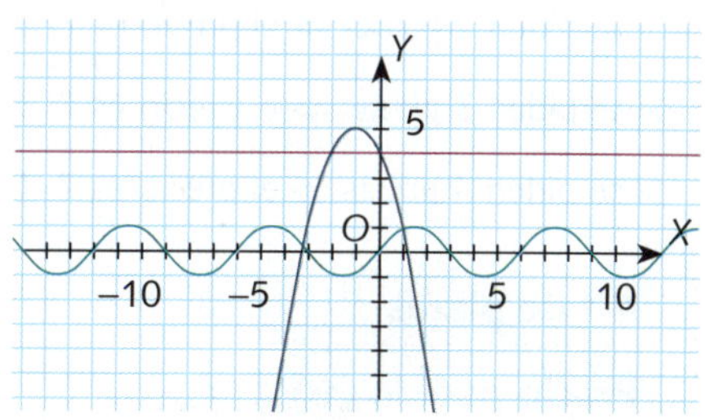

3 Funciones lineales y afines

Ejemplo 15

Estas rectas son funciones de proporcionalidad directa:

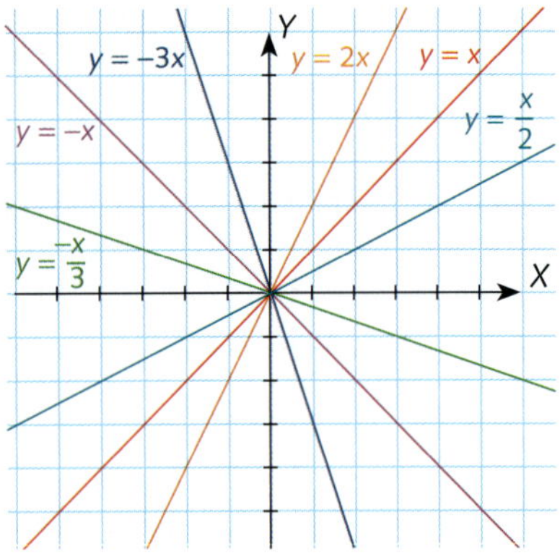

Las funciones de **proporcionalidad directa** o **lineales** relacionan dos magnitudes directamente proporcionales.

Su ecuación es de la forma $y=mx$, siendo m la constante de proporcionalidad.

La gráfica de una función lineal es una recta que pasa por el punto (0, 0), y cuya pendiente es m. (Ejemplo 15)

La pendiente de una ecuación $y=mx$ mide la inclinación de la recta:

- Si $m>0$, la inclinación de la recta es positiva y la función es creciente. Cuanto mayor es el valor de m, la función crece con mayor rapidez, es decir, más inclinada es la recta. (Ejemplo 16)
- Si $m<0$, la inclinación de la recta es negativa y la función es decreciente. Cuanto mayor es el valor de m, la función decrece con menos rapidez, es decir, menos inclinada es la recta. (Ejemplo 17)

Ejemplo 16

En la recta $y=3x$, la pendiente es 3. Cuando x aumenta 1 unidad, y lo hace 3 unidades.

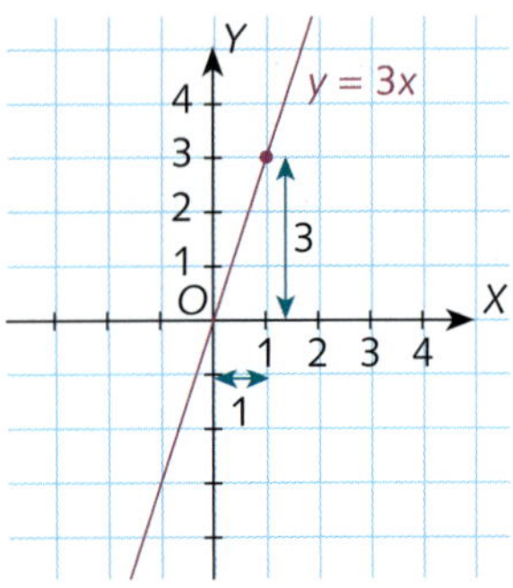

En la recta $y=\frac{x}{3}$, la pendiente es $\frac{1}{3}$. Cuando x aumenta 3 unidades, y lo hace 1 unidad.

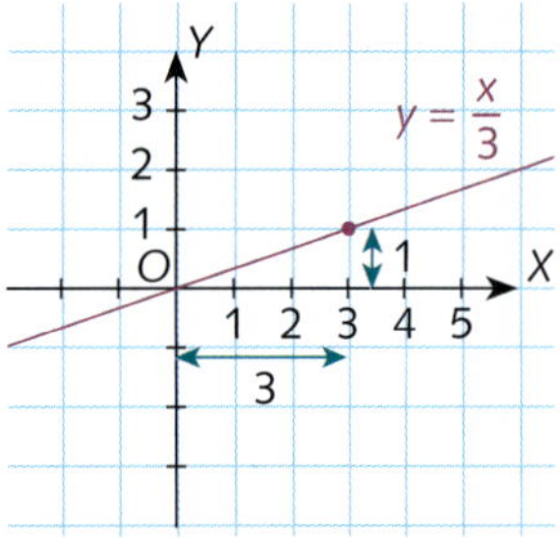

Ejemplo 17

En la recta $y=-\frac{5}{2}x$, la pendiente es $-\frac{5}{2}$. Cuando x aumenta 2 unidades, y disminuye 5 unidades.

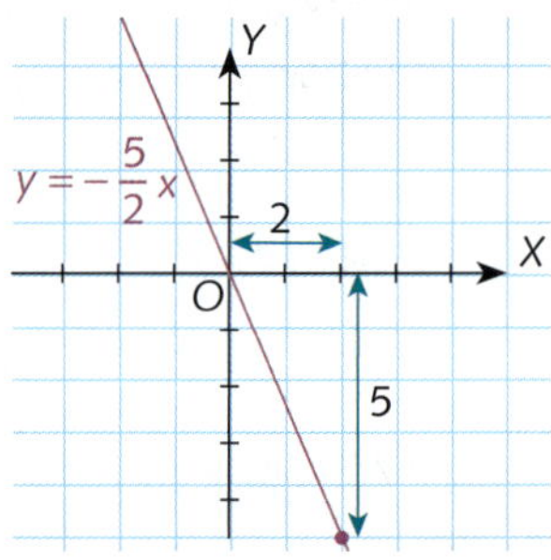

En la recta $y=-4x$, la pendiente es −4. Cuando x aumenta 1 unidad, y disminuye 4 unidades.

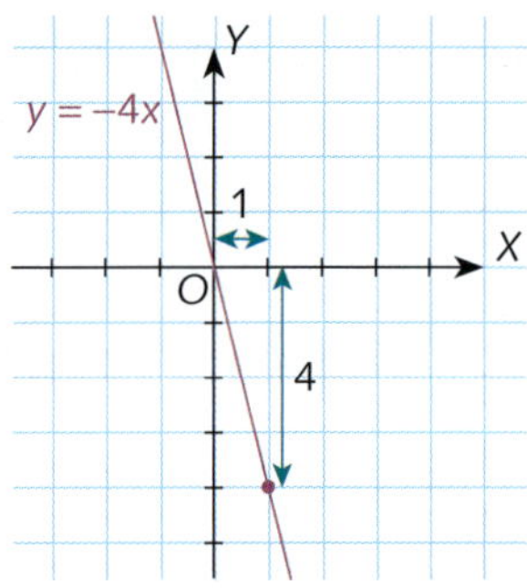

Problema resuelto 2

En una pizzería venden pizzas a 7 €. Determina la ecuación de la función que relaciona el número de pizzas encargadas con el precio final del pedido. Dibuja la gráfica.

Primero se construye una tabla de valores:

Si se pide 1 pizza ⇒ el precio es $7\cdot 1=7$ €

Si se piden 2 pizzas ⇒ el precio es $7\cdot 2=14$ €

Si se piden 3 pizzas ⇒ el precio es $7\cdot 3=21$ €

Si se piden 4 pizzas ⇒ el precio es $7\cdot 4=28$ €

N.º de pizzas	0	1	2	3	4	x
Precio pedido (€)	0	7	14	21	28	$7x$

El precio final del pedido se calcula multiplicando el número de pizzas por el precio de una pizza, que es el coste total.

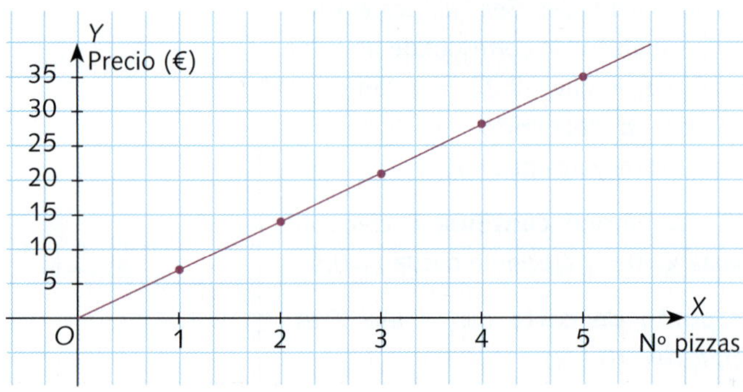

El precio final depende del número de pizzas pedidas y viene dado por la ecuación $y=7x$.

Las **funciones afines** son aquellas cuya ecuación es de la forma $y=mx+n$, siendo m la pendiente y n la ordenada en el origen. Su gráfica es una **línea recta** que corta al eje Y en el punto $(0, n)$. (Ejemplo 18)

Problema resuelto 3

Un servicio de mensajería cobra 5 € por contratar su servicio y 0,20 € por kilómetro recorrido. Si entre dos pueblos hay una distancia de 20 km, ¿cuánto cuesta enviar un paquete de un pueblo a otro?

Primero se construye una tabla de valores que relacione la distancia recorrida por un mensajero, en kilómetros, con el coste de un envío, en euros:

Distancia (km)	1	5	10	15	20	x
Precio (€)	5,20	6	7	8	9	$y=5+0,20x$

La función afín será: $f(x)=5+0,20x$

La variable independiente, los kilómetros, puede tomar cualquier valor positivo, por ejemplo 1, 5, 10, 15, 20, etc.

Como la pendiente es $m=0,20$, la función es creciente. Además, por ser $n=5$ la función pasa por (0, 5).

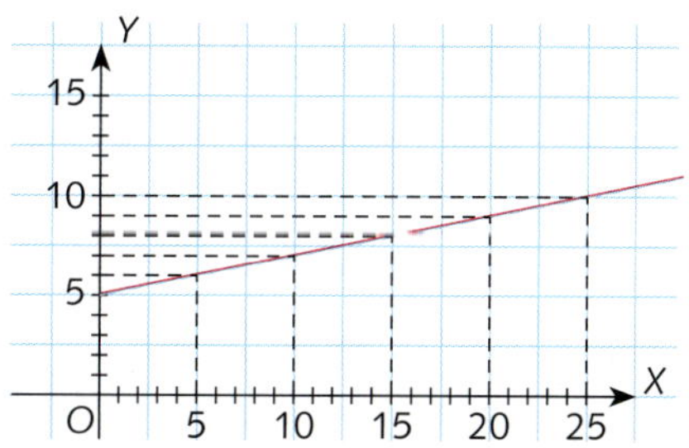

Para **construir** la **ecuación de una recta,** se puede proceder de dos formas:

- Conociendo un punto de la recta, $\boldsymbol{P=(x_1, y_1)}$ y el valor de la pendiente, $\boldsymbol{m}$, se sustituyen estos valores en la ecuación $y=mx+n$, y así se obtiene el valor de n. (Ejemplo 19)
- Conociendo dos puntos $\boldsymbol{P=(x_1, y_1)}$ y $\boldsymbol{Q=(x_2, y_2)}$, se calcula el valor de la pendiente: $m=\dfrac{y_2-y_1}{x_2-x_1}$. El valor de n se calcula sustituyendo el valor de m y uno de los puntos, P o Q, en la ecuación $y=mx+n$. (Ejemplo 20)

Ejemplo 20

Para determinar la recta que pasa por los puntos $P=(2, 6)$ y $Q=(6, 9)$, primero se calcula la pendiente $m=\dfrac{9-6}{6-2}=\dfrac{3}{4}=0,75$.

Luego, para calcular n, se sustituye $m=0,75$ y el punto P en la ecuación $y=mx+n$:

$6=0,75\cdot 2+n \Leftrightarrow n=6-1,5=4,5$

La recta que pasa por P y Q es $y=0,75x+4,5$.

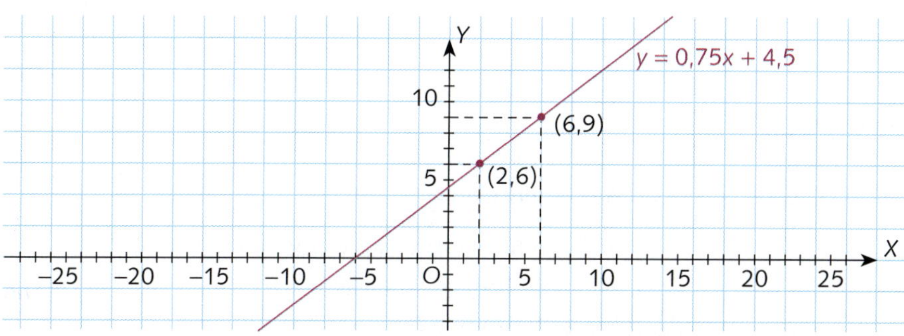

Ejemplo 18

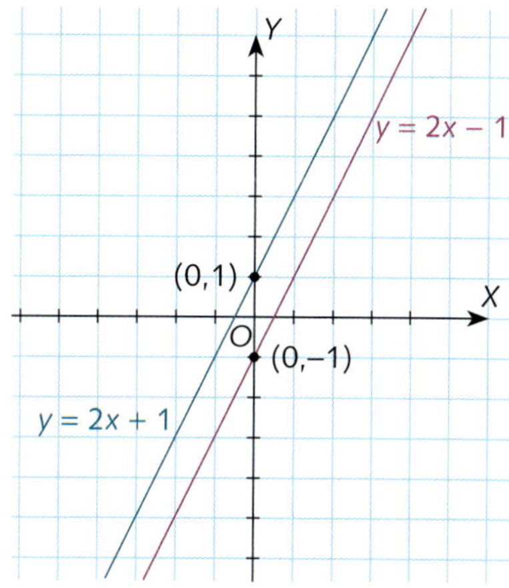

Ejemplo 19

Para determinar la recta que pasa por $P=(1, 2)$ con pendiente $m=-3$, se sustituyen estos valores en la ecuación $y=mx+n$:

$2=(-3)\cdot 1+n \Leftrightarrow n=2+3=5$

La recta es $y=-3x+5$.

Actividades

7. Represента en tu cuaderno las siguientes funciones lineales:

a) $y=2x$ c) $y=-2x+3$
b) $y=-2x$ d) $y=1+2x$

8. Dibuja en tu cuaderno las gráficas de las rectas $x=3$ y la de $y=3$. ¿Crees que estas dos rectas son funciones?

9. Determina en cada caso la ecuación y dibuja la correspondiente recta:

a) Su pendiente es 2 y su ordenada en el origen es 3.
b) Pasa por los puntos $A(2, 6)$ y $B(0, 4)$.
c) Su ordenada en el origen es 0 y su pendiente es −1.

4•• Funciones cuadráticas

Ejemplo 21

Parábola convexa:

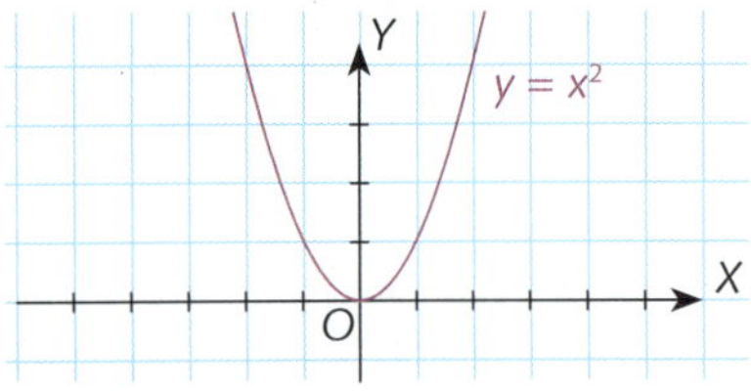

Parabola cóncava:

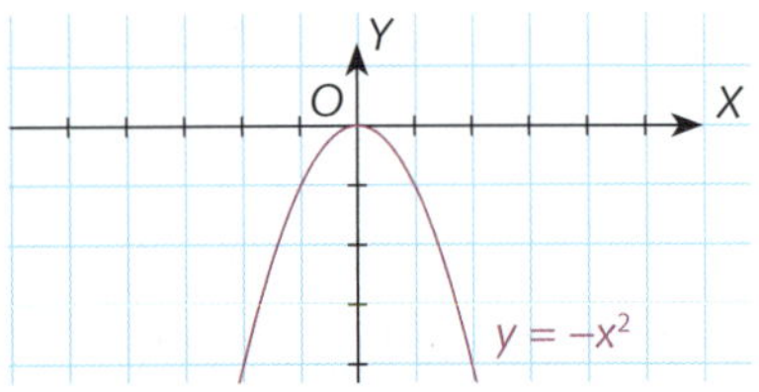

La expresión algebraica de una **función cuadrática** es $\boldsymbol{y=ax^2+bx+c}$. Su representación gráfica es una curva denominada **parábola.**

Sus elementos más significativos, que ayudan a representarla, son:

- **Coeficiente, *a*:** Si $a>0$, la parábola está abierta hacia arriba, es convexa, y si $a<0$, la parábola está abierta hacia abajo, es cóncava. (Ejemplo 21)
- **Vértice, $\boldsymbol{V=(V_x, V_y)}$.** Es el mayor o menor valor que toma la función:

$$V_x=\frac{-b}{2a} \text{ y } V_y=f\left(\frac{-b}{2a}\right)$$

- **Punto de corte con el eje de ordenadas, *Y*.** Es el punto de intersección de la parábola con la recta $x=0$. Es un punto de la forma $(0, c)$.
- **Puntos de corte con el eje de abscisas, *X*.** Son los puntos de intersección de la parábola con la recta $y=0$. Se determinan resolviendo la ecuación de segundo grado $ax^2+bx+c=0$. Son puntos con la segunda coordenada igual a 0.
- **Eje de simetría.** La parábola es simétrica respecto a una recta paralela al eje de ordenadas que pasa por su vértice, es decir, su eje de simetría es la recta $x=\frac{-b}{2a}$. (Ejemplo 22)

Ejemplo 22

La función $f(x)=x^2-x-2$ es una función cuadrática donde $a=1$, $b=-1$ y $c=-2$.

Como $a=1>0$, su representación gráfica es una **parábola convexa.**

Se calculan sus elementos significativos:

- **Vértice.** $V_x=\frac{-b}{2a}=\frac{1}{2}$. Después se calcula V_y:

$$V_y=f\left(\frac{1}{2}\right)=\left(\frac{1}{2}\right)^2-\left(\frac{1}{2}\right)-2=\frac{-9}{4}=-2{,}25$$

- **Puntos de corte** con el **eje de ordenadas.** Se sustituye el valor $x=0$ en la función: $0^2-0-2=-2$.
  Así que el punto de corte con el eje *Y* es $A=(0, -2)$.
- **Puntos de corte** con el **eje de abscisas.** Si $y=0$, entonces $x^2-x-2=0$. Se resuelve la ecuación de 2.° grado:

$$x=\frac{-b\pm\sqrt{b^2-4ac}}{2a}=\frac{1\pm\sqrt{(-1)^2-4\cdot1\cdot(-2)}}{2}=\frac{1\pm\sqrt{9}}{2}=\frac{1\pm3}{2}$$

  Así, $x_1=-1$ y $x_2=2$. Los puntos de corte con el eje *X* son: $B=(-1, 0)$ y $C=(2, 0)$.
- Su **eje de simetría** es $x=\frac{1}{2}$.

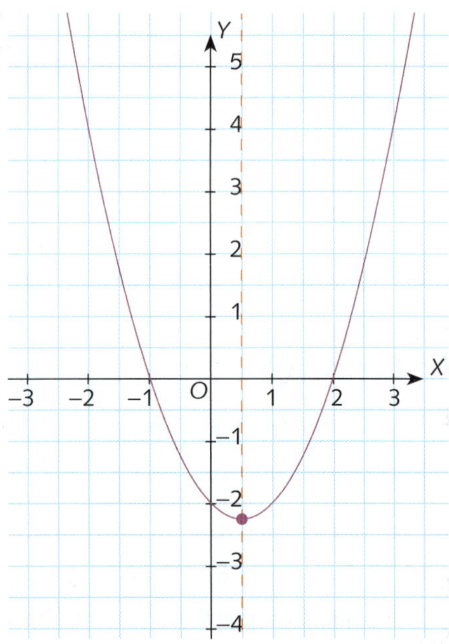

Actividades

10. Halla en tu cuaderno los elementos característicos y representa las siguientes parábolas:

a) $y=2x^2+5x-12$
b) $y=x^2+2x+1$
c) $y=-5x^2+9x-4$
d) $y=-x^2-x+2$

11. Dada la función $y=4x^2-9$:

a) Calcula en tu cuaderno sus elementos significativos.
b) ¿Tiene esta función un máximo?
c) ¿Es creciente la función?

5•• Funciones exponenciales

Las **funciones exponenciales** son aquellas cuya ecuación es de la forma $y=a^x$, siendo a un número real positivo distinto de 1 ($a \neq 1$).

Las características de las **funciones exponenciales** son:

- Su **dominio** son todos los números reales.
- Su **imagen** son todos los números reales positivos.
- Es **continua** en todo su dominio.
- Su gráfica corta al eje de ordenadas en el punto (0, 1) y pasa por el punto $(1, a)$.

Se distinguen dos clases de funciones exponenciales:

- Funciones exponenciales de **base $a>1$,** que son crecientes en todo su dominio. Como $y=2^x$. (Ejemplo 23)
- Funciones exponenciales de **base $0<a<1$,** que son decrecientes en todo su dominio. Como $y=\left(\frac{1}{2}\right)^x$. (Ejemplo 24)

Las funciones exponenciales permiten representar fenómenos que evolucionan en un intervalo pequeño de tiempo, creciendo o decreciendo rápidamente. Algunos casos que se dan en la vida cotidiana son:

- **Crecimiento animal, vegetal o de población.** Viene dado por la función $P=P_0(1+i)^t$ donde P_0 es la población inicial, i es el índice de crecimiento, y t es el número de años en los que se alcanzará una población P. (Ejemplo 25)
- **Interés compuesto.** Viene dado por la ecuación $C_F=C_0(1+r)^t$, que indica que partiendo de un capital inicial C_0 ahorrado durante t años a un interés r, se obtiene un capital final C_F. (Ejemplo 26)

Ejemplo 25

Un ganadero tiene inicialmente 30 conejos.

Si el número de conejos crece a un ritmo del 24% al año, al cabo de un año tendrá: $P=30\cdot(1+0{,}24)=37{,}2$ conejos.

Dentro de 5 años tendrá: $P=30\cdot(1+0{,}24)^5=87{,}9$ conejos.

Ejemplo 26

El contrato de alquiler del local de mi negocio indica que cada año subirá un 2%.

Si el primer año pago 12 000 €, al cabo de 5 años pagaré:

$$C_F=12\,000\cdot(1+0{,}02)^5=13\,248{,}90\ €.$$

Ejemplo 23

Para representar gráficamente la función $y=2^x$ se, construye esta tabla de valores.

x	0	1	2	3	4
y	1	2	4	8	16

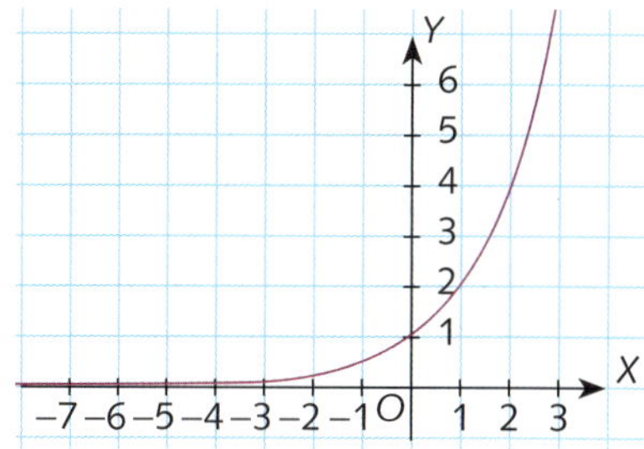

Ejemplo 24

Para representar graficamente la función $y=\left(\frac{1}{2}\right)^x$ se, construye esta tabla de valores:

x	0	1	2	3	4
y	1	$\frac{1}{2}$	$\frac{1}{4}$	$\frac{1}{8}$	$\frac{1}{16}$

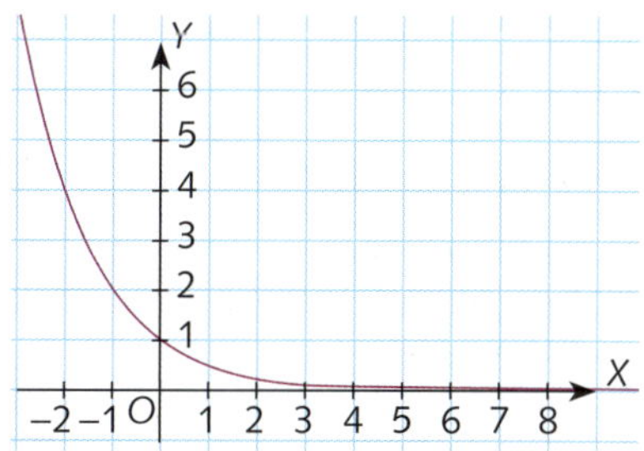

Actividades

12. Representa gráficamente en tu cuaderno las funciones $y=3^x$ e $y=\left(\frac{1}{3}\right)^x$.

13. Un pueblo tiene 200 habitantes y su población crece anualmente un 1,5%. ¿Cuántos habitantes habrá al cabo de 10 años?

6•• Función de proporcionalidad inversa

Dominio, recorrido y continuidad de la hipérbola

El **dominio** y el **recorrido** de una hipérbola son todos los números reales a excepción del 0.

Es una función **continua** en todo su dominio.

Las **funciones** de **proporcionalidad inversa** relacionan dos magnitudes inversamente proporcionales. Su expresión algebraica es $y = \frac{k}{x}$ siendo $k \neq 0$, donde k es la constante de proporcionalidad. (Ejemplo 27)

Ejemplo 27

La velocidad de un vehículo y el tiempo que tarda en recorrer 600 km, se relacionan mediante la función: $v = \frac{600}{t}$.

Esta función solo toma valores para t positivo, ya que el tiempo nunca es negativo. Para representar gráficamente esta función, se construye una tabla de valores.

t	5	10	15	20
v	120	60	40	30

Al representar los puntos de la tabla de valores, se obtiene una curva en la que a medida que aumenta el tiempo, t, disminuye la velocidad, v, y se va aproximando al eje X.

Al contrario, si disminuye el tiempo, aumenta la velocidad y la gráfica se va aproximando al eje Y.

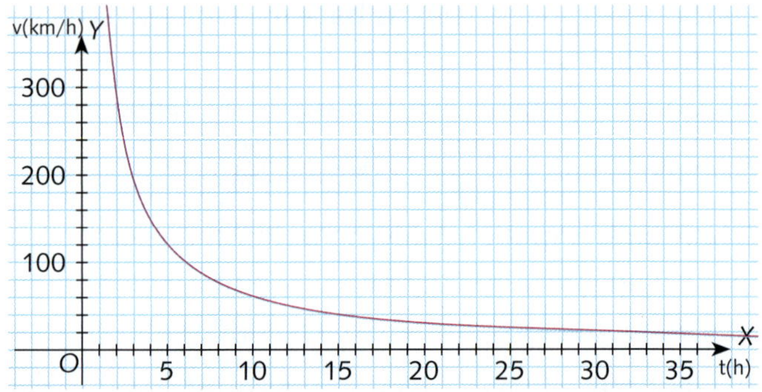

Ejemplo 28

La gráfica de la función $f(x) = \frac{2}{x}$ es:

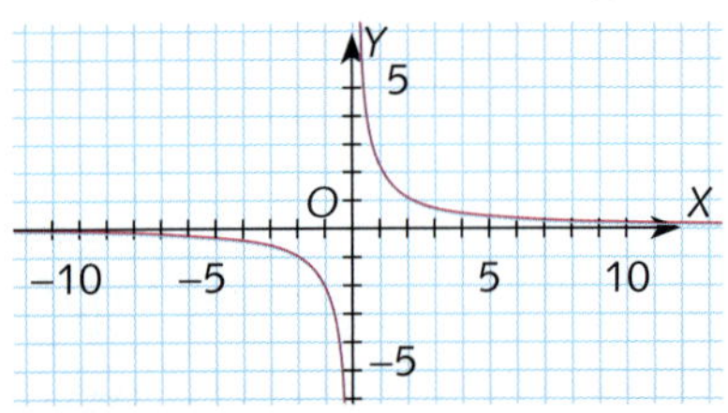

Ejemplo 29

La gráfica de la función $f(x) = \frac{-2}{x}$ es:

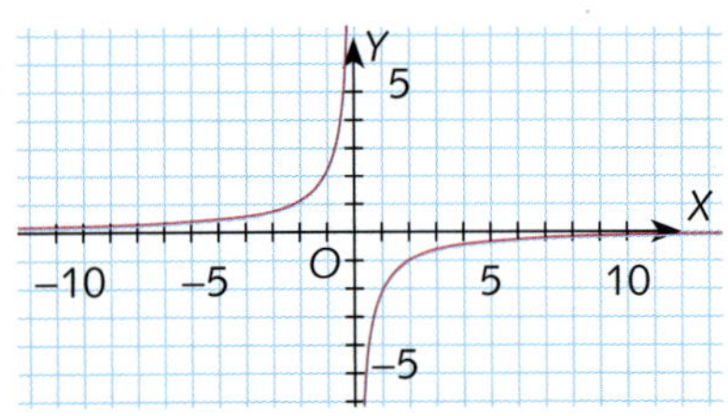

La **representación gráfica** de la función $y = \frac{k}{x}$ siendo $k \neq 0$, es una curva denominada **hipérbola.**

Es una función que **no corta** ni al **eje *X*** ni al **eje *Y***, ya que x no puede tomar el valor 0, y al ser $k \neq 0$, tampoco puede ser 0 la variable y. Además, es una función **impar,** ya que: $f(-x) = \frac{k}{-x} = -\frac{k}{x} = -f(x)$.

El valor de k determina si la hipérbola es **creciente** o **decreciente**:

- Si $k > 0$, la función es decreciente y su gráfica se encuentra en el 1.º y 3.º cuadrantes. (Ejemplo 28)
- Si $k < 0$, la función es creciente y su gráfica está en el 2.º y 4.º cuadrantes. (Ejemplo 29)

Actividades

14. Representa en los mismos ejes de coordenadas, las siguientes hipérbolas:

a) $y = \frac{3}{x}$ b) $y = \frac{3}{x} + 5$ c) $y = \frac{3}{x} - 5$ d) $y = \frac{3}{x-2}$ e) $y = \frac{3}{x+2} + 5$

15. Indica tres ejemplos de situaciones de la vida real que se pueden expresar mediante una función de proporcionalidad inversa.

16. Un productor de vino, trabajando solo, tarda 120 días en embotellar la producción de su cosecha. Construye una tabla de valores que relacione el número de días que tarda en embotellar toda la producción y el número de empleados que contrata para que le ayuden.

¿Cuál es la expresión algebraica de la función correspondiente? Represéntala gráficamente. Si contrata a 30 personas, ¿cuántos días tardaría?

Técnicas de trabajo

OPTIMIZACIÓN CON FUNCIONES CUADRÁTICAS

Las funciones cuadráticas tienen numerosas aplicaciones, como describir trayectorias de balas o calcular la altura alcanzada por un objeto lanzado. También permiten optimizar decisiones al abordar problemas de negocios; por ejemplo, calcular el máximo beneficio obtenido o el mínimo coste empleado.

Otro problema clásico de optimización es el de calcular el área máxima de una superficie.

La **optimización** es una rama de las matemáticas que busca la mejor elección entre un conjunto de alternativas.

Se dispone de 600 m de cerca para construir un corral en forma rectangular de tal forma que podemos aprovechar una larga pared como uno de los lados del corral. ¿Cuáles son las dimensiones del corral con área máxima entre todos los corrales que usan 600 m de cerca?

Al repartir los 600 m de cerca entre tres lados, de los cuales dos son iguales, son posibles muchos corrales de distintas medidas. El dibujo del plano del corral es el siguiente:

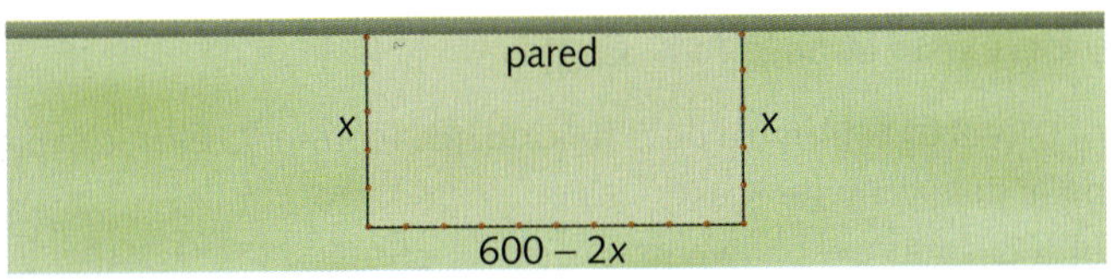

Como el corral tiene forma rectangular, la superficie del corral (y) se calcula multiplicando el ancho del corral (x) por el largo ($600-2x$). Es decir, $y=x(600-2x)=-2x^2+600x$

La función $y=-2x^2+600x$ relaciona el lado del corral, x, con su área, y.

Dando valores a la variable x, se puede obtener una tabla de valores:

x	10	100	200	300
y	5800	40000	40000	0

En la tabla se puede observar que al ir aumentando el tamaño de los lados iguales, x, el área también va aumentando; sin embargo, a partir de cierto valor, al escoger valores muy altos para los lados, el área va disminuyendo.

Para calcular la medida de los lados cuando el área sea máxima, se representa gráficamente la función $y=-2x^2+600x$.

Como $a=-2<0$, es una parábola cóncava.

Ahora se calcula el vértice de la parábola:

$V_x = \frac{-b}{2a} = \frac{-600}{-4} = 150$ y $V_y=-2\cdot 150^2+600\cdot 150=45\,000$

Así que el vértice es el punto (150, 45 000).

En la representación gráfica se puede observar que la parábola alcanza su máximo en el vértice.

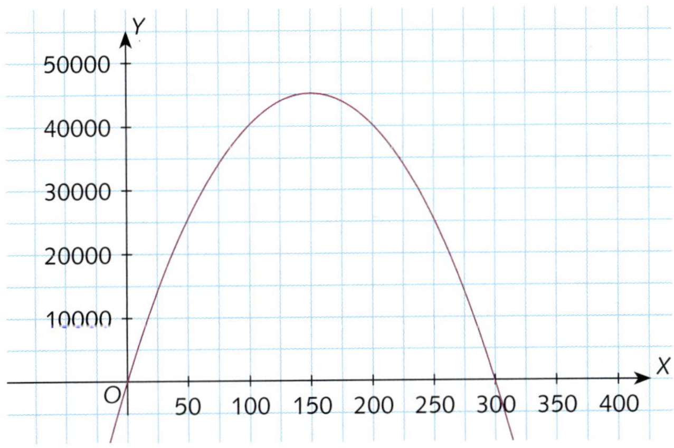

Así que el área máxima que se puede conseguir con 600 m de cerca es de 45 000 m^2, que es el mayor valor que puede tomar la ecuación.

Por tanto, las dimensiones del corral de área máxima son: un lado que mide $x=150$ m y otro lado que mide $600-2x=600-2\cdot 150=300$ m.

Actividades

1. Si se plantan 20 árboles frutales se obtienen 403 manzanas, pero si se plantan más de 30 las ramas de cada árbol reciben menos sol y disminuye la producción. La producción total viene dada por la fórmula $y=-x^2+30x$. ¿Cuántos árboles se deberian plantar para obtener la misma producción?

Actividades finales

1. Observando la gráfica responde a las siguientes preguntas:

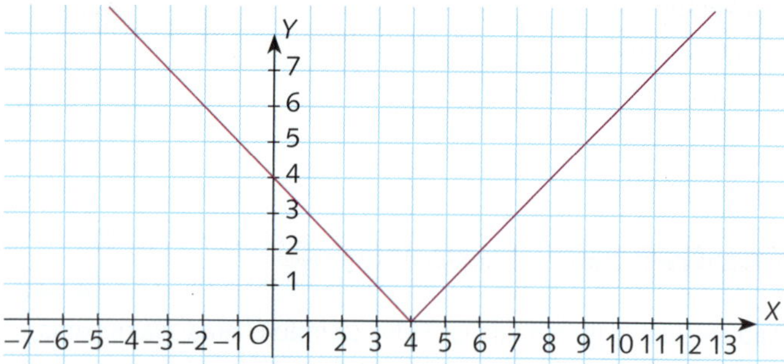

a) ¿Cuál es el valor de $f(3)$? ¿Y el de $f(0)$?
b) ¿Cuál es el dominio? ¿Y el rango?

2. Indica cuáles de las siguientes funciones pasan por el origen de coordenadas:

a) $y=-3x$ b) $y=\frac{1}{2}$ c) $y=10-\frac{x}{2}$ d) $y=100x$

3. Dada la siguiente tabla:

X	−2	0	3	5
Y	−10	−4	5	11

a) Representa los puntos en un sistema de coordenadas.
b) Escribe la ecuación de la recta.
c) ¿Cuál es la pendiente?
d) ¿Cuál es la ordenada en el origen?

4. Un taxista cobra las siguientes tarifas: 2 € por bajada de bandera y 0,60 € por kilómetro recorrido. Determina el precio del viaje en taxi en función del número de kilómetros recorridos, elabora una tabla de valores y representa la función.

5. Dibuja en tu cuaderno, en un mismo sistema de referencia, las siguientes funciones:

a) $y=x^2$ b) $y=x^2+2$ c) $y=-x^2$ d) $y=x^2-2$

6. Copia esta gráfica en tu cuaderno y responde las preguntas:

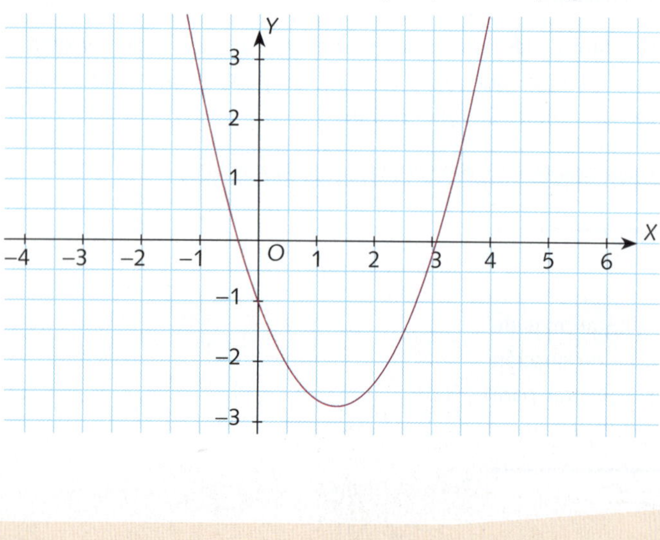

a) ¿Es una función afín?
b) ¿Es una función creciente?
c) ¿Es cóncava o convexa?

7. Dada la parábola $y=x^2-6x+5$:

a) Calcula el eje de simetría
b) Calcula el vértice. ¿Tiene máximo o mínimo?
c) Representa la parábola.

8. Construye en tu cuaderno la tabla de valores correspondiente a la función $y=5\cdot 2^x$ y represéntala gráficamente.

9. Un empleado de una empresa de logística va a ganar durante el primer año 18 000 euros. Y el sueldo se va a incrementar cada año el 2%.

a) ¿Cuál será su sueldo dentro de 1 año? ¿Y dentro de 5 años?
b) ¿Cuál es la función que nos indica el sueldo anual al cabo de t años?

10. Una población de aves cuenta inicialmente con 25 individuos, y crece a un ritmo del 3% anual.

a) ¿Cuál es la fórmula de la función que representa el crecimiento de la población de aves?
b) ¿Cuántas aves habrá después de 5 años?

11. Indica cuáles de las siguientes funciones son de proporcionalidad inversa:

a) $y=\frac{9}{2}x$ c) $y=\frac{-x+3}{2}$

b) $y=\frac{-1}{x}$ d) $y=\frac{-5}{x}$

12. Clasifica las siguientes funciones según sean de proporcionalidad inversa, lineales, afines o parábolas.

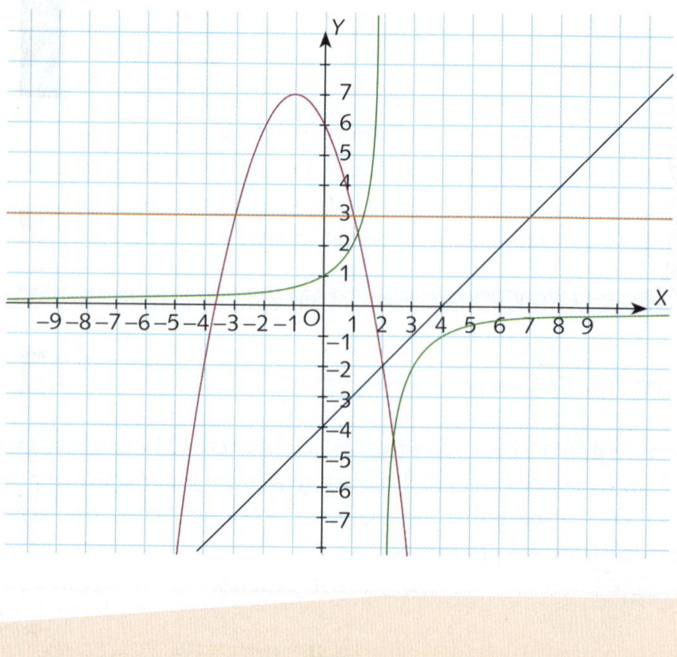

Unidad 12

Aplicaciones informáticas en matemáticas

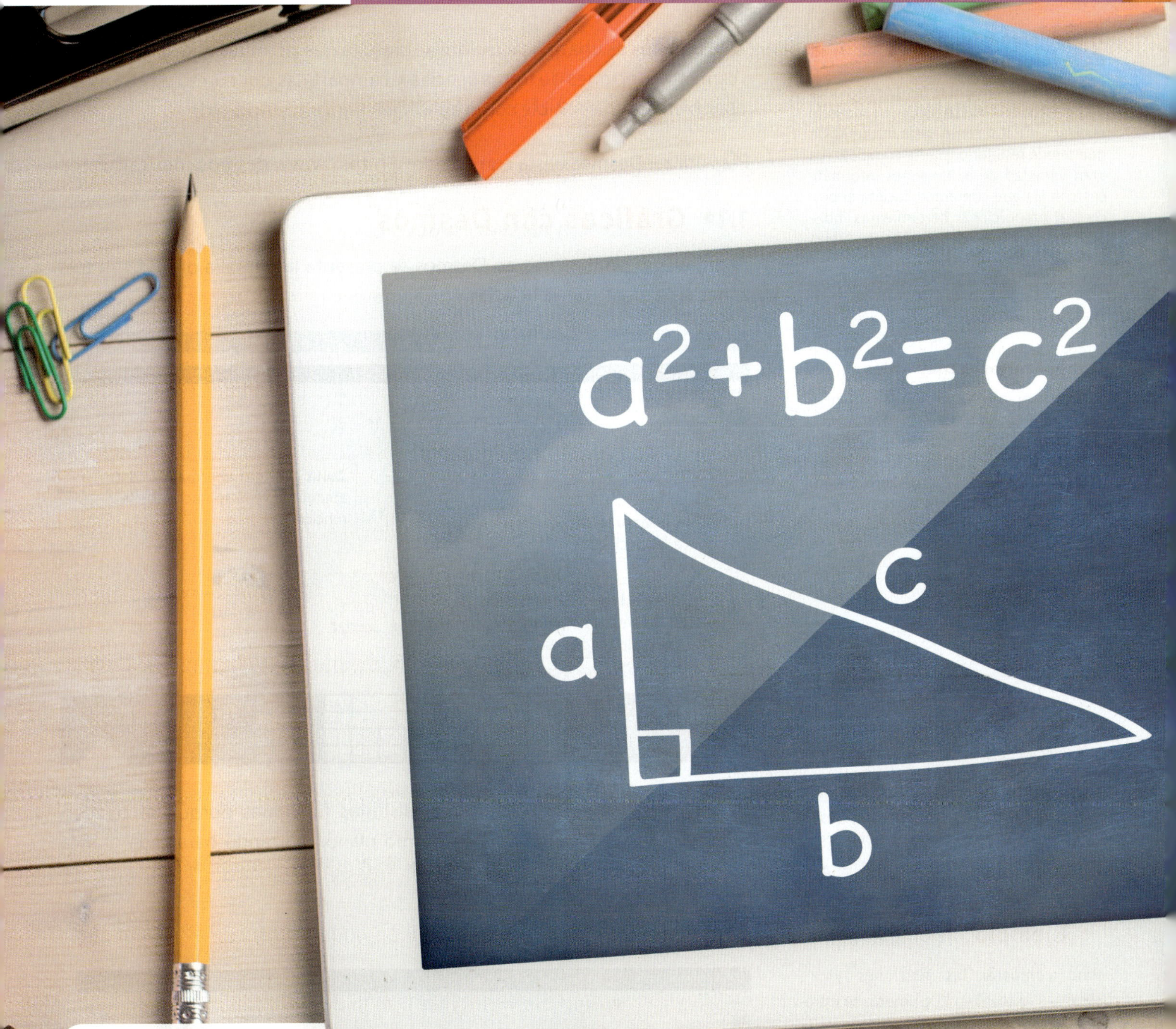

SUMARIO

1. Calculadora Desmos
2. Hojas de cálculo
3. GeoGebra

TÉCNICAS DE TRABAJO

Crear, compartir y presentar modelos 3D

ACTIVIDADES FINALES

1•• Calculadora Desmos

Desmos es una aplicación *online* gratuita que permite representar gráficamente funciones de forma sencilla y compartirlas por correo electrónico. También está disponible como aplicación para iOs y Android.

Para utilizar Desmos basta con acceder a https://www.desmos.com/calculator.

1.1• Gráficas con Desmos

Al entrar por primera vez en Desmos se presenta la pantalla dividida en tres zonas claramente diferenciadas:

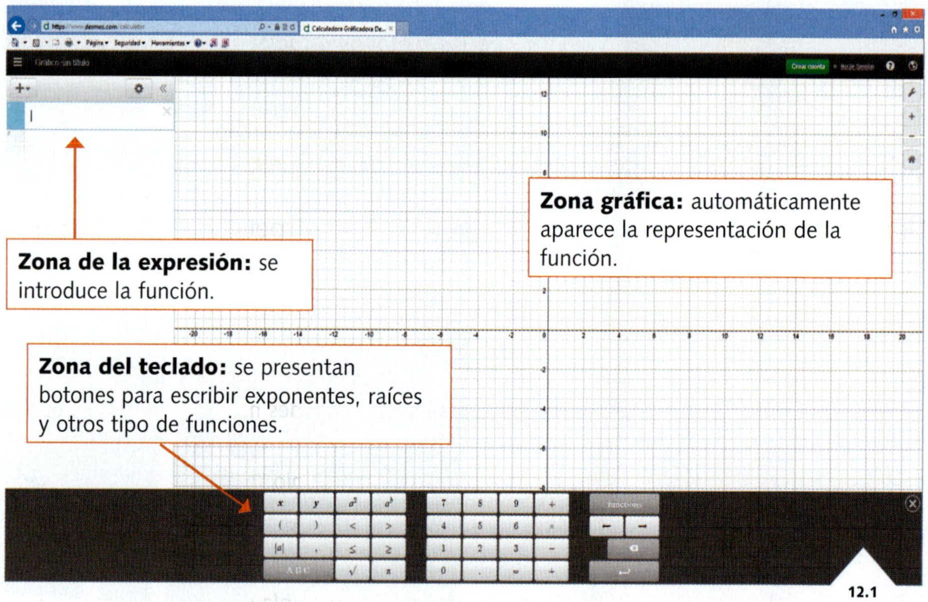

12.1

Desmos permite comparar entre sí distintas funciones porque se pueden representar varias gráficas en un mismo plano, utilizando para cada gráfica distintos colores. (Ejemplo 1)

Tratamiento informático de la información

A la hora de presentar las conclusiones de un estudio o investigación, se requiere realizar un tratamiento de la información que puede resultar bastante complejo. La gran variedad de aplicaciones informáticas con las que contamos, facilita el proceso al proporcionar herramientas indispensables para la elaboración de tablas o gráficas.

Tres aplicaciones muy útiles

Para facilitar la comprensión y el manejo de la gran cantidad de información que nos encontramos diariamente a nuestro alrededor y para practicar todos los ejercicios que se recogen en este libro, proponemos conocer estas tres herramientas:

- La calculadora Desmos, para los ejercicios de Funciones.
- Excel, para los ejercicios de Estadística.
- GeoGebra, para los ejercicios de Álgebra y Geometría.

Compartir con Desmos

Una ventaja de Desmos es que el usuario registrado puede compartir las gráficas en redes sociales o enviarlas por correo electrónico e incluso, permite el acceso a gráficas guardadas recientemente por otros usuarios.

Ejemplo 1

Para comparar las funciones $y=x^2$, $y=x^2-3$, e $y=(3-x)^2$, primero, se introducen las fórmulas en la ventana de la izquierda.

Cada representación gráfica de cada una de las tres funciones, aparecerá representada en la Zona gráfica de Desmos, en un color diferente.

Haciendo clic sobre el círculo de color a la izquierda de la fórmula en la zona de expresión, se puede hacer visible o no la gráfica y dejándolo presionado. Además, se puede cambiar el color cada gráfica siempre que se quiera.

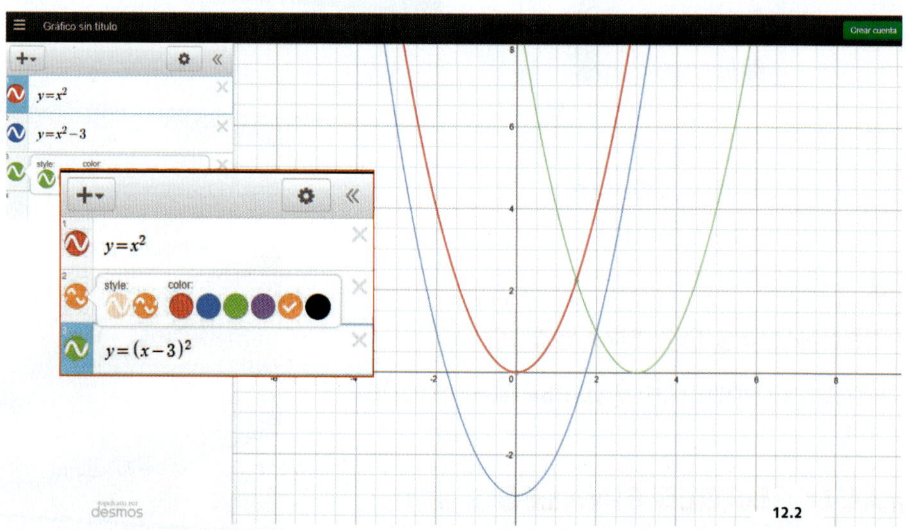

12.2

Demos también resuelve sistemas de ecuaciones con dos incógnitas.

Problema resuelto

1

Alicia paga en las rebajas 60 € por un vestido, con un 30% de descuento, y un cardigan, con un 10% de descuento. Si los dos precios sumaban 75 € antes de las rebajas, ¿cuál era el precio original de cada prenda?

Para resolver este problema se plantea un sistema de dos ecuaciones con dos incógnitas. Sea x el del vestido e y, el del cardigan, el sistema planteado es:

$$\begin{cases} x + y = 75 \\ \dfrac{70}{100}x + \dfrac{90}{100}y = 60 \end{cases}$$

Resolviendo el sistema por cualquiera de los métodos estudiados, se obtiene la solución: x = 37,50 € e y = 37,50 €.

Introduciendo las ecuaciones de las rectas, en Demos se obtiene la solución, que es el punto de intersección.

12.3

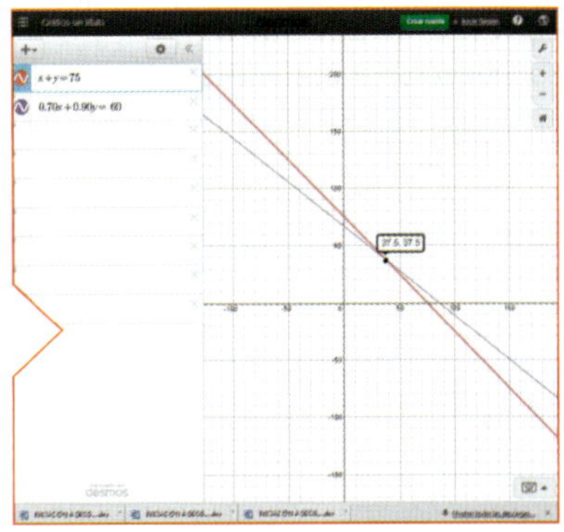

1.2• Tablas de valores con Desmos

Desmos permite insertar notas e imágenes, hacer carpetas o construir tablas de valores.

Ayuda en Desmos

En el botón Ayuda, se presentan recorridos guiados así como una guía del usuario.

Ejemplo

2

Los valores de esta tabla corresponden con las precipitaciones medias mensuales de Madrid del año 2013.

mes	enero	febrero	marzo	abril	mayo	junio	julio	agosto	septiembre	octubre	noviembre	diciembre
l/m^2	40	36	26	48	54	28	17	14	27	48	54	58

Para representarlos en una gráfica, se selecciona el icono *tabla* del menú desplegable, del botón +▾ y se introducen los datos.

12.4

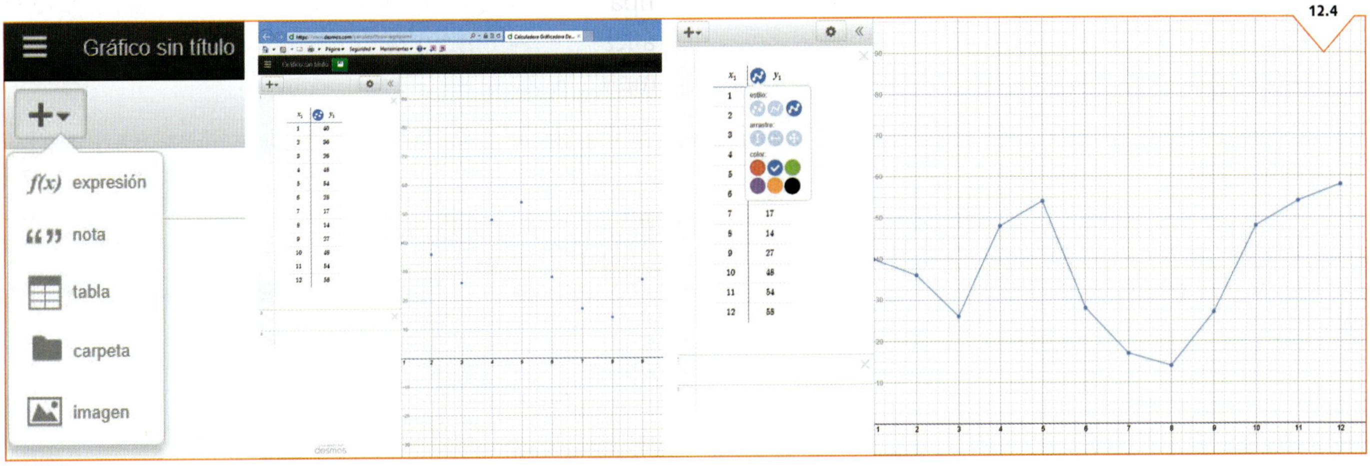

Para unir los puntos, se presiona en el botón de color que aparece en la tabla de valores y se escoge el estilo deseado.

Actividades

1. Visita la página https://www.desmos.com/calculator/h4kwopbouh y comprueba cómo varía la pendiente de una recta con ayuda del deslizador.

2•• Hojas de cálculo

Para analizar y presentar los datos de una investigación, normalmente es necesario elaborar tablas y trazar gráficas. Para ello, se cuenta con variedad de aplicaciones informáticas, como el software SPSS o las hojas de cálculo Excel o Calc.

SPSS es el software estadístico más utilizado a nivel mundial en el ámbito de la enseñanza, porque permite trabajar con grandes bases de datos y adaptarse a las necesidades del usuario. Se puede descargar una demo del programa de forma gratuita en Internet.

La **hoja de cálculo,** ya sea Excel o Calc (software libre), es la herramienta más utilizada para fines estadísticos, pues se emplea en el entorno educativo, familiar y profesional. Su interfaz es agradable y fácil de utilizar.

En caso de no disponer del programa a Excel, se puede optar por descargar la hoja de cálculo Calc. Puedes encontrarla en Internet de forma gratuita.

2.1• Diagramas de sectores en Excel

Al trabajar con Excel, uno de los gráficos más utilizados es el circular, también llamado **gráfica de sectores o de pastel.**

Ejemplo 3

Para desglosar en un gráfico de sectores los siguientes gastos mensuales de una familia, se procede de esta forma:

Concepto	Alquiler	Luz	Gas	Agua	Comida	Transporte	Colegio	Varios	Ahorro
Euros	800	92	63	34	589	334	437	134	63

Se abre la hoja de cálculo Excel y se introducen los datos en las columnas A y B, desde la fila 1 hasta la 9.

Para obtener el diagrama de sectores correspondiente a estos datos, se seleccionan todas las celdas, desde A1 hasta B9, y se pulsa *Insertar/Circular.*

Presionando sobre la gráfica con el botón derecho del ratón, surge la ventana emergente *Formato de etiquetas de datos,* en la que se puede modificar el aspecto de la gráfica (cambiar los colores, los bordes) o se puede mostrar el porcentaje de cada valor.

12.5

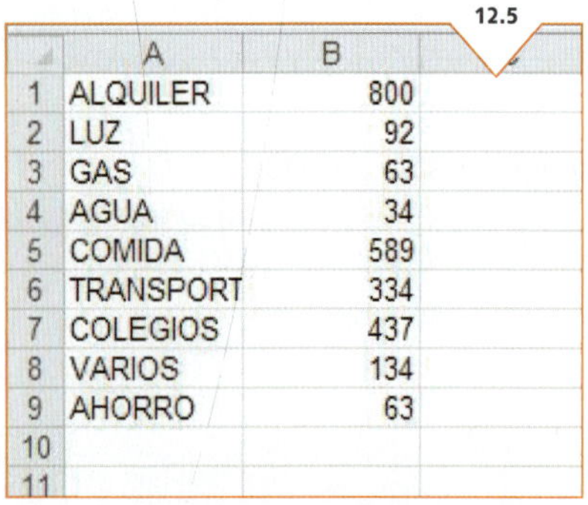

12.6

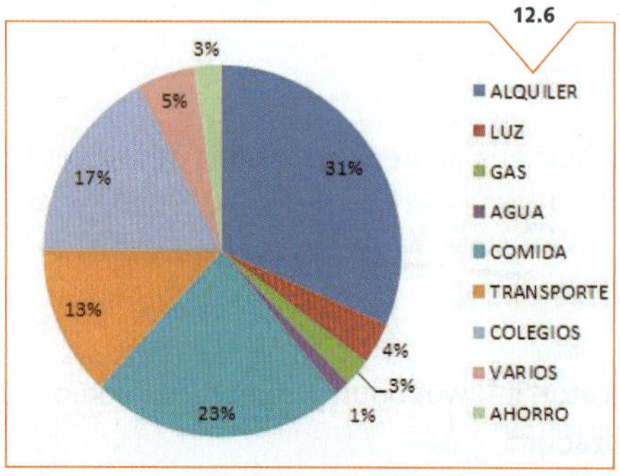

12.7

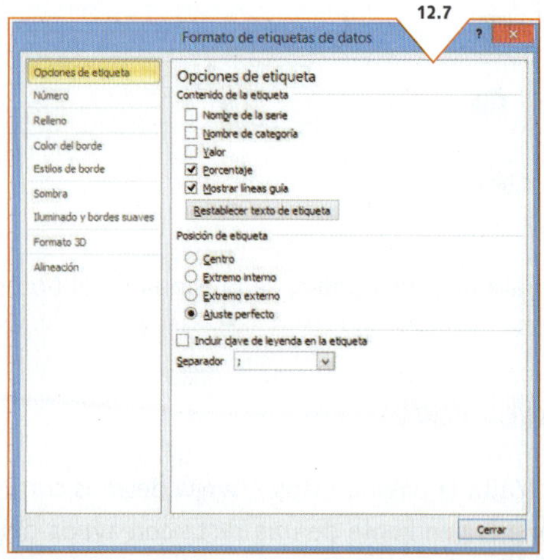

2.2• Histogramas en Excel

Cuando se trabaja con variables estadísticas continuas, los datos están agrupados en intervalos o clases de igual amplitud y la información se puede presentar utilizando **histogramas de frecuencias absolutas.**

Para obtener un histograma en Excel, se dibuja primero un diagrama rectangular y luego, se elimina la distancia de separación entre los rectángulos para que queden adyacentes.

Ejemplo

4

La siguiente tabla refleja la distribución por pesos de los alumnos de una clase de un instituto.

Pesos	Alumnos
[45, 55)	3
[55, 65)	5
[65, 75)	12
[75, 85)	6
[85, 95)	4

Para obtener con Excel el histograma correspondiente, primero se introducen los datos en una hoja de este programa. Luego, se seleccionan ambas columnas y se hace clic en *Insertar/Gráfico/Columnas*. Automáticamente se genera un gráfico en columnas que hay que modificar para convertirlo en un histograma:

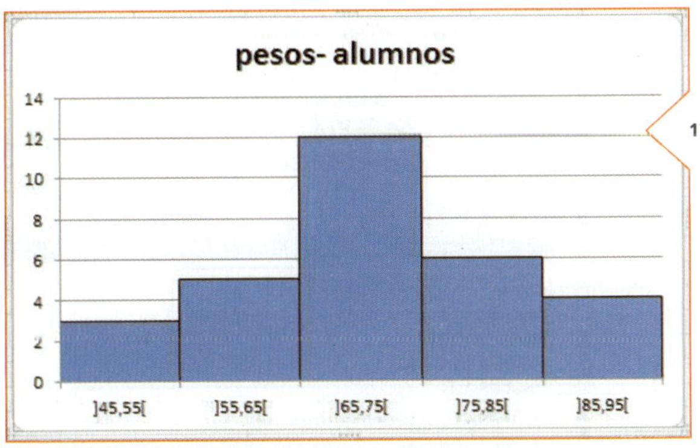

12.8

Para ello, se selecciona uno de los rectángulos y al hacer clic con el botón derecho del ratón, aparece el cuadro de diálogo *Formato de punto de datos*. En *Opciones de serie* se ajusta el ancho del intervalo, poniéndolo en 0%. Así se consigue que los rectángulos sean adyacentes y no exista ninguna separación entre ellos.

12.9

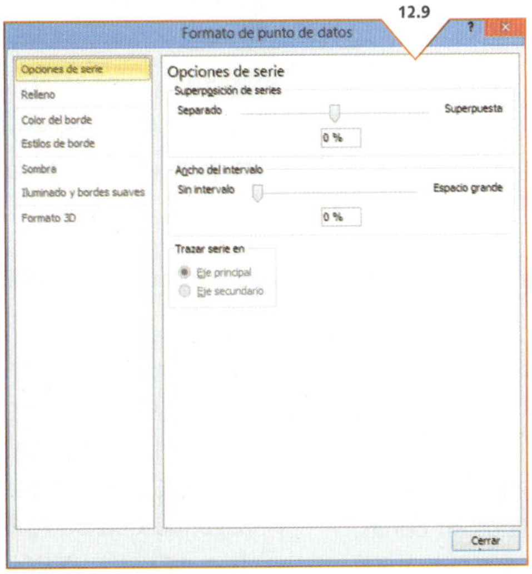

Una vez que desaparece la separación entre rectángulos ya se tiene el histograma; ahora solo queda personalizarlo. Una de las opciones recomendadas es escoger, en ese mismo cuadro de diálogo, la opción *Color del borde* y seleccionar *Línea Sólida* en Color negro, para que aparezca el borde de los rectángulos y se puedan diferenciar bien unos de otros.

2.3• Funciones y fórmulas estadísticas en Excel

Excel permite la realización automática de multitud de operaciones (matemáticas, estadísticas, de fecha y hora, de búsqueda, etc.). Estas operaciones están disponibles en forma de **funciones.**

La utilización de las funciones requiere un conocimiento de su sintaxis, de los datos de entrada que requiere, etc., que está disponible para el usuario en el asistente de Excel para la utilización de funciones.

Para utilizar el asistente de funciones: se selecciona la pestaña *Fórmulas,* en la barra de herramientas, y se hace clic en el icono *fx*, en la barra de funciones.

12.10

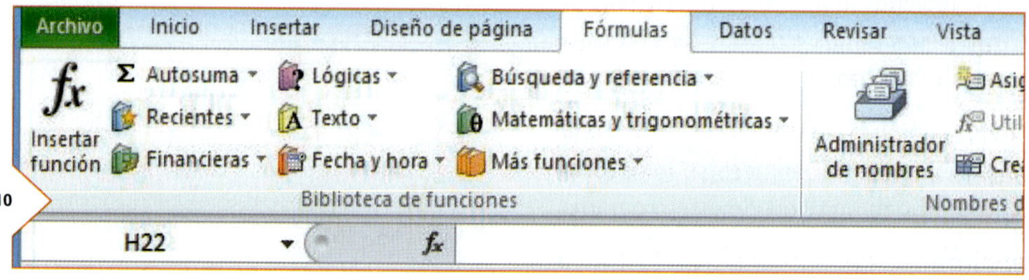

Ejemplo

5

Un hotel puntero en su sector realiza encuestas de calidad a sus clientes para conocer su nivel de satisfacción. Los clientes deben valorar la atención recibida de la siguiente manera:

0	NADA SATISFECHO
1	POCO SATISFECHO
2	ALGO SATISFECHO
3	SATISFECHO
4	BASTANTE SATISFECHO
5	MUY SATISFECHO

Se quiere calcular los parámetros estadísticos más destacados a partir de los datos recogidos en la siguiente tabla, correspondiente a la encuesta realizada a 60 clientes del hotel:

0	2	2	4	0	3	3	2	5	2
3	2	4	3	4	5	1	4	1	0
4	1	1	2	4	4	2	0	3	1
3	0	5	2	2	3	0	5	1	1
4	0	3	2	3	2	3	3	1	2
4	2	3	1	2	4	2	3	1	3

Para calcular los parámetros estadísticos más comunes, con las funciones de Excel, es necesario introducir los datos en celdas. Por ejemplo, en este caso utilizamos desde la A1 hasta la A60.

12.11

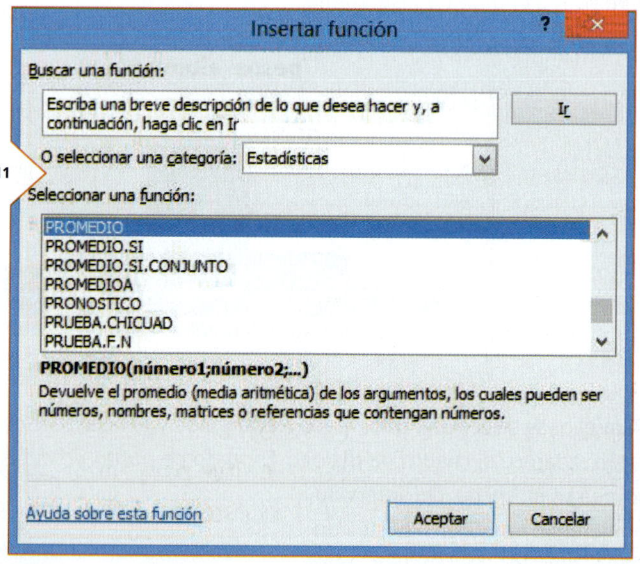

Para calcular la media se selecciona la *función* = ***PROMEDIO*** del menú *Fórmulas* e *Insertar función* e indicamos el rango de valores, que va desde la celda A1 hasta la celda A60:

Media = PROMEDIO(A1:A60)= 2,37

Todos los parámetros estadísticos se calculan de la misma forma:

- *Mediana: MEDIANA(A1:A60) = 2*
- *Moda: MODA.UNO(A1:A60) = 2*
- *Desviación típica: DESVESTP(A1:A60) = 1,41*
- *Varianza: VARP(A1:A60) = 2*
- *Primer Cuartil: PERCENTIL(A1:A60;0,25) = 1*
- *Segundo Cuartil: PERCENTIL(A1:A60;0,5) = 2*
- *Tercer Cuartil: PERCENTIL(A1:A60;0,75) = 3*

3•• GeoGebra

GeoGebra es un software de código abierto destinado especialmente a la enseñanza y aprendizaje de la Geometría y Álgebra. Resulta muy útil para resolver gráficamente ejercicios de Geometría o simplemente para comprobar resultados.

Java

En caso de no tener instalado este programa en el ordenador, se puede conseguir en la página web www.java.com/es.

Se puede instalar GeoGebra en un ordenador o en una tableta. Como es un programa desarrollado en Java, es necesario tener instalado también este programa. Para aprender a utilizar GeoGebra se puede visitar su página oficial y consultar diversos manuales y tutoriales en Internet.

Cuando se abre el programa, la ventana principal de GeoGebra aparece dividida en dos partes: una vista algebraica, a la izquierda, y una vista gráfica, a la derecha. Además, por encima de ambas aparece la barra de menús y abajo, una barra de entrada donde se pueden escribir comandos.

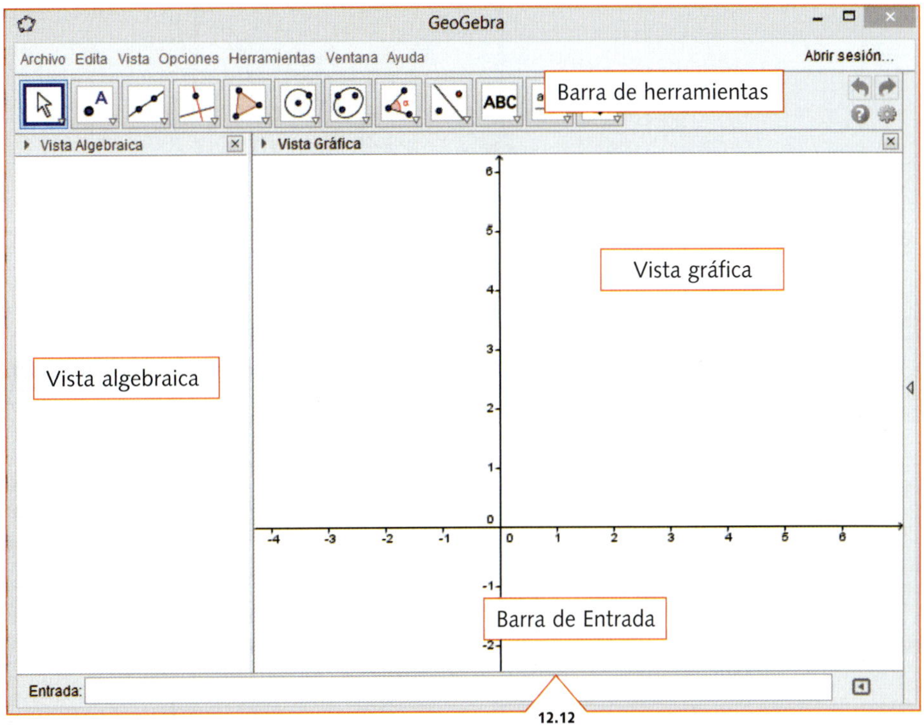

12.12

Para conocer las distintas posibilidades que ofrece GeoGebra, se recomienda pasar el ratón por encima de los distintos iconos que aparecen en la barra de herramientas; de esta forma, los iconos se iluminarán y emergerá una pequeña ventana con su descripción.

Al hacer clic sobre el icono  se presenta un desplegable con dos opciones. Escoge *Elige y mueve* que sirve para enmarcar o seleccionar los objetos matemáticos; es decir, mientras esté activado permite arrastrar objetos en la *Vista Gráfica* con el ratón.

Con GeoGebra pueden hacerse construcciones geométricas de objetos matemáticos como puntos, segmentos, polígonos, funciones, curvas, rectas o secciones cónicas. Además, haciendo clic con el botón derecho sobre cualquier punto de esta vista gráfica, aparece una ventana que permite activar o desactivar los ejes de coordenadas y el fondo cuadriculado.

Web de GeoGebra

La dirección de la página web de GeoGebra es: www.GeoGebra.org

En la barra de entrada de GeoGebra se pueden introducir directamente coordenadas o expresiones algebraicas de objetos matemáticos. Después de pulsar la tecla *Enter*, lo introducido aparece automáticamente en la vista algebraica y en la vista gráfica.

GeoGebra ofrece una amplia gama de comandos que se pueden introducir en la barra de entrada, como pueden ser: media, mediana, moda, factoriza, MCD, etc.

La lista de comandos disponibles se despliega con un clic sobre la flechita que aparece abajo en la esquina derecha de la ventana. Al escribir el comando en la barra de entrada aparece información sobre su sintaxis para una correcta aplicación.

12.13

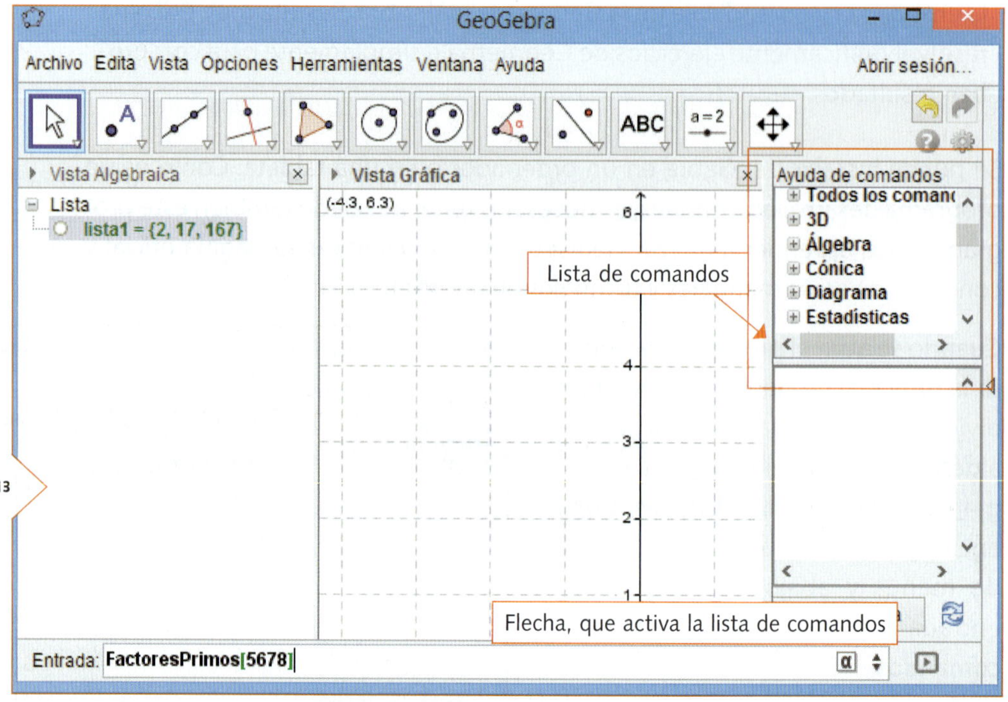

Ejemplo 6

- Para calcular la descomposición factorial de 5678 se introduce en la barra de entrada el comando *FactoresPrimos*[5678]; entonces, el resultado aparece en la vista algebraica: $5678 = 2 \cdot 17 \cdot 167$
- Para representar la función $f(x) = x^3 + x^2 + 1$ basta con introducir la expresión en la barra de entrada:

12.14

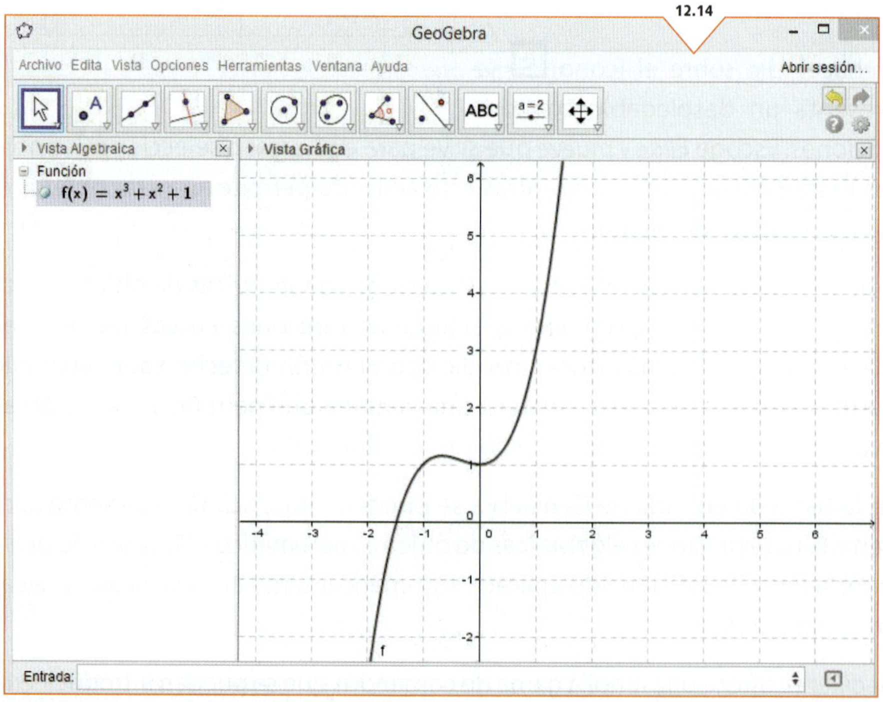

Actividades

2. Instala el programa GeoGebra en tu ordenador para empezar a trabajar con él.

3. Busca cinco comandos de GeoGebra que te parezcan interesantes para introducir en la barra de entrada y pruébalos.

4. Introduce los siguientes comandos en la barra de entrada y explica qué se obtiene.

a) A=(2,1)
b) B=(12,5)
c) C=(9,11)
d) Polígono[A,B,C]
e) CircunferenciaInscrita[A,B,C]
f) b_a=Bisectriz[A,B,C]
g) b_b=Bisectriz[B, C, A]
h) M= Interseca[b_a, b_b]

3.1• Rectas en GeoGebra

La herramienta de GeoGebra permite **dibujar** la **recta** que pasa por dos puntos conocidos.

Ejemplo

7

- Dibujar la recta que pasa por los puntos $A(-2,3)$ y $B(4,5)$:

- Se representan los puntos seleccionando la herramienta *punto* en la barra de herramientas y haciendo clic en las coordenadas $(-2, 3)$ para obtener el punto A y en las coordenadas $(4, 5)$ para obtener el punto B.
- Se dibuja la recta que une los puntos seleccionando la herramienta de la barra de herramientas. Entonces, haciendo clic con el ratón en el punto A y clic en el punto B surge la recta que une los dos puntos.
- Se puede observar en la vista algebraica la expresión analítica de la recta: $-x+3y=11$.
- Se selecciona la herramienta *Elige y mueve* y se hace doble clic sobre la recta en la vista gráfica para poder personalizarla. Emerge una ventana en la que se puede cambiar nombre, color, grosor, estilo, etc., de la recta.

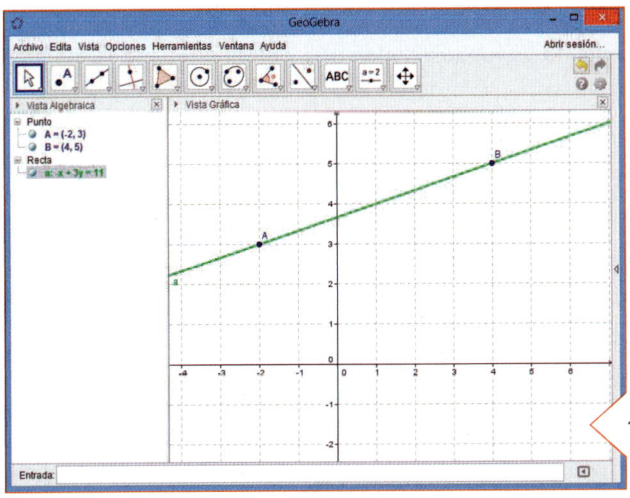

12.15

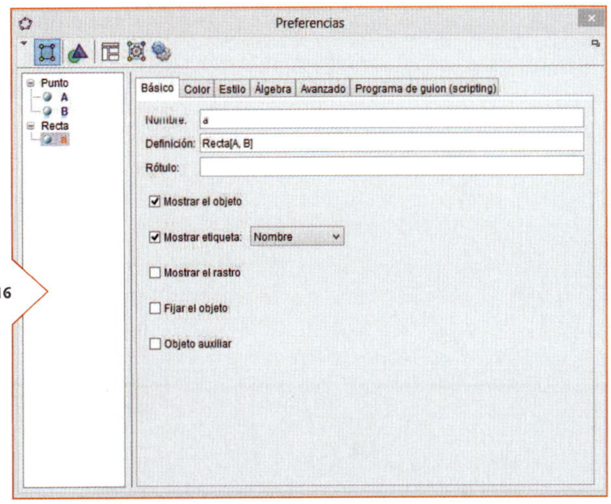

12.16

- Hallar una recta de color verde que sea perpendicular a la recta $r: 3x-5y+1=0$ que pase por el punto $A(-1, 2)$.

- Se introduce la expresión $3x-5y+1=0$ en la barra de entrada.
- Se selecciona y se hace clic en el lugar de coordenadas $(-1, 2)$ para crear el punto $A(-1, 2)$.
- Se selecciona en la Barra de Herramientas y se hace clic sobre la recta y sobre el punto $A(-1, 2)$.
- Se selecciona y se hace clic con el ratón sobre la recta perpendicular para que aparezca la ventana emergente de propiedades de la recta y modificar así el color de la recta perpendicular.

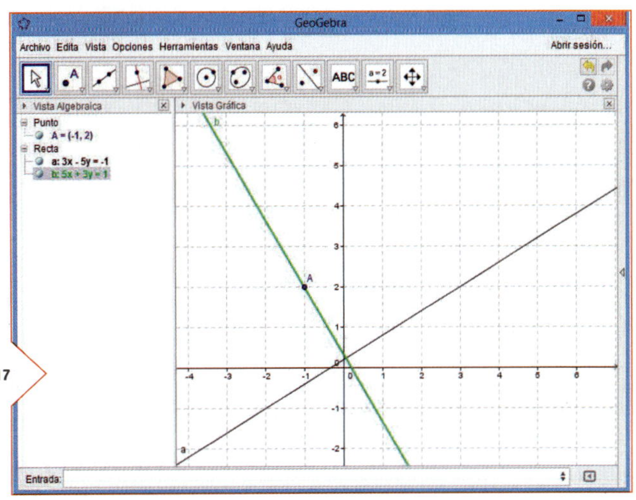

12.17

Actividades

5. Dibuja una recta que pase por los puntos $A(0, 10)$ y $B(-3, 5)$ y otra que sea perpendicular a la anterior pero que pase por el punto $C(1, 2)$.

6. Dibuja una recta paralela a la recta $-3x+4y+7=0$ que pase por el punto $A(-2, 5)$.

3.2• Polígonos en GeoGebra

Para **construir** un **triángulo** se selecciona en la barra de herramientas y se eligen los vértices, uno a uno, finalizando en el primero.

Como no siempre se conocen los vértices del triángulo se suele tener que recurrir a otras herramientas de GeoGebra antes de usar esta.

Ejemplo 8

Para construir con GeoGebra un triángulo conociendo sus tres lados, se procede al igual que con lápiz y papel, pero utilizando las herramientas *Segmento con longitud dada desde el punto* y *Círculo por centro y radio*. Si las medidas de los lados del triángulo que se quiere construir son $a = 4$ cm, $b = 3$ cm y $c = 5$ cm, se procede del siguiente modo:

- Se dibuja el segmento correspondiente al mayor de los lados, $c = 5$ cm, utilizando la herramienta .
- Se dibuja con la herramienta una circunferencia de radio igual a la longitud de otro lado del triángulo, $a = 4$ cm, desde uno de los extremos del segmento anterior.
- Se dibuja otra circunferencia desde el otro extremo del segmento cuya longitud sea la del otro lado dado. La intersección de ambas circunferencias es el tercer vértice del triángulo buscado.

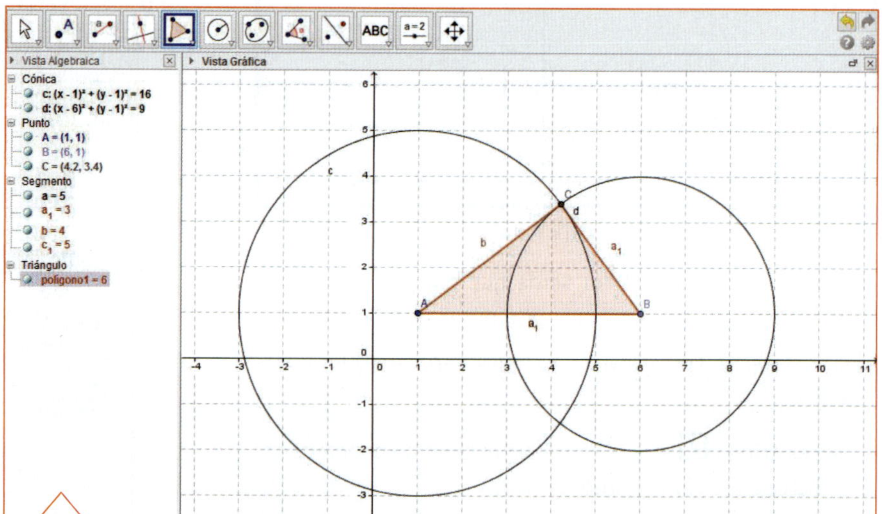

12.18

Para construir en GeoGebra cualquier polígono regular se utiliza la herramienta . Para ello, solo se necesitan dos puntos que correspondan a dos vértices consecutivos o la medida del lado.

En la vista algebraica se muestran los datos correspondientes a los elementos usados en la construcción del hexágono de la figura: un segmento a de longitud 1, cuyos extremos son los puntos $A(3, 1)$ y $B(4, 1)$. También aparece otro elemento llamado *poligono1* = 2,6 que se refiere al hexágono regular construido y a la superficie que ocupa (2, 6).

GeoGebra permite modificar los polígonos dibujados arrastrando los vértices con el ratón, y así obtener nuevos polígonos de distintas medidas.

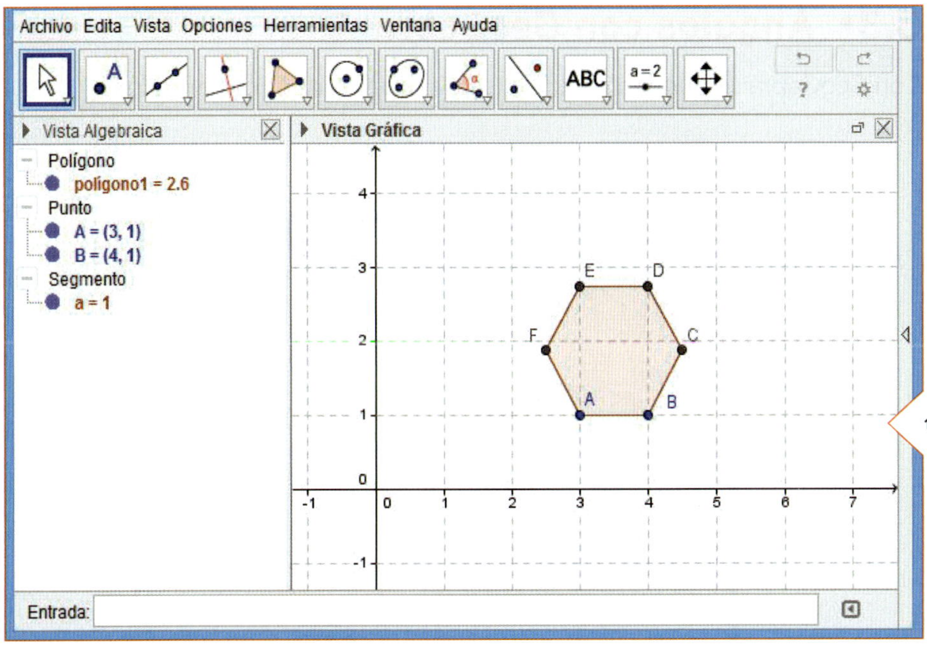

12.19

Ejemplo 9

Para dibujar un triángulo isósceles con GeoGebra se siguen los siguientes pasos:

- Se dibuja un segmento entre dos puntos, con la herramienta *Segmento entre dos puntos*.
- Se utiliza la herramienta *Punto medio*, para calcular el punto medio del segmento.
- Se traza una perpendicular al segmento por el punto medio, con la herramienta.
- Se escoge un punto, de esa perpendicular como tercer vértice del triángulo isósceles.
- Se selecciona la herramienta para construir el triángulo conocidos los vértices.

Una vez dibujado el triángulo, seleccionando la herramienta, se pueden arrastrar cualquiera de los vértices del triángulo para modificarlo y formar así otro triángulo de distinto tamaño, pero que sigue siendo isósceles.

12.20

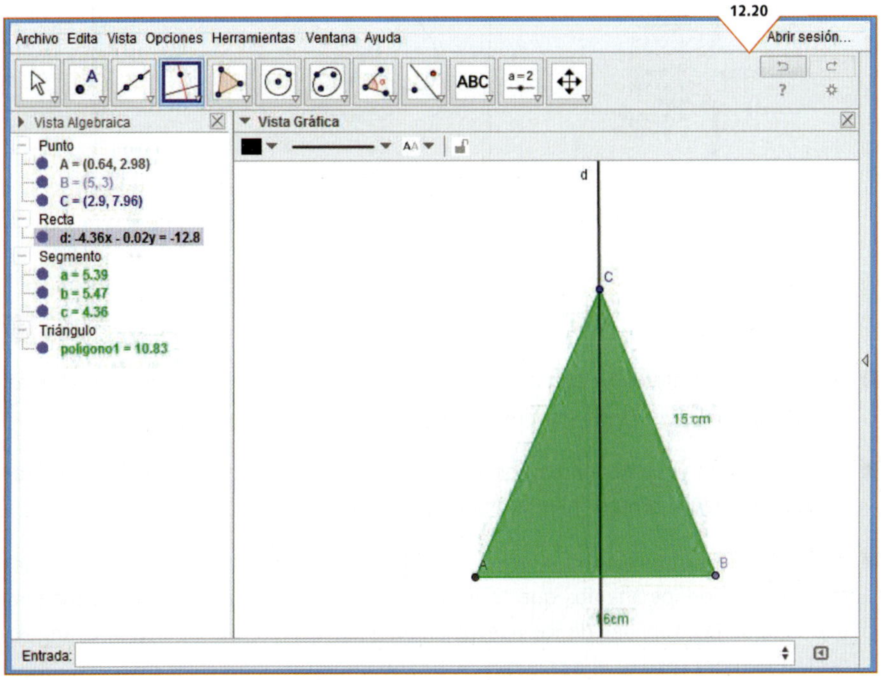

3.3• Ángulos con GeoGebra

Con GeoGebra se pueden realizar distintas operaciones con ángulos.

Ejemplo 10

Dos ángulos complementarios son los que suman 90º. Al dibujar con GeoGebra un ángulo recto y dividirlo en dos partes, no sólo se obtienen dos ángulos complementarios sino que se obtienen todos los pares de ángulos que son complementarios entre sí:

- Se traza un segmento cualquiera con , *AB*.
- Con se traza una recta perpendicular al segmento, por uno de los extremos, formando así un ángulo recto.
- A partir del punto *B*, intersección de las rectas perpendiculares, y de un punto de una de dichas rectas, se dibuja el sector circular utilizando .
- Se traza un segmento entre el vértice B y un punto del borde del sector circular, que divide el ángulo en dos ángulos complementarios.

12.21

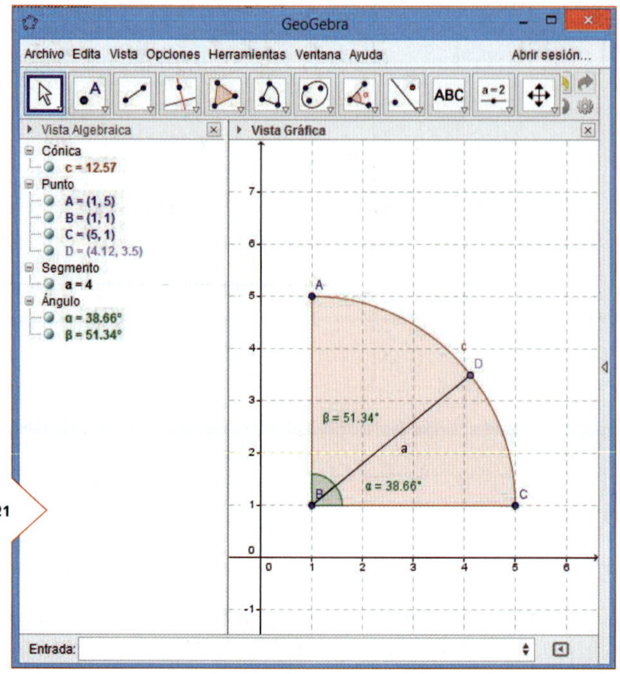

Ejemplo 11

Seleccionando en GeoGebra la herramienta se puede arrastrar el punto del borde *D* del sector circular de manera que los dos ángulos en que se divide el ángulo recto, aumentan o disminuyen su medida pero manteniéndose siempre complementarios.

GeoGebra permite comprobar fácilmente teoremas como el teorema del ángulo central: el ángulo inscrito α que abarca un arco de circunferencia determinado por dos puntos *A* y *B*, es igual a la mitad del ángulo central β que abarca el mismo arco.

12.22

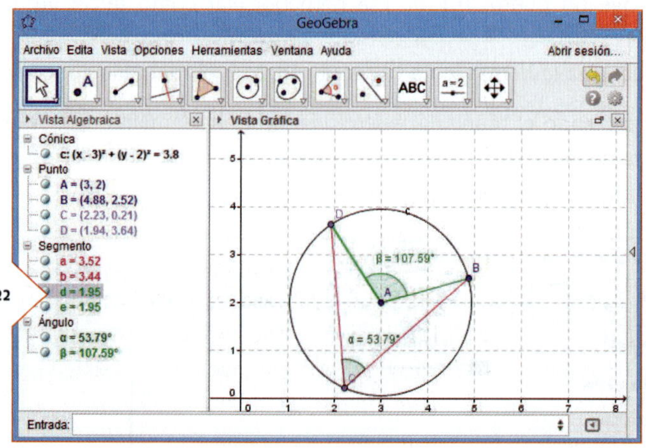

Actividades

7. Realiza una construcción con GeoGebra para calcular ángulos complementarios e indica los complementarios de los ángulos siguientes: 12°, 54°, 62° y 80°.

8. Realiza una construcción con GeoGebra que permita calcular ángulos suplementarios e indica los suplementarios de los ángulos siguientes: 130°, 64°, 79°, 150° y 99°.

Ejemplo 12

- Trazar una circunferencia con , y los radios que forman el ángulo central y las cuerdas que forman el ángulo inscrito con .
- La herramienta medirá ambos ángulos, lo que permite compararlos y comprobar que el ángulo central mide el doble que el inscrito.
- Al igual que en otros ejercicios, seleccionar permite arrastrar alguno de los puntos comunes de los ángulos que se encuentran sobre la circunferencia, de manera que aunque las medidas de los nuevos ángulos aumenten o disminuyan, el ángulo central siempre medirá el doble que el ángulo inscrito.

Técnicas de trabajo

CREAR, COMPARTIR Y PRESENTAR MODELOS 3D

Sketchup Make es un programa de diseño que permite crear y modificar diferentes tipos de modelos en tres dimensiones. Partiendo de figuras geométricas básicas se ofrecen todas las herramientas de dibujo, modelado 3D, efectos y texturas necesarios para diseñar objetos que parezcan reales.

Se puede descargar desde http://sketchup.google.com/intl/es/.

Una vez instalado el programa, al ejecutarlo, se inicia con una interfaz en la que además de la *Barra de menú* y *Barra de herramientas* que aparecen en todos los programas, destacan:

- **Modelo de referencia:** una figura humana que transmite la sensación del espacio tridimensional.
- **Área de dibujo:** es el espacio en donde se crea el modelo, se identifica visualmente mediante los ejes de dibujo, que son tres líneas de colores perpendiculares entre sí.
- **Barra de herramientas:** con los accesos rápidos a las herramientas que se utilizan con más frecuencia.

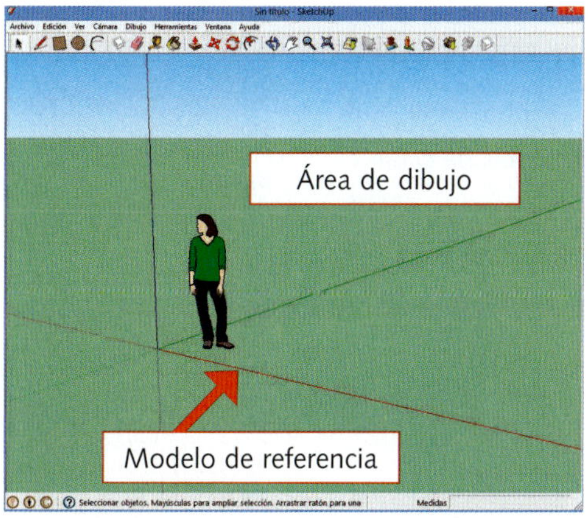

Para empezar a usar Sketchup se recomienda buscar un vídeo tutorial en Youtube o utilizar el manual o guía del usuario de la ayuda del programa. Además, se puede aprender el programa con formación presencial. El Servicio Público de Empleo Estatal, SEPE, imparte estos cursos, que clasifica en la categoría de cursos de *Inmobiliaria y construcción* en la especialidad de *Arquitectura*.

Actividades

1. Descarga e instala el programa en tu ordenador.

2. Construye un ortoedro de medidas 2×3×1 y revístelo de metal con textura de acero en blanco.

3. Construye una pieza de lego, color amarillo, formada por un cubo de medidas 2×2×3 m y un cilindro con una base de radio 0,5 m y una altura de 0,75 m.

Para construir una pieza de lego color azul formada por un cubo de medidas 2 x 2 x 2 m^3 y un cilindro con una base de radio 0,5 m y una altura de 0,5 m se procede de la siguiente manera:

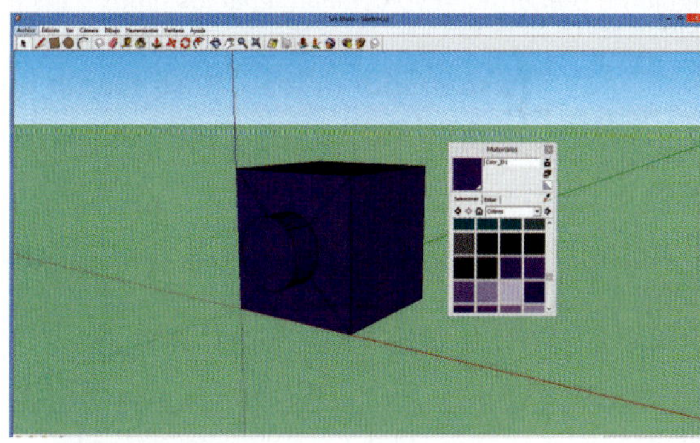

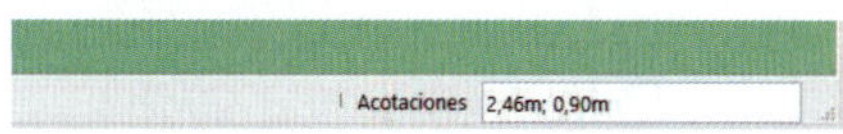

1. Selecciona la herramienta *dibujar rectángulo* con el icono situado en la barra de herramientas.
2. Haz clic en el origen de coordenadas y arrastra el ratón hasta que el rectángulo tenga medidas 2 x 2 m. En la esquina inferior derecha aparece un marcador donde se van indicando las medidas constantemente. También se pueden introducir las medidas exactas directamente en el marcador: se pulsa un 2, luego un punto y coma, luego otro 2 y finalmente se pulsa enter.
3. Para darle volumen al rectángulo se selecciona la herramienta *Empujar/Tirar* en el icono de la barra de herramientas y se arrastra hacia arriba. En el marcador introducimos 2 m.
4. Selecciona la herramienta *Línea* con el icono situado en la barra de herramientas y se trazan 2 diagonales en una de las caras del cubo. El punto donde se cortan las diagonales va a ser el centro de la base del cilindro.
5. Selecciona la herramienta *Círculo* con el icono situado en la barra de herramientas, haz clic en el punto de corte de las dos diagonales anteriores e introduce en el marcador 0,5 m para el radio. Haz clic en los segmentos de las diagonales interiores al círculo, y selecciona *borrar*. Con la herramienta *Empujar/Tirar* se le da volumen.
6. El material de revestimiento se selecciona en la herramienta *Pintar* de la barra de herramientas; de entre todos los materiales disponibles se elige *Colores* y se escoge el *ColorI01*. Haciendo clic en cada cara de la figura, esta se reviste de ese color.

Actividades finales

1. Introduce la expresión $x-y=4$ en Desmos:

a) ¿Cuál es su representación gráfica?
b) Indica dos puntos que verifiquen esa ecuación.
c) ¿Existen puntos de corte con el eje X?

2. Representa en la calculadora Desmos la función $y=\frac{x^2}{4}-x-7$:

a) ¿Cuál es su representación gráfica?
b) Indica tres puntos que verifiquen esa ecuación.
c) ¿Existen puntos de corte de la función con el eje de abscisas?

3. Utilizando la calculadora gráfica representa en el mismo sistema de coordenadas $y = 3x^2+5x-1$ y $10x-7y=15$. ¿Tienen algún punto en común?

4. Usando la calculadora Desmos clasifica estos sistemas de ecuaciones según su número de soluciones:

a) $\begin{cases} -87x+33y=25 \\ 13x+29y=0 \end{cases}$ c) $\begin{cases} 3x-40y=75 \\ -24x+3y=100 \end{cases}$ e) $\begin{cases} 28x-34y=-30 \\ -28x+34y=60 \end{cases}$

b) $\begin{cases} \frac{x}{2}-\frac{y}{7}=\frac{1}{3} \\ 4x-\frac{8y}{7}=\frac{8}{3} \end{cases}$ d) $\begin{cases} \frac{x}{7}-\frac{y}{3}=\frac{1}{3} \\ 16x-2y=\frac{5}{4} \end{cases}$ f) $\begin{cases} \frac{5x}{3}+\frac{7y}{2}=\frac{1}{5} \\ \frac{10x}{3}+7y=\frac{2}{5} \end{cases}$

5. Construye una tabla de valores con Desmos para el peso medio de los niños hasta los 3 años y otra tabla de valores para el peso medio de las niñas. Observa su representación gráfica y contesta a la siguiente pregunta: ¿Evolucionan igual los niños y las niñas?

	Peso medio niños	**Peso medio niñas**
Recién nacido	3,4 kg	3,4 kg
3 meses	6,2	5,6
6 meses	8	7,3
9 meses	9,2	8,6
12 meses	10,2	9,5
15 meses	11,1	10,2
18 meses	11,8	11
2 años	12,9	12,4
3 años	15,1	14,4

6. Expresa mediante un histograma el número de llamadas que realiza un grupo de jóvenes durante el día.

N.º llamadas	1	2	3	4	5	6	7	8	9
Frecuencia	15	24	37	76	90	56	18	7	1

7. Utilizando el programa GeoGebra dibuja:

a) Los puntos $A=(1, 2)$ y $B=(5, 4)$.
b) Un segmento que pase por A y por B.
c) El punto medio del segmento AB.
d) Una circunferencia que pase por A y por B.
e) Una circunferencia con centro en A y radio el segmento AB.

8. Construye en Excel un diagrama de sectores con los resultados obtenidos en una encuesta sobre los deportes más demandados por los jóvenes:

DEPORTE	**FRECUENCIA**
Fútbol	1000
Baloncesto	460
Ciclismo	830
Surf	250
Pádel	625

9. Se ha entrevistado a 64 familias sobre el número de hijos que tienen y se han recogido los resultados en esta tabla:

0	1	0	1	2	3	4	1
1	2	3	5	0	0	0	3
0	1	0	1	2	1	1	0
3	2	2	0	1	3	2	2
0	1	4	0	5	4	0	5
2	0	3	1	1	2	3	0
0	0	2	0	2	0	0	3
4	0	1	2	0	1	0	5

Utilizando las funciones estadísticas de Excel calcula la mediana, moda, desviación típica, varianza, primer, segundo y tercer cuartil.

10. En la barra de entrada del programa GeoGebra introduce la expresión $17x-9y=23$. Dibuja:

a) De color verde la recta perpendicular a $17x-9y=23$ que pasa por el punto $A=(1, 3)$.
b) De color rosa la recta paralela a $17x-9y=23$ que pasa por el punto $A=(1, 3)$.

11. Utilizando GeoGebra construye:

a) Un triángulo azul de medidas $a=5$, $b=7$ y $c=3$ cm.
b) Un triángulo isósceles naranja de base 4 cm y altura 5 cm.

12. Utilizando GeoGebra construye:

a) Un hexágono de lado $l=3$ cm. ¿Cuál es su área?
b) Un heptágono de lado $l=4,5$ cm. ¿Cuál es su área?

13. Construye un triángulo con dos ángulos que miden 65° y 57°, utilizando GeoGebra respectivamente. ¿Cuánto mide el tercer ángulo?

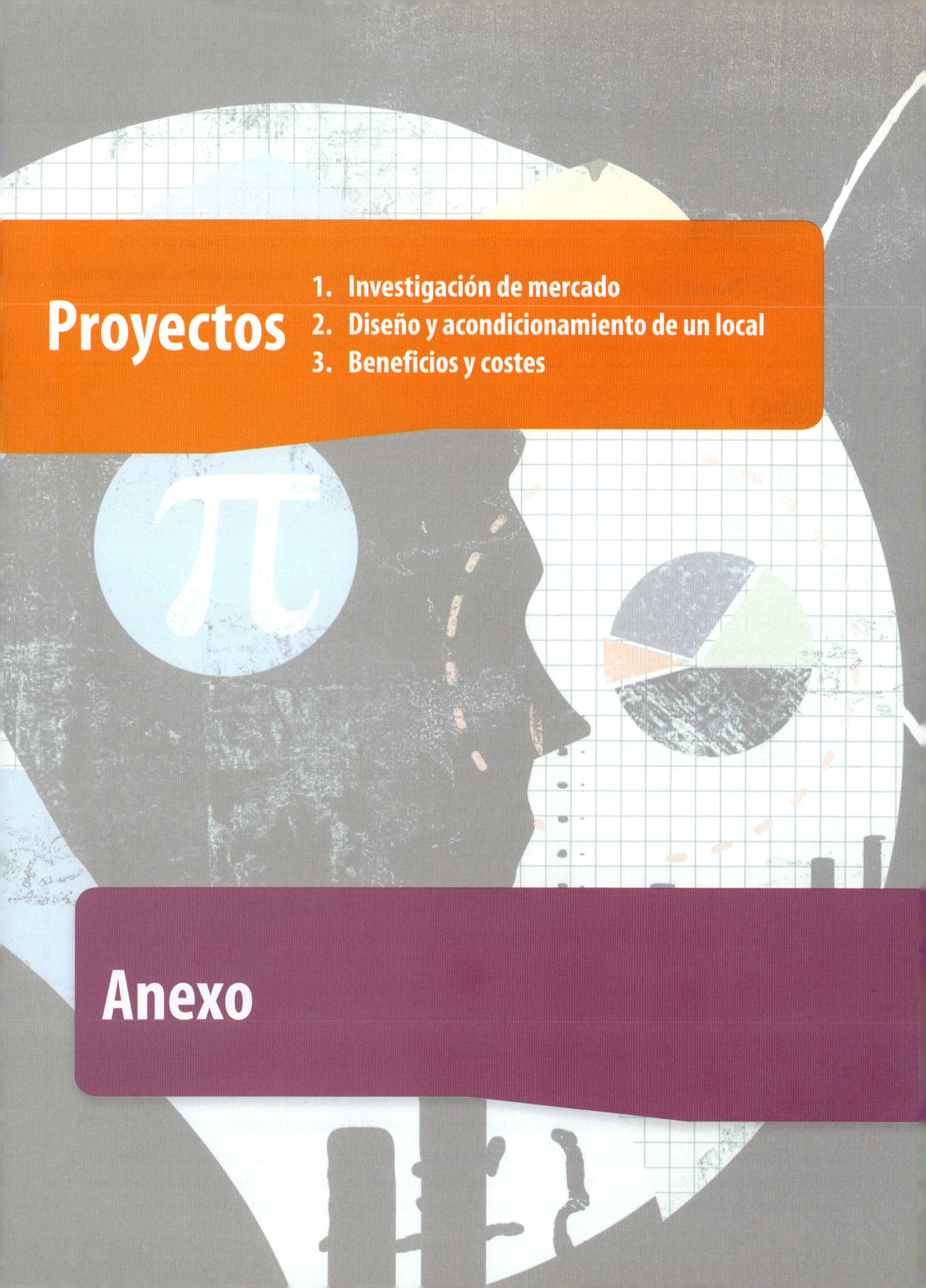

Proyectos

1. Investigación de mercado
2. Diseño y acondicionamiento de un local
3. Beneficios y costes

Anexo

Investigación de mercado

Introducción

Una investigación de mercado es una técnica que permite recopilar información, para interpretarla posteriormente, sacar conclusiones y hacer uso de ellas. Los emprendedores y empresarios averiguan las demandas reales de sus clientes a través de ellas y así **toman decisiones** para intentar lograr la satisfacción de los clientes.

Tarea

Hacer una investigación de mercado para ofrecer a futuros clientes lo que realmente necesitan. Para comenzar, escoge el negocio que te gustaría poner en marcha, por ejemplo, una peluquería.

Proceso

Para realizar esta tarea y alcanzar los objetivos fijados es necesario rodearse de los mejores colaboradores. Por ello, será preciso que os agrupéis de la manera más conveniente, formando equipos de tres o cuatro personas y llevéis a cabo las siguientes actividades.

Actividad 1 La idea

Realiza una encuesta para conocer lo que el cliente desea, el precio que está dispuesto a pagar y, en general, lo que espera de un negocio como el tuyo.

Las preguntas pueden ser de respuesta abierta o cerrada. En las primeras, las personas que responden pueden redactar su respuesta con sus propias palabras, mientras que en las segundas el entrevistado tendrá que escoger una entre una serie de opciones que le presentes.

Es muy importante que en la encuesta las preguntas sean breves y claras.

En el caso de una peluquería, la encuesta podría ser como la que se muestra en la figura.

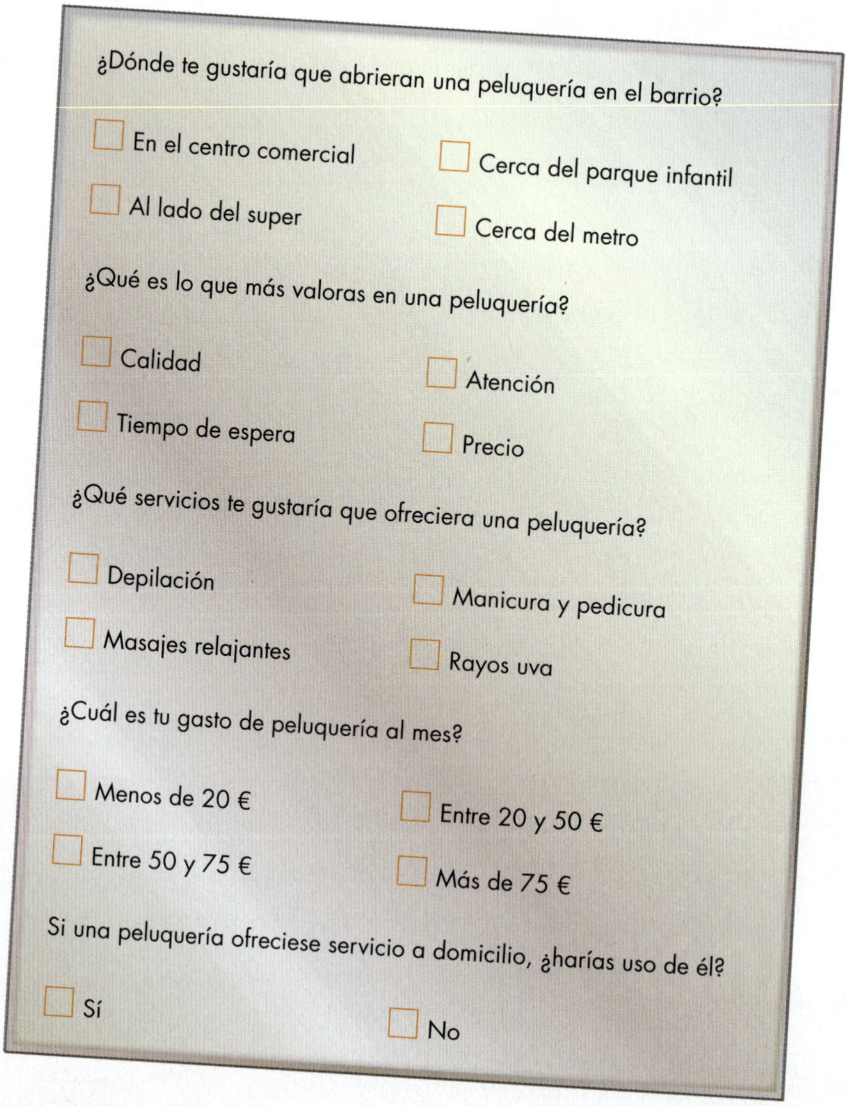

¿Dónde te gustaría que abrieran una peluquería en el barrio?

- ☐ En el centro comercial
- ☐ Cerca del parque infantil
- ☐ Al lado del super
- ☐ Cerca del metro

¿Qué es lo que más valoras en una peluquería?

- ☐ Calidad
- ☐ Atención
- ☐ Tiempo de espera
- ☐ Precio

¿Qué servicios te gustaría que ofreciera una peluquería?

- ☐ Depilación
- ☐ Manicura y pedicura
- ☐ Masajes relajantes
- ☐ Rayos uva

¿Cuál es tu gasto de peluquería al mes?

- ☐ Menos de 20 €
- ☐ Entre 20 y 50 €
- ☐ Entre 50 y 75 €
- ☐ Más de 75 €

Si una peluquería ofreciese servicio a domicilio, ¿harías uso de él?

- ☐ Sí
- ☐ No

Actividad 2 Población a estudiar y trabajo de campo

El siguiente paso es **determinar a qué personas** vamos a **preguntar** y **realizar la encuesta.**

Si vas a abrir un negocio en un barrio en concreto debes preguntar a los vecinos de ese barrio. Ellos son los posibles clientes. Como mínimo realiza la encuesta a 10 personas, pero piensa que cuantas más personas entrevistes más precisas serán las conclusiones que vas a obtener. Puedes combinar las encuestas en papel a pie de calle, con otras realizadas por teléfono o por Internet, utilizando la aplicación gratuita SurveyMonkey, por ejemplo.

Actividad 3

Conteo

Una vez que se han realizado las encuestas se pasa a **contabilizar los resultados.** Por ejemplo, para la pregunta "¿Dónde prefieres que esté situada la peluquería?" se podrían haber obtenido los siguientes resultados para 55 personas encuestadas:

Ubicación de la peluquería	Respuestas	Frecuencia
Centro comercial	30	54,5%
Al lado del parque infantil	5	9%
Al lado del supermercado del barrio	12	22%
Cerca del metro	8	14,5%

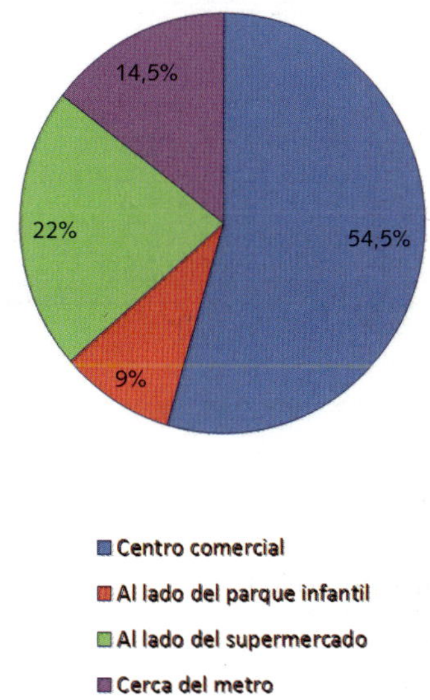

Elabora una tabla con los conteos de todas las preguntas y sus frecuencias. Puedes utilizar una hoja de cálculo como Excel o OpenOffice Calc.

Actividad 4

Toma de decisiones

El último paso de una investigación de mercado consiste en tomar **decisiones de acuerdo** a las **conclusiones** obtenidas. Por ejemplo, si hemos llegado a la conclusión de que los clientes demandan un servicio a domicilio pasamos a tomar la decisión de ofertar este servicio a nuestros clientes.

Sí	50
No	5

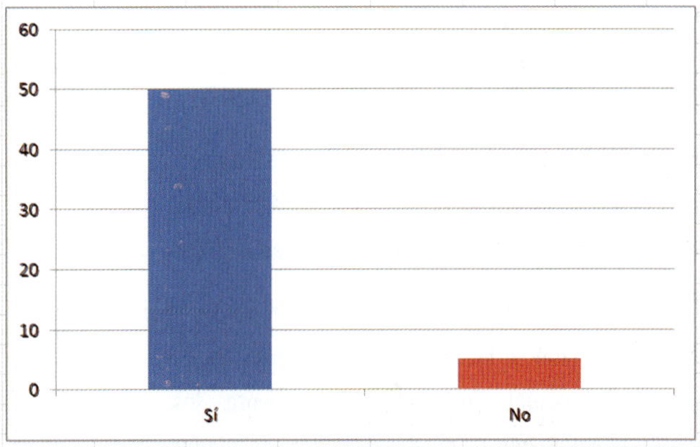

Recursos

Para buscar toda la información necesaria para realizar esta investigación de mercado puedes consultar los siguientes enlaces:

- Tu primera encuesta: http://www.ine.es/explica/explica_pasos_primera_encuesta.htm
- Ejemplo de encuesta y su procesamiento: http://goo.gl/T3u4qQ
- Herramienta para elaborar encuestas *online:* https://es.surveymonkey.com/

Evaluación

Tu profesor evaluará tanto los proyectos como la aportación individual al proyecto de cada miembro del grupo. Se valorará: originalidad del proyecto, cumplimiento de los requisitos, precisión del contenido, tu actitud y el correcto uso y manejo de los datos numéricos.

El resultado de la evaluación de tu proyecto y de tu trabajo personal será:

	Escaso aprendizaje	Aprendizaje medio	Buen aprendizaje	Muy buen aprendizaje
PUNTUACIÓN	1	2	3	4

Conclusión

Después de realizar este proyecto, dispondréis de nuevas herramientas que os ayudarán a la hora de ser emprendedores y habréis mejorado vuestra capacidad de síntesis, de planificación y análisis de datos. Como veis, alcanzar el éxito en un negocio, depende de conocer las necesidades de vuestros clientes, ser capaces de predecir sus demandas y adaptarse a los cambios de la sociedad.

Diseño y acondicionamiento de un local

Introducción

Un emprendedor que quiere montar un negocio no siempre va a encontrar el local ideal que cumpla todos sus requisitos y expectativas. La solución es alquilar o comprar un local para prepararlo y acondicionarlo a sus necesidades. Esta opción requiere de una inversión inicial mayor pero a la larga resultará más económica.

Tarea

Distribuir un local comercial de una manera funcional y acondicionarlo adecuadamente para convertirlo en nuestro negocio.

Proceso

Para realizar esta tarea es necesario rodearse de los mejores colaboradores. Por ello, será preciso que os agrupéis de la manera más conveniente, formando equipos de tres o cuatro personas y llevéis a cabo las siguientes actividades.

Actividad 1 Proyecto técnico de obra y apertura

Vamos a realizar una actividad cualificada en un local comercial, por lo que el ayuntamiento nos exige un proyecto firmado por un técnico competente además de un plano con las dimensiones del local.

Calcula la superficie que ocupa el local en m^2.

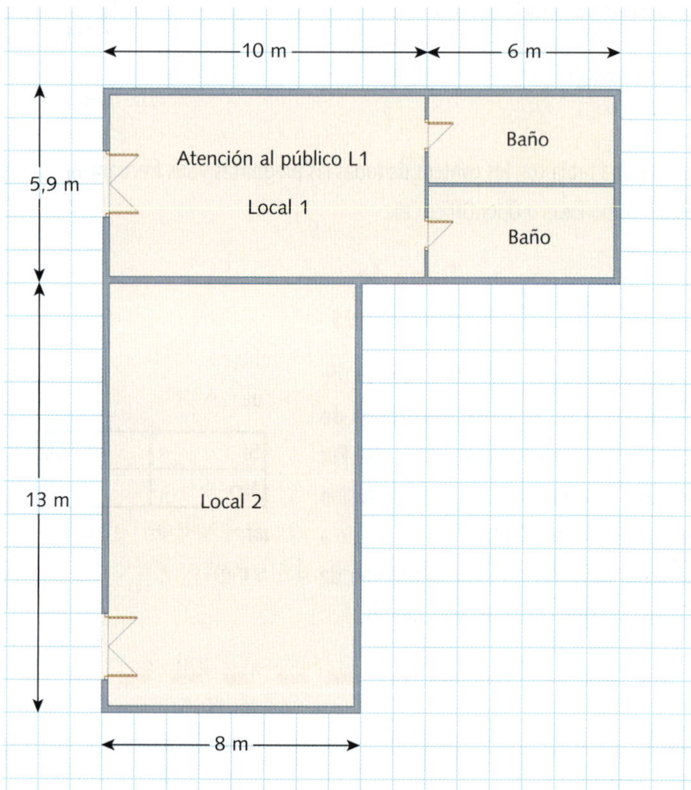

Actividad 2 Obras de acondicionamiento

Distribuye el espacio de tu local de 2,7 m de altura en zona de atención al cliente, baños, zona de trabajo, reservado, etc., y **calcula un presupuesto para acondicionar el local.**

En este apartado se incluyen las obras de alicatado, carpintería, solados, fontanería, saneamiento, los nuevos tabiques que se puedan levantar con pladur y la instalación de la climatización y calefacción. Para hacernos una idea del coste de estas obras podemos consultar la siguiente tabla de precios detallada de una empresa constructora:

PINTURAS	Pintura plástica color	9 €/m^2
	Lacado mate sobre madera	40 €/m^2
	Pintura al esmalte mate/brillo	15 €/m^2
PLADUR	Falso techo	35 €/m^2
	Tabiques de cartón yeso una cara	30 €/m^2
	Tabiques de cartón yeso dos caras	45 €/m^2
INSTALACIONES	Fontanería	30 €/m^2
	Eléctrica	150 €/m^2

El coste total dependerá de tres factores: tipo de actividad, estado en el que se encuentra el local y el equipo de profesionales que ejecute la obra. Para una mayor optimización de tiempos y control de gastos conviene que un técnico competente se encargue de la supervisión.

En un principio, el presupuesto será una estimación de costes y aunque está sujeto a cambios de diseño y calidad de materiales, permite hacernos una idea del coste final del proyecto.

Incluye en el presupuesto una pequeña memoria de calidades, indicando qué tipo de material vas a utilizar. El siguiente presupuesto te puede servir de ejemplo:

Calidades	Presupuesto
Mármol texturado de colores fríos y modernos. **Gran formato 60 x 60 cm para crear espacios amplios y limpios.** **Una caja contiene 3 baldosas.** **Precio: 29,90 €.**	La zona de atención al público del local mide 10 x 5,9 m. Para calcular las baldosas necesarias: 10 : 0,6 = 16,6 — 17 baldosas en la pared de 10 m. 5,9 : 0,6 = 9,8 — 10 baldosas en la pared de 5,9 m. En total para cubrir de baldosas el suelo hacen falta 17 · 10 = 170 baldosas. Como cada caja tiene 3 baldosas hay que comprar 170 : 3 = 56,6 cajas, es decir, 57 cajas. El presupuesto para solar el suelo es: 57 cajas · 29,90 €/caja = 1 704,30 €
Papel pintado liso, fabricado en material tejido. **Superficie a empapelar por rollo 5,3 m^2.** **Precio: 3,95 €/m^2.**	Supongamos que vamos a empapelar una de las paredes grandes del local. Dimensiones: 10 × 2,7=27 m^2. El presupuesto para empapelar la pared es: 27 m^2 · 3,95 €/m^2 = 106,65 €

Actividad 3

Maquinaria y mobiliario

En el presupuesto también debes **incluir** el **coste** de la **maquinaria y mobiliario** que vas a utilizar. Aprovecha el plano para distribuir los espacios.

Por ejemplo, en el caso de montar una peluquería es necesario saber las medidas de los lavacabezas para saber cuántos puedes instalar. De la misma manera, debemos conocer las medidas de los sillones, mostradores, mesas, etc.

Por ejemplo, en una de las paredes grandes del local se podrían colocar 12 lavacabezas como el de la ilustración como máximo, porque 10 : 0,83 = 12,04 y se redondearía a 12.

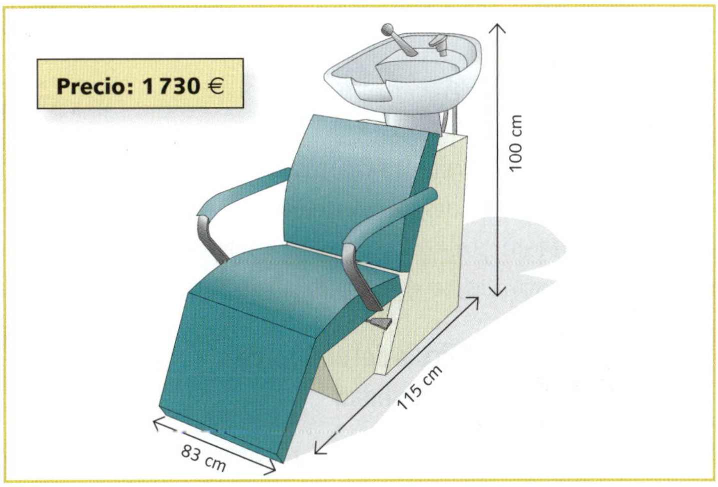

Recursos

Para buscar toda la información para realizar esta actividad puedes consultar los siguientes enlaces:

- Leroy Merlín: http://www.leroymerlin.es/
- Ikea: http://www.ikea.com/es/es/
- Mobiliario de tiendas: http://www.retif.es/mobiliario-de-tiendas-estanterias.html

Evaluación

Tu profesor evaluará tanto los proyectos como la aportación individual de cada miembro del grupo al proyecto. Valorará la originalidad del proyecto, el cumplimiento de los requisitos, la precisión del contenido, tu actitud y el correcto uso y manejo de los datos numéricos.

El resultado de la evaluación de tu proyecto y de tu trabajo personal será:

	Escaso aprendizaje	Aprendizaje medio	Buen aprendizaje	Muy buen aprendizaje
PUNTUACIÓN	1	2	3	4

Conclusión

A lo largo de este proyecto has desarrollado habilidades como son la capacidad de planificación y elaboración de presupuestos a partir de un plano, así como el trabajo en equipo.

Beneficios y costes

Introducción

Al comenzar cualquier negocio se tienen que adquirir ciertas herramientas y útiles, así como productos para su posible venta. Antes de realizar la compra es preciso calcular cuántas unidades aproximadas necesitas para no comprar demasiadas, ni tampoco menos de las necesarias.

Tarea

Calcular cuántos productos debes comprar para que los beneficios superen los costes, y ajustar la inversión.

Proceso

Para realizar esta tarea y alcanzar los objetivos fijados es necesario rodearse de los mejores colaboradores. Por ello, será preciso que os agrupéis de la manera más conveniente, formando equipos de tres o cuatro personas y llevéis a cabo las siguientes actividades.

Actividad 1 — Coste de un producto

En nuestro negocio necesitaremos comprar varias unidades de un mismo producto. El **cálculo del coste** total que nos supondrá es una función matemática que viene dada por el precio de venta del producto, el número de unidades que vamos a adquirir y el descuento que te hacen. Por ejemplo, para comprar *x* unidades de champú ácido para tintes de 2,75 € con un descuento del 50% aplicaríamos la función:

$$C_{\text{champú}}(x) = 2{,}75 \cdot x \cdot \left(1 - \frac{40}{100}\right)$$

Utiliza una tabla Excel como la de la figura, para realizar el cálculo total de los materiales y productos que necesites para tu negocio. Nos ahorrará tiempo y además podremos aprovecharla para obtener otros datos interesantes como puede ser el gasto total que vamos a realizar.

productos peluquería - Microsoft Excel

	A	B	C	D	E
1	PRODUCTOS	COSTE	UNIDADES	DESCUENTO	TOTAL
2	Agua oxigenada (1 litro)	2,00 €	10	50%	10,00 €
3	Champú ácido para tintes (1 litro)	2,75 €	20	40%	33,00 €
4	Emulsionante (1 litro)	2,50 €	10	50%	12,50 €
5	Pack de 3 tintes (70 cl)	3,50 €	40	25%	105,00 €
6	MATERIAL				
7	Tijeras de corte	12,00 €	4	10%	43,20 €
8	Secador de pelo	30,00 €	4	5%	114,00 €
9	Planchas	40,00 €	4	5%	152,00 €
10	Batas	4,00 €	30	10%	108,00 €
11					577,70 €
12					

Actividad 2 — Cálculo del umbral de rentabilidad

El **umbral de rentabilidad** es el punto donde los ingresos son iguales a los gastos; a partir de este punto el negocio comienza a dar beneficio. El umbral se calcula a partir de la fórmula:

$$CF + CV = I \cdot x$$

donde:

- *CF* son los **costes fijos:** alquiler, suministros, gastos comerciales, personal, amortización y otros gastos.
- *CV* son los **costes variables:** compra de materiales y productos.
- *I* es el **ingreso** por cada venta realizada.
- *x* son las **ventas** que realizamos.

Por ejemplo, los productos que más beneficio dan en una peluquería son los tintes. Suponiendo que los costes fijos mensuales son de 1 500 € y se estima que los costes variables son 530 €, y que el precio de la aplicación de cada tinte de pelo es de 40 €, aplicamos la fórmula anterior de manera que $1\,500 + 530 = 40 \cdot x$, y despejando *x*:

$$2\,030 = 40x \Rightarrow x = \frac{2\,030}{40} = 50{,}75 \text{ tintes}$$

Redondeando el resultado se conluye que si realizamos más de 51 tintes al mes tendremos beneficios.

Elabora una tabla con los gastos fijos de tu negocio y los gastos variables; después, utilizando el precio del producto estrella de tu negocio (menús, cafés, cambios de aceite, etc.) calcula su umbral de rentabilidad.

Actividad 3 Gráficas y umbral de rentabilidad

Elabora una **gráfica** que te permita **calcular** el **umbral de rentabilidad** de tu negocio según los datos aportados en la actividad 2. Para facilitar los cálculos puedes utilizar la calculadora gráfica Desmos.

Por ejemplo, la gráfica de la ilustración corresponde a los datos utilizados en el ejemplo de la actividad 2. El eje x representa el número de tintes y el eje y son euros.

La recta de color azul es la función constante que representa los gastos ($CF+CV$), en este caso $y=1\,500+530=2\,030$ y la recta roja es la función que representa el dinero que se ingresa según el número de tintes que se realizan ($I \cdot x$), en este caso $y=40\,x$.

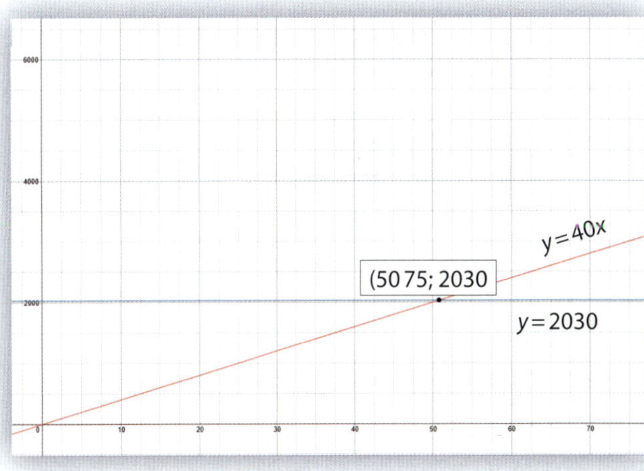

Actividad 4 Cálculo eficiente de los costes variables

Si no sabemos la cantidad de producto que debemos comprar para empezar a obtener beneficios, basta con añadir nuestra incógnita (x – cantidad de producto) a la fórmula $CF+CV=I \cdot x$. Por ejemplo, si cada vez que aplico un tinte me gasto una media de 12 € en productos (tinte, agua oxigenada, emulsionador y champú), entonces el **coste variable** será $CV=12\,x$ (gasto 12 € en productos por cada tinte que aplico) y la **ecuación** quedaría de la forma:

$$2\,030+12x=40x$$

Resolviendo: $2\,030=28x \Rightarrow x=\dfrac{2\,030}{28}=72{,}5$

Es decir, tendremos que realizar al menos 73 tintes para obtener beneficios. En la gráfica, observamos que a partir de 72,5 tintes tenemos beneficios y estos son cada vez más amplios.

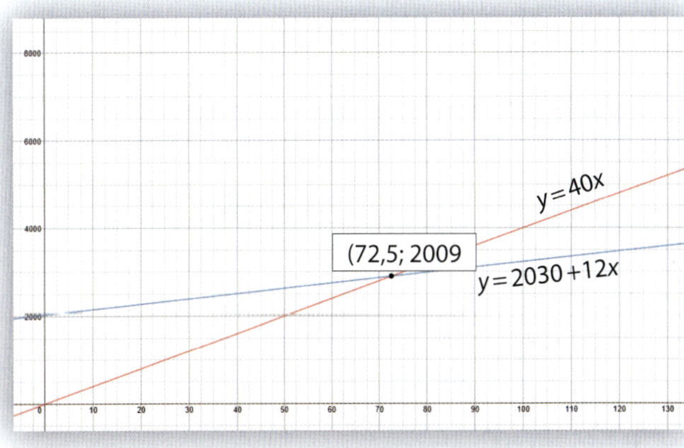

Recursos

Para buscar toda la información necesaria para realizar esta actividad puedes consultar los siguientes enlaces:

- Tablas en Excel: https://www.youtube.com/watch?v=fk6RS_YZjaU
- Calculadora Desmos: https://www.desmos.com/calculator
- Area de Pymes: http://goo.gl/ePpwSR
- Representación de rectas: https://www.youtube.com/watch?v=CL2hC0m9ls8

Evaluación

El profesor evaluará tanto los proyectos como la aportación individual de cada miembro del grupo al proyecto. Se valorará: originalidad del proyecto, cumplimiento de los requisitos, precisión del contenido, y el correcto uso y manejo de los datos numéricos. El resultado de la evaluación de tu proyecto y de tu trabajo personal será:

	Escaso aprendizaje	Aprendizaje medio	Buen aprendizaje	Muy buen aprendizaje
PUNTUACIÓN	1	2	3	4

Conclusión

Al finalizar este proyecto habrás mejorado tu capacidad de análisis e interpretación de datos gracias a las representaciones gráficas. También podrás hacer una valoración de la inestimable ayuda que nos proporcionan las nuevas tecnologías a la hora de realizar cálculos numéricos repetitivos o representar gráficas.

Tablas y gráficas

SISTEMA DE EJES COORDENADOS

- Un **sistema de ejes coordenados** está formado por dos ejes perpendiculares: el eje d e abscisas o eje *X* y el eje de ordenadas o eje *Y*.

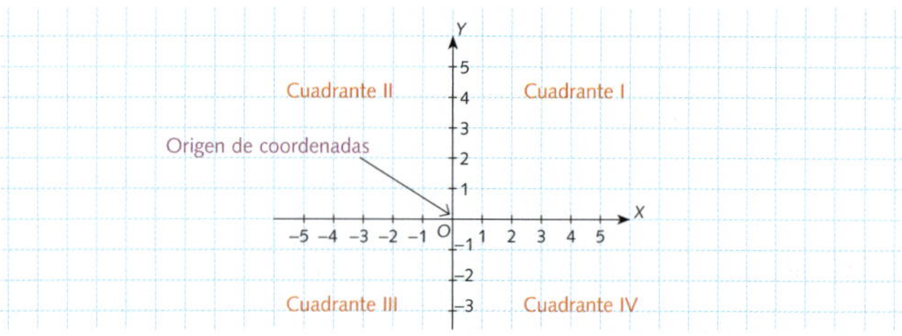

- Un **punto *P*(*x*, *y*)** tiene **dos coordenadas:** su abscisa *x*, y su ordenada *y*.

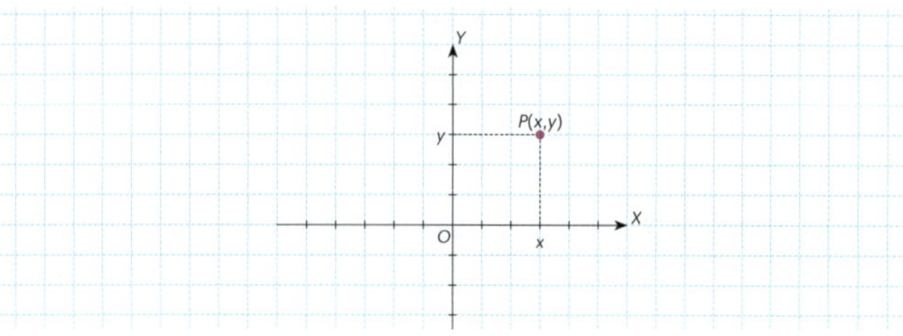

- Los **signos** de las **coordenadas** determinan el cuadrante en que se encuentra cada punto.

	Signo	
Cuadrante	*x*	*y*
I	+	+
II	−	+
III	−	−
IV	+	−

USO DE TABLAS Y GRÁFICAS

- La relación entre dos magnitudes se puede expresar mediante una serie de pares ordenados de puntos llamada **tabla** o mediante una **gráfica**. Conocida la tabla se puede construir la gráfica y viceversa.

- La **proporcionalidad directa** es una relación entre dos magnitudes, que consiste en que al multiplicar una de las variables por un número, la otra queda multiplicada por ese mismo número. Si aumenta la primera magnitud, aumenta la segunda en la misma proporción.

  La proporcionalidad directa se puede representar mediante **tablas de valores** o **gráficas.** La representación gráfica de dos magnitudes directamente proporcionales **es una recta.**

REPRESENTACIÓN GRÁFICA DE LA RELACIÓN ENTRE MAGNITUDES

- Una **gráfica** es la representación en unos ejes coordenados de pares ordenados de valores, (*x*, *y*), donde *x* es la variable independiente e *y*, la variable dependiente.

- Una **gráfica de puntos** representa, en unos ejes coordenados, pares de puntos que corresponden a dos magnitudes, llamadas variables *x* e *y*. Las **gráficas de puntos** permiten interpretar un conjunto pequeño de datos, que representan un par de variables.

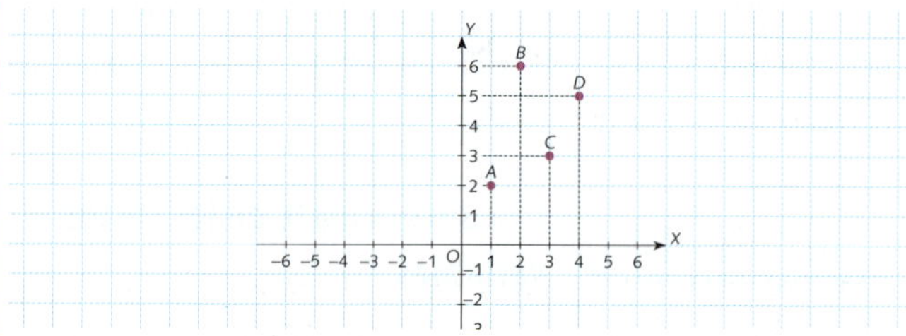

- Cuando la variable *x* puede tomar cualquier valor real se pueden unir los puntos dibujados en la gráfica, formando rectas o curvas. Estas representaciones son **gráficas de trazos continuos.**

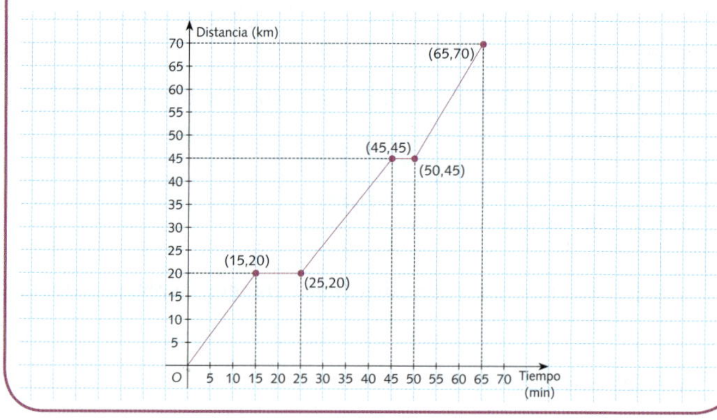

Estadística

ESTUDIO ESTADÍSTICO

- Un **estudio estadístico** recoge, organiza y estudia una serie de datos para compararlos y sacar conclusiones. De una **población**, conjunto de **individuos** con características comunes, se selecciona una parte, llamada **muestra.**

- Cada característica de los individuos, estudiada en una población o muestra, se denomina **variable** y se representa por la letra *x*. Una variable, *x*, puede tomar distintos valores llamados x_1, x_2, x_3, . . .

- Las variables se clasifican en dos tipos:
  - **Cualitativas:** son datos que son expresados con números. Color de ojos, ciclo formativo estudiado, etc.
  - **Cuantitativas:** se expresan con números. Son discretas o continuas:
    - **Discretas:** si la variable toma valores que son números enteros. Número de calzado, número de asignaturas aprobadas, etc.
    - **Continuas:** si la variable toma cualquier valor en un intervalo. Estatura, tiempo en terminar un maratón, etc.

Estadística (continuación)

TABLA DE FRECUENCIAS

- **Frecuencia o frecuencia absoluta** de una variable, f_i, es el número de veces que se repite cada valor, x_i.

  $\boldsymbol{N} = f_1 + f_2 + \ldots + f_n$ es el **número total de datos**

- **Frecuencia relativa:** $h_i = \dfrac{f_i}{N}$. $h_1 + h_2 + \ldots\ldots + h_n = 1$
- **Porcentaje:** $p_i = h_i \cdot 100$. $p_1 + p_2 + \ldots + p_n = 100$
- **Frecuencia absoluta acumulada:** $F_i = f_1 + f_2 + \ldots + f_i$.
  Se cumple que $F_1 = f_1$.
- **La frecuencia relativa acumulada:** $H_i = \dfrac{F_i}{N}$.
- **El porcentaje acumulado:** $P_i = H_i \cdot 100$.

- Las **frecuencias acumuladas no** se calculan para **variables cualitativas,** que no permiten ser ordenadas de menor a mayor.

- **Datos agrupados en intervalos:** en estudios con muchos datos, el rango de la distribución se divide en intervalos de igual longitud para hacer la tabla de frecuencias. Se escoge el punto medio de cada intervalo como marca de clase y con estos datos se forma la tabla de frecuencias.

PARÁMETROS ESTADÍSTICOS

- **Medidas de centralización**
  - **Media:** $\overline{X} = \dfrac{x_1 \cdot f_1 + x_2 \cdot f_2 + \ldots + x_n \cdot f_n}{N}$
  - **Mediana:** M_e, valor central de la muestra ordenada.
    – Si el número de datos es impar: la mediana es el valor central.
    – Si el número de datos es par: la mediana es el resultado de sumar los dos valores centrales y dividir el resultado entre dos.
  - **Moda:** M_o, valor con mayor frecuencia absoluta.
- **Medidas de dispersión**
  - **Rango o recorrido:** $r = b - a$ diferencia entre el valor mayor y menor.
  - **Varianza:** $\sigma^2 = \dfrac{x_1^2 \cdot f_1 + \ldots + x_n^2 \cdot f_n}{N} - \overline{x}^2$
  - **Desviación típica:** $\sigma = \sqrt{\dfrac{x_1^2 \cdot f_1 + \ldots + x_n^2 \cdot f_n}{N} - \overline{x}^2}$
  - **Coeficiente de variación:** $CV = \dfrac{\sigma}{\overline{X}}$
- **Medidas de posición**
  - **Cuartiles:** Dividen el conjunto de datos en cuatro partes iguales Q_1, $Q_2 = M_e$ y Q_3.
  - **Deciles:** Dividen el conjunto de datos en 10 partes iguales.
  - **Percentiles:** Dividen el conjunto de datos en 100 partes iguales.

GRÁFICOS ESTADÍSTICOS

- **Diagrama de barras.** Para variables cualitativas o cuantitativas discretas.

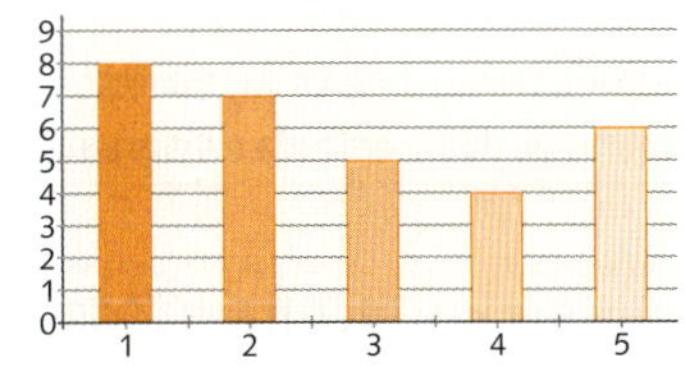

- **Histograma.** Para variables cuantitativas continuas.

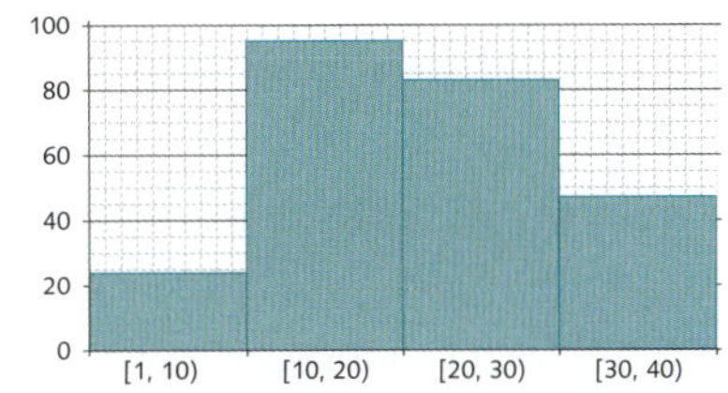

- **Diagrama de sectores.** Para variables cualitativas o cuantitativas .

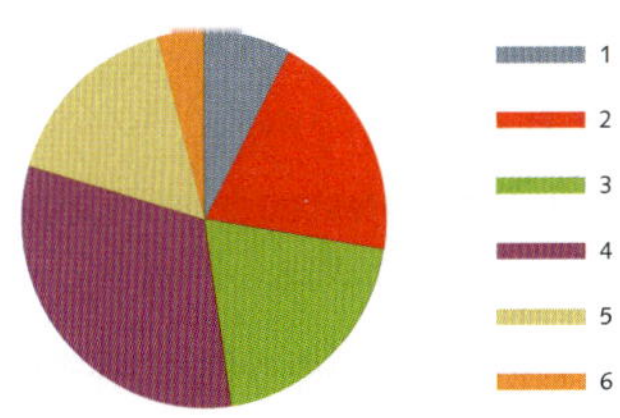

- **Pictograma.** Para variables cualitativas o cuantitativas discretas.

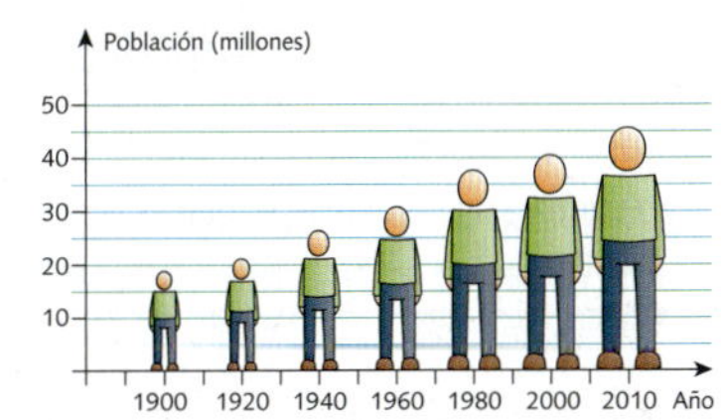

Probabilidad

EXPERIMENTOS ALEATORIOS Y ESPACIO MUESTRAL

- Un **experimento** es **aleatorio** si el conjunto de posibles resultados es conocido. El resultado depende del azar.

- El **espacio muestral** de un experimento aleatorio es el conjunto formado por todos los resultados posibles. Se representa por ***E*.** El espacio muestral del experimento lanzar un dado es $E = \{C, +\}$.

SUCESOS

- En un experimento aleatorio, un **suceso** es cada uno de los subconjuntos del espacio muestral.
  - El **suceso imposible** es $\varnothing$.
  - El **suceso seguro** es ***E***.
  - Un **suceso elemental** está formado por un solo elemento. Obtener cara es un suceso elemental del $E = \{C, +\}$.

Probabilidad (continuación)

EXPERIMENTOS COMPUESTOS

- Un **experimento aleatorio compuesto** es aquel experimento aleatorio que está formado por la sucesión de otros experimentos más sencillos.

  Para obtener el espacio muestral de un experimento compuesto se puede hacer utilizando **tablas de doble entrada** o **diagramas de árbol**.

OPERACIONES CON SUCESOS

- El suceso **complementario** de A, $\bar{A}$: son todos los sucesos elementales del espacio que no están en A. Si $A = \{C\}$, entonces, $\bar{A} = E - A = \{+\}$.
- El **suceso diferencia** de A y B: son los sucesos elementales de A que no están en B. $A - B = A \cap \bar{B}$.
- **Suceso intersección** de A y B: son los sucesos elementales que tienen en común A y B.
- **Suceso unión** de A y B: son todos los sucesos elementales de A y de B.
- **Sucesos incompatibles** si $A \cap B = \varnothing$. Si $A = \{1\}$ y $B = \{2, 4, 6\}$, $A \cap B = \varnothing$.
- **Sucesos compatibles** si $A \cap B \neq \varnothing$.
  Si $A = \{2\}$ y $B = \{2, 4, 6\}$, $A \cap B = \{2\} \neq \varnothing$.
- Si A y B son **sucesos dependientes** uno depende del otro.
  Extraer dos cartas sin reemplazamiento.
- Si A y B son **sucesos independientes** uno no influye en el otro. Extraer dos cartas con reemplazamiento.

LEY DE LOS GRANDES NÚMEROS

- Al repetir muchas veces un experimento aleatorio, la frecuencia relativa de cada suceso, S, se aproxima a un número $P(S)$, que es la probabilidad de dicho suceso aleatorio. Esta es la **ley de los grandes números.**

REGLA DE LAPLACE

- De todos los casos posibles de un experimento aleatorio, los que forman un determinado suceso son **casos favorables** al suceso.
- Cuando en un experimento todos los sucesos tienen las mismas posibilidades, se dice que su espacio muestral es **equiprobable.**
- En un espacio muestral equiprobable, E, la **regla de Laplace** define la probabilidad de un suceso A como el cociente del número de resultados favorables de que ocurra el suceso A en el experimento, entre el número de resultados posibles del experimento.

$$P(A) = \frac{\text{N.º de casos favorables del suceso } A}{\text{N.º de casos posibles}}$$

PROPIEDADES DE LA PROBABILIDAD

- $0 \leq P(A) \leq 1$
- $P(E) = 1$ y $P(\varnothing) = 0$
- Si $A \cap B \neq \varnothing$, $P(A \cup B) = P(A) + P(B) - P(A \cap B)$
- Si $A \cap B = \varnothing$, $P(A \cup B) = P(A) + P(B)$
- $P(\bar{A}) = 1 - P(A)$

PROBABILIDAD DE EXPERIMENTOS COMPUESTOS

- Dados dos sucesos simples, A y B, de un experimento compuesto:
  - Si un suceso depende del otro, entonces A y B son **sucesos dependientes.**
  - Puede que la presencia de uno no influya en la presencia del otro, entonces A y B son **sucesos independientes**.
- La **probabilidad** de un **experimento compuesto** se calcula a partir de las probabilidades de los sucesos simples que lo forman.
- Si A y B son sucesos **dependientes:** $P(A \cap B) = P(A) \cdot P(B / A)$.
  Si A y B son sucesos **independientes:** $P(A \cap B) = P(A) \cdot P(B)$.
- La **probabilidad condicionada** $P(B / A)$es la probabilidad de que ocurra B sabiendo que ha ocurrido A.
- En los experimentos compuestos, se puede hacer un **diagrama en árbol** para facilitar los cálculos. La **probabilidad** de un **suceso compuesto,** en ocasiones se calcula sumando las probabilidades calculadas por varios caminos

Expresiones algebraicas y polinomios

MONOMIOS

- Un **monomio** es una expresión algebraica formada por el producto de un número, llamado **coeficiente,** y una **parte literal** de una o varias variables desconocidas. El **grado** del monomio es la suma de los exponentes de la parte literal. x^3y es un monomio de grado 4, coeficiente 1 y parte literal es x^3y.
- Los **monomios semejantes** tienen la misma parte literal.
  $7xy^2$ y $-xy^2$ son semejantes.

OPERACIONES CON MONOMIOS

- **Sumar o restar polinomios:** se suman o restan los coeficientes de monomios semejantes. $x + x = 2x$; $x - 2x = -x$
- **Multiplicar polinomios:** se multiplican los coeficientes y la parte literal.
  $5x \cdot 7x = 35x^2$
- **Dividir polinomios:** se dividen los coeficientes y la parte literal.

$$\frac{42x^3y}{3xy^2} = \frac{42\cancel{x} \cdot x \cdot x \cdot \cancel{y}}{3\cancel{x} \cdot \cancel{y} \cdot y} = \frac{14x^2}{y}$$

POLINOMIOS

- Un **polinomio, $P(x)$,** está formado por la suma de varios monomios llamados **términos** del polinomio. El coeficiente del término de mayor grado es el **coeficiente principal**, y el de menor grado es el **término independiente**.

  $P(x) = 5x^3 - x^2 + 3x + 4$ es un polinomio de 4 términos, de grado 3, coeficiente principal 5 y el término independiente 4.
- El **valor numérico** de un polinomio es el valor que se obtiene al sustituir la variable x por un valor determinado.

  Si $P(x) = 2x + 3$, el valor numérico para $x = -1$ es: $P(-1) = 2 \cdot (-1) + 3 = 1$
- **Binomio** es un polinomio formado por dos términos.

  $x - 1$ tiene 2 términos, así que es un binomio.

Expresiones algebraicas y polinomios (continuación)

SUMA Y RESTA DE POLINOMIOS

- Para **sumar o restar polinomios** se agrupan los términos semejantes de ambos polinomios y se suman o restan.

Si $P(x) = 4x^2 + 3$ y $Q(x) = 3x^2 + x - 2$:
$P(x) + Q(x) = (4 + 3)x^2 + x + (3 - 2) = 7x^2 + x + 1$

MULTIPLICACIÓN DE POLINOMIOS

- Para **multiplicar** el polinomio $P(x)$ por el polinomio $Q(x)$ se multiplica cada uno de los términos de $P(x)$ por todos los términos de $Q(x)$. Después se reducen los términos semejantes.

Si $P(x)= 4x^2+3$ y $Q(x) = 3x^2 + x - 2$:
$P(x) \cdot Q(x) = 4x^2 \cdot (3x^2 + x - 2) + 3 \cdot (3x^2 + x - 2) =$
$= 12x^4 + 4x^3 - 8x^2 + 9x^2 + 3x - 6 = 12x^4 + 4x^3 + x^2 + 3x - 6$

- Para **sacar factor común** en un **polinomio** se buscan todos los factores comunes a todos los términos y se aplica la propiedad distributiva de la multiplicación respecto a la suma: $ax + bx = x(a + b)$.

$3x + 4x = x(3 + 4)$, factor común $= x$

DIVISIÓN DE POLINOMIOS

- Para **dividir** un **polinomio entre un monomio,** se divide cada término del dividendo entre el divisor. $6x^5 - 9x^3 : 3x^2 = (6x^5 : 3x^2) + (-9x^3 : 3x^2) = 2x^3 - 3x$
- Al **dividir** el **polinomio dividendo,** $P(x)$, entre el **polinomio divisor,** $Q(x)$, se obtiene un **polinomio cociente, $C(x)$,** y un **polinomio resto, $R(x)$.** La división $P(x) : Q(x)$ se realiza utilizando el algoritmo de la división de números enteros.
- **Ruffini**: Divisiones de polinomios entre binomios de la forma $(x - a)$.

EXPRESIONES ALGEBRAICAS

- Una **expresión algebraica fraccionaria** es el cociente de dos polinomios $\frac{P(x)}{Q(x)}$ siempre que $Q(x) \neq 0$ y $Q(x)$ no sea constante.

$\frac{x^2-3}{x-5}$ es una fracción algebraica.

- **Simplificar** una **fracción algebraica** es transformarla en otra fracción algebraica equivalente más sencilla. $\frac{x^2-1}{x^2-x}=\frac{(x+1)\cdot(x-1)}{x\cdot(x-1)}=\frac{x+1}{x}$
- **Sumar o restar fracciones algebraicas:** Se reducen las fracciones algebraicas a común denominador y después se opera: $\frac{P_1}{Q_1}+\frac{P_2}{Q_2}=\frac{P_1\cdot Q_2}{Q_1\cdot Q_2}+\frac{P_2\cdot Q_1}{Q_1\cdot Q_2}=\frac{P_1\cdot Q_2+P_2\cdot Q_1}{Q_1\cdot Q_2}$

$$\frac{2}{x+1}+\frac{3x}{x-1}=\frac{2(x-1)}{(x+1)\cdot(x-1)}+\frac{3x\cdot(x+1)}{(x+1)\cdot(x-1)}=\frac{3x^2+5x+2}{x^2-1}$$

- **Multiplicar fracciones algebraicas:** Se multiplican sus numeradores y sus denominadores: $\frac{P_1}{Q_1}\cdot\frac{P_2}{Q_2}=\frac{P_1\cdot P_2}{Q_1\cdot Q_2}$. $\frac{2x}{x+1}\cdot\frac{x-1}{5x}=\frac{2x\cdot(x-1)}{5x\cdot(x+1)}=\frac{2\cdot(x-1)}{5\cdot(x+1)}$
- **Dividir fracciones algebraicas:** se multiplica en cruz numerador con denominador $\frac{P_1}{Q_1}:\frac{P_2}{Q_2}=\frac{P_1\cdot Q_2}{Q_1\cdot P_2}$ $\frac{2x}{x+1}:\frac{x-1}{5x}=\frac{2x\cdot 5x}{(x+1)\cdot(x-1)}=\frac{10x^2}{x^2-1}$

IDENTIDADES NOTABLES

- Hay tres **identidades notables**:
  - **Cuadrado de la suma:** $(a + b)^2 = a^2 + 2ab + b^2$.
    $(x + 3)^2 = x^2 + 2 \cdot 3 \cdot x + 3^2 = x^2 + 6x + 9$
  - **Cuadrado de la diferencia**: $(a + b)^2 = a^2 + 2ab + b^2$.
    $(x - 3)^2 = x^2 - 2 \cdot 3 \cdot x + 3^2 = x^2 - 6x + 9$
  - **Suma por diferencia**: $(a + b) \cdot (a - b) = a^2 - b^2$. $(x + 3) \cdot (x - 3) = x^2 - 9$

Ecuaciones y sistemas de ecuaciones lineales

ECUACIONES DE PRIMER GRADO

- Una **ecuación de primer grado con una incógnita** es una igualdad algebraica de la forma $ax = b$, con $a \neq 0$. Su solución es $x=\frac{b}{a}$.

$5x = 10 \Leftrightarrow x=\frac{10}{5}=2$

ECUACIONES DE SEGUNDO GRADO

- Una **ecuación de segundo grado** es una igualdad algebraica que se expresa de la forma $ax^2 + bx + c = 0$, con $a \neq 0$. Se distinguen tres casos para calcular sus dos posibles soluciones:

ECUACIONES COMPLETAS

TIPO I: *a*, *b* y *c* distintos de 0

Se aplica la fórmula: $x=\frac{-b+\sqrt{b^2-4ac}}{2a}$

Soluciones: $x_1=\frac{-b+\sqrt{b^2-4ac}}{2a}$ y $x_2=\frac{-b-\sqrt{b^2-4ac}}{2a}$

$x^2 - 6x + 5 = 0$, sus soluciones son: $x=\frac{6\pm\sqrt{36-20}}{2}=\frac{6\pm4}{2}=\begin{cases} x_1=5 \\ x_2=1 \end{cases}$

ECUACIONES INCOMPLETAS

TIPO II: $b = 0$

Se despeja x: $x=\pm\sqrt{\frac{-c}{a}}$. **Soluciones:** $x_1=\sqrt{\frac{-c}{a}}$ y $x_2=-\sqrt{\frac{-c}{a}}$

$4x^2 - 16 = 0 \Leftrightarrow 4x^2 = 16 \Leftrightarrow x=\sqrt{\frac{16}{4}}=\sqrt{4}=\pm2$ Soluciones: $x_1 = 2$ y $x_2 = -2$.

TIPO III: $c = 0$

Se saca factor común x: $x(ax+b)=0$. **Soluciones:** $x_1 = 0$ y $x_2=\frac{-b}{a}$.
$x^2 + 4x = 0 \Leftrightarrow x(x + 4) = 0 \Leftrightarrow x_1 = 0; x + 4 = 0 \Leftrightarrow x_2 = -4$

NÚMERO DE SOLUCIONES DE UNA ECUACIÓN COMPLETA DE SEGUNDO GRADO

- El **discriminante** es $\Delta=b^2-4ac$. Para estudiar el número de soluciones de una ecuación de segundo grado, basta con estudiar el signo del discriminante:
  - Si $\Delta>0$ tiene dos soluciones reales distintas:
    $$x_1=\frac{-b+\sqrt{b^2-4ac}}{2a} \text{ y } x_2=\frac{-b-\sqrt{b^2-4ac}}{2a}$$
  - Si $\Delta=0$ tiene una solución: $x_1=x_2=\frac{-b}{a}$.
  - Si $\Delta<0$ no tiene solución real.

Ecuaciones y sistemas de ecuaciones lineales (continuación)

ECUACIONES DE GRADO MAYOR QUE 2

- La expresión algebraica de una **ecuación de grado 3** es de la forma:
$$ax^3 + bx^2 + cx + d = 0 \text{ con } a \neq 0$$

  Se resuelven factorizando el polinomio $P(x) = ax^3 + bx^2 + cx + d$.

  - Si $d = 0$, se saca factor común x en el polinomio $P(x)$.
  - Si $d \neq 0$, se divide el polinomio entre $x + a$, donde a es un divisor del término independiente y verifica $P(a)=0$.

  En la ecuación $x^3 - 3x^2 - x + 3 = 0$ el término independiente es 3 y se verifica $P(1) = 1 - 3 - 1 + 3 = 0$, con 1 divisor de 3.

  Se divide $x^3 - 3x^2 - x + 3$ entre $x - 1$, aplicando la regla de Ruffini, y se obtiene: $x^3 - 3x^2 - x + 3 = (x - 1) \cdot (x^2 - 2x - 3)$. Sus soluciones se obtienen igualando cada factor a 0:

  $x - 1 = 0 \Leftrightarrow x = 1$
  $x^2 - 2x - 3 = 0 \Leftrightarrow x = 3$ y $x = -1$

- La expresión algebraica de una **ecuación bicuadrada** es de la forma $ax^4 + bx^2 + c = 0$ con $a \neq 0$.

  Se resuelven haciendo el cambio de variable $x^2 = z$.

  En la ecuación $x^4 - 13x^2 + 36 = 0$ se hace el cambio de variable $x^2 = z$:
  $x^4 - 13x^2 + 36 = z^2 - 13z + 36 = 0$

$$z = \frac{-(-13) \pm \sqrt{13^2 - 4 \cdot 1 \cdot (-13)}}{2 \cdot 1} = \frac{13 \pm 5}{2} = \begin{cases} z = 9 \Leftrightarrow x = \pm 3 \\ z = 4 \Leftrightarrow x = \pm 2 \end{cases}$$

- Una **ecuación racional** es una ecuación con incógnitas en el denominador. Para resolver ecuaciones racionales, se eliminan los denominadores, multiplicando ambos miembros de la ecuación por el mínimo común múltiplo de los denominadores.

SISTEMAS DE ECUACIONES

- Un sistema de ecuaciones lineales con dos incógnitas se expresa de la forma $\begin{cases} ax + by = c \\ a'x + b'y = c' \end{cases}$, donde a, b, c, a', b' y c' son números reales conocidos.

  $\begin{cases} 2x + y = 4 \\ 6x + 3y = 12 \end{cases}$ $a = 2, b = 1, c = 4, a' = 6, b' = 3$ y $c' = 12$

- El par (x, y) es una **solución del sistema** si verifica ambas ecuaciones del sistema.
- Cada ecuación del sistema se puede representar mediante una recta, así que un sistema de ecuaciones con dos incógnitas se puede **resolver gráficamente representando** ambas **rectas** en el mismo sistema de coordenadas. La solución del sistema es el punto de corte de ambas rectas.

  En $\begin{cases} 2x - 3y = -1 \\ x + 2y = 3 \end{cases}$ el punto (1, 1) es solución del sistema porque verifica ambas ecuaciones. La solución del sistema es el punto de corte de ambos rectas.

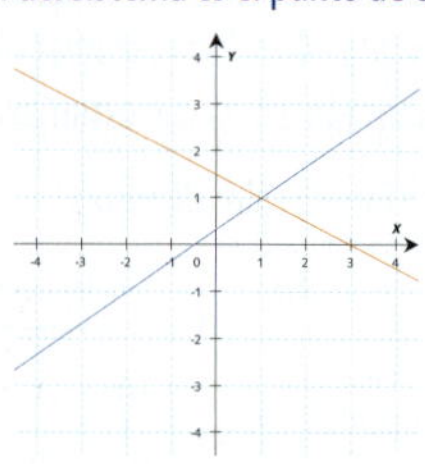

CÁLCULO DEL NÚMERO DE SOLUCIONES MEDIANTE REPRESENTACIÓN GRÁFICA

- Los sistemas de ecuaciones se clasifican según el **número de soluciones:**
  - **Sistema Incompatible:** ninguna solución, rectas paralelas que verifican: $\frac{a}{a'} = \frac{b}{b'} \neq \frac{c}{c'}$

    $\begin{cases} x + 2y = 3 \\ x + 2y = 0 \end{cases}$; $\frac{1}{1} = \frac{2}{2} \neq \frac{3}{0}$

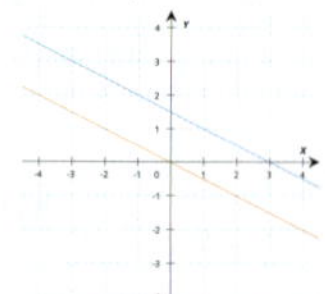

  - **Sistema compatible determinado:** una única solución, rectas que se cortan en un punto y verifican: $\frac{a}{a'} \neq \frac{b}{b'}$.

    $\begin{cases} x + 2y = 3 \\ -x + 2y = 1 \end{cases}$; $\frac{1}{-1} \neq \frac{2}{2}$

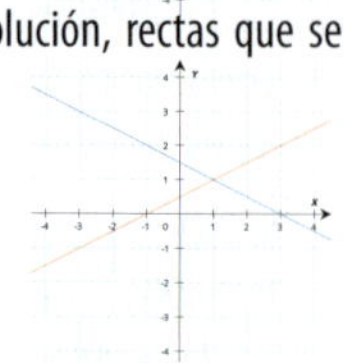

  - **Sistema compatible indeterminado:** infinitas soluciones, rectas coincidentes que verifican: $\frac{a}{a'} = \frac{b}{b'} = \frac{c}{c'}$.

    $\begin{cases} x + 2y = 3 \\ -3x - 6y = -9 \end{cases}$; $\frac{1}{-3} = \frac{-2}{-6} = \frac{3}{-9}$

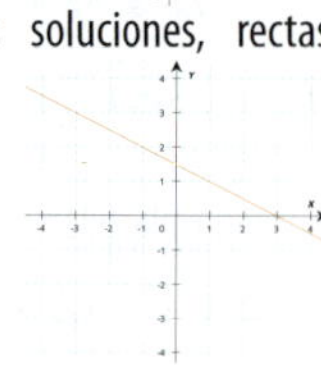

RESOLUCIÓN DE SISTEMAS DE ECUACIONES LINEALES

- **Método de sustitución:** se despeja una incógnita y se sustituye en la otra ecuación.
$$\begin{cases} 2x + y = 2 \\ 3x + y = 5 \end{cases}$$
  - Se despeja y: $2x + y = 2 \Leftrightarrow y = 2 - 2x$.
  - Se sustituye en la 2ª ecuación y se resuelve: $3x + (2 - 2x) = 5 \Leftrightarrow x = 3$
  - Se calcula el valor de y: $2 \cdot 3 + y = 2 \Leftrightarrow y = -4$

  Solución: $(x, y) = (3, -4)$

- **Método de igualación:** Se despeja la misma incógnita en ambas ecuaciones y se igualan.
$$\begin{cases} 2x + y = 2 \\ 3x + y = 5 \end{cases}$$
  - Se despeja y en las dos ecuaciones: $y = 2 - 2x$; $y = 5 - 3x$.
  - Se iguala y resuelve la ecuación: $2 - 2x = 5 - 3x \Leftrightarrow x = 3$.
  - Se calcula el valor de y: $2 \cdot 3 + y = 2 \Leftrightarrow y = -4$

  Solución: $(x, y) = (3, -4)$

- **Método de reducción**: Se transforman las ecuaciones en otras equivalentes para que al sumarlas o restarlas se elimine una incógnita.
$$\begin{cases} 2x + y = 2 \\ 3x + y = 5 \end{cases}$$
  - Se multiplica la 2ª ecuación por -1: $-3x - y = 5$
  - Se resta este resultado de la primera ecuación: $\begin{array}{r} 2x + y = 2 \\ -3x - y = -5 \\ \hline -x = -3 \end{array} \Leftrightarrow x = 3$
  - Se calcula el valor de y: $2 \cdot 3 + y = 2 \Leftrightarrow y = -4$

  Solución: $(x, y) = (3, -4)$

Geometría en el plano

POSICIONES RELATIVAS DE RECTAS EN UN PLANO

- **Rectas paralelas:** no tienen puntos en común, $r \parallel s$.
- **Rectas coincidentes:** tienen todos los puntos en común.
- **Rectas secantes:** tienen un punto en común. Si dividen al plano en cuatro regiones iguales se dicen rectas **perpendiculares**, $r \perp s$.
- La **mediatriz** de un segmento *AB* es la recta perpendicular a este segmento que pasa por el punto medio.

MEDIDAS DE ÁNGULOS

- Un **ángulo** es la región del plano limitada por dos semirrectas con un origen común.
  - **Ángulo recto:** tiene una amplitud de 90°.
  - **Ángulo agudo:** es menor que 90°.
  - **Ángulo obtuso:** es mayor que 90° y menor que 180°.

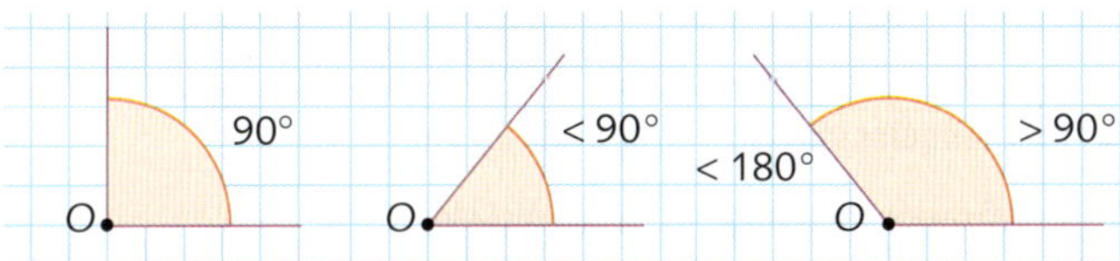

  - **Ángulo llano**: tiene una amplitud de 180°.
  - **Ángulo convexo** es menor que 180°.
  - **Ángulo cóncavo** es mayor que 180°.

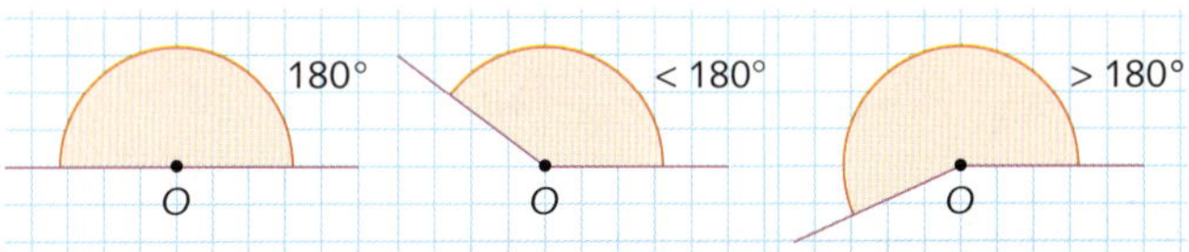

RELACIÓN ENTRE ÁNGULOS

Ángulos complementarios

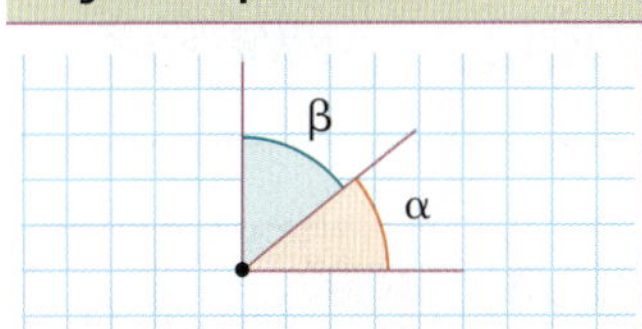

Ángulos consecutivos

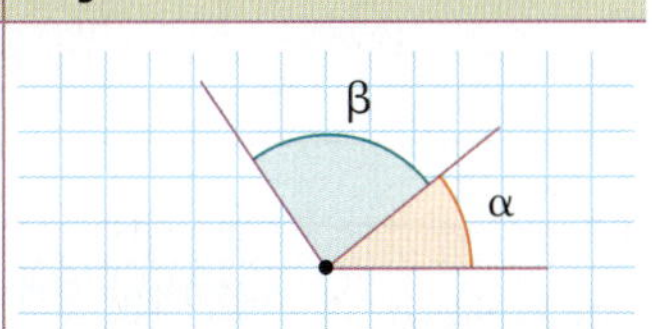

Ángulos suplementarios

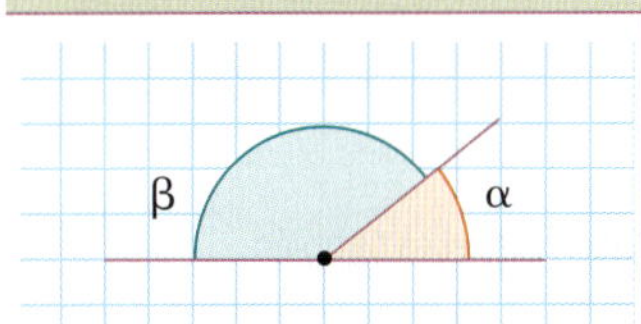

Ángulos opuestos por el vértice

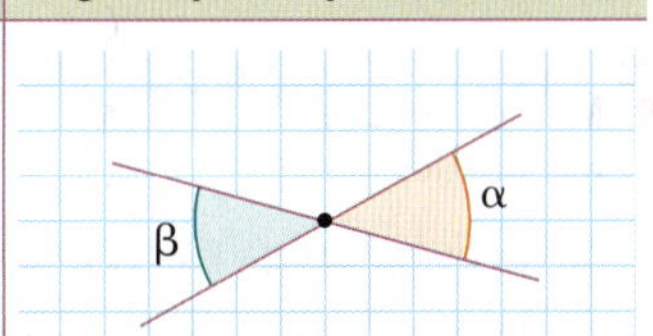

SISTEMA SEXAGESIMAL

- El **sistema sexagesimal** es un sistema de numeración utilizado para medir tiempos (horas, minutos y segundos) y ángulos (grados, minutos y segundos).

$$1° = 60'; \ 1' = 60''$$

1 hora = 60 minutos; 1 minuto = 60 segundos

Las medidas sexagesimales se pueden expresar de **forma compleja** o de **forma incompleja**. Se puede pasar de forma compleja a incompleja y viceversa.

– Para pasar 1° 15′ 42″ a forma incompleja, en segundos:

$$\begin{array}{lr} 1° = 1\cdot 60\cdot 60 = 3600'' & 3600'' \\ 15' = 15\cdot 60 = 900'' & \Rightarrow 900'' \\ 42'' = 42'' & 42'' \\ \hline & 4\,542'' \end{array}$$

1° 15′ 42″ = 4 542″

– Para pasar 4 542″ a forma compleja:

4 542″	60		
342	75′	60	
42	15	1°	

4 542″ = 1° 15′ 42″

OPERACIONES CON ÁNGULOS

- **Sumar ángulos:** se suman grados, minutos y segundos de ambas cantidades. El resultado se reduce a la unidad correspondiente de orden superior:

$$20°30'40'' + 10°40'5'' = 31°10'45''$$

- **Restar ángulos:** se restan grados, minutos y segundos de ambas cantidades. Los minuendos menores que su sustraendo se incrementan en una unidad de la inmediatamente superior: $20°30'40'' - 10°40'5'' = 9°50'35''$
- **Multiplicar un ángulo por un número natural:** se multiplica cada unidad por el número. El resultado se reduce a la unidad correspondiente de orden superior:

$$(20°30'40'')\cdot 2 = 41°1'20''$$

- **Dividir un ángulo por un número natural:** Se divide cada unidad por el número:

$$(20°30'40''):2 = 10°45'20''$$

LA CIRCUNFERENCIA Y SUS ÁNGULOS

- Elementos de la circunferencia.

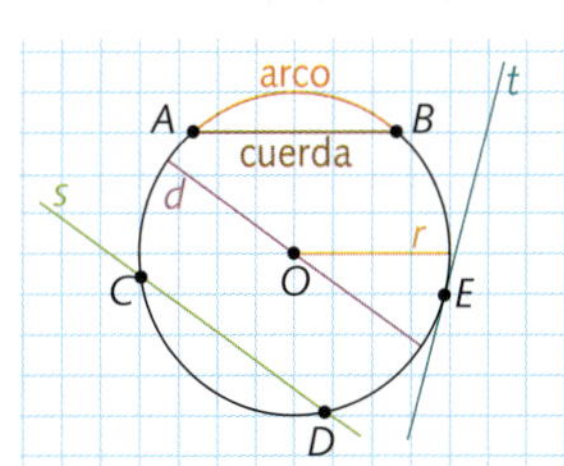

- El ángulo inscrito que abarca el mismo arco que un ángulo central vale la mitad que el ángulo central.

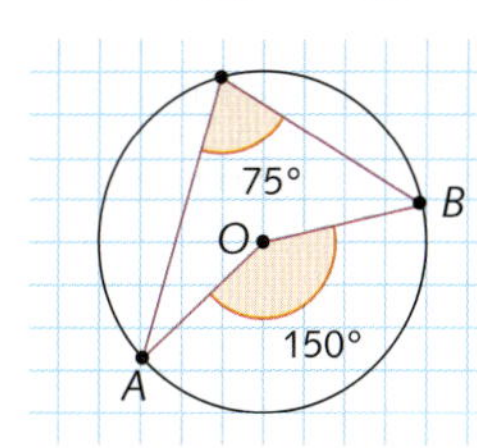

Figuras geométricas del plano

POLÍGONOS Y CÍRCULOS

- Una **línea poligonal** es un conjunto de segmentos consecutivos, cada uno de los cuales empieza donde acaba el anterior.
- Un **polígono** es una región del plano limitada por una línea poligonal cerrada.
- **Elementos de un polígono:**
  - Los **lados** de un polígono son los segmentos que forman la línea poligonal que lo limita.
  - Los **vértices** de un polígono son los puntos donde se cortan los lados.
  - **Ángulo interior** del polígono está limitado por dos lados consecutivos.
  - Un **ángulo exterior** de un polígono es el limitado por un lado y la prolongación del lado consecutivo.
  - Una **diagonal** de un polígono es un segmento que une vértices no consecutivos. Un polígono de n lados tiene $\frac{n(n-3)}{2}$ diagonales.

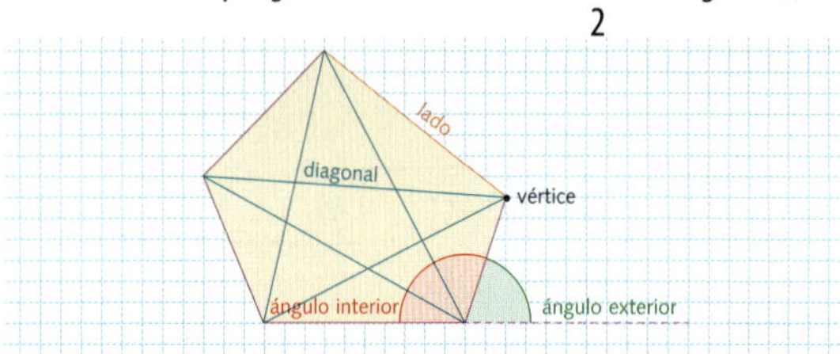

CIRCUNFERENCIA Y CÍRCULO

- Una **circunferencia** es el conjunto de puntos del plano que están a la misma distancia, radio *r*, de un punto fijo, llamado centro, *O*.
- Los radios, cuerdas y circunferencias concéntricas determinan ciertas figuras circulares:

Sector circular	Segmento circular	Corona circular
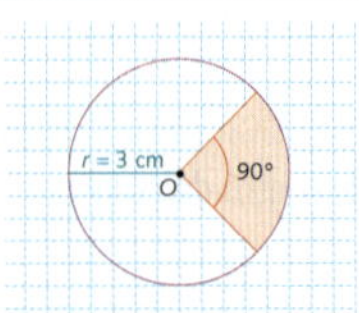	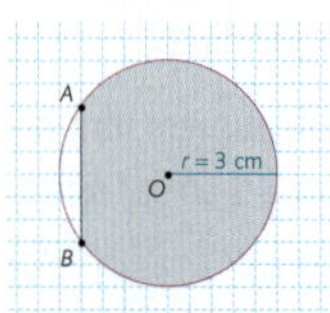	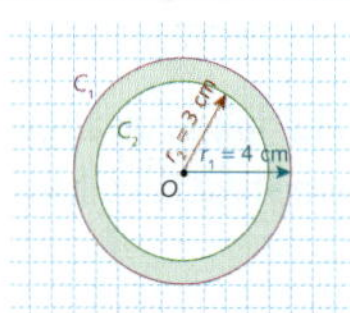

- Un **círculo** es la región del plano que comprende todos los puntos de una circunferencia y sus puntos interiores.

CLASIFICACIÓN DE POLÍGONOS

- Los **polígonos** se **clasifican** según el número de lados en: triángulo, cuadrilátero, pentágno, hexágono,….
- La **suma** de los ángulos interiores de un **polígono** de *n* lados es: $(n-2)\cdot 180°$.
- Cada uno de los ángulos interiores de un polígono de *n* lados es $\frac{(n-2)\cdot 180°}{n}$.

POLÍGONOS REGULARES

- Un **polígono regular** está **inscrito en una circunferencia** que toca **a cada vértice y además tiene todos sus ángulos y lados iguales.**
- En los polígonos regulares:
  - **Apotema:** segmento que une el centro con el punto medio de un lado
  - **Ángulo central:** Formado por dos radios que unen vértices consecutivos. Su valor es $\frac{360°}{n}$.

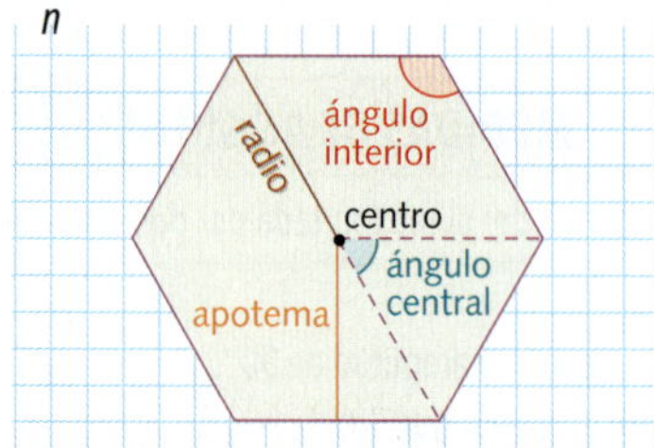

TRIÁNGULOS

- Los **triángulos** son polígonos de tres lados y tres ángulos.
- **Clasificación de triángulos.** Según sus lados.

Equilatero	Isosceles	Escaleno
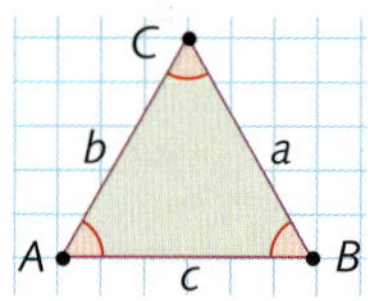	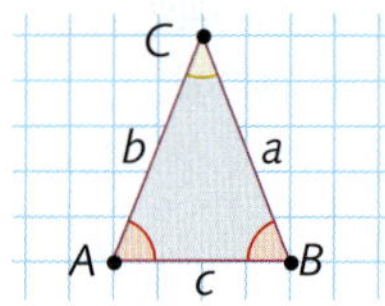	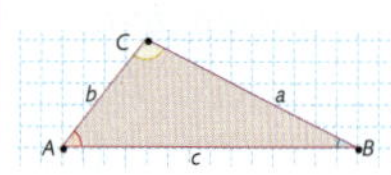

- **Clasificación de triángulos.** Según sus ángulos.

Obtusángulo	Rectángulo	Acutángulo
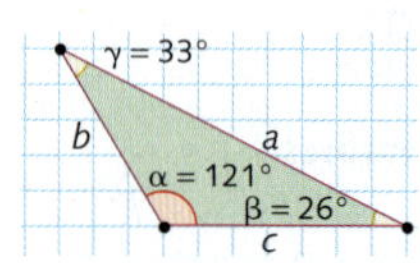	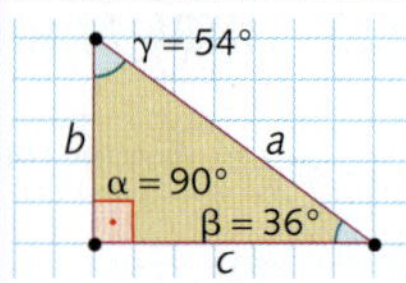	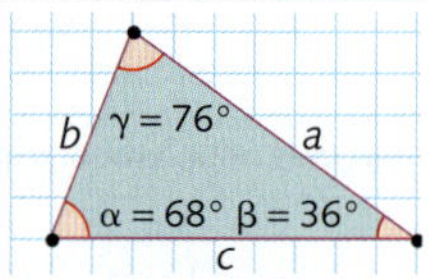

CONSTRUCCIÓN DE TRIÁNGULOS

- Los lados de un triángulo, *a*, *b* y *c*, cumplen las siguientes **relaciones** $a < b + c$ y $a > b - c$.
- **Criterios igualdad de triángulos:**
  1. Tres lados iguales.
  2. Dos lados iguales y el ángulo formado entre ellos también.
  3. Un lado igual y sus ángulos contiguos iguales.

Figuras geométricas del plano (continuación)

RECTAS Y PUNTOS NOTABLES DE UN TRIÁNGULO

Mediatrices y circuncentro	Bisectrices e incentro
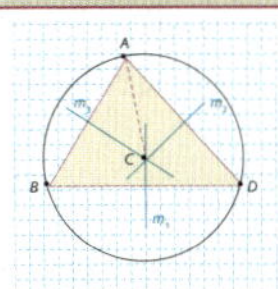	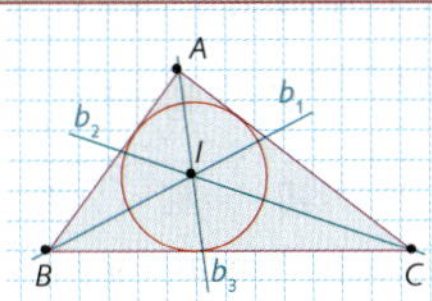

Alturas y ortocentro	Medianas y baricentro
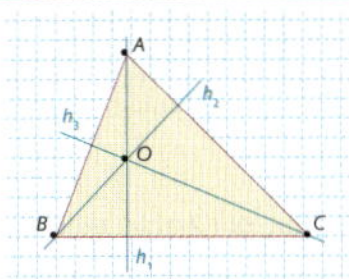	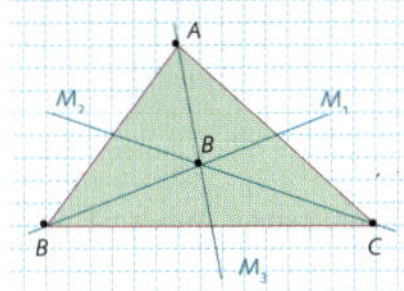

CUADRILÁTEROS

- Los cuadriláteros son polígonos de cuatro lados y cuatro ángulos.

Paralelogramos

Cuadrado	Rectángulo
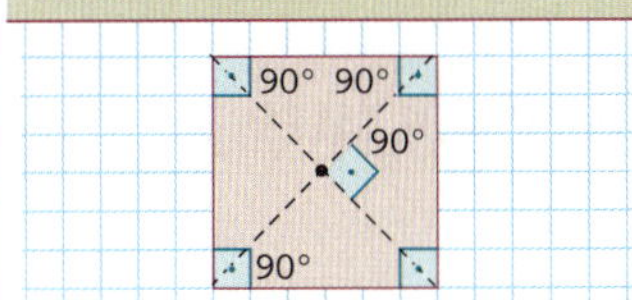	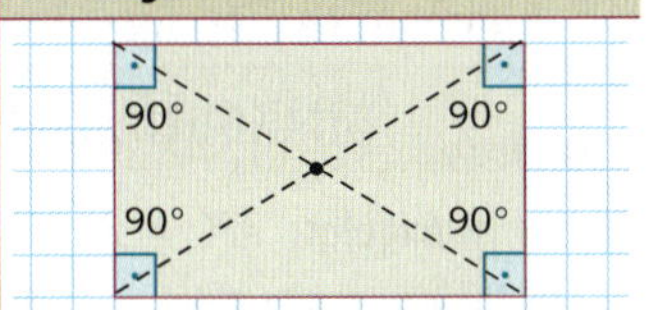

Rombo	Romboide
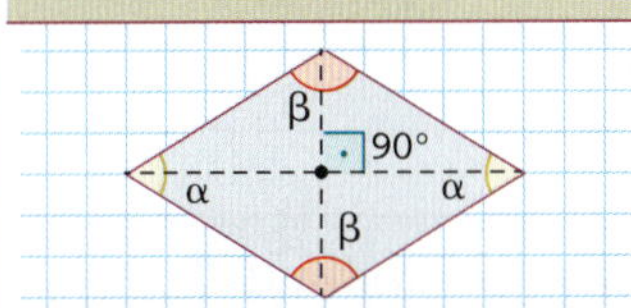	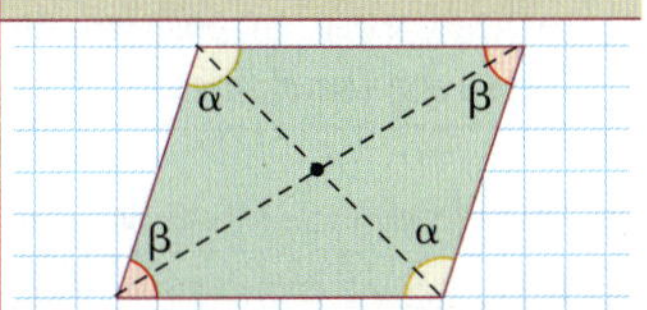

Trapezoides

Trapecio rectángulos	Trapecio isósceles	Trapecio escaleno
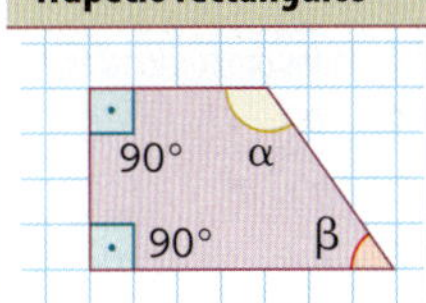	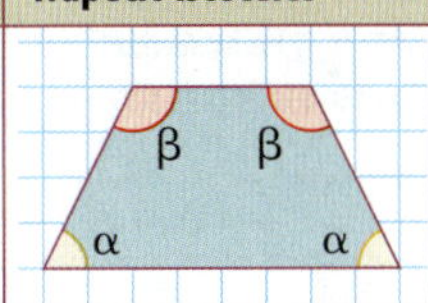	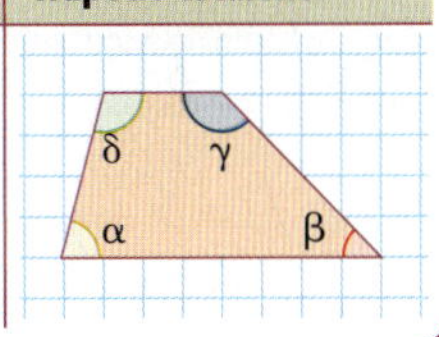

Perímetros y áreas de figuras planas

PERÍMETROS Y ÁREAS DE POLÍGONOS REGULARES

- El perímetro es la medida del borde que delimita una figura plana.
- El área es la medida de la superficie que ocupa una figura plana.

Rectángulo

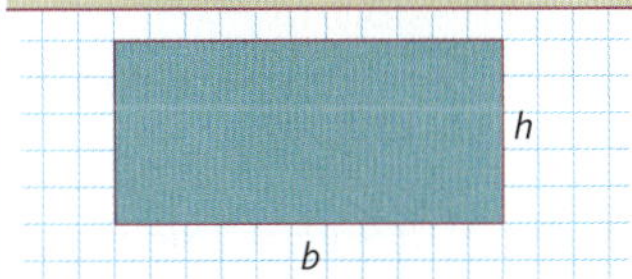

$P_{\text{rectángulo}} = h + b + h + b = 2 \cdot (b + h)$

$A_{\text{rectángulo}} = b \cdot h$

Cuadrado

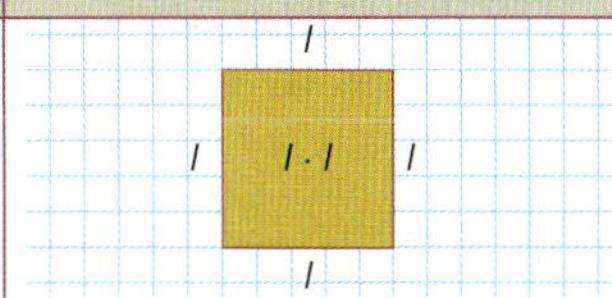

$P_{\text{cuadrado}} = 4 \cdot l$

$A_{\text{cuadrado}} = l \cdot l = l^2$

Romboide

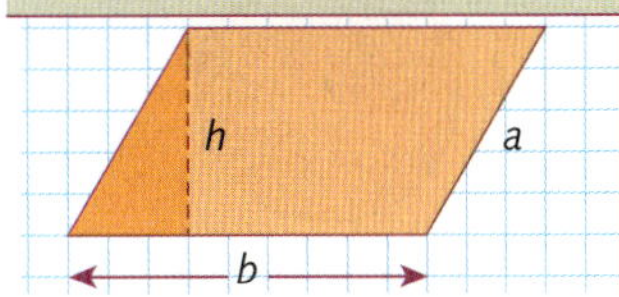

$P_{\text{paralelogramo}} = 2 \cdot (a + b)$

$A_{\text{romboide}} = b \cdot h$

Triángulo

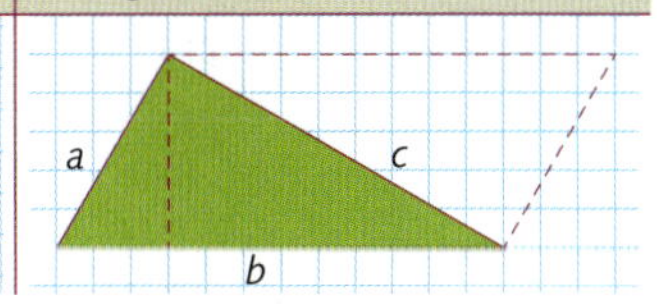

$P_{\text{triángulo}} = a + b + c$

$A_{\text{triángulo}} = \dfrac{b \cdot h}{2}$

Trapecio

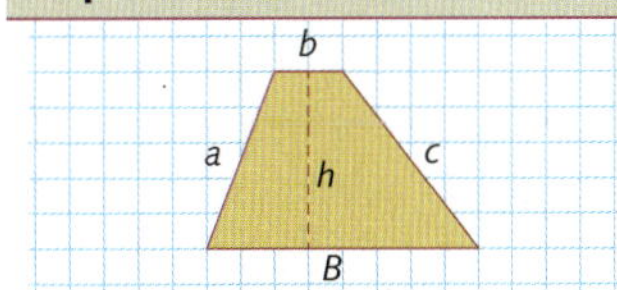

$P_{\text{trapecio}} = a + B + c + b$

$A_{\text{trapecio}} = \dfrac{(B + b) \cdot h}{2}$

Rombo

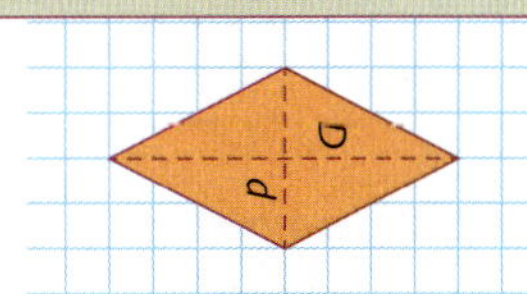

$P_{\text{rombo}} = 4 \cdot l$

$A_{\text{rombo}} = \dfrac{D \cdot d}{2}$

Polígono regular de n lados

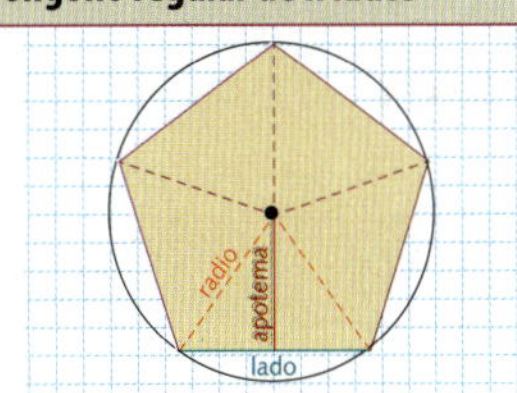

$P_{\text{polígono regular}} = n \cdot l$

$$A_{\text{polígono regular}} = n \cdot A_{\text{triángulo}} = n \cdot \frac{l \cdot a_p}{2} = \frac{(n \cdot l) \cdot a_p}{2} = \frac{P_{\text{polígono}} \cdot a_p}{2}$$

Perímetros y áreas de figuras planas (continuación)

TEOREMA DE PITÁGORAS

- El **teorema de Pitágoras** dice que, en un triángulo rectángulo, el cuadrado de la longitud de la hipotenusa, a^2, es igual a la suma de los cuadrados de las longitudes de los catetos, b^2 y c^2, es decir, $a^2 = b^2 + c^2$.

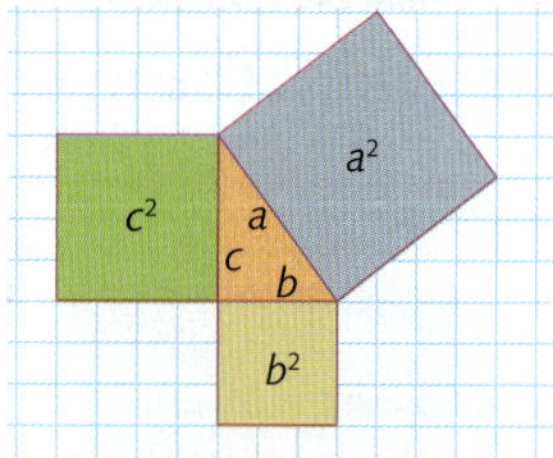

LONGITUDES Y ÁREAS DE FIGURAS CIRCULARES

Longitud de la circunferencia	Área del círculo
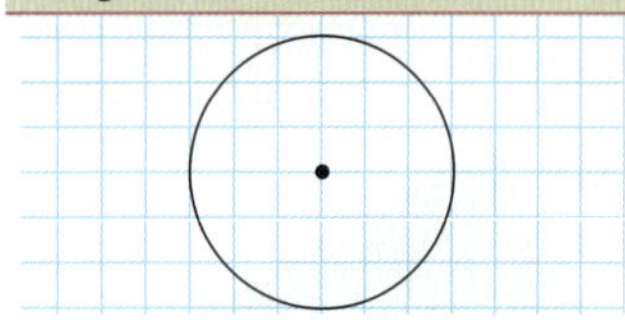	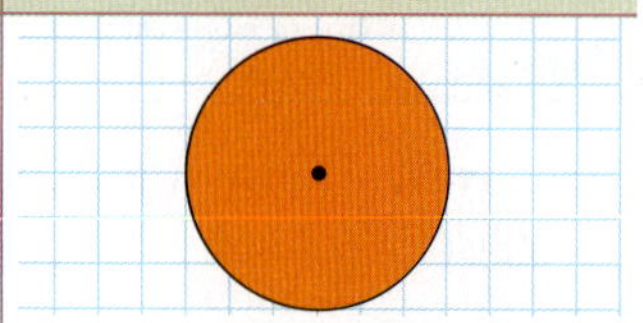
$l = \pi \cdot d = 2 \cdot \pi \cdot r$	$A_{\text{círculo}} = \dfrac{P_{\text{polígono}} \cdot a_p}{2} = \dfrac{(2 \cdot \pi \cdot r) \cdot r}{2} = \pi \cdot r^2$

Área del sector circular

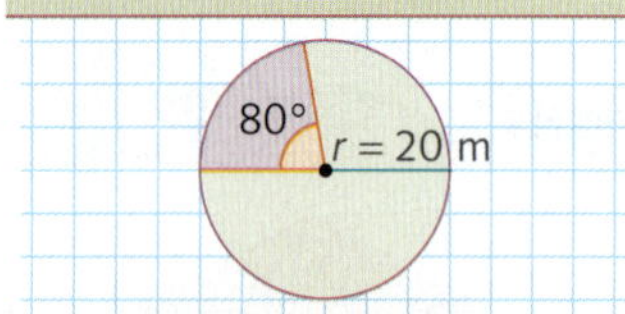

$$A_{\text{sector circular}} = \frac{n \cdot \pi \cdot r^2}{360}$$

Área del sector circular

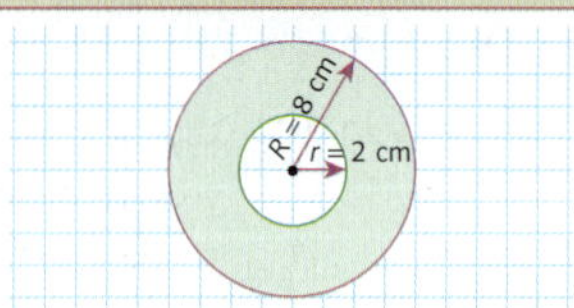

$$A_{\text{corona circular}} = \pi \cdot R^2 - \pi \cdot r^2 = \pi (R^2 - r^2)$$

Semejanza. Teorema de Tales

FIGURAS SEMEJANTES

- Dos **figuras** son **semejantes** si tienen la misma forma, aunque puedan tener distinto tamaño o distinta orientación.
- La **razón de semejanza, *k*,** entre dos figuras semejantes es el número de veces que hay que ampliar o reducir una figura para obtener la otra $\dfrac{L'}{L} = k$.

RELACIÓN ENTRE LONGITUDES, ÁREAS Y VOLÚMENES DE FIGURAS SEMEJANTES

- En dos figuras *A* y *B* semejantes, con razón de semejanza *k*:
  - La relación entre perímetros es: $\dfrac{P_B}{P_A} = k$; la relación entre áreas es: $\dfrac{A_A}{A_B} = k^2$ y la relación entre volúmenes es: $\dfrac{V_A}{V_B} = k^3$.

Semejanza. Teorema de Tales (continuación)

SEMEJANZA DE TRIÁNGULOS

- **Teorema de Tales.** Si a dos rectas secantes, *r* y *s*, las cortan varias rectas paralelas, t_1, t_2 y t_3, los segmentos formados en *s*; *AB*, *BC* y *AC*, son proporcionales a los segmentos en *r*; *A'B'*, *B'C'* y *A'C'*, de tal forma que se cumple: $\dfrac{A'B'}{AB} = \dfrac{B'C'}{BC} = \dfrac{A'C'}{AC}$

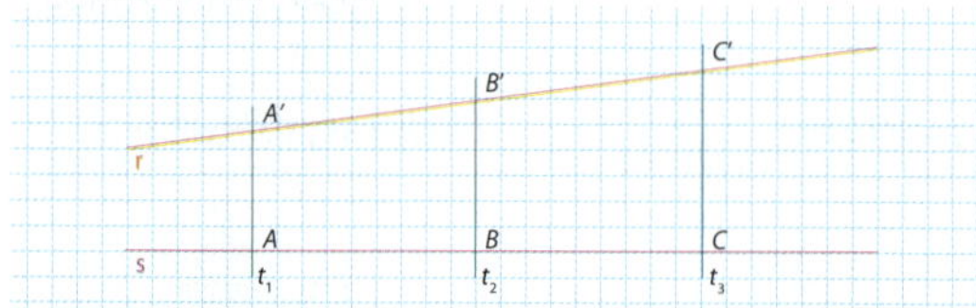

- Los segmentos que se forman al cortar dos rectas secantes por otras rectas paralelas verifican el teorema de Tales: $\dfrac{OA}{OA'} = \dfrac{OB}{OB'} = \dfrac{OC}{OC'} = \dfrac{AB}{A'B'}$

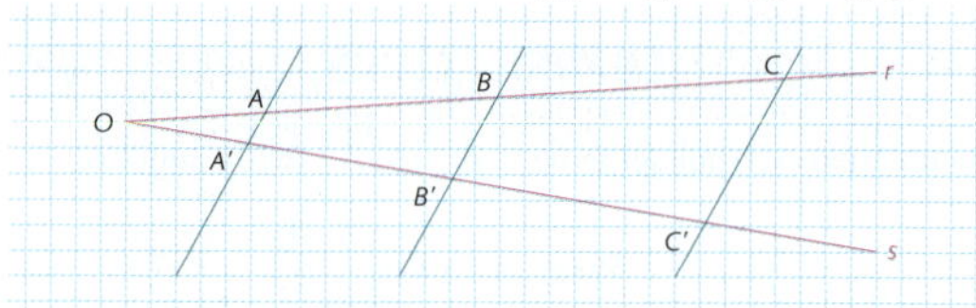

TRIÁNGULOS EN POSICIÓN DE TALES

- Dos **triángulos,** *ABC* y *AB'C'*, con un ángulo en común, $\hat{A}$ y con sus lados opuestos a ese ángulo paralelos, están en **posición de Tales y son semejantes.**

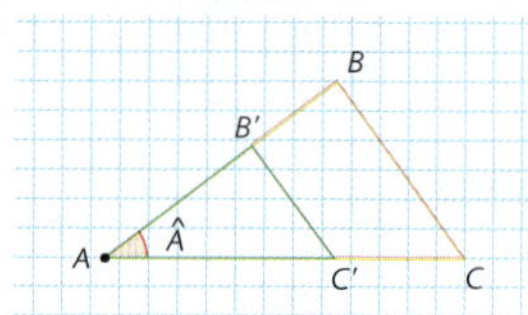

CRITERIOS DE SEMEJANZA DE TRIÁNGULOS

Primer criterio	Segundo criterio	Tercer criterio
ABC y *A'B'C'* son semejantes si tienen dos ángulos homólogos iguales, $\hat{A} = \hat{A}'$ y $\hat{B} = \hat{B}'$.	*ABC* y *A'B'C'* son semejantes si tienen un ángulo igual $\hat{A} = \hat{A}'$ y los lados que forman ese ángulo son proporcionales, $\dfrac{b}{b'} = \dfrac{c}{c'}$.	*ABC* y *A'B'C'* son semejantes si tienen sus tres lados proporcionales, $\dfrac{a}{a'} = \dfrac{b}{b'} = \dfrac{c}{c'}$.
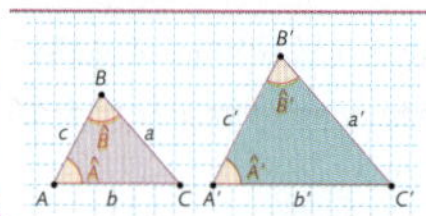	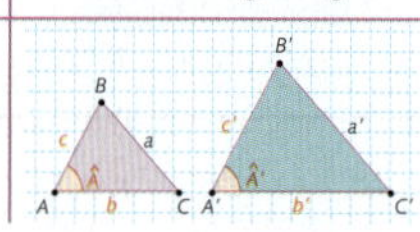	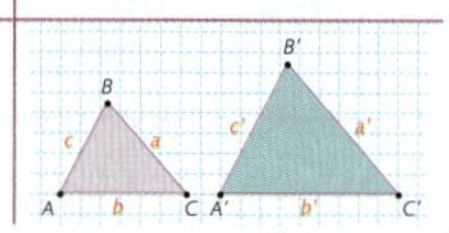

SEMEJANZA DE TRIÁNGULOS RECTÁNGULOS

- Dos **triángulos rectángulos** son **semejantes** si tienen un ángulo agudo igual.
- **Teorema del cateto:** $\dfrac{a}{b} = \dfrac{b}{a_1} \Leftrightarrow b^2 = a \cdot a_1$.
- **Teorema de la altura:** $\dfrac{h}{a_2} = \dfrac{a_1}{h} \Rightarrow h^2 = a_1 \cdot a_2$.

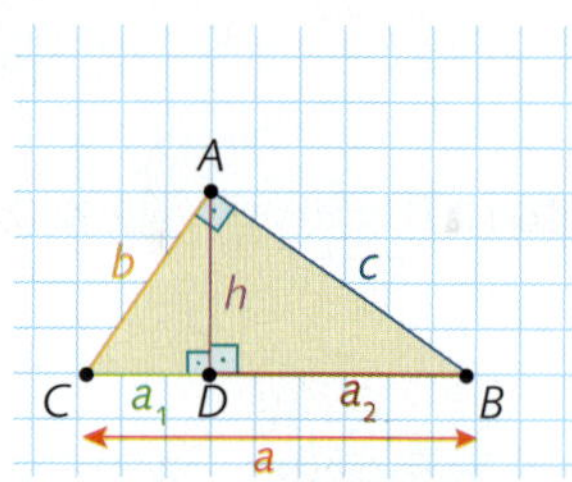

Semejanza. Teorema de Tales (continuación)

ESCALAS

- Los mapas y planos son representaciones en el plano de objetos reales a tamaño más pequeño. El cociente entre la medida de la reproducción y la medida correspondiente del objeto real, se denomina escala: $\text{escala} = \dfrac{\text{plano}}{\text{realidad}}$.

  La escala puede venir representada como 1:1 000, 1 unidad (m, km,..) del plano corresponde a 1 000 unidades en la realidad.

Cuerpos geométricos en el espacio

CUERPOS GEOMÉTRICOS

- Los **cuerpos geométricos** pueden ser:
- **Poliedros.** Son cuerpos geométricos limitados por polígonos.
- **Cuerpos de revolución.** Se forman al girar una figura plana alrededor de un eje. Son cuerpos geométricos limitados por superficies curvas.

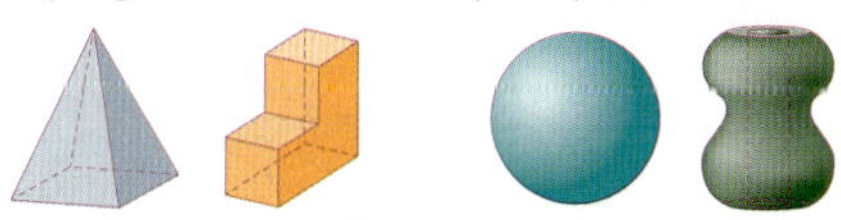

POLIEDROS

- Los **elementos** de un poliedro son:

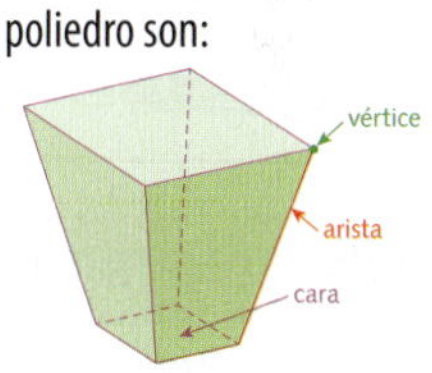

- Los **poliedros** pueden ser **cóncavos** o **convexos**. Y pueden ser **regulares** o **irregulares.**

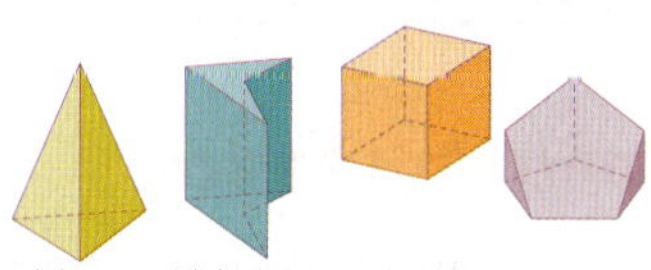

POLIEDROS REGULARES

- Un **poliedro regular** es todo cuerpo geométrico cuyas **caras** son **polígonos regulares idénticos** y en cada uno de cuyos **vértices** concurren el **mismo número de caras.** Solo hay cinco poliedros regulares.

Tetraedro regular	Hexaedro regular o cubo	Octaedro regular
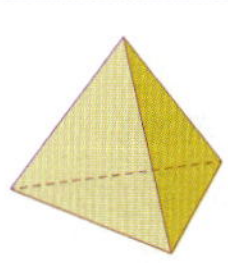	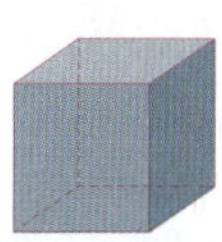	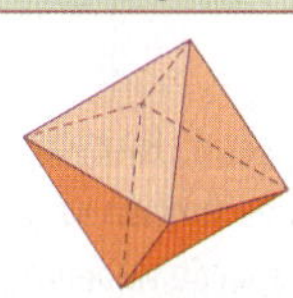
Dodecaedro regular	**Icosaedro regular**	
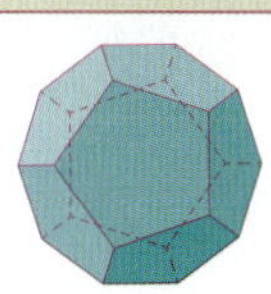	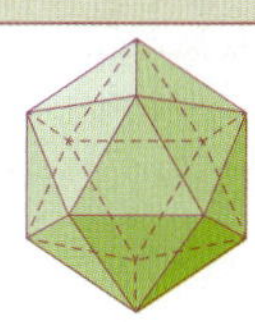	

Cuerpos geométricos en el espacio (continuación)

POLIEDROS IRREGULARES

- Un **poliedro irregular** es un cuerpo geométrico cuyas caras son polígonos, pero en el que todas sus caras no son iguales entre sí.

  Los poliedros irregulares más importantes son los **prismas** y las **pirámides.**

PRISMAS

- Un **prisma** es un poliedro formado por dos caras iguales y paralelas, llamadas **bases**, que son polígonos, y varias **caras laterales**, que son paralelogramos. Tiene tantas caras laterales como lados tengan las bases. La **altura** de un prisma es la distancia que hay entre las dos bases.

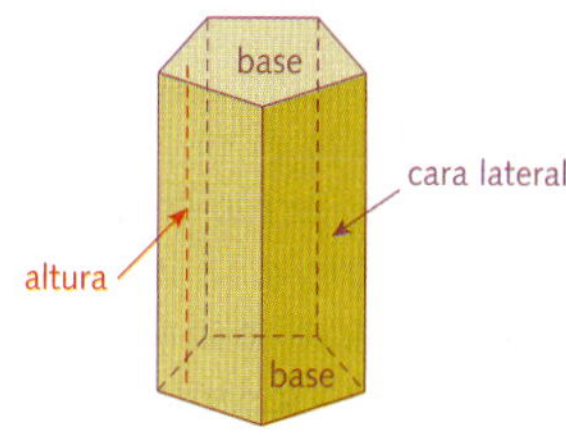

- **Desarrollo plano de un prisma regular.**

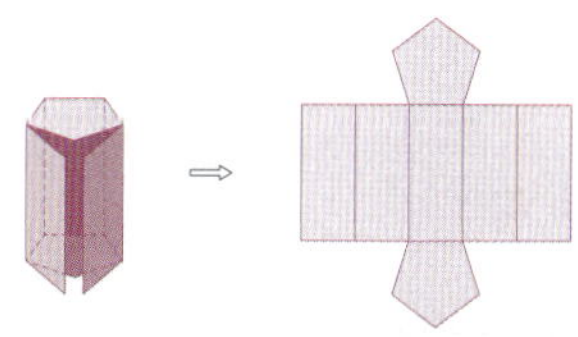

ÁREA Y VOLUMEN DE UN PRISMA REGULAR

- $A_{total} = A_{lateral} + 2 \cdot A_{base}$; $A_{paralelogramo} = b \cdot h$ y $A_{base} = P_{base} \cdot a$.
- $V_{prisma} = A_{base} \cdot h$

PIRÁMIDES

- Una **pirámide** es un poliedro irregular formado por una **base**, que es un polígono, y varias **caras laterales,** que son triángulos y concurren en un solo vértice, que se llama **vértice de la pirámide.** Una pirámide tiene tantas caras laterales como lados tiene su base.

  La **altura** de una pirámide es la distancia que hay entre el centro de la base y el vértice.

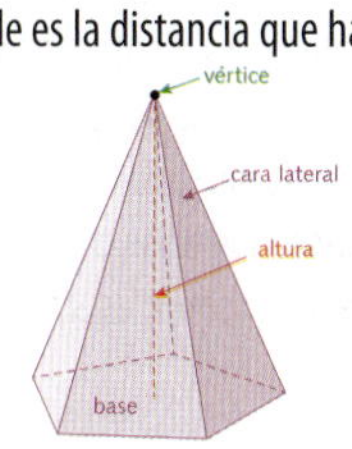

- **Desarrollo plano de una pirámide.**

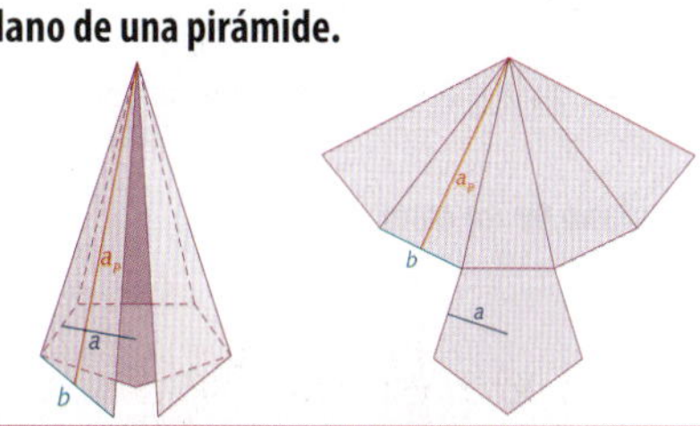

ÁREA Y VOLUMEN DE UNA PIRÁMIDE

- $A_{total} = A_{lateral} + A_{base}$; $A_{lateral} = \dfrac{P_{base} \cdot a_P}{2}$ y $A_{base} = P_{base} \cdot a$.
- $V_{pirámide} = \dfrac{1}{3} \cdot A_{base} \cdot h$

Cuerpos geométricos en el espacio (continuación)

CUERPOS DE REVOLUCIÓN

- Un **cuerpo de revolución** es un cuerpo geométrico generado al girar una figura plana alrededor de una recta, llamada eje de giro.

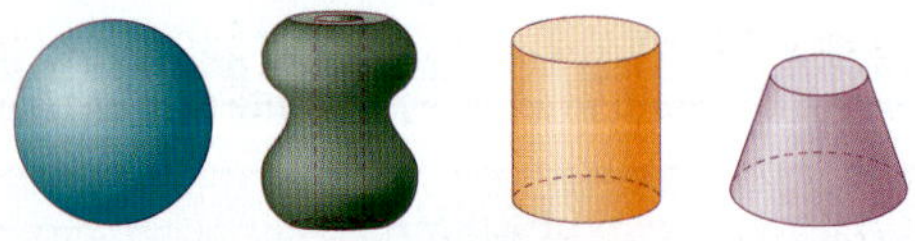

CILINDRO

- Un **cilindro** es un cuerpo de revolución generado al girar un rectángulo alrededor de uno de sus lados. El lado del rectángulo que gira, se llama **generatriz, *g*.** La generatriz y el eje de giro son paralelos. La **altura, *h*,** del cilindro es igual a la medida de su generatriz. Las **bases** son dos círculos iguales, y la **superficie lateral** extendida es un rectángulo. El **radio, *r*,** es el radio de los círculos que forman sus bases.

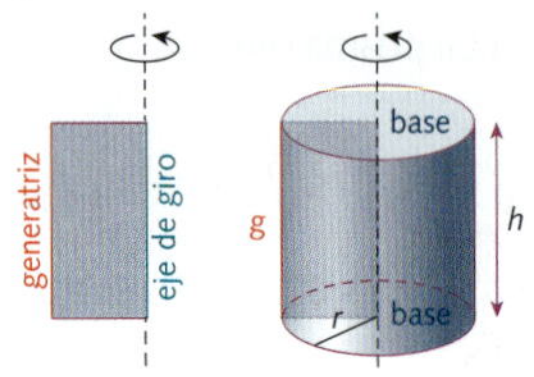

- **Desarrollo plano de un cilindro.**

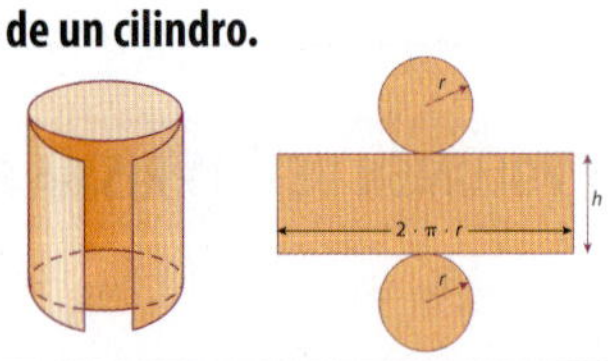

ÁREA Y VOLUMEN DEL CILINDRO

- $A_{\text{total}} = 2\pi rh + 2\pi r^2$
- $V_{\text{cilindro}} = \pi r^2 \cdot h$

CONO

- Un **cono** es un cuerpo de revolución generado al girar un triángulo rectángulo alrededor de uno de sus catetos. La hipotenusa del triángulo es la **generatriz, *g*,** y el cateto es el eje de giro. El punto de apoyo de la generatriz sobre el eje es el **vértice** del cono, y la **altura, *h*,** del cono es la distancia del vértice al centro de la base. Un cono tiene una **base**, que es un círculo, y una **superficie lateral,** que es un sector circular. El **radio** del cono, ***r*,** es el radio del círculo que forma su base.

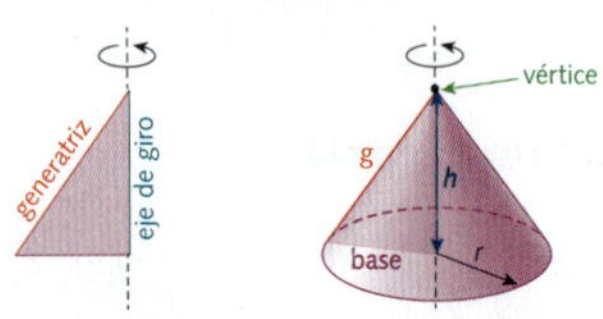

- **Desarrollo plano de un cono.**

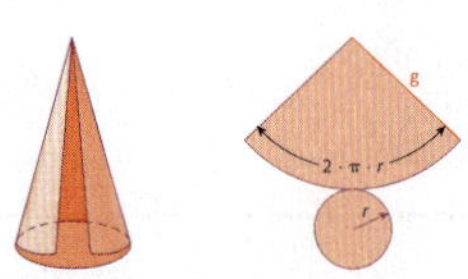

ÁREA Y VOLUMEN DEL CONO

- $A_{\text{total}} = A_{\text{base}} + A_{\text{lateral}} = \pi r^2 + \pi rg$
- $V_{\text{cono}} = \dfrac{1}{3}\pi r^2 h$

ESFERA

- Una **esfera** es un cuerpo de revolución generada al girar una semicircunferencia alrededor de su diámetro. El diámetro del semicírculo permanece fijo constituyendo el eje de giro, y la semicircunferencia es la **generatriz, *g*,** que al girar genera la esfera. El centro de la esfera es el centro de la semicircunferencia.

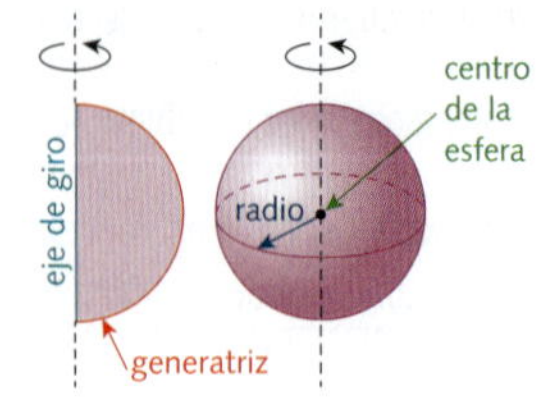

ÁREA Y VOLUMEN DE LA ESFERA

- $A_{\text{esfera}} = 4\pi r^2$
- $V_{\text{esfera}} = \dfrac{4}{3}\pi r^3$

CUERPOS GEOMÉTRICOS EN LA ESFERA

- **Casquete esférico.**

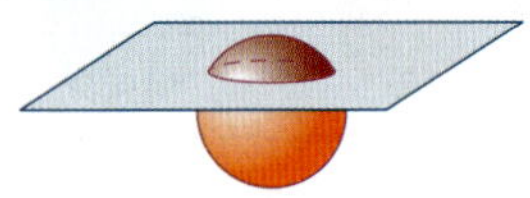

- **Zona esférica.**

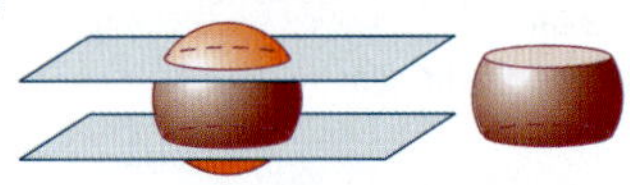

ÁREAS DE CUERPOS GEOMÉTRICOS EN LA ESFERA

- **Casquete esférico:** $A_{\text{casquete esférico}} = 2\pi rh$.
- **Zona esférica:** $A_{\text{zona esférica}} = 2\pi rh'$.

Funciones: conceptos básicos

CONCEPTO DE FUNCIÓN

- Una **función**, *f*, es una relación entre dos variables, *x* e *y*, de forma que a cada valor de *x* le corresponde un único valor de $y = f(x)$.

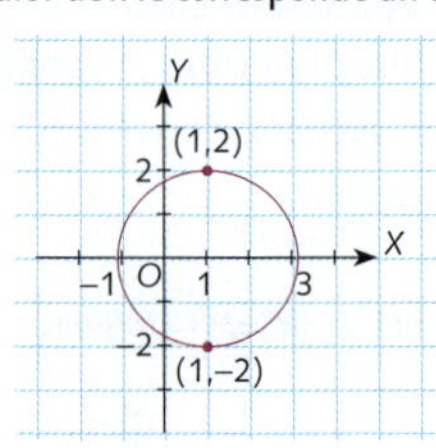

No es función.

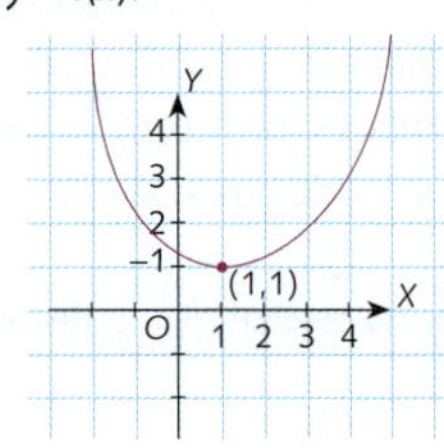

Sí es función.

- Una función se puede expresar mediante una **expresión algebraica**, una tabla de valores o una **gráfica.** $f(x) = 1{,}20x$

X	1	2	3	5
Y	1,20	2,40	3,60	6

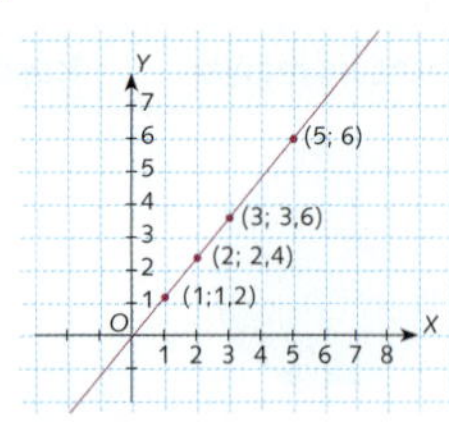

CARACTERÍSTICAS DE LAS FUNCIONES

- **Dominio:** conjunto de valores de x para los que se puede calcular su imagen.
- **Recorrido o imagen:** conjunto de valores de y que son imagen de algún x del dominio.

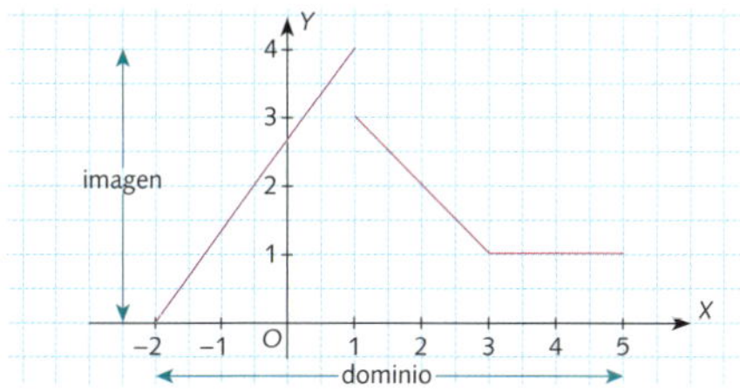

- **Continuidad:** La gráfica no tiene ningún salto.
- **Puntos de corte** con el eje ***Y*:** $(0, f(0))$.

  Puntos de corte con el eje ***X*:** $(x, 0)$, con x valores en los que $f(x) = 0$.
- **Crecimiento:** $f(x)$ **crece** cuando al aumentar el valor de x también aumenta el valor de y. $f(x)$ **decrece** cuando al aumentar el valor de x disminuye el valor de y.
- **Máximos y mínimos:**
  - Máximo relativo en a cuando $f(a)$ es mayor que su entorno. Si $f(a)$ es el mayor valor que alcanza $f(x)$, entonces es **máximo absoluto**.
  - **Mínimo relativo** en a cuando $f(a)$ es menor que su entorno. Si $f(a)$ es el menor valor que alcanza $f(x)$ entonces es **mínimo absoluto**.

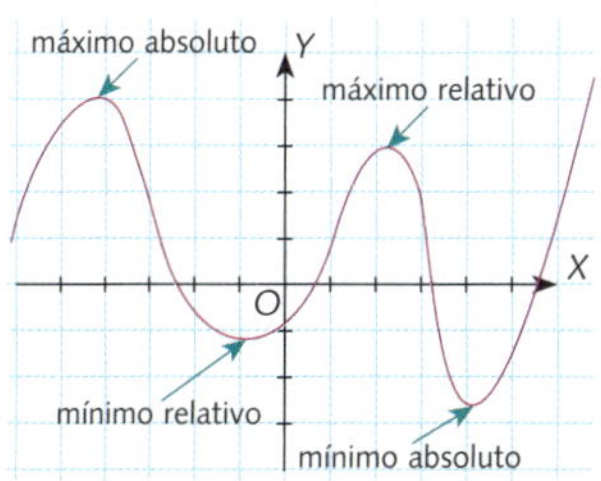

- **Periodicidad:** $f(x) = f(x + p)$, donde p es el periodo.

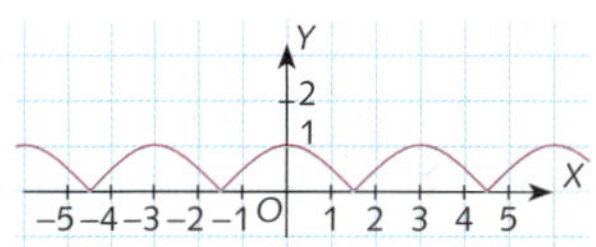

- **Simetría:** par si $f(x) = f(-x)$, impar si $f(x) = -f(-x)$.

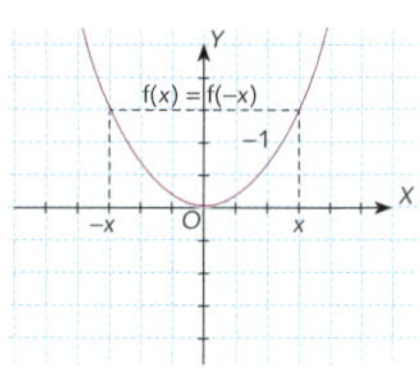

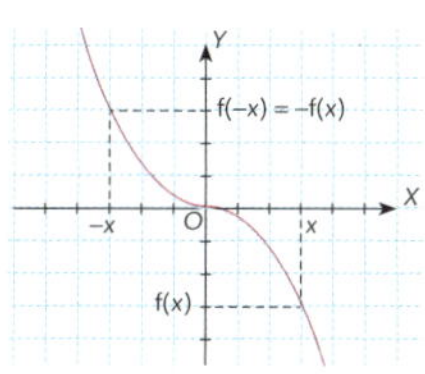

FUNCIONES LINEALES Y AFINES

- Las funciones de **proporcionalidad directa** o lineales son de la forma $y = mx$. Su gráfica es una recta que pasa por el origen.
- Las **funciones afines** son de la forma $y = mx + n$. Su gráfica es una recta que corta al eje Y en el punto $(0, n)$ y m es la **pendiente** de una recta que mide su inclinación.

  Si $m > 0$, f crece y si $m < 0$, f decrece.

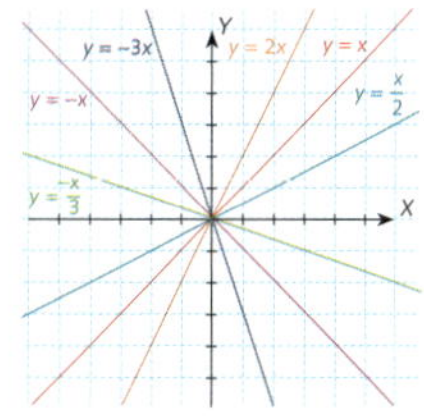

Funciones afines crecientes.

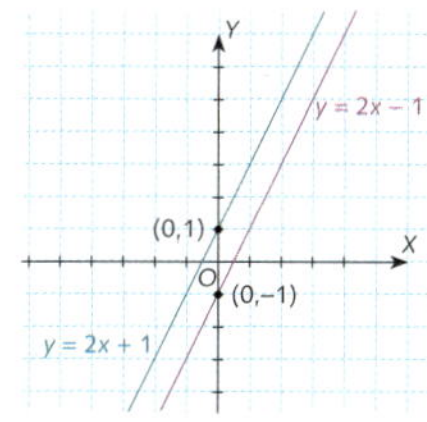

Funciones lineales crecientes y decrecientes.

FUNCIONES CUADRÁTICAS

- La **expresión algebraica** de una función cuadrática es: $y=ax^2+bx+c$. Su **gráfica** es una parábola.
- **Vértice:** $V=(V_x,V_y)$ donde $V_x=\dfrac{-b}{2a}$ y $V_y=f\left(\dfrac{-b}{2a}\right)$.
- **Puntos de corte** con el eje ***Y*:** son de la forma $(0, c)$.
- **Puntos de corte** con el eje ***X*:** son de la forma $(x, 0)$ donde x cumple $ax^2+bx+c=0$.
- **Eje de simetría,** es la recta $x=\dfrac{-b}{2a}$.

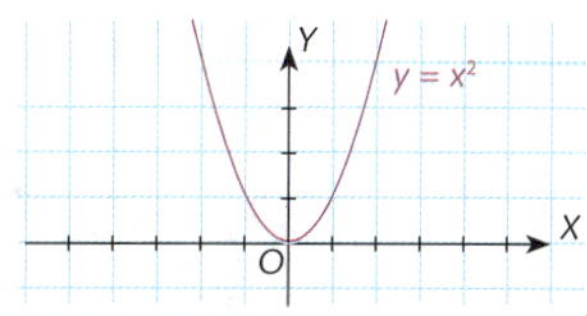

FUNCIONES EXPONENCIALES

- Su **expresión algebraica** es $y = a^x$, donde a es un número real positivo distinto de 1, $(a \neq 1)$.
- **Dominio:** números reales. **Recorrido:** números reales positivos
- Es **continua.** Su gráfica pasa por los **puntos** $(0, 1)$ y $(1, a)$.
- **Creciente** si base $a > 1$ y **decreciente** si base $0 < a < 1$

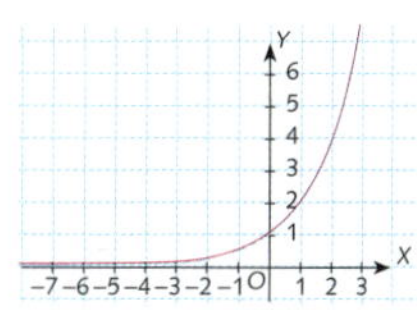

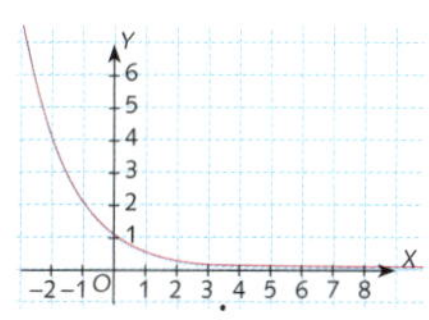

FUNCIONES DE PROPORCIONALIDAD INVERSA

- Su **expresión algebraica** es $y=\dfrac{k}{x}$ con $k \neq 0$, donde k es la constante de proporcionalidad. Su **gráfica** es una hipérbola.
- **Dominio:** los números reales menos el 0.
- **Recorrido:** los números reales menos el 0.
- $y=\dfrac{k}{x}$ no corta a los ejes.

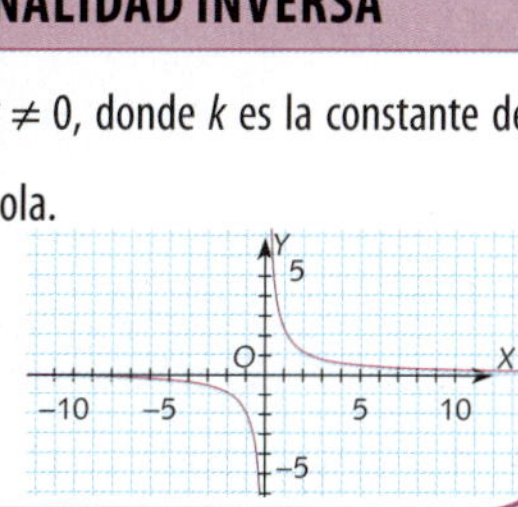

